ANSYS 2020 多物理耦合场有限元分析从入门到精通

三维书屋工作室

胡仁喜 康士廷 等编著

机 械 工 业 出 版 社

本书共 10 章，包括耦合场分析简介、直接耦合场分析、直接耦合场实例分析、多场（TM）求解器-MFS 单代码耦合、使用代码耦合的多场求解器分析、多场求解器-MFS 单代码的耦合实例分析、载荷传递耦合场物理分析、载荷传递耦合场物理实例分析、耦合物理电路分析和耦合物理电路模拟实例分析。各章都包含了相应的基本概念、理论，以及利用 ANSYS 软件进行分析的基本过程，还有对相关求解步骤的详细介绍。

本书围绕耦合场分析精选了一系列实例，每个实例均配有解析图形，使读者能够边学习边操作。

本书可作为各大工程院校研究生和科研院所工程技术人员的耦合场分析自学辅导用书。

图书在版编目（CIP）数据

ANSYS 2020 多物理耦合场有限元分析从入门到精通/胡仁喜等编著.—北京：
机械工业出版社, 2021.8
ISBN 978-7-111-68774-0

Ⅰ.①A… Ⅱ.①胡… Ⅲ.①物理—耦合-有限元分析-应用软件
Ⅳ.①O241.82-39

中国版本图书馆 CIP 数据核字(2021)第 143846 号

机械工业出版社（北京市百万庄大街 22 号　邮政编码 100037）
策划编辑：曲彩云　　责任编辑：曲彩云
责任校对：刘秀华　　责任印制：李　昂
北京中兴印刷有限公司印刷
2021 年 8 月第 1 版第 1 次印刷
184mm×260mm · 27.5 印张 · 677 千字
标准书号：ISBN 978-7-111-68774-0
定价：99.00 元

电话服务　　　　　　　　网络服务
客服电话：010-88361066　机 工 官 网：www.cmpbook.com
　　　　　010-88379833　机 工 官 博：weibo.com/cmp1952
　　　　　010-68326294　金 书 网：www.golden-book.com
封底无防伪标均为盗版　机工教育服务网：www.cmpedu.com

前　言

ANSYS 软件是融结构、流体、电场、磁场、声场分析于一体的大型通用有限元分析软件，由美国 ANSYS 开发。它能与多数 CAD 软件，如 NASTRAN、Alogor、I－DEAS、AutoCAD 等接口，实现数据的共享和交换，是现代产品设计中的高级 CAD 工具之一。

ANSYS 软件可广泛应用于铁道、石油化工、航空航天、机械制造、能源、交通、国防军工、电子、土木工程、造船、生物医学、轻工、地矿、水利和日用家电等工业制造及科学研究领域。ANSYS 软件的研究与开发不断汲取当今计算方法和计算机技术的最新成果，领导着有限元发展的趋势，并为全球工业界广泛接受。

本书共 10 章。第 1 章，耦合场分析简介，主要包括耦合场分析的定义、类型及单位制，使读者对 ANSYS 耦合场分析有一个初步的了解；第 2 章，直接耦合场分析，主要包括集总电单元、热-电分析、压电分析、电弹分析、压阻分析、结构-热分析、结构-热-电分析、磁-结构分析以及电子机械分析的基本原理；第 3 章，直接耦合场实例分析；第 4 章，多场（TM）求解器-MFS 单代码耦合，主要包括 ANSYS 多场求解器和求解算法、ANSYS 多场求解器求解步骤等；第 5 章，使用代码耦合的多场求解分析，包括 MFX 工作原理、MFX 求解过程以及启动和停止 MFX 分析；第 6 章，多场求解器-MFS 单代码的耦合实例分析；第 7 章，载荷传递耦合物理分析，主要包括物理环境的概念、一般分析步骤、在物理分析之间传递载荷以及使用多物理环境进行载荷传递耦合物理分析；第 8 章，载荷传递耦合场物理实例分析；第 9 章，耦合物理电路分析，主要包括电磁-电路分析、电子机械-电路分析和压电-电路分析；第 10 章，耦合物理电路模拟实例分析。各章都包含了相应的基本概念、理论以及利用 ANSYS 软件进行分析的基本过程，还有对相关求解步骤的详细介绍及实例的命令流文件。

本书最大特点是所有实例均以图解的形式进行分类讲解。围绕耦合场分析精选了一系列实例，每个实例均配以真实的解析图形，并以最简练的文字描述，使读者能够边学习边操作。

随书配送的电子资料包中包含所有实例的素材源文件，并制作了全程实例配音讲解动画，可以登录百度网盘：https://pan.baidu.com/s/1IxDmoZ6dZ3avCfFTR94XUQ 下载，密码：2d8r（读者如果没有百度网盘，需要先注册一个才能下载）。

本书由陆军军事交通学院的王国军副教授以及石家庄三维书屋文化传播有限公司的胡仁喜博士和康士廷老师编写。其中王国军执笔编写了第 1～6 章，胡仁喜执笔编写了第 7～8 章，康士廷执笔编写了第 9～10 章。

由于编者的水平有限，且时间仓促，书中不足在所难免，望广大读者登录网站 www.sjzswsw.com 或发送电子邮件到 714491436@qq.com 或加入 QQ 群 180284277，对本书提出批评和建议，以方便作进一步的修改完善。

编　者

目 录

第 ① 章

耦合场分析简介

本章介绍了耦合场分析的基本概念、分析类型和单位制。

分析类型包括直接耦合分析、载荷传递分析以及其他分析方法。耦合场分析单位制主要通过表格方式给出了标准 MKS 单位到 μMKSV 和 μMSVfA 单位的换算因数。

- 耦合场分析的定义
- 耦合场分析的类型
- 耦合场分析的单位制

1.1 耦合场分析的定义

耦合场分析是指对两个或多个工程物理场之间相互作用的分析。例如，压电分析，考虑的是结构和电场的相互作用，求解由于所施加位移造成的电压分布或相反。其他耦合场分析的例子包括热-应力分析、热-电分析、流体结构耦合分析。

需要进行耦合场分析的工程应用包括压力容器（热-应力分析）、感应加热（磁-热分析）、超声波传感器（压电分析）以及磁体成形（磁-结构分析）等。

1.2 耦合场分析的类型

1.2.1 直接方法

直接方法通常只包含一个分析，它使用一个包含所有必需自由度的耦合单元类型，通过计算包含所需物理量的单元矩阵或单元载荷向量的方式进行耦合。使用 FLOTRAN 单元的 FLOTRAN 分析是另一种直接方法。

1.2.2 载荷传递方法

载荷传递方法包含了两个或多个分析，每一个分析都属于一个不同的场，通过将一个分析的结果作为载荷施加到另一个分析中的方式耦合两个场。载荷分析有不同的类型。

1. 载荷传递耦合方法——ANSYS 多场求解器

ANSYS 多场求解器可用于多类耦合分析问题，它是一个求解载荷传递耦合场问题的自动化工具，取代了基于物理文件的过程，并为求解载荷传递耦合物理问题提供了一个强大、精确、易于使用的工具。每一个物理场都可视为一个包含独立实体模型和网格的场。耦合载荷传递要确定面或体。多场求解器命令集使问题成形，并定义了求解先后顺序。通过使用求解器，耦合载荷会自动地在不同的网格中传递。求解器适用于稳态、谐波以及瞬态分析，这取决于物理需求。以顺序（或混合顺序同步）方式可以求解许多场。ANSYS 多场求解器的两种版本是为了不同应用场合而设计的，它们拥有不同的优点及程序。

1）MFS-单代码：基本的 ANSYS 多场求解器，如果模拟包含带有所有物理场的小模型时就可以使用它。这些物理场包含在一个软件包内（如 ANSYS 多场）。MFS-单代码求解器使用迭代耦合，其中每一个物理场要顺序求解，并且每一个矩阵方程要分别求解。求解器在每个物理场之间迭代，直到通过物理界面传递的载荷收敛为止。

2）MFX-多代码：高级 ANSYS 多场求解器，用于模拟分布在多个软件包之间的物理场（如在 ANSYS 多场和 ANSYS CFX 之间）。MFX-多代码求解器比 MFS-单代码提供了更多的模型。MFX-多代码求解器使用迭代耦合，其中每一个物理场可以同时求解，也可以顺序求解，而每一个矩阵方程要分别求解。求解器在每一个物理场之间迭代，直到通过物理界面传递的载荷收敛为止。

2．载荷传递耦合分析——物理文件

对于一个基于物理文件的载荷传递，必须使用物理环境明确地传递载荷。这类分析的一个例子是顺序热-应力分析，其中热分析中的节点温度作为"体力"施加到随后的应力分析中。

物理分析基于一个物理场中的有限元网格之上。要创建用于定义物理环境的物理文件，这些文件形成数据库，并为一个给定的物理模拟提供单一网格。一般过程为读入第一个物理文件并求解，然后读入下一个物理场，确定将要传递的载荷并求解第二个物理场。使用 LDREAD 命令连接不同的物理环境，并将第一个物理环境中得到的结果数据作为载荷，通过节点-节点相似网格界面传递到下一个物理环境中求解。也可以使用 LDREAD 从一个分析中读取结果并作为载荷施加到随后的分析中，而不必使用物理文件。

3．载荷传递耦合分析——单向载荷传递

也可以通过单向载荷传递的方法耦合流-固相互作用的分析，这种方法要求确定流体分析结果并没有严重影响固体载荷，反之亦然。ANSYS 多物理分析中的载荷可以单向地传递到 CFX 流体分析中，或者 CFX 流体分析中的载荷可以传递到 ANSYS 多物理分析中。载荷传递发生在分析的外部。

📖1.2.3　直接方法和载荷传递方法

当耦合场之间的相互作用包括强烈耦合的物理场或高度非线性时，直接方法较具优势，它使用耦合变量一次求解得到结果。直接方法的例子有压电分析，流体流动的共轭传热分析和电路-电磁分析。这些分析中使用了特殊的耦合单元直接求解耦合场的相互作用。

对于多场相互作用、非线性程度不是很高的情况，载荷传递方法更有效，也更灵活。因为每种分析是相对独立的。耦合可以是双向的，不同物理场之间进行相互耦合分析，直到收敛到达一定精度。

例如，在一个载荷传递热-应力分析中，可以先进行非线性瞬态分析，然后进行线性静力分析。可以将热分析中任一载荷步或时间点的节点温度作为载荷施加到应力分析中。在一个载荷传递耦合分析中，可使用 FLOTRAN 流体单元和 ANSYS 结构、热或耦合场单元进行非线性瞬态流体-固体相互作用分析。

直接方法需要较少的用户干涉，因为耦合场单元会控制载荷传递。进行某些分析时必须使用直接方法（如压电分析）。载荷传递方法要求定义更多细节，需要手动设定传递的载荷，但是它会提供更多灵活性，这样就可以在不同的网格之间和不同的分析之间传递载荷了。

各种分析方法的应用场合见表 1-1。各种物理场可用的分析方法见表 1-2。

表1-1 各种分析方法的应用场合

方法	各种场合
载荷传递方法	
热-结构	各种场合
电磁-热，电磁-热-结构	感应加热、RF加热、Peltier冷却器
静电-结构，静电-结构-流体	MEMS
磁-结构	螺线管、电磁机械
FSI，基于CFX-和FLOTRAN-	航空航天、自动燃料、水力系统、MEMS流体阻尼、药物输送泵、心脏阀
电磁-固体-流体	流体处理系统、EFI、水力系统
热-CFD	电子冷却
直接方法	
声学-结构	声学、声呐，SAW
压电	传声器、传感器、激励器、变换器、共鸣器
电弹	MEMS
压阻	压力传感器、应变仪、加速计
热-电	温度传感器、热管理、Peltiere冷却器、热电发电机
静电-结构	MEMS
环路耦合电磁	发动机，MEMS
电-热-结构-磁	IC、PCB电热压力、MEMS激励器
流体-热	管网、歧管

表1-2 各种物理场可用的分析方法

耦合物理场	载荷传递	直接	注释
热-结构	ANSYS多场求解器	PLANE13, SOLID5, SOLID98, PLANE222, PLANE223, SOLID226, SOLID227	也可以使用LDREAD，但如果采用载荷传递方法就推荐使用ANSYS多场求解器
热-电		PLANE223, SOLID226, SOLID227（Joule, Seebeck, Peltier, Thompson）	
热-电-结构		PLANE223, SOLID226, SOLID227	也可以使用LDREAD，但如果采用载荷传递方法就推荐使用ANSYS多场求解器。直接和载荷传递方法都支持焦耳加热。只有直接方法才能使用Seebeck, Peltier和Thompson效应
压电	-	PLANE13, SOLID5, SOLID98, PLANE223, SOLID226, SOLID227	
电弹	-	PLANE223, SOLID226, SOLID227	

（续）

耦合物理场	载荷传递	直接	注释
压阻	–	PLANE223, SOLID226, SOLID227	
压阻	–	PLANE223, SOLID226, SOLID227	
电磁-热	ANSYS 多场求解器	PLANE13, SOLID5, SOLID98	也可以使用 LDREAD，但是如果采用载荷传递方法就推荐使用 ANSYS 多场求解器
电磁-热-结构		PLANE13, SOLID5, SOLID98	
声学-结构（无黏性 FSI）	–	FLUID29, FLUID30	
电路-耦合电磁	–	CIRCU124+CIRCU94	
静电-结构	ANSYS 多场求解器	TRANS126	也可以使用 LDREAD，但是如果采用载荷传递方法就推荐使用 ANSYS 多场求解器
电磁-结构-流体（基于 FLOTRAN-）		–	
磁-结构		PLANE13, SOLID5, SOLID98	
流体-热（基于 FLOTRAN-）	ANSYS 多场求解器 MFS	FLOTRAN 共轭传热	
流体-热（基于 CFX-）		CFX 共轭传热	
FSI（基于 FLOTRAN-）FSI（基于 CFX-）	ANSYS 多场求解器 MFX，单向 ANSYS 到 CFX 载荷传递（EXPROFILE），单向 CFX 到 ANSYS 载荷传递（MFIMPORT）	–	如果需要在单独的代码间进行迭代可以使用 MFX 求解器。否则使用适当的单向选项
磁-流体	ANSYS 多场求解器	–	也可以使用 LDREAD，但是如果采用载荷传递方法，就推荐使用 ANSYS 多场求解器。LDREAD 能够将 Lorentz 力读入 CFD 网格中，也可以通过将 CFD 计算出来的速度分布输入到电磁模型中，模拟发电来说明常规速度效应（PLANE53, SOLID97, SOLID117）

1.2.4 其他分析方法

1. 降阶模拟

降阶模拟描述了一种有效求解包含柔性结构的耦合场问题的求解方法。降阶模拟（ROM）方法基于结构响应的模态表现之上。

由模态振型（特征向量）的因素之和描述变形结构区域，产生的 ROM 从本质上说是一个系统对任一激励的响应的分析表达。这种方法已经用于耦合静电-结构分析，并且已应用到微型电子机械系统（MEMS）中。

2. 耦合物理电路分析

通常使用电路模拟进行耦合物理分析。例如，"集总"电阻器、源极、电容器和感应器之类的组件能够代表电设备，等效电感和电阻能够代表磁设备，弹簧、质量和节闸能够代表机械设备。

ANSYS 提供了一套在电路中进行耦合模拟的工具。Circuit Builder 可以很方便地对电、磁、压电和机械设备创建电路单元。

ANSYS 电路功能允许在区域中的适当地方用"分布式"有限元模型连接两个集总单元，此区域需要用一个全有限元解表征。公共自由度组可以把集总和分布式模型连接起来。

1.3 耦合场分析的单位制

在 ANSYS 中必须确保输入的所有数据使用相同的单位制，可使用任何一个相同的单位制。对于微型电子机械系统（MEMS），元件尺寸可能只有几微米，最好用更方便的单位建立问题。

表 1-3～表 1-16 列出了从标准 MKS 单位到 μMKSV 和 μMSVfA 单位的换算因数。

表 1-3 从 MKS 到 μMKSV 的磁换算因数

磁参数	MKS 单位	量纲	乘以换算因数	μMKSV 单位	量纲
磁通[量]	Weber	$kg \cdot m^2/(A \cdot s^2)$	1	Weber	$kg \cdot \mu m^2/(pA \cdot s^2)$
磁通[量]密度	Tesla	$kg/(A \cdot s^2)$	10^{-12}	TTesla	$kg/(pA \cdot s^2)$
磁场强度	A/m	A/m	10^6	pA/μm	pA/μm
电流	A	A	10^{12}	pA	pA
电流密度	A/m^2	A/m^2	1	$pA/\mu m^2$	$pA/\mu m^2$
磁导率①	H/m	$kg \cdot m/(A^2 \cdot s^2)$	10^{-18}	TH/μm	$kg \cdot \mu m/(pA^2 \cdot s^2)$
磁导	H	$kg \cdot m^2/(A^2 \cdot s^2)$	10^{-12}	TH	$kg \cdot \mu m^2/(pA^2 \cdot s^2)$

① 自由空间磁导率为 $4\pi \times 10^{-25}$TH/μm，只有常数渗透性才能和这些单位一起使用。

表 1-4　从 MKS 到 μMKSV 的压电换算因数

压电矩阵	MKS 单位	量纲	乘以换算因数	μMKSV 单位	量纲
应力矩阵[e]	C/m^2	$A \cdot s/m^2$	1	$pC/\mu m^2$	$pA \cdot s/\mu m^2$
应变矩阵[d]	C/N	$A \cdot s^3/(kg \cdot m)$	10^6	$pC/\mu N$	$pA \cdot s^3/(kg \cdot \mu m)$

表 1-5　从 MKS 到 μMKSV 的机械换算因数

机械参数	MKS 单位	量纲	乘以换算因数	μMKSV 单位	量纲
长度	m	m	10^6	μm	μm
力	N	$kg \cdot m/s^2$	10^6	μN	$kg \cdot \mu m/s^2$
时间	s	s	1	s	s
质量	kg	kg	1	kg	kg
压力	Pa	$kg/(m \cdot s^2)$	10^{-6}	MPa	$kg/(\mu m \cdot s^2)$
速度	m/s	m/s	10^6	$\mu m/s$	$\mu m/s$
加速度	m/s^2	m/s^2	10^6	$\mu m/s^2$	$\mu m/s^2$
密度	kg/m^3	kg/m^3	10^{-18}	$kg/\mu m^3$	$kg/\mu m^3$
应力	Pa	$kg/(m \cdot s^2)$	10^{-6}	MPa	$kg/(\mu m \cdot s^2)$
弹性模量	Pa	$kg/(m \cdot s^2)$	10^{-6}	MPa	$kg/(\mu m \cdot s^2)$
功率	W	$kg \cdot m^2/s^3$	10^{12}	pW	$kg \cdot \mu m^2/s^3$

表 1-6　从 MKS 到 μMKSV 热换算因数

热参数	MKS 单位	量纲	乘以换算因数	μMKSV 单位	量纲
热导率	$W/(m \cdot ℃)$	$kg \cdot m/(℃ \cdot s^3)$	10^6	$pW/(\mu m \cdot ℃)$	$kg \cdot \mu m/(℃ \cdot s^3)$
热流[量]密度	W/m^2	kg/s^3	1	$pW/\mu m^2$	kg/s^3
比热容	$J/(kg \cdot ℃)$	$m^2/(℃ \cdot s^2)$	10^{12}	$pJ/(kg \cdot ℃)$	$\mu m^2/(℃ \cdot s^2)$
热流量	W	$kg \cdot m^2/s^3$	10^{12}	pW	$kg \cdot \mu m^2/s^3$
单位容积的热流量	W/m^3	$kg/(m \cdot s^3)$	10^{-6}	$pW/\mu m^3$	$kg/(\mu m \cdot s^3)$
传热系数	$W/(m^2 \cdot ℃)$	kg/s^3	1	$pW/(\mu m^2 \cdot ℃)$	kg/s^3
动力黏度	$kg/(m \cdot s)$	$kg/(m \cdot s)$	10^{-6}	$kg/(\mu m \cdot s)$	$kg/(\mu m \cdot s)$
运动黏度	m^2/s	m^2/s	10^{12}	$\mu m^2/s$	$\mu m^2/s$

表 1-7　从 MKS 到 μMKSV 的压阻换算因数

压阻矩阵	MKS 单位	量纲	乘以换算因数	μMKSV 单位	量纲
压阻应力矩阵 [π]	Pa^{-1}	$m \cdot s^2/kg$	10^6	MPa^{-1}	$\mu m \cdot s^2/kg$

表 1-8　从 MKS 到 μMKSV 的电换算因数

电参数	MKS 单位	量纲	乘以换算因数	μMKSV 单位	量纲
电流	A	A	10^{12}	pA	pA
电压	V	$kg \cdot m^2/(A \cdot s^3)$	1	V	$kg \cdot \mu m^2/(pA \cdot s^3)$
电荷	C	$A \cdot s$	10^{12}	pC	$pA \cdot s$
电导率	S/m	$A^2 \cdot s^3/(kg \cdot m^3)$	10^6	pS/μm	$pA^2 \cdot s^3/(kg \cdot \mu m^3)$
电阻率	Ω m	$k \cdot gm^3/(A^2 \cdot s^3)$	10^{-6}	TΩ μm	$kg \cdot \mu m^3/(pA^2 \cdot s^3)$
介电常数[1]	F/m	$A^2 \cdot s^4/(kg \cdot m^3)$	10^6	pF/μm	$pA^2 \cdot s^4/(kg \cdot \mu m^3)$
能量	J	$kg \cdot m^2/s^2$	10^{12}	pJ	$kg \cdot \mu m^2/s^2$
电容	F	$A^2 \cdot s^4/(kg \cdot m^2)$	10^{12}	pF	$pA^2 \cdot s^4/(kg \cdot \mu m^2)$
电场强度	V/m	$kg \cdot m/(s^3 \cdot A)$	10^{-6}	V/μm	$kg \cdot \mu m/(s^3 \cdot pA)$
电通[量]密度	C/m²	$A \cdot s/m^2$	1	pC/μm²	$pA \cdot s/\mu m^2$

[1]自由空间介电常数为 8.854×10^{-6} pF/μm。

表 1-9　从 MKS 到 μMSVfA 的机械换算因数

机械参数	MKS 单位	量纲	乘以换算因数	μMSVfA 单位	量纲
长度	m	m	10^6	μm	μm
力	N	$kg \cdot m/s^2$	10^9	nN	$g \cdot \mu m/s^2$
时间	s	s	1	s	s
质量	kg	kg	10^3	g	g
压力	Pa	$kg/(m \cdot s^2)$	10^{-3}	kPa	$g/(\mu m \cdot s^2)$
速度	m/s	m/s	10^6	μm/s	μm/s
加速度	m/s²	m/s²	10^6	m/s²	μm/s²
密度	kg/m³	kg/m³	10^{-15}	g/μm³	g/μm³
应力	Pa	$kg/(m \cdot s^2)$	10^{-3}	kPa	$g/(\mu m \cdot s^2)$
弹性模量	Pa	$kg/(m \cdot s^2)$	10^{-3}	kPa	$g/(\mu m \cdot s^2)$
功率	W	$kg \cdot m^2/s^3$	10^{15}	fW	$g \cdot \mu m^2/s^3$

表 1-10　从 MKS 到 μMSKVfA 的磁换算因数

磁参数	MKS 单位	量纲	乘以换算因数	μMSVfA 单位	量纲
磁通[量]	Weber	$kg \cdot m^2/(A \cdot s^2)$	1	Weber	$g \cdot \mu m^2/(fA \cdot s^2)$
磁通[量]密度	Tesla	$kg/(A \cdot s^2)$	10^{-12}	–	$g/(fA \cdot s^2)$
磁场强度	A/m	A/m	10^9	fA/μm	fA/μm
电流	A	A	10^{15}	fA	fA
电流密度	A/m²	A/m²	10^3	fA/(μm)²	fA/μm²
磁导率[1]	H/m	$kg \cdot m/(A^2 \cdot s^2)$	10^{-21}	–	$g \cdot \mu m/(fA^2 \cdot s^2)$
磁导	H	$kg \cdot m^2/(A^2 \cdot s^2)$	10^{-15}	–	$g \cdot \mu m^2/(fA^2 \cdot s^2)$

[1]自由空间渗透性为 $4\pi \times 10^{-28}$ (g)(μm)/(fA)²(s)²，只有常数渗透性才能和这些单位一起使用。

表 1-11 从 MKS 到 μMSVfA 的热换算因数

热参数	MKS 单位	量纲	乘以换算因数	μMSVfA 单位	量纲
热导率	W/(m·℃)	kg·m/(℃·s³)	10^9	fW/(μm·℃)	g·μm/(℃·s³)
热流[量]密度	W/m²	kg/s³	10^3	fW/μm²	g/s³
比热容	J/(kg·℃)	m²/(℃·s²)	10^{12}	fJ/(g·℃)	μm²/(℃·s²)
热流量	W	kg·m²/s³	10^{15}	fW	g·μm²/s³
单位容积的热流量	W/m³	kg/(m·s³)	10^{-3}	fW/μm³	g/(μm·s³)
传热系数	W/(m²·℃)	kg/(s³·℃)	10^3	fW/(μm²·℃)	g/(s³·℃)
动力黏度	kg/(m·s)	kg/(m·s)	10^{-3}	g/(μm·s)	g/(μm·s)
运动黏度	m²/s	m²/s	10^{12}	μm²/s	μm²/s

表 1-12 从 MKS 到 μMKSV 的热电换算因数

热电参数	MKS 单位	量纲	乘以换算因数	μMKSV 单位	量纲
塞贝克系数	V/℃	kg·m²/(A·s³·℃)	1	V/℃	kg·μm²/(pA·s³·℃)

表 1-13 从 MKS 到 μMSVfA 的电换算因数

电参数	MKS 单位	量纲	乘以换算因数	μMSVfA 单位	量纲
电流	A	A	10^{15}	fA	fA
电压	V	kg·m²/(A·s³)	1	V	g·μm²/(fA·s³)
电荷	C	A·s	10^{15}	fC	fA·s
电导率	S/m	A²·s³/(kg·m³)	10^9	nS/μm	fA²·s³/(g·μm³)
电阻率	Ω·m	kg·m³/(A²·s³)	10^{-9}	—	g·μm³/(fA²·s³)
介电常数①	F/m	A²·s⁴/(kg·m³)	10^9	fF/μm	fA²·s⁴/(g·μm³)
能量	J	kg·m²/s²	10^{15}	fJ	g·μm²/s²
电容	F	A²·s⁴/(kg·m²)	10^{15}	fF	fA²·s⁴/(g·μm²)
电场强度	V/m	kg·m/(s³·A)	10^{-6}	V/μm	g·μm/(s³·fA)
电通[量]密度	C/m²	A·s/m²	10^3	fC/μm²	fA·s/μm²

①自由空间介电常数为 $8.854×10^{-3}$ fF/μm。

表 1-14 从 MKS 到 μMSKVfA 的压阻换算因数

压电矩阵	MKS 单位	量纲	乘以换算因数	μMSVfA 单位	量纲
压阻应力矩阵[π]	Pa⁻¹	m·s²/kg	10^3	kPa⁻¹	μm·s²/g

表 1-15　从 MKS 到 μMSKVfA 的压电换算因数

压电矩阵	MKS 单位	量纲	乘以换算因数	μMSVfA 单位	量纲
压电应力 [e]	C/m^2	$A \cdot s/m^2$	10^3	$fC/\mu m^2$	$fA \cdot s/\mu m^2$
压电应变 [d]	C/N	$A \cdot s^3/(kg \cdot m)$	10^6	$fC/\mu N$	$fA \cdot s^3/(g \cdot \mu m)$

表 1-16　从 MKS 到 μMKSVfA 的热电换算因数

热电参数	MKS 单位	量纲	乘以换算因数	μMSVfA 单位	量纲
塞贝克 系数	$V/℃$	$kg \cdot m^2/(A \cdot s^3 \cdot ℃)$	1	$V/°C$	$g \cdot \mu m^2/(fA \cdot s^3 \cdot ℃)$

第 2 章

直接耦合场分析

进行耦合场分析时，直接方法只用耦合场单元进行一次分析。本章介绍了具有耦合场分析能力的单元。

本章主要介绍了集总电单元以及热-电分析、压电分析、电弹分析、压阻分析、结构-热分析、结构-热-电分析、磁-结构分析和电子机械分析的理论基础。

学 习 要 点

- 热-电分析
- 压电分析
- 电弹分析
- 压阻分析
- 结构-热分析
- 结构-热-电分析
- 磁-结构分析
- 电子机械分析

在直接耦合场分析中，只需用一个耦合场单元进行一次分析。具有耦合场分析能力的单元及其描述见表 2-1。

表 2-1　耦合场单元及其描述

单元名称	描述
SOLID5	耦合场六面体单元
PLANE13	耦合场四边形单元
FLUID29	声学四边形单元
FLUID30	声学六面体单元
LINK68	热-电线单元
CIRCU94	压电电路单元
SOLID98	耦合场四面体单元
FLUID116	热-流体管单元
CIRCU124	通用电路单元
TRANS126	1-D 电子机械转换器单元
SHELL157	热-电壳单元
CONTA171	2-D 面对面接触单元
CONTA172	2-D 面对面接触单元
CONTA173	3-D 面对面接触单元
CONTA174	3-D 面对面接触单元
CONTA175	2-D/3-D 点对面接触单元
CONTA178	3-D 点对点接触单元
PLANE223	耦合场四边形单元
SOLID226	耦合场六面体单元
SOLID227	耦合场四面体单元

有限元模型可以把耦合场单元和 VOLT 自由度混合在一起。为了协调一致，对于 VOLT 自由度，单元必须具有相同的反作用解。具有一个电荷反作用解的单元都必须具有相同的电荷反应符号。

耦合场单元包含所有必要的自由度，通过计算适当的单元矩阵（矩阵耦合）或单元载荷矢量（载荷矢量耦合）来实现场的耦合。在使用矩阵耦合方法计算的线性问题中，通过一次迭代即可完成耦合场相互作用的计算，而载荷矢量耦合在完成一次耦合响应中至少需要两次迭代。对于非线性问题，矩阵方法和载荷矢量耦合方法均需迭代。表 2-2 给出了 ANSYS Multiphysics 软件包中使用直接方法时所支持的不同类型的耦合场分析，以及每种类型所需要的耦合类型。

ANSYS Professional 程序只支持热-电直接耦合；ANSYS Emag 程序只支持电磁场和电磁-电路直接耦合。

在子结构分析中使用载荷矢量耦合方法的耦合场单元无效。在生成子结构的过程中，迭代解无效，所以 ANSYS 程序忽略了所有的载荷矢量和反馈耦合反应。

有时载荷矢量耦合场单元的非线性行为可能会很严重，所以要使用预测器和线性搜索以达到收敛。

在耦合场瞬态分析中，为了加速收敛，需要关闭所有不重要的自由度时间积分效应。例如，如果在热-结构瞬态分析中，结构惯性和阻尼效应可以忽略不计，那么就可以执行

TIMINT，OFF，STRUC 命令，关闭结构自由度的时间积分效应。

表 2-2　直接耦合场分析中用到的耦合方法

分析类型	耦合方法
磁–结构	载荷矢量
电磁	矩阵
电磁–热–结构	载荷矢量
电磁–热	载荷矢量
压电	矩阵
电弹	载荷矢量
压阻	载荷矢量
热–压力	矩阵和载荷矢量
速度–热–压力	矩阵
压力–结构（声学）	矩阵
热–电	载荷矢量（如定义了塞贝克系数则为矩阵）
磁–热	载荷矢量
电子机械	矩阵
电磁–电路	矩阵
电–结构–电路	矩阵
结构–热	矩阵或载荷矢量（如使用接触单元则为矩阵）
结构–热–电	矩阵及/或载荷矢量
热–压电	矩阵

　　针对上述的分析类型，本章将介绍如何进行热–电、压电、电弹、压阻、结构–热、结构–热–电、磁–结构和电子机械分析。ANSYS 还支持电接触分析。

2.1　集总电单元

　　ANSYS 提供了一些可用于纯电路、电路耦合磁、压电和耦合电子机械分析的集总电单元。

　　CIRCU94 是一个具有电压(VOLT)自由度及正或负电荷贯通变量（力、反作用力）的电路单元。取决于 KEYOPT 选择，它可以作为一个线性电阻器、电容器、感应器或一个独立的电压/电流源。CIRCU94 可与其他具有相同自由度和贯通变量(力、反作用力)的 ANSYS 单元一起使用。电荷反作用符号必须均为正号或均为负号。例如，CIRCU94 可与 SOLID5、PLANE13、SOLID98、PLANE223、SOLID226 和 SOLID227 一起使用来模拟电路耦合压电分析，也可与 PLANE121、SOLID122 和 SOLID123 一起使用来模拟电路反馈静电分析。

　　CIRCU124 是一个具有电压（VOLT）自由度和电流（AMPS 标记）贯通变量（力、反作用力）的电路单元。取决于 KEYOPT 选择，它可以作为一个线性电阻器、电容器或一些电路源或耦合电路源选项。CIRCU124 可与其他具有相同自由度和贯通变量（力、反作用力）的 ANSYS 单元一起使用，如 SOLID5、LINK68、SOLID98、CIRCU125、TRANS126、PLANE223、SOLID226、SOLID227、PLANE230、SOLID231 或 SOLID232，CIRCU124 也可与磁单元 PLANE13、PLANE53 或 SOLID97 一起使用来模拟电路反馈磁分析。

CIRCU125 是一个具有电压（VOLT）自由度和电流（AMPS 标记）贯通变量（力、反作用力）的电路单元。取决于 KEYOPT 选择，它可以作为一个普通或齐纳二极管电路。CIRCU125 可与其他具有相同自由度和贯通变量（力、反作用力）的 ANSYS 单元一起使用，如 CIRCU124、TRANS126 或 LINK68。

TRANS126 是一个电子机械转换器，它具有电压（VOLT）和机械位移（UX，UY，UZ）自由度以及电流（AMPS 标记）、机械力（FX, FY, FZ）贯通变量（力、反作用力）。TRANS126 可与其他具有相同自由度和贯通变量（力、反作用力）的 ANSYS 单元一起使用，如 CIRCU124、CIRCU125 和 LINK68，也可与所有普通 ANSYS 机械单元一起使用来模拟强烈耦合电子机械相互作用及 MEMS 设计的特性。

2.2 热-电分析

ANSYS Multiphysics 软件包提供了热-电分析功能，利用这种分析可以求解下面的热电效应。

- 焦耳加热：加热发生在导体传送电流的过程中。焦耳热与电流的二次方成正比，并且与电流方向无关。
- 塞贝克（Seebeck）效应：在热电材料中，由于温差产生电压（Seebeck 电动势），该电压与温差成正比，其比例系数称为塞贝克系数（a）。
- 珀耳帖（Peltier）效应：当电流流过两种不同热电材料的汇合处时，此处会发生冷却或加热。珀耳热与电流成正比，如果电流方向改变则改变符号。
- 汤姆森（Thomson）效应：当电流通过一个非均匀加热的热电材料时，材料会吸收或释放热。汤姆森热与电流成正比，如果电流方向改变则改变符号。

其典型应用为加热线圈、熔丝、热电偶以及热电冷却器和发电机等。

2.2.1 热-电分析中用到的单元

ANSYS 程序包含多种可以模拟热-电耦合的单元，见表 2-3。

LINK68 和 SHELL157 为特殊用途的热-电单元。耦合场单元（SOLID5、SOLID98、PLANE223、SOLID226 和 SOLID227）要求对热-电分析选择单元自由度 TEMP 和 VOLT。对于 SOLID5 和 SOLID98，将 KEYOPT(1)设为 0 或 1；对于 PLANE223、SOLID226 和 SOLID227，将 KEYOPT(1)设为 110。

2.2.2 进行热-电分析

该耦合场分析既可以是稳态的（ANTYPE,STATIC），也可以是瞬态的（ANTYPE,TRANS），其步骤与稳态或瞬态热分析基本相同。

表 2-3　热-电分析中用到的单元

单元	热电效应	材料特性	分析类型
LINK68，热-电线单元 SOLID5，耦合场六面体单元 SOLID98，耦合场四面体单元 SHELL157，热-电壳单元	焦耳加热	KXX，KYY，KZZ	稳态 瞬态(只考虑瞬态热效应)
PLANE223，耦合场四边形单元 SOLID226，耦合场六面体单元 SOLID227，耦合场四面体单元	焦耳加热 塞贝克效应 珀耳贴效应 汤姆森效应	KXX，KYY，KZZ RSVX，RSVY，RSVZ DENS，C，ENTH SBKX，SBKY，SBKZ PERX，PERY，PERZ	稳态 瞬态（瞬态热和电效应）

　　为了进行热-电分析，需要确定单元类型和材料特性。对于焦耳加热效应，必须定义电阻率（RSVX，RSVY，RSVZ）和热导率（KXX，KYY，KZZ）。定义质量密度（DENS）、比热容（C）和焓（ENTH）以考虑热瞬态效应。这些特性可以是常数，也可以与温度相关。

　　使用 PLANE223、SOLID226 或 SOLIE22 的瞬态分析，可以说明瞬态热效应和瞬态电效应。模拟瞬态热效应时需定义介电常数（PERX，PERY，PERZ）。使用 LINK68、SOLID5、SOLID98 或 SHELL157 的瞬态分析仅能说明瞬态热效应。

　　为了包含 Seeback-Peltier 热电效应，需要设定 PLANE223、SOLID226 或 SOLID227 单元类型及 Seeback 系数（SBKX，SBKY，SBKZ）（MP），还需要设定由零到热力学零度的温度偏移量（TOFFST）。为了捕捉 Thomson 效应，需要设定与 Seeback 系数相关的温度（MPDATA）。

　　PLANE223 假定为单位厚度，无法输入厚度参数。如果实际厚度（t）不均匀，需要调整材料特性，将热导率和密度乘以 t，而将电阻率除以 t。

2.3　压电分析

　　压电分析是一种结构-电场耦合分析。压电效应是诸如石英和陶瓷等材料的自然属性。当给压电材料施加电压时，它们会产生位移；反之，若使之振动，则会产生电压。压力传感器就是压电效应的一种典型的应用。压电分析类型（只有 ANSYS Multiphysics 或 ANSYS Mechanical 软件包支持这种分析）可以是稳态、模态、预应力模态、谐波、预应力谐波和瞬态分析。

　　为了进行压电分析，需要使用以下单元类型中的一种：

- PLANE13, KEYOPT(1)=7，耦合场四边形实体单元。
- SOLID5, KEYOPT(1)=0 或 3，耦合场六面体单元。
- SOLID98, KEYOPT(1)=0 或 3，耦合场四面体单元。
- PLANE223, KEYOPT(1)=1001，耦合场 8 节点四边形单元。
- SOLID226, KEYOPT(1)=1001，耦合场 20 节点六面体单元。
- SOLID227, KEYOPT(1)=1001，耦合场 10 节点四面体单元。

ANSYS Multiphysics、ANSYS Mechanical 和 ANSYS PrePost 中提供了 PLANE13、SOLID5 和 SOLID98 单元；ANSYS Mechanical 和 ANSYS PrePost 中提供了 PLANE223、SOLID226 和 SOLID227 单元。

KEYOPT 选项激活压电自由度、位移以及电压选项。对于 SOLID5 和 SOLID98，KEYOPT(1)=3 仅激活压电选项。

压电 KEYOPT 设置还使用 NLGEOM、SSTIF 和 PSTRES 命令激活了大变形和应力硬化效应。对于 PLANE13，大变形和应力硬化性能可用于 KEYOPT(1)=7；对于 SOLID5 和 SOLID98，大变形和应力硬化性能可用于 KEYOPT(1)=3。除此之外，小变形、应力硬化性能可用于 KEYOPT(1)=0。

注意：自动求解控制不能用于压电分析。SOLCONTROL 默认设置仅用于纯结构或纯热分析。对于大变形压电分析，必须使用非线性求解命令来设定。

📖 2.3.1 注意要点

分析可以是稳态的、模态的、预应力模态的、谐波的、预应力谐波的或瞬态的。

1. 压电分析要点

1）对于稳态分析、全谐波分析或全瞬态分析，可选用稀疏矩阵（SPARSE）求解器或雅可比共轭梯度（JCG）求解器。对于稳态分析和全瞬态分析，默认求解器为稀疏矩阵求解器。根据所选择的单位系统或材料特性值，组合矩阵可能会变成病态的。当求解病态矩阵时，JCG 迭代求解器可能会收敛于错误的解。当结构自由度和电自由度的大小开始发生很大的变化（大于 1e15）时，组合矩阵就会变成病态矩阵。

2）对于瞬态分析，用 TINTP 命令确定 ALPHA=0.25，DELTA=0.5 和 THETA=0.5（ANSYS Main Menu → Preprocessor → Loads → Time/Frequenc → Time Integration）。

3）预应力谐波分析只能遵循小挠度分析。

4）对于 PLANE13、SOLID5 和 SOLID98，VOLT 自由度的力标注为 AMPS；对于 PLANE223、SOLID226 和 SOLID227，VOLT 自由度的力标注为 CHRG。在 F、CNVTOL、RFORCE 中使用这些标注。

2. 使用 CIRCU94 进行压电-电路分析

1）使用介质衰耗因数特性模拟介电损失（输入 MP,LSST）只适用于 PLANE223、SOLID226 和 SOLID227。

2）科里奥利效应仅适用于 PLANE223、SOLID226 和 SOLID227。

3）如果模型至少有一个压电单元，那么所有具有结构和 VOLT 自由度的耦合场单元必然是压电类型。如果在这些单元中不考虑压电效应，就用 TB 简单定义非常小的压电系数。

2.3.2 材料特性

1. 介电常数矩阵（介电常数）

对于 SOLID5、PLANE13 或 SOLID98，用 MP 命令（ANSYS Main Menu → Preprocessor → Material Props → Material Models → Electromagnetics → Relative Permittivity → Orthotropic）确定相对介电常数值作为 PERX、PERY 和 PERZ。介电常数值分别代表介电常数矩阵[ε^S]（上标 S 表示常数值，用常应变计算得到）的对角分量 ε_{11}、ε_{22} 和 ε_{33}，即用 MP 命令输入的介电常数总认为是常应变[ε^S]下的介电常数。

对于 SOLID5、PLANE13 或 SOLID98，如果输入的介电常数值小于 1，程序会将该值认为是绝对介电常数。

对于 PLANE223、SOLID226 和 SOLID227，可以用 MP 命令确定介电常数为 PERX、PERY、PERZ，也可以使用 TB,DPER 和 TBDATA 命令确定各向异性介电常数矩阵的项。如果选择使用 MP 命令来确定介电常数，介电常数输入就会被认为是常应变下的介电常数，如果选择使用 TB,DPER 命令（ANSYS Main Menu → Preprocessor → Material Props → Material Models → Electromagnetics → Relative Permittivity → Anisotropic）可以在常应变[ε^S]（TBOPT=0）或常应力[ε^T]下确定介电常数矩阵。使用压电应变和应力矩阵会将后一种输入在内部转换为常应变[ε^S]下的介电常数矩阵。用 MP,PERZ 或 TB,DPER 输入的值总会被认为是相对介电常数。

2. 压电矩阵

可以用[e]形式（压电应力矩阵）或用[d]形式（压电应变矩阵）定义压电矩阵。[e]矩阵通常与以刚度矩阵[c]形式表示各向异性弹性输入有关，而[d]和柔度矩阵相关。

ANSYS 使用第一次界定温度下的弹性矩阵将压电应变矩阵[d]矩阵转换成压电应力矩阵[e]。为确定这种变换所需要的弹性矩阵，可以使用 TB,ANEL 命令（不是 MP 命令）。

6×3 矩阵（对 2-D 模型为 4×2 矩阵）表示了电场和应力（[e]矩阵）或/和应变（[d]矩阵）之间的关系。[e]矩阵和[d]矩阵都使用以下描述的数据表格输入：

$$[e]=\begin{array}{c}\\x\\y\\z\\xy\\yz\\xz\end{array}\begin{array}{ccc}x & y & z\\ \left[\begin{array}{ccc}e_{11} & e_{12} & e_{13}\\e_{21} & e_{22} & e_{23}\\e_{31} & e_{32} & e_{33}\\e_{41} & e_{42} & e_{43}\\e_{51} & e_{52} & e_{53}\\e_{61} & e_{62} & e_{63}\end{array}\right]\end{array} \qquad [e]=\begin{array}{cc}x & y\\ \left[\begin{array}{cc}e_{11} & e_{12}\\e_{21} & e_{22}\\e_{31} & e_{32}\\e_{41} & e_{42}\end{array}\right]\end{array}$$

$$(3-D) \qquad\qquad (2-D)$$

使用 TB,PIEZ 和 TBDATA 命令定义压电矩阵。

为了通过 GUI 定义压电矩阵，可以使用以下方法：

ANSYS Main Menu → Preprocessor → Material Props → Material Models → Piezoelec tric → Piezoelectric matrix.

对于大多数已经公布的压电材料，压电矩阵数据都是按照 x，y，z，yz，xz，xy 顺序的，基于 IEEE 标准之上（参考 ANSI/IEEE 标准 176-1987），而 ANSYS 的输入数据是按照以上所示的 x，y，z，xy，yz，xz 的顺序。也就是说，输入该参数时必须通过改变切变项的行数据以转换到 ANSYS 数据格式。

- 将 IEEE 常数 $[e_{61}\ e_{62}\ e_{63}]$ 输入为 ANSYS 的 xy 行。
- 将 IEEE 常数 $[e_{41}\ e_{42}\ e_{43}]$ 输入为 ANSYS 的 yz 行。
- 将 IEEE 常数 $[e_{51}\ e_{52}\ e_{53}]$ 输入为 ANSYS 的 xz 行。

$$
\text{ANSYS } [e] = \begin{array}{c} x \\ y \\ z \\ xy \\ yz \\ xz \end{array}
\begin{bmatrix}
e_{11} & e_{12} & e_{13} \\
e_{21} & e_{22} & e_{23} \\
e_{31} & e_{32} & e_{33} \\
e_{61} & e_{62} & e_{63} \\
e_{41} & e_{42} & e_{43} \\
e_{51} & e_{52} & e_{53}
\end{bmatrix}
\begin{array}{ccc} x & y & z \end{array}
$$

3．弹性系数矩阵

该矩阵为 6×6 对称矩阵（对于 2-D 模型为 4×4 矩阵），它确定了刚度系数（[c]矩阵）或柔度系数（[s]矩阵）。

本节遵循弹性系数矩阵[c]的 IEEE 标准计数法。

弹性系数矩阵使用以下的数据表输入：

$$
[c] = \begin{array}{c} x \\ y \\ z \\ xy \\ yz \\ xz \end{array}
\begin{bmatrix}
c_{11} & & & & & \\
c_{21} & c_{22} & & & & \\
c_{31} & c_{32} & c_{33} & & & \\
c_{41} & c_{42} & c_{43} & c_{44} & & \\
c_{51} & c_{52} & c_{53} & c_{54} & c_{55} & \\
c_{61} & c_{62} & c_{63} & c_{64} & c_{65} & c_{66}
\end{bmatrix}
\qquad
\begin{array}{c} x \\ y \\ z \\ xy \end{array}
\begin{bmatrix}
c_{11} & & & \\
c_{21} & c_{22} & & \\
c_{31} & c_{32} & c_{33} & \\
c_{41} & c_{42} & c_{43} & c_{44}
\end{bmatrix}
$$

$$(3\text{-}D) \qquad\qquad\qquad\qquad (2\text{-}D)$$

使用 TB,ANEL（ANSYS Main Menu → Preprocessor → Material Props → Material Models → Structural → Linear → Elastic → Anisotropic）和 TBDATA 命令定义系数矩阵[c]（或[s]，这取决于 TBOPT 设置）。与压电矩阵的情况类似，已公布的大多数压电材料的[c]矩阵使用不同的参数顺序，需要通过如下方式改变切变项的行和列数据，以将 IEEE 矩阵转换到 ANSYS 输入顺序。

- 将 IEEE 项 $[c_{61}\ c_{62}\ c_{63}\ c_{63}]$ 输入为 ANSYS 的 xy 行。
- 将 IEEE 项 $[c_{41}\ c_{42}\ c_{43}\ c_{46}\ c_{44}]$ 输入为 ANSYS 的 yz 行。
- 将 IEEE 项 $[c_{51}\ c_{52}\ c_{53}\ c_{56}\ c_{54}\ c_{55}]$ 输入为 ANSYS 的 xz 行。

输入到[c]矩阵的另一种方法就是确定弹性模量（用 MP,EX 命令）、泊松比（用 MP,NUXY 命令）和/或切变模量（用 MP,GXY 命令）。为了通过 GUI 确定其中任意一个量，可以使用以下方法：

ANSYS Main Menu → Preprocessor → Material Props → Material Models → Structural → Linear → Elastic → Orthotropic。

对于微电机系统（MEMS），最好使用 μMKSV 或 μMSVfA 单位建立问题。

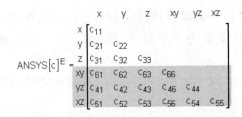

$$ANSYS[c]^E = \begin{array}{c} \\ x \\ y \\ z \\ xy \\ yz \\ xz \end{array} \begin{array}{cccccc} x & y & z & xy & yz & xz \\ c_{11} \\ c_{21} & c_{22} \\ c_{31} & c_{32} & c_{33} \\ c_{61} & c_{62} & c_{63} & c_{66} \\ c_{41} & c_{42} & c_{43} & c_{46} & c_{44} \\ c_{51} & c_{52} & c_{53} & c_{56} & c_{54} & c_{55} \end{array}$$

2.4 电弹分析

在电弹分析中，电弹力会引起弹性电介质变形。电弹分析类型分为稳态和全瞬态。其应用领域包括静电激励器、机器人技术中的电绝缘橡胶以及人造肌肉中的电活性聚合物。

2.4.1 电弹分析中用到的单元

为了进行电弹分析，需要使用以下单元类型中的一种：
- PLANE223,KEYOPT(1)=1001，耦合场 8 节点四边形单元。
- SOLID226,KEYOPT(1)=1001，耦合场 20 节点六面体单元。
- SOLID227,KEYOPT(1)=1001，耦合场 10 节点四面体单元。

将 KEYOPT(1)设为 1001 就会激活静电-结构自由度 VOLT 和位移。分析方式默认为电弹分析，若确定了压电矩阵就会激活压电分析。

2.4.2 进行电弹分析

1. 进行电弹分析的注意事项

1）选择一个适用于分析的耦合场单元（电弹分析用到的单元），使用 KEYOPT(4)模拟弹性电介质层或空气间隙层。

2）确定结构材料特性。
- 如果材料为各向同性或正交各向异性，则用 MP 命令输入弹性模量（EX,EY,EZ）、泊松比（PRXY,PRYZ,PRXZ 或 NUXY,NUYZ,NUXZ）和切变模量（GXY,GYZ 和 GXZ）。
- 如果材料为各向异性，则使用 TB,ANEL 命令输入弹性刚度矩阵。

3）可以通过 MP 命令确定电相对介电常数 PERX,PERY,PERZ，也可以使用 TB,DPER 命令确定各向异性介电常数矩阵的项。

4）施加结构和电载荷。

5）使用 CNVTOL 命令确定电和结构自由度（VOLT 和 U）或力（CHRG 和 F）的收敛准则。

6）使用 NLGEOM 命令激活大挠度效应。

2. 改变 MEMS 设备中的空气间隙

1）使用 KEYOPT(4)=1 将电弹力只施加到与结构相连的单元节点上（即除了具有 KEYOPT(4)=1 或 KEYOPT(4)=2 的电弹单元 PLANE223、SOLID226 或 SOLID227 之外的具有结构自由度的任一单元）。

2）为了提高运算效率，对于附加到结构的空气单元使用 KEYOPT(4)=1，对于其余的空气区域使用 KEYOPT(4)=2。

3）把一个小弹性刚度和一个零泊松比赋值给弹性空气单元。

3. 模拟细的平行空气间隔

1）估计弹性模量如下：

$$EX=(V_{max}/GAP_{min})^2(EPZRO/200)$$

式中，V_{max} 为施加的最大的电压；GAP_{min} 为最小张开间隙；EPZRO 为自由空间介电常数。

2）使用没有 midside 的单层单元以避免出现空气网格扭曲，尤其是破坏单轴性的四边形网格最佳。

3）为了防止间隔中出现空气挤压，将垂直于运动的位移自由度结合在一起。

当使用 CIRCU94 进行电弹-电路分析时，为了使之与电弹单元相协调，对正电荷反应求解时使 KEYOPT(6)=1。

2.5 压阻分析

压阻效应是由所施加的机械应变或应力引起的材料电阻率变化。许多材料受拉时的电阻会改变。半导体中的压阻效应最明显。半导体压阻传感元件或压电电阻器通常用于制作压力和力传感器，其中施加的机械载荷转换为成比例的电信号。压电电阻器的典型应用是压力传感器和加速计。

压阻分析可用于确定电场中的变化或由施加的力或压力引起的电流分布。用于压阻分析的单元为以下单元类型中的一种。

- PLANE223,KEYOPT(1)=101，耦合场 8 节点四边形单元。
- SOLID226,KEYOPT(1)=101，耦合场 20 节点六面体单元。
- SOLID227,KEYOPT(1)=101，耦合场 10 节点四面体单元。

分析类型可以是稳态（ANTYPE,0）的，也可以是瞬态（ANTYPE,4）的。

2.5.1 注意要点

1）至少需要两次迭代来计算压阻效应。

2）VOLT 自由度的力标记为 AMPS。在 F、CNVTOL、RFORCE 等中使用这种标记。

3）为了进行压阻-电路分析，使用 CIRCU124 单元。

4）用 PRNSOL/PLNSOL、PRESOL/PLESOL、PRVECT/PLVECT 命令使用 JC 标记以打印或绘制传导电流密度结果。

5）压阻分析不支持自动求解控制（SOLCONTROL）。

2.5.2 材料特性

1. 电阻率

使用 MP 命令（ANSYS Main Menu → Preprocessor → Material Props → Material Models → Electromagnetics → Resistivity → Orthotropic）指定电阻率的值为 RSVX、RSVY、RSVZ。为了在瞬态压阻分析中考虑电容效应，则使用 MP 命令指定介电常数为 PERX、PERY 或 PERZ。

2. 弹性系数矩阵

使用数据表（TB,ANEL 和 TBDATA 命令）输入弹性系数矩阵；另一种方法是确定弹性模量（MP,EX 命令）和泊松比（MP,NUXY 命令），通过 GUI（ANSYS Main Menu → Preprocessor → Material Props → Material Models → Structural → Linear → Elastic → Orthotropic）确定这些值。

3. 压阻矩阵

可以通过 TB、PZRS 和 TBDATA 命令以压阻应力矩阵[π]或压阻应变矩阵[m]的形式确定压阻矩阵。

压阻应力矩阵[π]（TBOPT=0）使用应力计算由压阻效应引起的电阻率的变化；压阻应变矩阵[m]（TBOPT=1）使用弹性应变计算由压阻效应引起的电阻率的变化。

一般情况下，压阻矩阵为非对称的 6×6 矩阵，它将应力或应变的 x、y、z、xy、yz、xz 项和电阻率的 x、y、z、xy、yz、xz 项通过 36 个常数联系起来。对于属于对称立方体组的半导体材料（如硅），压阻矩阵只有 3 个独立系数 π_{11}、π_{12}、π_{44}。

$$\begin{bmatrix} \pi_{11} & \pi_{12} & \pi_{12} & 0 & 0 & 0 \\ \pi_{12} & \pi_{11} & \pi_{12} & 0 & 0 & 0 \\ \pi_{12} & \pi_{12} & \pi_{11} & 0 & 0 & 0 \\ 0 & 0 & 0 & \pi_{44} & 0 & 0 \\ 0 & 0 & 0 & 0 & \pi_{44} & 0 \\ 0 & 0 & 0 & 0 & 0 & \pi_{44} \end{bmatrix}$$

[π]矩阵可按以下方式输入。

```
TB,PZRS
TBDATA, 1, π11, π12, π12
TBDATA, 7, π12, π11, π12
TBDATA, 13, π12, π12, π11
TBDATA, 22, π44
TBDATA, 29, π44
TBDATA, 36, π44
```

为了通过 GUI 确定压阻矩阵，可使用以下方法。

ANSYS Main Menu → Preprocessor → Material Props → Material Models → Piezore sistivity → Piezoresistive matrix.

定义数据时需要使用一致的单位。当模拟微电机系统（MEMS）时，最好使用 μMKSV 或 μMSVfA 单位。

2.6 结构-热分析

ANSYS Multiphysics 软件包支持这种功能，它能够进行热-应力分析，在动力分析中可以包括压热效应。后者的应用包括金属 MEMS 设备（如谐振梁）中的热弹性阻尼。

📖 2.6.1 结构-热分析中用到的单元

ANSYS 程序中包括各种用于进行耦合结构-热分析的单元，见表 2-4。

表 2-4 结构-热分析中用到的单元

单元	效应	分析类型
SOLID5，耦合场六面体单元	热弹性（热应力）	稳态
PLANE13，耦合场四边形单元		全瞬态
SOLID98，耦合场四面体单元		
PLANE223，耦合场四边形单元	热弹性（热应力和压热）	稳态
SOLID226，耦合场六面体单元	结构材料非线性	全谐波
SOLID227，耦合场四面体单元	热塑性	全瞬态

对于耦合结构-热分析，需要选择 UX、UY、UZ 和 TEMP 单元自由度。对于 SOLID5 或 SOLID98，将 KEYOPT(1)设为 0；对于 PLANE13，将 KEYOPT(1)设为 4；对于 PLANE223、SOLID226 或 SOLID227，将 KEIOPT(1)设为 11。

在动力分析（瞬态和谐波）中，为了包括压热效应，需要使用 PLANE223、SOLID226 或 SOLID227 单元。

📖 2.6.2 进行结构-热分析

为了进行结构-热分析，需要做到以下几点：

1）选择一个适用于该分析的耦合场单元（见表 2-4）。使用 KEYOPT(1)选择 UX、UY、UZ 和 TEMP 单元自由度。

2）确定结构材料特性。

①如果材料为各向同性或正交各向异性，使用 MP 命令输入泊松比（PRXY、PRYZ、PRXZ 或 NUXY、NUYZ、NUXZ）及切变模量（GXY、GYZ 和 GXZ）。

②如果材料为各向异性，则使用 TB,ANEL 命令输入弹性刚度矩阵。

3）确定热材料特性。

①使用 MP 命令确定热导率（KXX、KYY、KZZ）。

②为了考虑热瞬态效应，可使用 MP 命令确定质量密度（DENS）和比热容（C）或焓（ENTH）。

4）使用 MP 命令确定热膨胀系数（ALPX、ALPY、ALPZ）、热应变（THSX、THSY、THSZ）或热膨胀瞬时系数（CTEX、CTEY、CTEZ）。

5）使用 TREF 命令确定热应力计算时的参考温度。

6）施加结构和热载荷。

下面两点仅适用于 PLANE223、SOLID226 或 SOLID227 单元：

1）如果进行稳态或全瞬态分析，可以使用 KEYOPT（2）选择强的（矩阵）或弱的（载荷矢量）结构热耦合。强耦合产生一个非对称矩阵，在线性分析中，一次迭代就可以得到强耦合响应；弱耦合产生一个对称矩阵，并且需要至少两次迭代才能得到一个耦合响应。对于具有这些单元的全谐波分析，只有强结构-热耦合适用于该分析。

2）在动力分析中，这些单元支持压热效应。

关于压热效应计算时的输入需要注意以下几点：

1）弹性系数被认为是等温系数，而不是绝热系数。

2）比热假设为恒定压力（或恒定应力）下的比热容，并能自动转换到恒定容积（或恒定应力）下的比热容。

3）需要使用 TOFFST 命令确定由绝对零度到零度的温度偏移量。使用 TREF 命令将这个温度偏移量添加到温度输入中以获得绝对参考温度。

4）所有的热材料特性和载荷必须具有相同的能量单位，见表 2-5。对于 SI 系统，能量和热的单位都用 J；对于 U.S.Customary 系统，能量单位为 in·lbf 或 ft·lbf，热单位为 BTU。British 热单位（BTU）必须转换到能量单位 in·lbf 或 ft·lbf（1BTU=9.34e3 in·lbf=778.26 ft·lbf）。

表 2-5　热量单位

热量	单位
热导率	能量/（长度·温度·时间）
比热容	能量/（质量·温度）
热流量密度	能量/（长度^2·时间）
体积热源	能量/（长度^3·时间）
传热系数	能量/（长度^2·温度·时间）

2.7 结构-热-电分析及热-压电分析

可以使用 SOLID5、PLANE13、SOLID98、PLANE223、SOLID226 或 SOLID227 单元进行结构-热-电分析或热-压电分析。

对于耦合结构-热-电分析，需要选择 UX、UY、UZ、TEMP 和 VOLT 单元自由度。对于 SOLID5 或 SOLID98，将 KEYOPT（1）设为 0，这些单元的分析类型（结构-热-电或热-压电）取决于电材料特性输入（电阻率或介电常数）；对于 PLANE223、SOLID226 和 SOLID227，分析类型取决于 KEYOPT（1），对于这些单元，结构-热-电分析时将 KEYOPT（1）设为 111，热-压电分析时将 KEYOPT(1)设为1011。

表 2-6　结构-热-电分析用到的单元

单元	效应	分析类型
SOLID5，耦合场六面体单元	热弹性（热应力）	稳态
SOLID98，耦合场四面体单元	热弹性（焦耳加热）	全瞬态
	压电	
PLANE223，耦合场四边形单元	热弹性（热应力和压热）	结构-热电
SOLID226，耦合场六面体单元	热电（焦耳加热、塞贝克、珀耳帖、汤姆森）	稳态
	压阻	全瞬态
SOLID227，耦合场四面体单元	热弹性（热应力和压热）	热-压电
	压电	稳态
		全谐波
		全瞬态

2.7.1　结构-热-电分析

除了 2.6.2 节中提到的步骤外，还需要确定电材料特性和耦合场效应的材料特性。

1）使用 MP 命令确定电阻率（RSVX、RSVY、RSVZ）。

2）下面几点仅适用于 PLANE223、SOLID226 或 SOLID227 单元。

①可以使用 MP 命令确定介电常数（PERX、PERY、PERZ），以模拟瞬态电效应（电容效应）。

②可以使用 MP 命令确定塞贝克系数（SBKX、SBKY、SBKZ）以包含塞贝克-珀耳帖热电效应。

③可以使用 TB,PZRS 命令确定压阻矩阵，以包含压阻效应。

④进行电路分析，可以使用 CIRCU124 单元。

2.7.2　热-压电分析

除了 2.6.2 节中提到的步骤外，还需要确定电材料特性和耦合场效应的材料特性。

1）对于 SOLID5 或 SOLID98，使用 MP 命令确定介电常数（PERX、PERY、PERZ）。对于 PLANE223、SOLID226 和 SOLID227，可以使用 MP 命令确定介电常数（PERX、PERY、PERZ），也可以使用 TB,DPER 和 TB,DATA 命令通过确定各向异性介电常数矩阵的项来确定介电常数 PERX、PERY、PERZ。为了模拟介电损失，可以使用 PLANE223、SOLID226 或 SOLID227 单元并确定损耗因数（MP,LSST）。

2）使用 TB,PIEZ 命令确定压电矩阵。

3）为了进行电路分析，可以使用 CIRCU 单元。

2.8 磁-结构分析

ANSYS Multiphysics 软件包支持磁-结构分析，该分析用以确定作用到载电导体或磁性材料上的磁力，以及因此导致的结构变形。一般应用需要计算稳态或瞬态磁场造成的力、结构变形及应力，从而了解对结构设计的影响。典型的应用包括导体的脉冲激励、瞬态磁场导致的结构振动、螺线管传动器的衔铁运动以及金属的磁电成形。

为了进行直接磁-结构分析，只能使用以下单元类型中的一种：

- PLANE13，耦合场四边形实体单元。
- SOLID5，耦合场六面体单元。
- SOLID98，耦合场四面体单元。

分析可以是稳态的，也可以是瞬态的。它与稳态或瞬态磁场分析的步骤基本一样，但应注意以下要点：

1）PLANE13 矢势方法适用于稳态和瞬态分析。SOLID5 和 SOLID98 使用标势方法，仅适用于稳态分析。

2）如果结构变形影响磁场变化，这属于高度非线性分析，需要打开大变形效应（适用于 PLANE13），而且需要较多载荷步和缓慢斜坡加载方式。同时，还需要用空气单元将变形体包围起来，而且空气单元应具有通常的结构特性参数。这是由于空气单元要能吸收物体的变形，这样就可以通过自由度约束的方式固体空气区域的外部。

3）可以对运动幅度很小的物体（如螺线管中的衔铁）进行动态分析。运动幅度很小，表明物体的运动及周围的空气单元网格扭曲较小，给周围的空气单元赋予非常柔的结构特性。同时，一定要关闭空气单元的额外形函数（extra shape functions）。自动时间步长对系统的质量和刚度非常敏感。用 TINTP 命令调整 GAMMA 参数（可以为 1.0）以阻尼掉数值噪声，关掉自适应下降（adaptive descent）以及使用基于力（F）和矢势（A）的收敛判据都有助于问题收敛。

2.9 电子机械分析

静电-机械耦合分析用于计算机械设备中由于静电场引起的力。通常，这种类型的分析用于仿真微电机设备（MEMS），如驱动器、开关、过滤器、加速计和扭力镜等。本节描述了用于 TRANS126 转换器单元中进行直接耦合静电-结构耦合分析的耦合求解器工具。对于序列耦合，使用 ANSYS 多场求解器。

TRANS126 是一个"降阶"单元，可用于结构有限元分析或"集总"电子机械电路仿真中用作转换器。"降阶"是指电子机械设备的静电特性用一个位移范围上的设备电容表示出来，并用一个简单耦合的梁一样的单元来处理。图 2-1 所示为一个在静电分析过程中，计算在一个运动范围（图 2-1 中的参数 d）内设备的电容并合并这些结果，作为转换器单元输入参数的典型过程。

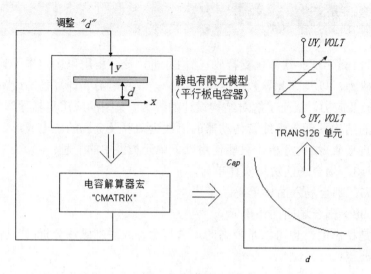

图 2-1　计算电容的过程

1．单元物理

TRANS125 是一个对电子机械设备静电响应和结构响应进行完全耦合计算的单元。因为单元是完全耦合的，故可将其有效地用于稳态、谐波、瞬态和模态分析。非线性分析可以使用全系统切线刚度矩阵。小信号谐波扫描和自然频率反映了耦合的全系统行为。在 X 方向运动的情况下，设备上的电荷与施加在设备上的电压的关系为：

$$Q = C(x) V$$

式中，V 为设备电极上的电压；$C(x)$ 为电极间的电容（x 的函数）；Q 为电极上的电荷。

与电荷相关的电流为：

$$I = \mathrm{d}Q / \mathrm{d}t = [\mathrm{d}C(x) / \mathrm{d}x] (\mathrm{d}x / \mathrm{d}t) V + C(x) (\mathrm{d}V / \mathrm{d}t)$$

式中，$[\mathrm{d}C(x) / \mathrm{d}x] (\mathrm{d}x / \mathrm{d}t) V$ 为运动导致的电流；$C(x) (\mathrm{d}V / \mathrm{d}t)$ 为电压变化引起的电流。

电极间的静电力为：

$$F = (1/2) [\mathrm{d}C(x) / \mathrm{d}x] V^2$$

由上式可知，设备在一个运动范围内的电容表征了该设备的电子机械响应。

2．降阶模型

可以使用包含机械弹簧、节气阀和质量单元（COMBIN14、COMBIN39 和 MASS21）以及电子机械转换器单元（TRANS126）的"降阶"模型分析 MEMS 设备，如图 2-2 所示。转换器单元将能量从静电区域转换到机械区域，它描述了一次迭代中设备的电容对运动的响应。

可以使用 EMTGEN 命令在移动结构的表面和平面（如地平面）间生成一组分布式的

TRANS126 单元。这种安排考虑到了全耦合的静电-结构模拟。在这种情况下，与结构的总面积相比，间隙非常小。典型的应用包括加速计、开关和微镜设备。

TRANS126 单元支持在节点 X、Y 和 Z 方向上的运动，可以联合多个单元来表示设备的全三维平移响应。因而，可以通过一个完全表征了耦合电子机械响应的降阶单元来模拟一个静电驱动结构。

可以将转换器单元连接在二维或三维有限元结构模型中，以对大信号静态和瞬态分析以及小信号谐波和模态分析进行复杂计算。

3. 静态分析

对于静态分析，施加到转换器上的电压将产生一个作用在结构上的力。例如，施加到电子机械转换器单元（TRANS126）上的电压（$V_1 \rightarrow V_2$）将产生一个静电力以使图 2-3 所示的扭力梁旋转。

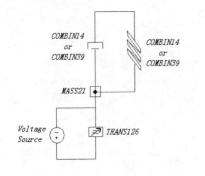

图 2-2　降阶模型

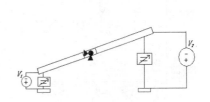

图 2-3　扭力梁旋转

静电转换器的静力平衡可能是不稳定的。随着电压的增加，电容器板间的吸引力增加，间隙减小。对于一个间隙距离 d，弹簧恢复力与 $1/d$ 成正比，而静电吸引力也与 $1/d^2$ 成正比。当电容器间隙减小到一定值时，静电吸引力就会大于弹簧恢复力，这时电容器板就会一起断裂。相反，当电容器电压下降到一定值时，静电吸引力就会小于弹簧恢复力，这时电容器板会分别断裂。

转换器单元可能会出现滞后现象，如图 2-4 所示。电压斜线上升到阈值，然后回落到释放值。

转换器单元本身就同时具有温度和非稳定解，如图 2-5 所示。根据开始位置（初始间隙值），该单元可以收敛到任一解。

系统刚度由结构刚度和静电刚度组成，并且为负值。弹簧拉伸时力会增加，故结构刚度为正值。然而，平板电容器的静电刚度为负值，板间的吸引力随着间隙的增加而减小。

如果系统刚度为负值，在非稳定解附近会出现收敛问题。如果在使用 TRANS126 时遇到收敛问题，就使用其内置的增强刚度的方法（KEYOPT(6)=1）。在这种方法中，静电刚度设为零，以确保系统刚度为负。达到收敛后，在后处理和随后的分析中，静电刚度会自动复原。

在静态分析中，必须完整定义跨越转换器的电压，还可以施加节点位移和力。使用

IC 命令施加初始位移有助于问题收敛。

4．模态分析

可以使用 TRANS126 单元进行预应力模态分析来确定系统的特征频率。对于很多设备，一般受关注的是当在转换器电极上施加直流电压时，其频率会变化。这种效应可以如此进行分析，先在转换器上施加直流电压并进行一次静态分析，然后在结构上进行一次"预应力"模态分析。如果在转换器的节点上为定义电压，则 TRANS126 需要用非对称特征值求解器（MODOPT, UNSYS）来进行模态分析；如果转换器单元有完整描述的电压（在两个节点上），则变成对称问题。在这种情况下，对转换器单元设置 KEYOPT(3)=1 并选择一个对称特征值求解器（MODOPT, LANB）来求解（MODOPT, LANB 是默认的）。

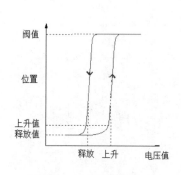

图 2-4 电子机械滞后现象

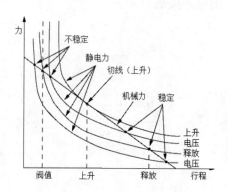

图 2-5 静态稳定性特征

5．谐波分析

结合转换器单元 TRANS126 以提供一个小信号交流电压，可以仿真结构的预应力全谐波分析。同样，机械激振结构将在转换器内产生电压和电流。在小信号谐波分析之前，必须进行一次静态分析。通常，设备都是在直流偏压和小信号交流电压下工作的。对直流偏压进行小信号激励仿真，实质上就是一个静态分析（施加直流电压）后再加一个全谐波分析（施加交流激励）。通常在调整诸如过滤器、谐振器和加速计等系统的共振频率时，需要用到该分析。

6．瞬态分析

在复杂有限元结构上附加一个 TRANS126 单元可以进行全瞬态分析。可以在转换器或结构上施加一个任意的大信号时变激励以进行全耦合瞬态电子机械响应分析。可以同时施加电压和电流作为电信号载荷，而位移和力作为机械载荷。但是在定义初始的电压和位移条件时要小心，可用 IC 命令同时定义电压和电压率（使用 IC 命令的 VALUE1 和 VALUE2）以及位移和速度。另外，可以使用 CNVTOL 命令定义电压（VOLT）和/或电流（AMPS）以及位移（U）和/或力（F）的收敛容差。分析中可以包含线性和非线性影响。

7. 电子机械电路

TRANS126 单元可以用过耦合电路仿真来模拟"降阶"电子机械设备。ANSYS 电流建模程序可以方便地建立包含线性电路单元（CIRCU124）、机械弹簧单元、质量单元、阻尼单元（COMBIN14、MASS21 和 COMBIN39）以及用于连接电和机械模型的电子机械转换器单元（TRANS126）的降阶模型。在 ANSYS 中，可以对电子机械电路模型进行静态、谐波和瞬态分析。

第 **3** 章

直接耦合场实例分析

本章介绍了 11 个直接耦合场实例的分析，分别为热电冷却器耦合分析、热电发电机耦合分析、压电耦合分析、科里奥利效应的压电耦合分析、绝缘弹性体耦合分析、固定梁的静电-结构耦合分析、压阻现象耦合分析、梳齿式机电耦合分析、梁的结构-热谐波耦合分析和微型驱动器电热耦合分析。

学 习 要 点

- 热电冷却器耦合分析
- 热电发电机耦合分析
- 压电耦合分析
- 科里奥利效应的压电耦合分析
- 绝缘弹性体耦合分析
- 固定梁的静电-结构耦合分析
- 压阻现象耦合分析
- 梳齿式机电耦合分析
- 梁的结构-热谐波耦合分析
- 微型驱动器电热耦合分析

3.1 热电冷却器耦合分析

热电冷却器由铜片连接的两个半导体元件组成。一个元件是 n 型材料，另一个元件是 p 型材料。两个元件的长度为 $L=1\text{cm}$，横截面积为 $A=W^2=1\text{cm}^2$。其中，W 为元件的宽度，$W=1\text{cm}$。冷却器的设计目的是为了在电流为 I 的通道中保持冷端温度为 T_c，并且使温度为 T_h 的热端散热。电流的正方向为 n 型材料到 p 型材料的方向，如图 3-1 所示。

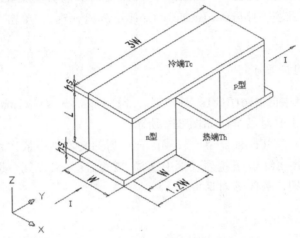

图 3-1 热电冷却器结构示意图

三片铜片的尺寸对分析结果影响不大。这里铜片的厚度 h_s 为 1cm，其余尺寸如图 3-1 所示。热电冷却器的材料属性见表 3-1。

表 3-1 材料属性参数

元件	电阻率/$\Omega \cdot$ cm	热导率/[W/（cm · ℃）]	塞贝克系数/（μV/℃）
n 型元件	$\rho_n=1.05\times10^{-3}$	$\lambda_n=0.013$	$\alpha_n=-165$
p 型元件	$\rho_p=0.98\times10^{-3}$	$\lambda_p=0.012$	$\alpha_p=210$
铜片	1.7×10^{-6}	400	—

热电冷却器的工作性能可以用三维稳态热-电耦合来分析。初始条件为：$T_c=0$℃，$T_h=54$℃，$I=28.7\text{A}$。通过以下方程式可以计算和比较分析的结果。

$$Q_c = \alpha T_c I - \frac{1}{2} I^2 R - K\Delta T \tag{3-1}$$

$$P = VI = \alpha I (\Delta T) + I^2 R \tag{3-2}$$

$$\beta = \frac{Q_c}{P} \tag{3-3}$$

式中，Q_c 为耗热率；a 为塞贝克系数，$a=|\alpha_n|+|\alpha_p|$；R 为内电阻，$R=(\rho_n+\rho_p)L/A$；K 为内部热传导，$K=(\lambda_n+\lambda_p)A/L$；$\Delta T$ 为实际温差，$\Delta T=T_h-T_c$。当初始值给出 $Q_c=0.74\text{W}$，$T_h=54$℃，$I=28.7\text{A}$，并且已知冷端温度分布时，可以对反问题进行求解。

📖3.1.1 前处理

1. 定义工作文件名和工作标题

01 单击菜单栏中的 File → Change Jobname 命令，打开 Change Jobname 对话框。在[/FILNAM] Enter new jobname 文本框中输入工作文件名"Cooler"，使 NEW log and error files 保持"Yes"状态，单击"OK"按钮，关闭该对话框。

02 单击菜单栏中的 File → Change Title 命令，打开 Change Title 对话框。在对话框中输入工作标题"Thermoelectric Cooler Analysis"，单击"OK"按钮，关闭该对话框。

2. 指定坐标系的参考方向

01 单击菜单栏中的 PlotCtrls → View Settings → Viewing Direction 命令，打开 Viewing Direction 对话框，如图 3-2 所示。

02 在 XV，YV，ZV Coords of view point 后的文本框中依次输入"1，1，1"，在 Coord axis orient ation 下拉列表框中选择"Z-axis up"，其余选项采用系统默认设置，单击"OK"按钮，关闭该对话框。

3. 设置整体坐标系的显示

01 单击菜单栏中的 PlotCtrls → Window Controls → Window Options 命令，打开 Window Options 对话框，如图 3-3 所示。

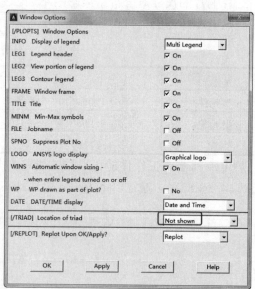

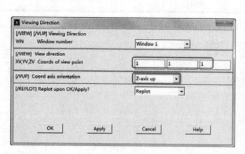

图 3-2 Viewing Direction 对话框　　　　图 3-3 Window Options 对话框

02 在[/TRIAD] Location of triad 下拉列表框中选择"Not show"，即在 ANSYS 窗口中不显示整体坐标系，单击"OK"按钮，关闭该对话框。

4. 定义单元类型

01 单击 ANSYS Main Menu → Preprocessor → Element Type → Add/Edit/Delete 命令，打开 Element Types 对话框，如图 3-4 所示。

02 单击 Element Types 对话框的 "Add" 按钮，打开 Library of Element Types 对话框，如图 3-5 所示。在 Library of Element Types 列表框中选择 Coupled Field → Brick 20node 226 选项，在 Element type reference number 文本框中输入 "1"，单击 "OK" 按钮，关闭该对话框。

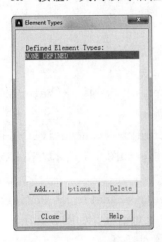
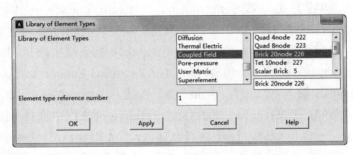

图 3-4 Element Types 对话框   图 3-5 Library of Element Types 对话框

03 单击 Element Types 对话框中的 "Options" 按钮，打开 SOLID226 element type options 对话框，如图 3-6 所示。在 Analysis Type　K1 下拉列表框中选择 Thermoelectric 选项，其余选项采用系统默认设置，单击 "OK" 按钮，关闭该对话框。

图 3-6 SOLID226 element type options 对话框

04 单击 Element Types 对话框中的 "Add" 按钮，打开 Library of Element Types 对话框。在 Library of Element Types 列表框中选择 Coupled Field → Tet 10node 227 选项，在 Element type reference number 文本框中输入 "2"，单击 "OK" 按钮，关闭该对话框。

05 选择 Element Types 对话框中列表框的 Type 2 SOLID227 选项，然后单击 "Options" 按钮，打开 SOLID227 element type options 对话框，在 Analysis Type K1 下拉列表框中选择 Thermoelectric 选项，其余选项采用系统默认设置，单击 "OK" 按钮，关闭该对话框。

06 单击 "Close" 按钮，关闭 Element Types 对话框。

5. 定义材料性能参数

01 单击 ANSYS Main Menu → Preprocessor → Material Props → Material Models 命令，打开 Define Material Model Behavior 对话框。

02 在 Material Models Available 列表框中选择 Thermal → Conductivity → Isotropic，打开 Conductivity for Material Number 1 对话框，如图 3-7 所示。在 KXX 文本框中输入 "1.3"，单击 "OK" 按钮，关闭该对话框。

03 在 Material Models Available 列表框中选择 Electromagnetic → Resistivity → Constant，打开 Resistivity for Material Number 1 对话框，如图 3-8 所示。在 RSVX 文本框中输入 "1.05e-5"，单击 "OK" 按钮，关闭该对话框。

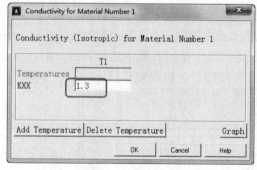

图 3-7 Conductivity for Material
Number 1 对话框

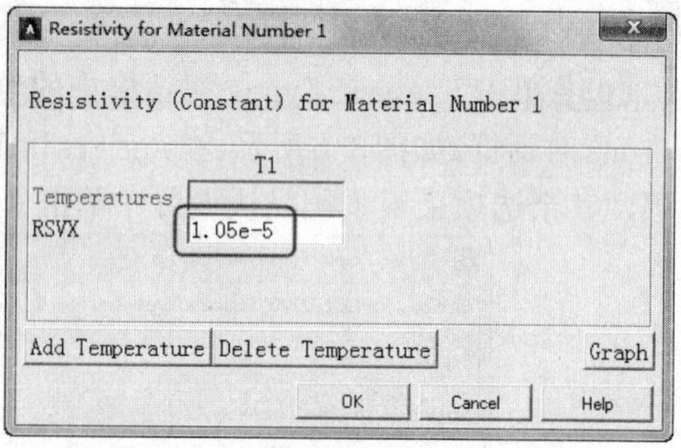

图 3-8 Resistivity for Material
Number 1 对话框

04 在 Material Models Available 列表框中选择 Thermoelectricity → Isotropic，打开 Seebeck Coefficients for Material Number 1 对话框，如图 3-9 所示。在 SBKX（塞贝克系数）文本框中输入 "-1.65e-4"，单击 "OK" 按钮，关闭该对话框。

05 在 Define Material Model Behavior 对话框中选择 Material → New Model 命令，打开 Define Material ID 对话框。在 Define Material ID 文本框中输入 "2"，单击 "OK" 按钮，关闭该对话框。

06 在 Material Models Available 列表框中选择 Thermal → Conductivity → Isotropic，打开 Conductivity for Material Number 2 对话框，类似于图 3-7 所示。

在 KXX 文本框中输入 "1.2"，单击 "OK" 按钮，关闭该对话框。

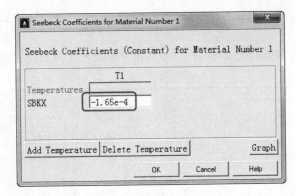

图 3-9 Seebeck Coefficients for Material Number 1 对话框

07 在 Material Models Available 列表框中选择 Electromagnetic → Resistivity → Constant，打开 Resistivity for Material Number 2 对话框，类似于图 3-8 所示。在 RSVX 文本框中输入 "0.98e-5"，单击 "OK" 按钮，关闭该对话框。

08 在 Material Models Available 列表框中选择 Thermoelectricity → Isotropic，打开 Seebeck Coefficients for Material Number 2 对话框，类似于图 3-9 所示。在 SBKX 文本框中输入塞贝克系数 "2.1e-4"，单击 "OK" 按钮，关闭该对话框。

09 在 Define Material Model Behavior 对话框中选择 Material → New Model，打开 Define Material ID 对话框，在 Define Material ID 文本框中输入 "3"，单击 "OK" 按钮，关闭该对话框。

10 在 Material Models Available 列表框中选择 Thermal → Conductivity → Isotropic，打开 Conductivity for Material Number 3 对话框，类似于图 3-7 所示。在 KXX 文本框中输入 "400"，单击 "OK" 按钮，关闭该对话框。

11 在 Material Models Available 列表框中选择 Electromagnetic → Resistivity → Constant，打开 Resistivity for Material Number 3 对话框，类似于图 3-8 所示。在 RSVX 文本框中输入 "1.7e-8"，单击 "OK" 按钮，关闭该对话框。

12 在 Define Material Model Behavior 对话框中选择 Material → Exit，关闭该对话框。

6. 建立几何模型

01 单击 ANSYS Main Menu → Preprocessor → Material Props → Temperature Units 命令，打开 Specify Temperature Units 对话框，如图 3-10 所示。在[TOFFST] Temperature units 下拉列表框中选择 "Celsius"，单击 "OK" 按钮，关闭该对话框。

02 单击菜单栏中的 Parameters → Scalar Parameters 命令，打开 Scalar Parameters 选择对话框，如图 3-11 所示。在 Selection 文本框中依次输入：

```
L=1.0e-2
W=1.0e-2
HS=0.1e-2
```

```
I=28.7
QC=0.74
```

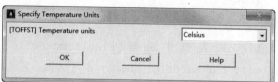 注意：每次输入完之后单击"Accept"按钮，全部输入完成之后单击"Close"按钮，关闭该对话框。

图 3-10 Specify Temperature Units 对话框 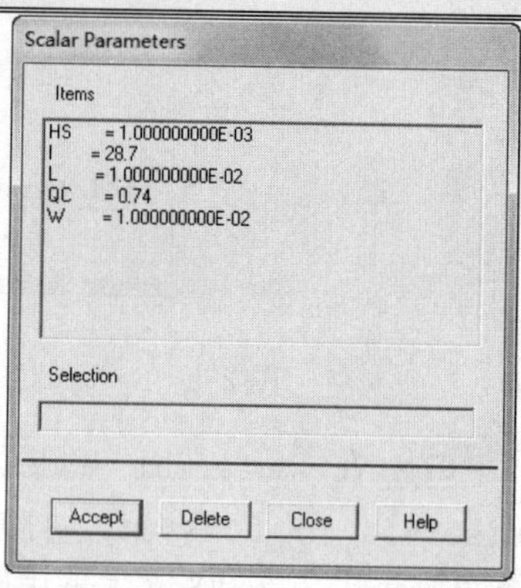   图 3-11 Scalar Parameters 选择对话框

03 单击 ANSYS Main Menu → Preprocessor → Modeling → Create → Volumes → Block → By Dimensions 命令，打开 Create Block by Dimensions 对话框，如图 3-12 所示。在 X1,X2 X-coordinates 文本框中依次输入"W/2，3*W/2"，在 Y1,Y2 Y-coordinates 文本框中依次输入"0，W"，在 Z1,Z2 Z-coordinates 文本框中依次输入"0，L"。

04 单击对话框中的"Apply"按钮，再次打开 Create Block by Dimensions 对话框。在 X1，X2 X-coordinates 文本框依次输入"-3*W/2，-W/2"，在 Y1,Y2 Y-coordinates 文本框依次输入"0，W"，在 Z1,Z2 Z-coordinates 文本框中依次输入"0，L"。

05 单击对话框中的"Apply"按钮，再次打开 Create Block by Dimensions 对话框。在 X1,X2 X-coordinates 文本框中依次输入"-3*W/2，3*W/2"，在 Y1,Y2 Y-coordinates 文本框中依次输入"0，W"，在 Z1,Z2 Z-coordinates 文本框中依次输入"L，L+HS"。

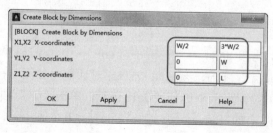

图 3-12 Create Block by Dimensions 对话框

06 单击对话框中的"Apply" 按钮，再次打开 Create Block by Dimensions 对话框。在 X1,X2 X-coordinates 文本框中依次输入"-1.7*W，-W/2"，在 Y1,Y2 Y-coordinates

文本框中依次输入"0，W"，在Z1, Z2 Z-coordinates 文本框中依次输入"-HS，0"。

07 单击对话框中的"Apply" 按钮，再次打开 Create Block by Dimensions 对话框。在 X1, X2 X-coordinates 文本框中依次输入"W/2，1.7*W"，在 Y1, Y2 Y-coordinates 文本框中依次输入"0，W"，在 Z1, Z2 Z-coordinates 文本框中依次输入"-HS，0"，单击"OK"按钮，关闭该对话框。

08 单击 ANSYS Main Menu → Preprocessor → Modeling → Operate → Booleans → Glue → Volumes 命令，打开 Glue Volumes 选择对话框。单击"Pick All"按钮，关闭该对话框，使5个不同的几何体粘合到一起。

09 单击菜单栏中的 PlotCtrls → Numbering 命令，打开 Plot Numbering Controls 对话框，如图 3-13 所示。在 Elem/Attrib numbering 下拉列表框中选择"Material numbers"，在[/NUM] Numbering shown with 下拉列表框中选择"Colors only"，其余选项采用系统默认设置，单击"OK"按钮，关闭该对话框。

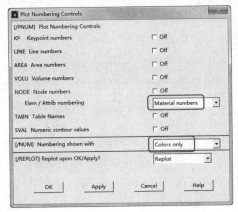

图 3-13 Plot Numbering Controls 对话框

10 单击菜单栏中的 PlotCtrls → Style → Colors → Reverse Video 命令，ANSYS 窗口将变成白色，生成的几何模型如图 3-14 所示。

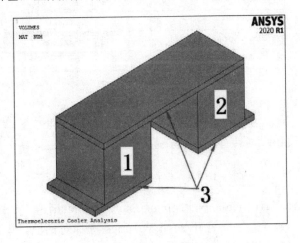

图 3-14 生成的几何模型

注意：图 3-14 中的编号代表 3 种不同的材料，为划分网格做准备工作。

7. 划分网格

01 单击 ANSYS Main Menu → Preprocessor → Meshing → Size Cntrls → ManualSize → Global → Size 命令，打开 Global Element Sizes 对话框，如图 3-15 所示。在 SIZE Element edge length 文本框中输入"W/3"，其余选项采用系统默认设置，单击"OK"按钮，关闭该对话框。

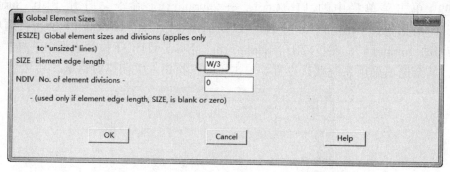

图 3-15 Global Element Sizes 对话框

02 单击 ANSYS Main Menu → Preprocessor → Meshing → Mesh Attributes → Picked Volumes 命令，打开 Volume Attributes 选择对话框。单击图 3-14 中的几何体 1，单击"OK"按钮，打开 Volume Attributes 对话框，如图 3-16 所示。在 MAT Material number 下拉列表框中选择"1"，在 TYPE Element type number 下拉列表框中选择"1 SOLID226"，其余选项采用系统默认设置，单击"OK"按钮，关闭该对话框。

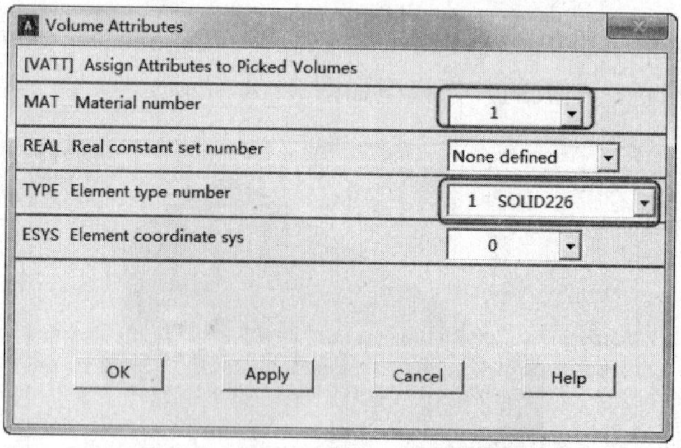

图 3-16 Volume Attributes 对话框

03 单击 ANSYS Main Menu → Preprocessor → Meshing → Mesh → Volumes → Mapped → 4 to 6 sided 命令，打开 Mesh Volumes 选择对话框。单击图 3-14 中的几何体 1，单击"OK"按钮，关闭该对话框，此时窗口会显示生成的体积 1 的网格模型。

04 单击菜单栏中 Plot → Volumes 命令，窗口会重新显示整体几何模型。

05 单击 ANSYS Main Menu → Preprocessor → Meshing → Mesh Attributes → Picked Volumes 命令，打开 Volume Attributes 选择对话框。单击图 3-14 中的几何体 2，单击 "OK" 按钮，打开 Volume Attributes 对话框。在 MAT　Material number 下拉列表框中选择 "2"，在 TYPE　Element type number 下拉列表框中选择 "1 SOLID226"，其余选项采用系统默认设置，单击 "OK" 按钮，关闭该对话框。

06 单击 ANSYS Main Menu → Preprocessor → Meshing → Mesh → Volumes → Mapped → 4 to 6 sided 命令，打开 Mesh Volumes 选择对话框。单击图 3-14 中的几何体 2，单击 "OK" 按钮，关闭该对话框，此时窗口会显示生成的体积 1 和体积 2 的网格模型。

07 单击菜单栏中 Plot → Volumes 命令，窗口会重新显示整体几何模型。

08 单击 ANSYS Main Menu → Preprocessor → Meshing → Mesh Attributes → Picked Volumes 命令，打开 Volume Attributes 选择对话框。单击图 3-14 中的几何体 3，即三块铜片，单击 "OK" 按钮，打开 Volume Attributes 对话框。在 MAT　Material number 下拉列表框中选择 "3"，在 TYPE　Element type number 下拉列表框中选择 "2 SOLID227"，其余选项采用系统默认设置，单击 "OK" 按钮，关闭该对话框。

09 单击 ANSYS Main Menu → Preprocessor → Meshing → Mesh → Volumes → Free 命令，打开 Mesh Volumes 选择对话框。单击图 3-14 中的几何体 3，即 3 块铜片，单击 "OK" 按钮，关闭该对话框。此时窗口会显示生成的整个体的网格模型，如图 3-17 所示。

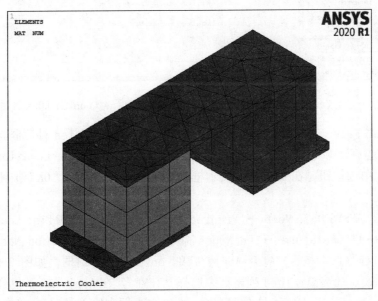

图 3-17　生成的网格模型

8. 设置边界条件和载荷

01 单击菜单栏中 Select → Entities 命令，打开 Select Entities 对话框，如图 3-18 所示。在第一个下拉列表框中选择 "Nodes"，在第二个下拉列表框中选择 "By

Location", 单击 Z coordinates 单选按钮, 在 Min, Max 文本框中输入 "L+HS", 单击 "OK" 按钮, 关闭该对话框。

02 单击 ANSYS Main Menu → Preprocessor → Coupling / Ceqn → Couple DOFs 命令, 打开 Define Coupled DOFs 选择对话框。单击 "Pick All" 按钮, 打开 Define Coupled DOFs 对话框, 如图 3-19 所示。在 NSET Set reference number 文本框中输入 "1", 在 Lab Degree-of-freedom label 下拉列表框中选择 "TEMP", 单击 "OK" 按钮, 关闭该对话框。

03 单击菜单栏中 Parameters → Scalar Parameters 命令, 打开 Scalar Parameters 选择对话框。在 Selection 文本框中输入 "nc=ndnext(0)", 单击 "Accept" 按钮后 Items 列表框中会显示 "NC=927", 单击 "Close" 按钮, 关闭该对话框。

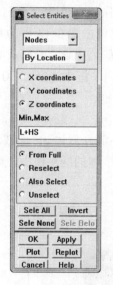

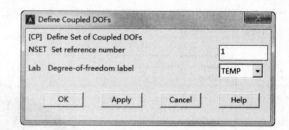

图 3-18　Select Entities 对话框　　　　图 3-19　Define Coupled DOFs 对话框

04 单击 Select → Entities 命令, 打开 Select Entities 对话框。在第一个下拉列表框中选择 "Nodes", 在第二个下拉列表框中选择 "By Location", 单击 Z coordinates 单选按钮, 在 Min, Max 文本框中输入 "-HS", 单击 "OK" 按钮, 关闭该对话框。

05 单击 ANSYS Main Menu → Preprocessor → Loads → Define Loads → Apply → Thermal → Temperature → On Nodes 命令, 打开 Apply TEMP on Nodes 选择对话框。单击 "Pick All" 按钮, 打开 Apply TEMP on Nodes 对话框, 如图 3-20 所示。在 Lab2 DOFs to be constrained 列表框中选择 "TEMP", 在 Apply as 下拉列表框中选择 "Constant value", 在 VALUE Load TEMP value 文本框中输入 "54", 单击 "OK" 按钮, 关闭该对话框。

06 单击菜单栏中 Select → Entities 命令, 打开 Select Entities 对话框。在第一个下拉列表框中选择 "Nodes", 在第二个下拉列表框中选择 "By Location", 单击 X coordinates 单选按钮, 在 Min, Max 文本框中输入 "-1.7*W", 单击 "OK" 按钮, 关闭该对话框。

07 单击 ANSYS Main Menu → Preprocessor → Loads → Define Loads → Apply → Electric → Boundary → Voltage → On Nodes 命令，打开 Apply VOLT on nodes 对话框。单击"Pick All"按钮，打开 Apply VOLT on nodes 对话框，如图 3-21 所示。在 VALUE Load VOLT value 文本框中输入"0"，单击"OK"按钮，关闭该对话框。

08 单击菜单栏中 Select → Entities 命令，打开 Select Entities 对话框。在第一个下拉列表框中选择"Nodes"，在第二个下拉列表框中选择"By Location"，单击 X coordinates 单选按钮，在 Min, Max 文本框中输入"1.7*W"，单击"OK"按钮，关闭该对话框。

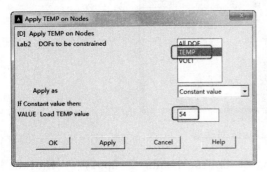

图 3-20 Apply TEMP on Nodes 对话框

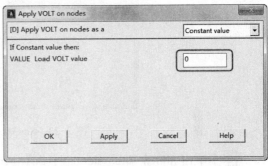

图 3-21 Apply VOLT on nodes 对话框

09 单击 ANSYS Main Menu → Preprocessor → Coupling/Ceqn → Couple DOFs 命令，打开 Define Coupled DOFs 选择对话框。单击"Pick All"按钮，打开 Define Coupled DOFs 对话框。在 NSET Set reference number 文本框中输入"2"，在 Lab Degree-of-freedom label 列表框中选择"VOLT"，单击"OK"按钮，关闭该对话框。

10 单击菜单栏中 Parameters → Scalar Parameters 命令，打开 Scalar Parameters 选择对话框。在 Selection 文本框中输入"ni=ndnext(0)"，单击"Accept"按钮后 Items 列表框中会显示"NI=424"，单击"Close"按钮，关闭该对话框。

11 加载后的有限元几何模型如图 3-22 所示。

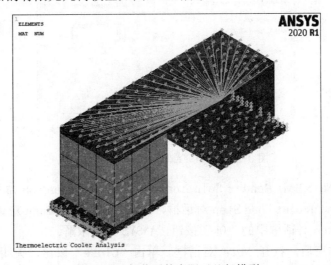

图 3-22 加载后的有限元几何模型

3.1.2 求解

1. 正问题求解

01 单击菜单栏中 Select → Everything 命令。

02 单击 ANSYS Main Menu → Solution → Analysis Type → New Analysis 命令，打开 New Analysis 对话框，如图 3-23 所示。在[ANTYPE] Type of analysis 选项组中单击 Steady-State 单选按钮，单击"OK"按钮，关闭该对话框。

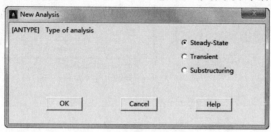

图 3-23 New Analysis 对话框

03 单击 ANSYS Main Menu → Solution → Define Loads → Apply → Thermal → Temperature → On Nodes 命令，打开 Apply TEMP on Nodes 选择对话框。在文本框中输入"NC"，单击"OK"按钮，打开 Apply TEMP on Nodes 对话框。在 Lab2 DOFs to be constrained 列表框中选择"TEMP"，在 Apply as 下拉列表框中选择"Constant value"，在 VALUE Load TEMP value 文本框中输入"0"，单击"OK"按钮，关闭该对话框。

04 单击 ANSYS Main Menu → Solution → Define Loads → Apply → Electric → Excitation → Current → On Nodes 命令，打开 Apply AMPS on nodes 选择对话框。在文本框中输入"NI"，单击"OK"按钮，打开 Apply AMPS on nodes 对话框，如图 3-24 所示。在 VALUE Load AMPS value 文本框中输入"I"，单击"OK"按钮，关闭该对话框。

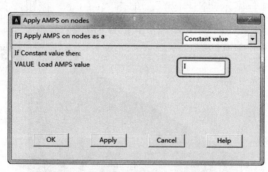

图 3-24 Apply AMPS on nodes 对话框

05 单击 ANSYS Main Menu → Solution → Solve → Current LS 命令，打开/STATUS Command 和 Solve Current Load Step 对话框，关闭/STATUS Command 对话框。单击 Solve Current Load Step 对话框中的"OK"按钮，ANSYS 开始求解。

06 求解结束后，打开 Note 对话框。单击"Close"按钮，关闭该对话框。第一次求解的迭代曲线如图 3-25 所示。

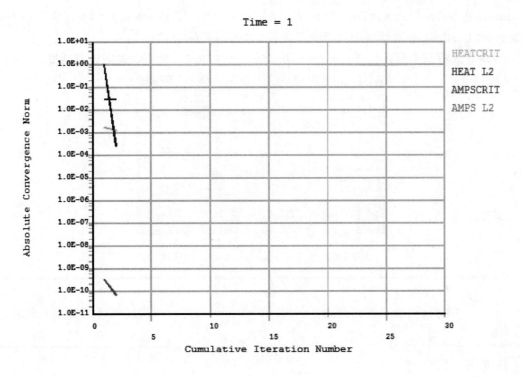

图 3-25　第一次求解的迭代曲线

2. 反问题求解

01 单击 ANSYS Main Menu → Solution → Define Loads → Delete → Thermal → Temperature → On Nodes 命令，打开 Delete TEMP on Nodes 对话框，在文本框中输入"NC"，单击"OK"按钮，打开 Delete Node Constraints 对话框，如图 3-26 所示。

在 Lab DOFs to be deleted 下拉列表框中选择"TEMP"，单击"OK"按钮，关闭该对话框。

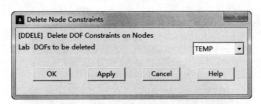

图 3-26　Delete Node Constraints 对话框

02 单击 ANSYS Main Menu → Solution → Define Loads → Apply → Thermal → Heat Flow → On Nodes 命令，打开 Apply Heat on Nodes 选择对话框。在文本框中输入"NC"，单击"OK"按钮，打开 Apply Heat on Nodes 对话框，如图 3-27 所示。在 Lab DOFs to be constrained 列表框中选择"HEAT"，在 VALUE　Load HEAT value 文本框中输入"QC"，其余选项采用系统默认设置，单击"OK"按钮，关闭该对话框。

03 单击 ANSYS Main Menu → Solution → Solve → Current LS 命令，打开/STATUS

Command 和 Solve Current Load Step 对话框，关闭/STATUS Command 对话框。单击 Solve Current Load Step 对话框中的"OK"按钮，ANSYS 开始求解。

04 求解结束后，打开 Note 对话框，单击"Close"按钮，关闭该对话框。

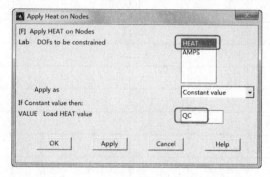

图 3-27 Apply Heat on Nodes 对话框

注意：两次求解的结果是一样的，读者可以进行两次后处理，以验证求解是否正确。

3.1.3 后处理

01 单击 ANSYS Main Menu → General Postproc → Read Results → Last Set 命令。

02 单击 ANSYS Main Menu → General Postproc → Plot Results → Contour Plot → Nodal Solu 命令，打开 Contour Nodal Solution Date 对话框。在 Item to be contoured 列表框中选择 Nodal Solution → DOF Solution → Nodal Temperature，单击"OK"按钮，关闭该对话框，ANSYS 窗口将显示温度场分布等值线图，如图 3-28 所示。

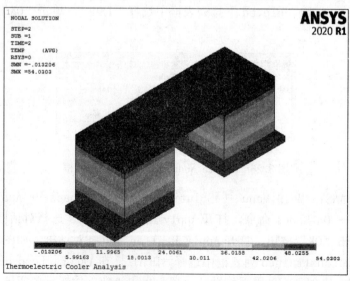

图 3-28 温度场分布等值线图

03 单击 ANSYS Main Menu → General Postproc → Plot Results → Contour Plot → Nodal Solu 命令，打开 Contour Nodal Solution Date 对话框。在 Item to be contoured 列表框中选择 Nodal Solution → DOF Solution → Electriic potential，单击"OK"按钮，关闭该对话框，ANSYS 窗口将显示电势分布等值线图，如图 3-29 所示。

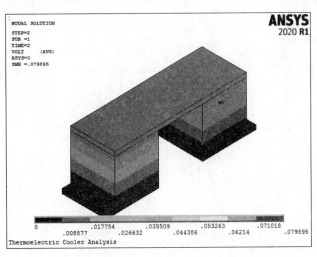

图 3-29 电势分布等值线图

04 单击 ANSYS Main Menu → General Postproc → Plot Results → Contour Plot → Nodal Solu 命令，打开 Contour Nodal Solution Date 对话框。在 Item to be contoured 列表框中选择 Nodal Solution → Conduction Current Density → Conduction current density vector sum，单击"OK"按钮，关闭该对话框，ANSYS 窗口将显示传导电流密度分布等值线图，如图 3-30 所示。

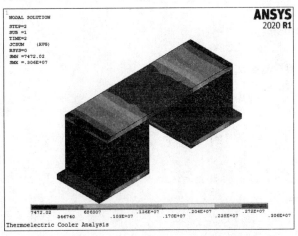

图 3-30 传导电流密度分布等值线图

3.1.4 命令流

!定义工作标题

```
/title, Thermoelectric Cooler
!指定坐标系的参考方向
/VUP, 1, z
/VIEW, 1, 1, 1, 1
/TRIAD, OFF
/NUMBER, 1
/PNUM, MAT, 1
/nopr

!预处理
/PREP7
!冷却器尺寸
l=1e-2
w=1e-2
hs=0.1e-2

!定义单元类型
toffst, 273

!定义 n-type 材料性能参数
mp, rsvx, 1, 1.05e-5
mp, kxx, 1, 1.3
mp, sbkx, 1, -165e-6

!定义 p-type 材料性能参数
mp, rsvx, 2, 0.98e-5
mp, kxx, 2, 1.2
mp, sbkx, 2, 210e-6

!定义铜条材料性能参数
mp, rsvx, 3, 1.7e-8
mp, kxx, 3, 400

! 创建模型
et, 1, 226, 110
et, 2, 227, 110
block, w/2, 3*w/2, , w, , l
block, -3*w/2, -w/2, , w, , l
block, -3*w/2, 3*w/2, , w, l, l+hs
block, -1.7*w, -w/2, , w, -hs, 0
block, w/2, 1.7*w, , w, -hs, 0
vglue, all

!划分网格
```

```
esize, w/3
type, 1
mat, 1
vmesh, 1
mat, 2
vmesh, 2

type, 2

mat, 3
lesize, 61, hs
lesize, 69, hs
lesize, 30, w/4
lesize, 51, w/4
lesize, 29, w/4
lesize, 50, w/4
vmesh, 6, 8

eplot

! 定义边界条件和载荷
nsel, s, loc, z, 1+hs
cp, 1, temp, all
nc=ndnext(0)

nsel, s, loc, z, -hs
d, all, temp, 54

nsel, s, loc, x, -1.7*w
d, all, volt, 0

nsel, s, loc, x, 1.7*w
cp, 2, volt, all
ni=ndnext(0)
nsel, all
fini

!正问题求解
/SOLU
antype, static
d, nc, temp, 0
I=28.7
f, ni, amps, I
solve
```

```
fini

/com
*get,Qc,node,nc,rf,heat   ! Get heat reaction at cold junction
/com
/com Heat absorbed at the cold junction Qc = %Qc%, watts
/com
P=volt(ni)*I
/com Power input P = %P%, watts
/com
/com Coefficient of performance beta = %Qc/P%
/com

!反问题求解
/SOLU
ddele,nc,temp
f,nc,heat,Qc
solve
fini

/com
/com Temperature at the cold junction Tc = %temp(nc)%, deg.C
/com

/SHOW,WIN32c
/CONT,1,18

!后处理
/POST1
plnsol,temp
fini
```

3.2 热电发电机耦合分析

　　热电发电机由两个半导体元件组成。其中，一个元件是 n 型材料，另一个是 p 型材料。n 型元件和 p 型元件长度分别为 L_n 和 L_p，横截面积分别为 $A_n=W_n t$ 和 $A_p=W_p t$，其中，W_n 和 W_p 是元件的宽度，t 为元件的厚度。发电机在冷端温度 T_c 和热端温度 T_h 之间工作。元件热端将温度和电压耦合在一起，冷端接入一个外部电阻 R_0，冷热两端温度的不同将产生电流 I。热电发电机的结构示意图如图 3-31 所示。

　　示意图中的尺寸见表 3-2。

　　热电发电机的工作条件见表 3-3。

　　两种元件的材料属性见表 3-4。

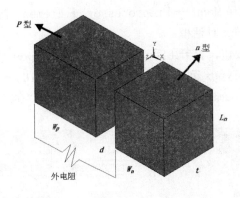

图 3-31 热电发电机结构示意图

表 3-2 元件尺寸

尺寸	n 型元件	p 型元件
长度 L/cm	1	1
宽度 W/cm	1	1.24
厚度 t/cm	1	1
间隙 d/cm	0.4	

表 3-3 工作条件

冷端温度/℃	27
热端温度/℃	327
外电阻/Ω	3.92×10^{-3}

表 3-4 材料属性参数

元件	电阻率/Ω·cm	热导率/(W/cm·℃)	塞贝克系数/(μV/℃)
n 型材料	$\rho_n = 1.35 \times 10^{-3}$	$\lambda_n = 0.014$	$a_n = -195$
p 型材料	$\rho_p = 1.75 \times 10^{-3}$	$\lambda_p = 0.012$	$a_p = 230$

3.2.1 前处理

1. 定义工作文件名和工作标题

01 单击菜单栏中 File → Change Jobname 命令，打开 Change Jobname 对话框，在[/FILNAM] Enter new jobname 文本框中输入工作文件名 "Generator"，使 NEW log and error files 保持 "Yes" 状态，单击 "OK" 按钮，关闭该对话框。

02 单击菜单栏中 File → Change Title 命令，打开 Change Title 对话框。在对话框中输入工作标题 "Thermoelectric Generator Analysis"，单击 "OK" 按钮，关闭该对话框。

2. 定义单元类型

01 单击 ANSYS Main Menu → Preprocessor → Element Type → Add/Edit/Delete 命令，打开 Element Types 对话框。

02 单击 "Add" 按钮，打开 Library of Element Types 对话框，如图 3-32 所示。在 Library of Element Types 列表框中选择 Coupled Field → Brick 20node 226，在 Element type reference number 文本框中输入 "1"，单击 "OK" 按钮，关闭 Library of Element Types 对话框。

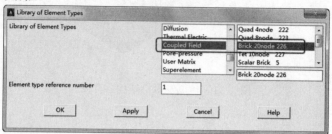

图 3-32 Library of Element Types 对话框

03 单击 Element Types 对话框中的 "Options" 按钮，打开 SOLID226 element type options 对话框，如图 3-33 所示。在 Analysis Type K1 下拉列表框中选择 "Thermoelectric"，其余选项采用系统默认设置，单击 "OK" 按钮，关闭该对话框。

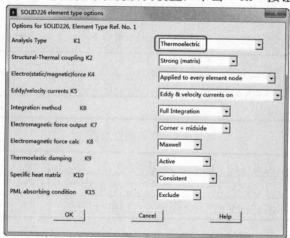

图 3-33 SOLID226 element type options 对话框

04 单击 "Close" 按钮，关闭 Element Types 对话框。

3. 定义材料性能参数

01 单击 ANSYS Main Menu → Preprocessor → Material Props → Material Models 命令，打开 Define Material Model Behavior 对话框。

02 在 Material Models Available 列表框中选择 Thermal → Conductivity → Isotropic，打开 Conductivity for Material Number 1 对话框，如图 3-34 所示。在 KXX 文本框中输入 "1.4"，单击 "OK" 按钮，关闭该对话框。

03 在 Material Models Available 列表框中选择 Electromagnetic →

Resistivity → Constant，打开 Resistivity for Material Number 1 对话框，如图 3-35 所示。在 RSVX 文本框中输入 "1.35e-5"，单击 "OK" 按钮，关闭该对话框。

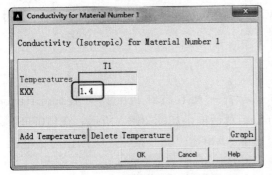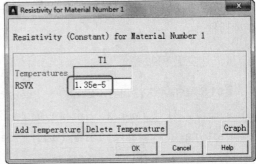

图 3-34　Conductivity for Material Number　　　图 3-35　Resistivity for Material Number

1 对话框　　　　　　　　　　　　　　　　　　1 对话框

04 在 Material Models Available 列表框中选择 Thermoelectricity → Isotropic，打开 Seebeck Coefficients for Material Number 1 对话框，如图 3-36 所示。在 SBKX（塞贝克系数）文本框中输入 "-1.95e-4"，单击 "OK" 按钮，关闭该对话框。

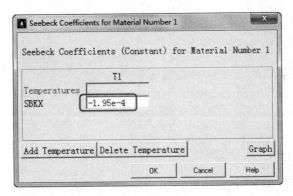

图 3-36　Seebeck Coefficients for Material Number 1 对话框

05 在 Define Material Model Behavior 对话框中选择 Material → New Model 命令，打开 Define Material ID 对话框。在文本框中输入 "2"，单击 "OK" 按钮，关闭该对话框。

06 在 Material Models Available 列表框中选择 Thermal → Conductivity → Isotropic，打开 Conductivity for Material Number 2 对话框。在 KXX 文本框中输入 "1.2"，单击 "OK" 按钮，关闭该对话框。

07 在 Material Models Available 列表框中选择 Electromagnetic → Resistivity → Constant，打开 Resistivity for Material Number 1 对话框。在 RSVX 文本框中输入 "1.75e-5"，单击 "OK" 按钮，关闭该对话框。

08 在 Material Models Available 列表框中选择 Thermoelectricity →

Isotropic，打开 Seebeck Coefficients for Material Number 1 对话框。在 SBKX 文本框中输入 "2.3e-4"，单击 "OK" 按钮，关闭该对话框。

09 在 Define Material Model Behavior 对话框中选择 Material → Exit，关闭该对话框。

4．建立几何模型

01 单击 ANSYS Main Menu → Preprocessor → Material Props → Temperature Units 命令，打开 Specify Temperature Units 对话框，如图 3-37 所示。在 [TOFFST] Temperature units 下拉列表框中选择 "Celsius"，单击 "OK" 按钮，关闭该对话框。

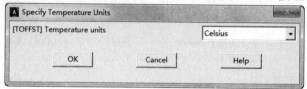

图 3-37　Specify Temperature Units 对话框

02 单击菜单栏中 Parameters → Scalar Parameters 命令，打开 Scalar Parameters 选择对话框，如图 3-38 所示。在 Selection 文本框中依次输入：

```
LN=1.0e-2
LP=1.0e-2
WN=1.0e-2
WP=1.24e-2
T=1.0e-2
D=0.4e-2
TH=327
TC=27
TOFFSET=273
RO=3.92e-3
```

03 单击 ANSYS Main Menu → Preprocessor → Modeling → Create → Volumes → Block → By Dimensions 命令，打开 Create Block by Dimensions 对话框，如图 3-39 所示。在 X1,X2　X-coordinates 文本框中依次输入 "D/2，WN+D/2"，在 Y1,Y2 Y-coordinates 文本框中依次输入 "-LN，0"，在 Z1,Z2　Z-coordinates 文本框中依次输入 "0，T"。

04 单击 "Apply" 按钮，再次打开 Create Block by Dimensions 对话框。在 X1,X2 X-coordinates 文本框中依次输入 "-(WP+D/2)，-D/2"，在 Y1,Y2　Y-coordinates 文本框中依次输入 "-LP，0"，在 Z1,Z2 Z-coordinates 文本框中依次输入 "0，T"，单击 "OK" 按钮，关闭该对话框。

05 单击菜单栏中 PlotCtrls → Style → Colors → Reverse Video 命令，ANSYS 窗口将变成白色，生成的几何模型如图 3-40 所示。

注意：单击右侧按钮 ⬡ 会显示三维几何模型。

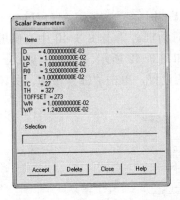
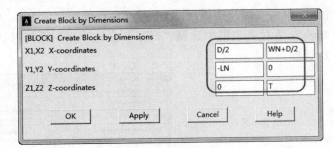

图 3-38 Scalar Parameters 选择对话框　　图 3-39 Create Block by Dimensions 对话框

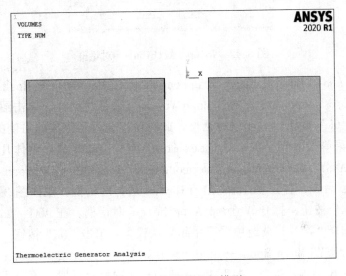

图 3-40　生成的几何模型

5. 划分网格

01 单击 ANSYS Main Menu → Preprocessor → Meshing → Size Cntrls → ManualSize → Global → Size 命令，打开 Global Element Sizes 对话框，如图 3-41 所示。在 SIZE Element edge length 文本框中输入 "WN/2"，其余选项采用系统默认设置，单击 "OK" 按钮，关闭该对话框。

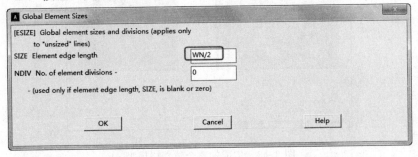

图 3-41 Global Element Sizes 对话框

02 单击 ANSYS Main Menu → Preprocessor → Meshing → Mesh Attributes → Picked Volumes 命令，打开 Volume Attributes 选择对话框。单击图 3-40 中右侧的几何体，单击"OK"按钮，打开 Volume Attributes 对话框，如图 3-42 所示。在 MAT Material number 下拉列表框中选择"1"，其余选项采用系统默认设置，单击"OK"按钮，关闭该对话框。

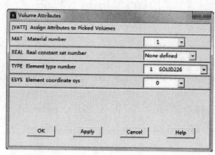

图 3-42　Volume Attributes 对话框

03 单击 ANSYS Main Menu → Preprocessor → Meshing → Mesh → Volumes → Mapped → 4 to 6 sided 命令，打开 Mesh Volumes 选择对话框。单击图 3-40 中右侧的几何体，单击"OK"按钮，关闭该对话框，此时窗口会显示生成的右侧的网格模型。

04 单击菜单栏中 Plot → Volumes 命令，窗口会重新显示整体几何模型。

05 单击 ANSYS Main Menu → Preprocessor → Meshing → Mesh Attributes → Picked Volumes 命令，打开 Volume Attributes 选择对话框。单击图 3-40 中左侧的几何体，单击"OK"按钮，打开 Volume Attributes 对话框。在 MAT Material number 下拉列表框中选择"2"，其余选项采用系统默认设置，单击"OK"按钮，关闭该对话框。

06 单击 ANSYS Main Menu → Preprocessor → Meshing → Mesh → Volumes → Mapped → 4 to 6 sided 命令，打开 Mesh Volumes 选择对话框。单击图 3-40 中左侧的几何体，单击"OK"按钮，关闭该对话框，此时窗口会显示生成的整个体的网格模型，如图 3-43 所示。

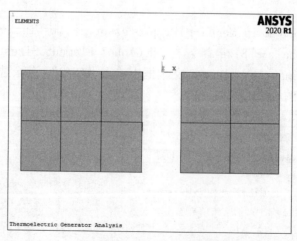

图 3-43　生成的整个体网格模型

07 单击右侧按钮 ⬡ 会显示三维网格模型，如图3-44所示。

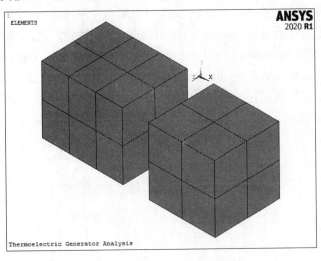

图 3-44　网格模型的三维显示

6. 设置边界条件

01 单击菜单栏中 Select → Entities 命令，打开 Select Entities 对话框，如图 3-45 所示。在第一个下拉列表框中选择"Nodes"，在第二个下拉列表框中选择"By Location"，单击 Y coordinates 单选按钮，在 Min,Max 文本框中输入"0"，单击"OK"按钮，关闭该对话框。

02 单击 ANSYS Main Menu → Preprocessor → Coupling / Ceqn → Couple DOFs 命令，打开 Define Coupled DOFs 选择对话框。单击"Pick All"按钮，打开 Define Coupled DOFs 对话框，如图3-46所示。在 NSET Set reference number 文本框中输入"1"，在 Lab Degree-of-freedom label 下拉列表框中选择"TEMP"，单击"OK"按钮，关闭该对话框。

图 3-45　Select Entities 对话框

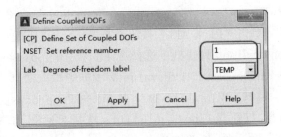

图 3-46　Define Coupled DOFs 对话框

03 单击菜单栏中 Parameters → Scalar Parameters 命令，打开 Scalar Parameters 选择对话框。在 Selection 文本框中输入 "nh=ndnext(0)"，单击 "Accept" 按钮后 Items 列表框中会显示 "NH=1"，单击 "Close" 按钮，关闭该对话框。

04 单击 ANSYS Main Menu → Preprocessor → Loads → Define Loads → Apply → Thermal → Temperature → On Nodes 命令，打开 Apply TEMP on Nodes 选择对话框。单击 "Pick All" 按钮，打开 Apply TEMP on Nodes 对话框，如图 3-47 所示。在 Lab2 DOFs to be constrained 列表框中选择 "TEMP"，在 Apply as 下拉列表框中选择 "Constant value"，在 VALUE Load TEMP value 文本框中输入 "TH"，单击 "OK" 按钮，关闭该对话框。

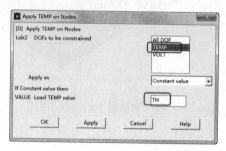

图 3-47 Apply TEMP on Nodes 对话框

05 单击 ANSYS Main Menu → Preprocessor → Coupling / Ceqn → Couple DOFs 命令，打开 Define Coupled DOFs 选择对话框。单击 "Pick All" 按钮，打开 Define Coupled DOFs 对话框。在 NSET Set reference number 文本框中输入 "2"，在 Lab Degree-of-freedom label 列表框中选择 "VOLT"，单击 "OK" 按钮，关闭该对话框。

06 单击菜单栏中 Select → Entities 命令，打开 Select Entities 对话框。在第一个下拉列表框中选择 "Nodes"，在第二个下拉列表框中选择 "By Location"，单击 Y coordinates 单选按钮，在 Min,Max 文本框中输入 "-LN"，单击 "OK" 按钮，关闭该对话框。

07 单击菜单栏中 Select → Entities 命令，打开 Select Entities 对话框。在第一个下拉列表框中选择 "Nodes"，在第二个下拉列表框中选择 "By Location"，单击 X coordinates 单选按钮，在 Min,Max 文本框中输入 "D/2,WN+D/2"，单击 Reselect 单选按钮，单击 "OK" 按钮，关闭该对话框。

08 单击 ANSYS Main Menu → Preprocessor → Loads → Define Loads → Apply → Thermal → Temperature → On Nodes 命令，打开 Apply TEMP on Nodes 选择对话框。单击 "Pick All" 按钮，打开 Apply TEMP on Nodes 对话框。在 Lab2 DOFs to be constrained 列表框中选择 "TEMP"，在 Apply as 下拉列表框中选择 "Constant value"，在 VALUE Load TEMP value 文本框中输入 "TC"，单击 "OK" 按钮，关闭该对话框。

09 单击 ANSYS Main Menu → Preprocessor → Coupling / Ceqn → Couple DOFs 命令，打开 Define Coupled DOFs 选择对话框。单击 "Pick All" 按钮，打开 Define Coupled DOFs 对话框。在 NSET Set reference number 文本框中输入 "3"，在 Lab Degree-of-freedom label 列表框中选择 "VOLT"，单击 "OK" 按钮，关闭该对话框。

10 单击菜单栏中 Parameters → Scalar Parameters 命令，打开 Scalar Parameters 选择对话框。在 Selection 文本框中输入"nn=ndnext(0)"，单击"Accept"按钮后 Items 列表框中会显示"NN=2"，单击"Close"按钮，关闭该对话框。

11 单击菜单栏中 Select → Entities 命令，打开 Select Entities 对话框。在第一个下拉列表框中选择"Nodes"，在第二个下拉列表框中选择"By Location"，单击 Y coordinates 单选按钮，在 Min,Max 文本框中输入"-LP"，单击 From Full 单选按钮，单击"OK"按钮，关闭该对话框。

12 单击菜单栏中 Select → Entities 命令，打开 Select Entities 对话框。在第一个下拉列表框中选择"Nodes"，在第二个下拉列表框中选择"By Location"，单击 X coordinates 单选按钮，在 Min,Max 文本框中输入"-(WP+D/2),-D/2"，单击"Reselect"单选按钮，单击"OK"按钮，关闭该对话框。

13 单击 ANSYS Main Menu → Preprocessor → Loads → Define Loads → Apply → Thermal → Temperature → On Nodes 命令，打开 Apply TEMP on Nodes 选择对话框.单击"Pick All"按钮，打开 Apply TEMP on Nodes 对话框。在 Lab2 DOFs to be constrained 列表框中选择"TEMP"，在 Apply as 下拉列表框中选择"Constant value"，在 VALUE Load TEMP value 文本框中输入"TC"，单击"OK"按钮，关闭该对话框。

14 单击 ANSYS Main Menu → Preprocessor → Coupling / Ceqn → Couple DOFs 命令，打开 Define Coupled DOFs 选择对话框。单击"Pick All"按钮，打开 Define Coupled DOFs 对话框。在 NSET Set reference number 文本框中输入"4"，在 Lab Degree-of-freedom label 列表框中选择"VOLT"，单击"OK"按钮，关闭该对话框。

15 单击菜单栏中 Parameters → Scalar Parameters 命令，打开 Scalar Parameters 选择对话框。在 Selection 文本框中输入"np=ndnext(0)"，单击"Accept"按钮后 Items 列表框中会显示"NP=83"，单击"Close"按钮，关闭该对话框。

16 单击菜单栏中 Select → Everything 命令。

单击 ANSYS Main Menu → Preprocessor → Loads → Define Loads → Apply → Electric → Boundary → Voltage → On Nodes 命令，打开 Apply VOLT on nodes 对话框，在文本框中输入"NP"，单击"OK"按钮，打开 Apply VOLT on nodes 对话框，如图 3-48 所示。在 VALUE Load VOLT value 文本框中输入"0"，单击"OK"按钮，关闭该对话框。

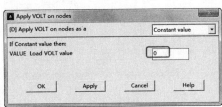

图 3-48 Apply VOLT on nodes 对话框

7. 设置负载电阻

01 单击 ANSYS Main Menu → Preprocessor → Element Type →

Add/Edit/Delete 命令，打开 Element Types 对话框。

02 单击 Element Types 对话框中的"Add"按钮，打开 Library of Element Types 对话框。在 Library of Element Types 列表框中选择 Circuit → Circuit 124，在 Element type reference number 文本框中输入"2"，单击"OK"按钮，关闭 Library of Element Types 对话框。

03 单击"Close"按钮，关闭 Element Types 对话框。

04 单击 ANSYS Main Menu → Preprocessor → Real Constants → Add/Edit/Delete 命令，打开 Real Constants 对话框，如图 3-49 所示。

05 单击"Add"按钮，打开 Element Type for Real Constants 对话框，如图 3-50 所示。

06 选择 Choose element type 列表框中的"Type 2 CIRCU124"，单击"OK"按钮，打开 Real Constant Set Number 1 for - Resistor 对话框，如图 3-51 所示。在 Real Constant Set No. 文本框中输入"1"，在 Resistance RES 文本框中输入"R0"，单击"OK"按钮，关闭该对话框。

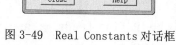

图 3-49 Real Constants 对话框

图 3-50 Element Type for Real Constants 对话框

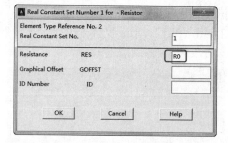

图 3-51 Real Constant Set Number 1 for - Resistor 对话框

07 单击"Close"按钮，关闭 Real Constants 对话框。

08 单击 ANSYS Main Menu → Preprocessor → Modeling → Create → Elements → Elem Attributes 命令，打开 Element Attributes 对话框，如图 3-52 所示。在 [TYPE] Element type number 下拉列表框中选择"2 CIRCU124"，在 [REAL] Real constant set number 下拉列表框中选择 "1"，其余选项采用系统默认设置，单击 "OK" 按钮，关闭该对话框。

09 单击菜单栏中 Select → Everything 命令。

10 单击 ANSYS Main Menu → Preprocessor → Modeling → Create → Elements → Auto Numbered → Thru Nodes 命令，打开 Elements from Nodes 对话框。在文本框中输入 "NN,NP"，单击 "OK" 按钮，关闭该对话框。

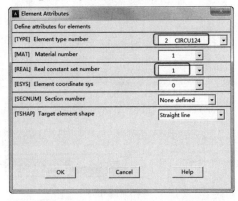

图 3-52　Element Attributes 对话框

3.2.2　求解

01 单击 ANSYS Main Menu → Solution → Analysis Type → New Analysis 命令，打开 New Analysis 对话框，如图 3-53 所示。在[ANTYPE] Type of analysis 选项组中单击 Steady-State 单选按钮，单击 "OK" 按钮，关闭该对话框。

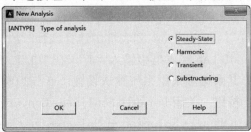

图 3-53　New Analysis 对话框

02 单击 ANSYS Main Menu → Solution → Load Step Opts → Nonlinear → Convergence Crit 命令，打开 Default Nonlinear Convergence Criteria 对话框，如图 3-54 所示。

03 单击图 3-54 中的 "Replace" 按钮，打开 Nonlinear Convergence Criteria 对话框，如图 3-55 所示。在 Lab Convergence is based on 列表框中选择 Thermal → Heat flow HEAT，在 VALUE Reference value of Lab 文本框中输入 "1"，在 TOLER Tolerance about VALUE 文本框中输入 "0.001"，其余选项采用系统默认设置，单击 "OK" 按钮，关闭该对话框。

04 单击 Default Nonlinear Convergence Criteria 对话框中的 "Replace" 按

钮，再次打开 Nonlinear Convergence Criteria 对话框。

图 3-54 Default Nonlinear Convergence Criteria 对话框

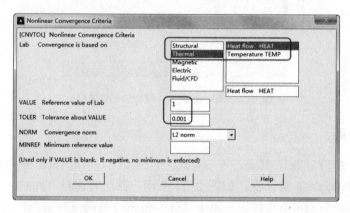

图 3-55 Nonlinear Convergence Criteria 对话框

在 Lab Convergence is based on 列表框中选择 Electric → Current AMPS，在 VALUE Reference value of Lab 文本框中输入"1"，在 TOLER Tolerance about VALUE 文本框中输入"0.001"，其余选项采用系统默认设置，单击"OK"按钮，关闭该对话框。

05 单击"Close"按钮，关闭 Default Nonlinear Convergence Criteria 对话框。

06 单击 ANSYS Main Menu → Solution → Solve → Current LS 命令，打开/STATUS Command 和 Solve Current Load Step 对话框。关闭/STATUS Command 对话框，单击 Solve Current Load Step 对话框中的"OK"按钮，ANSYS 开始求解。

07 求解结束后，打开 Note 对话框，单击"Close"按钮，关闭该对话框。

3.2.3 后处理

01 单击 ANSYS Main Menu → General Postproc → Read Results → Last Set 命令。

02 单击 ANSYS Main Menu → General Postproc → Plot Results → Contour Plot → Nodal Solu 命令，打开 Contour Nodal Solution Date 对话框。在 Item to be contoured 列表框中选择 Nodal Solution → DOF Solution → Nodal Temperature，单击"OK"按钮，关闭该对话框，ANSYS 窗口将显示温度场分布等值线图，如图 3-56 所示。

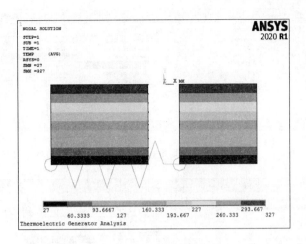

图 3-56　温度场分布等值线图

03 单击 ANSYS Main Menu → General Postproc → Plot Results → Contour Plot → Nodal Solu 命令，打开 Contour Nodal Solution Date 对话框。在 Item to be contoured 列表框中选择 Nodal Solution → DOF Solution → Electriic potential 命令，单击 "OK" 按钮，关闭该对话框，ANSYS 窗口将显示电势分布等值线图，如图 3-57 所示。

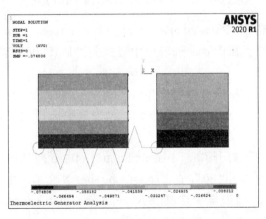

图 3-57　电势分布等值线图

注意：单击右侧按钮 会显示三维等值线图。

04 单击菜单栏中 Parameters → Get Scalar Data 命令，打开 Get Scalar Data 对话框，如图 3-58 所示。在 Type of data to be retrieved 列表框中选择 Results Data → Element results。

05 单击 "OK" 按钮，打开 Get Element Results Data 对话框，如图 3-59 所示。在 Name of parameter to be defined 文本框中输入 "I"，在 Element number N 文本框中输入 "21"，在 Results data to be retrieved 列表框中选择 By sequence num → SMISC，在图 3-59 所示的 4 处的文本框中输入 "SMISC, 2"，单击 "OK" 按钮，关闭该对话框。

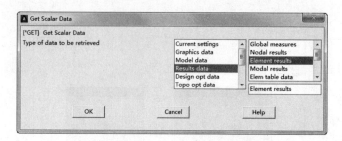

图 3-58　Get Scalar Data 对话框

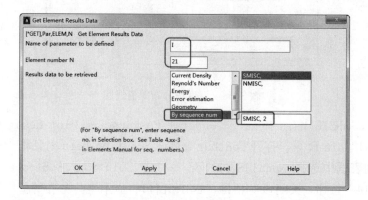

图 3-59　Get Element Results Data 对话框

06 单击菜单栏中 Parameters → Scalar Parameters 命令，打开 Scalar Parameters 选择对话框。在 Items 列表框中可找到"I=19.0831394"，单击"Close"按钮，关闭该对话框。

07 单击菜单栏中 Parameters → Get Scalar Data 命令，打开 Get Scalar Data 对话框。在 Type of data to be retrieved 列表框中选择 Results Data → Element results。

08 单击"OK"按钮，打开 Get Element Results Data 对话框。在 Name of parameter to be defined 文本框中输入"P0"，在 Element number N 文本框中输入"21"，在 Results data to be retrieved 列表框中选择 By sequence num → NMISC，在文本框中输入"NMISC,1"，单击"OK"按钮，关闭该对话框。

09 单击菜单栏中 Parameters → Scalar Parameters 命令，打开 Scalar Parameters 选择对话框。在 Items 列表框中可找到"P0=1.42753172"，单击"Close"按钮，关闭该对话框。

10 ANSYS 计算结果与实际结果的比较见表 3-5。

表 3-5　ANSYS 计算结果与实际结果的比较

项目	ANSYS 结果	实际结果
I/A	19.08	19.2
P_0/W	1.43	1.44

3.2.4 命令流

```
!定义工作标题
/title, Thermoelectric Generator

! 定义参数
ln=1.e-2
lp=1.e-2
wn=1.e-2
wp=1.24e-2
t=1.e-2
d=0.4e-2

rsvn=1.35e-5
rsvp=1.75e-5
kn=1.4
kp=1.2
sbkn=-195e-6
sbkp=230e-6
Th=327
Tc=27
Toffst=273
R0=3.92e-3

/nopr

!预处理
/PREP7

!定义单元类型
et,1,SOLID226,110          ! 20-node thermoelectric brick

!定义 n-type 材料性能参数
mp,rsvx,1,rsvn
mp,kxx,1,kn
mp,sbkx,1,sbkn

!定义 p-type 材料性能参数
mp,rsvx,2,rsvp
mp,kxx,2,kp
mp,sbkx,2,sbkp

! 创建模型
block,d/2,wn+d/2,-ln,0,,t
```

```
block,-(wp+d/2),-d/2,-lp,0,,t

!划分网格
esize,wn/2
mat,1
vmesh,1
mat,2
vmesh,2

toffst,Toffst

! 定义边界条件和载荷
nsel,s,loc,y,0
cp,1,temp,all
nh=ndnext(0)
d,nh,temp,Th
cp,2,volt,all
nsel,all

nsel,s,loc,y,-ln
nsel,r,loc,x,d/2,wn+d/2
d,all,temp,Tc
cp,3,volt,all
nn=ndnext(0)
nsel,all

nsel,s,loc,y,-lp
nsel,r,loc,x,-(wp+d/2),-d/2
d,all,temp,Tc
cp,4,volt,all
np=ndnext(0)
nsel,all
d,np,volt,0

et,2,CIRCU124,0
r,1,R0
type,2
real,1
e,np,nn
fini

!求解
/SOLU
antype,static
```

```
cnvtol, heat, 1, 1. e-3
cnvtol, amps, 1, 1. e-3
solve
fini

An=wn*t
Ap=wp*t
K=kp*Ap/lp+kn*An/ln
R=lp*rsvp/Ap+ln*rsvn/An
alp=abs(sbkp)+abs(sbkn)

*get, Qh, node, nh, rf, heat

I_a=alp*(Th-Tc)/(R+R0)
Qh_a=alp*I_a*(Th+Toffst)-I_a**2*R/2+K*(Th-Tc)

*get, I, elem, 21, smisc, 2

*get, P0, elem, 21, nmisc, 1

P0_a=I**2*R0

/PREP7
! 温度数据
mptemp, 1, 25, 50, 75, 100, 125, 150
mptemp, 7, 175, 200, 225, 250, 275, 300
mptemp, 13, 325, 350

!定义 n-type 材料性能参数
mpdata, sbkx, 1, 1, -160e-6, -168e-6, -174e-6, -180e-6, -184e-6, -187e-6
mpdata, sbkx, 1, 7, -189e-6, -190e-6, -189e-6, -186.5e-6, -183e-6, -177e-6
mpdata, sbkx, 1, 13, -169e-6, -160e-6

mpplot, sbkx, 1

mpdata, rsvx, 1, 1, 1.03e-5, 1.06e-5, 1.1e-5, 1.15e-5, 1.2e-5, 1.28e-5
mpdata, rsvx, 1, 7, 1.37e-5, 1.49e-5, 1.59e-5, 1.67e-5, 1.74e-5, 1.78e-5
mpdata, rsvx, 1, 13, 1.8e-5, 1.78e-5

mpplot, rsvx, 1

mpdata, kxx, 1, 1, 1.183, 1.22, 1.245, 1.265, 1.265, 1.25
mpdata, kxx, 1, 7, 1.22, 1.19, 1.16, 1.14, 1.115, 1.09
mpdata, kxx, 1, 13, 1.06, 1.03
```

```
mpplot, kxx, 1

!定义 p-type 材料性能参数
mpdata, sbkx, 2, 1, 200e-6, 202e-6, 208e-6, 214e-6, 220e-6, 223e-6
mpdata, sbkx, 2, 7, 218e-6, 200e-6, 180e-6, 156e-6, 140e-6, 120e-6
mpdata, sbkx, 2, 13, 101e-6, 90e-6

mpplot, sbkx, 2

mpdata, rsvx, 2, 1, 1.0e-5, 1.08e-5, 1.18e-5, 1.35e-5, 1.51e-5, 1.7e-5
mpdata, rsvx, 2, 7, 1.85e-5, 1.98e-5, 2.07e-5, 2.143e-5, 2.15e-5, 2.1e-5
mpdata, rsvx, 2, 13, 2.05e-5, 2.0e-5

mpplot, rsvx, 2

mpdata, kxx, 2, 1, 1.08, 1.135, 1.2, 1.25, 1.257, 1.22
mpdata, kxx, 2, 7, 1.116, 1.135, 1.13, 1.09, 1.12, 1.25
mpdata, kxx, 2, 13, 1.5, 2.025

mpplot, kxx, 2

!求解
/SOLU
tunif, Tc
neqit, 30
solve
fini

*get, Qh, node, nh, rf, heat

*get, I, elem, 21, smisc, 2

*get, P, elem, 21, nmisc, 1
```

3.3 梁的结构-热谐波耦合分析

被夹紧的薄硅片梁长度 $L=300\mu m$，宽度 $W=5\mu m$，梁在 Y 方向均布压力 $P=0.1MPa$ 下发生横向振动，梁的温度为 $T_0=27℃$。梁的结构示意图如图 3-60 所示。

图 3-60　梁的结构示意图

梁的材料属性见表 3-6。

表 3-6　梁的材料属性

材料属性	数值
弹性模量	1.3×10^5 MPa
泊松比	0.28
密度	2.23×10^{-15} kg/μm³
热导率	8.0×10^7 pW/(μm·K)
比热容	6.99×10^{14} pJ/(kg·K)
线胀系数	7.8×10^{-6} K⁻¹

在 PLANE223 耦合场单元下采用平面应力热电分析选项建立梁的有限元模型，在 10kHz～10MHz 的频率范围内进行结构-热谐波耦合分析。

3.3.1　前处理

1. 定义工作文件名和工作标题

01 单击菜单栏中 File → Change Jobname 命令，打开 Change Jobname 对话框. 在[/FILNAM] Enter new jobname 文本框中输入工作文件名 "Silicon_Beam"，使 NEW log and error files 保持 "Yes" 状态，单击 "OK" 按钮，关闭该对话框。

02 单击菜单栏中 File → Change Title 命令，打开 Change Title 对话框，在对话框中输入工作标题 "Thermoelastic Damping in a Silicon Beam"，单击 "OK" 按钮，关闭该对话框。

2. 定义单元类型

01 单击 ANSYS Main Menu → Preprocessor → Element Type → Add/Edit/Delete 命令，打开 Element Types 对话框。

02 单击 "Add" 按钮，打开 Library of Element Types 对话框，如图 3-61 所示。在 Library of Element Types 列表框中选择 Coupled Field → Quad 8node 223，在 Element type reference number 文本框中输入 "1"，单击 "OK" 按钮，关闭 Library of Element Types 对话框。

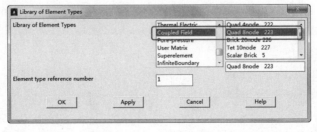

图 3-61　Library of Element Types 对话框

03 单击 Element Types 对话框中的 "Options" 按钮，打开 PLANE223 element type options 对话框，如图 3-62 所示。在 Analysis Type　K1 列表框中选择"Structural-thermal"，其余选项采用系统默认设置，单击"OK"按钮，关闭该对话框。

04 单击"Close"按钮，关闭 Element Types 对话框。

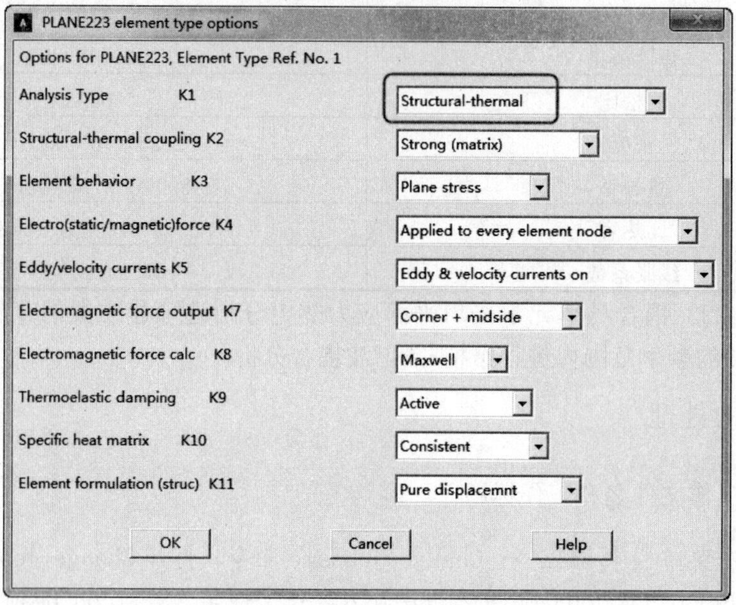

图 3-62　PLANE223 element type options 对话框

3. 设置标量参数

单击菜单栏中 Parameters → Scalar Parameters 命令，打开 Scalar Parameters 选择对话框，如图 3-63 所示。在 Selection 文本框中依次输入：

```
E=1.3e5
NU=0.28
K=90e6
RHO=2330e-18
CP=699e12
ALP=7.8e-6
L=300
W=5
T0=27
TOFF=273
P=0.1
FMIN=0.1e6
FMAX=10e6
NSBS=100
```

4. 定义材料性能参数

01 单击 ANSYS Main Menu → Preprocessor → Material Props → Material

68

Models 命令，打开 Define Material Model Behavior 对话框。

02 在 Material Models Available 列表框中选择 Structural → Linear → Elastic → Isotropic，打开 Linear Isotropic Properties for Material Number 1 对话框，如图 3-64 所示。在 EX 文本框中输入弹性模量"1.3e5"，在 PRXY 文本框中输入泊松比"0.28"，单击"OK"按钮，关闭该对话框。

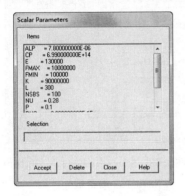

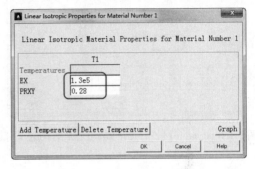

图 3-63 Scalar Parameters 选择对话框

图 3-64 Linear Isotropic Properties for Material Number 1 对话框

03 在 Material Models Available 列表框中选择 Structural → Density，打开 Density for Material Number 1 对话框，如图 3-65 所示。在 DENS 文本框中输入密度"2.33e-15"，单击"OK"按钮，关闭该对话框。

04 在 Material Models Available 列表框中选择 Structural → Thermal Expansion → Secant Coefficient → Isotropic，打开 Thermal Expansion Secant Coefficient for Material Number 1 对话框，如图 3-66 所示。在 ALPX 文本框中输入"7.8e-6"，单击"OK"按钮，关闭该对话框。

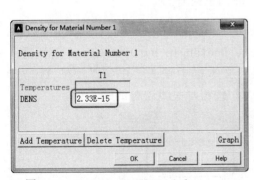

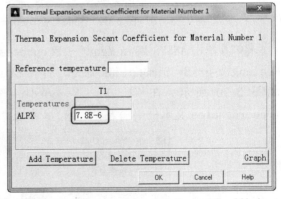

图 3-65 Density for Material
Number 1 对话框

图 3-66 Thermal Expansion Secant Coefficient
for Material Number 1 对话框

05 在 Material Models Available 列表框中选择 Thermal → Conductivity → Isotropic，打开 Conductivity for Material Number 1 对话框，如图 3-67 所示。在 KXX 文本框中输入"9e+7"，单击"OK"按钮，关闭该对话框。

06 在 Material Models Available 列表框中选择 Thermal → Specific Heat，

打开 Specific Heat for Material Number 1 对话框，如图 3-68 所示。在 C 文本框中输入"6.99e14"，单击"OK"按钮，关闭该对话框。

07 在 Define Material Model Behavior 对话框中 xz Material → Exit，关闭该对话框。

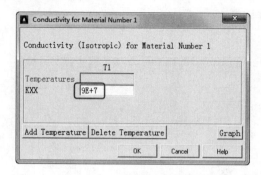 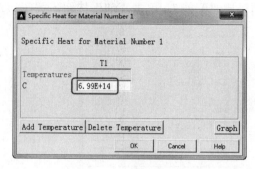

图 3-67　Conductivity for Material Number 1 对话框　　图 3-68　Specific Heat for Material Number 1 对话框

5. 建立几何模型

01 单击 ANSYS Main Menu → Preprocessor → Material Props → Temperature Units 命令，打开 Specify Temperature Units 对话框，如图 3-69 所示。在[TOFFST] Temperature units 下拉列表框中选择"Celsius"，单击"OK"按钮，关闭该对话框。

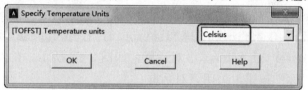

图 3-69　Specify Temperature Units 对话框

02 单击 ANSYS Main Menu → Preprocessor → Modeling → Create → Areas → Rectangle → By Dimensions 命令，打开 Create Rectangle by Dimensions 对话框，如图 3-70 所示。在 X1，X2　X-coordinates 文本框中输入"0，L"，在 Y1，Y2 Y-coordinates 文本框中输入"0，W"，单击"OK"按钮，关闭该对话框。

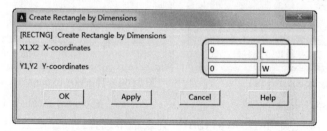

图 3-70　Create Rectangle by Dimensions 对话框

03 单击菜单栏中 PlotCtrls → Style → Colors → Reverse Video 命令，ANSYS 窗口将变成白色，生成的几何模型如图 3-71 所示。

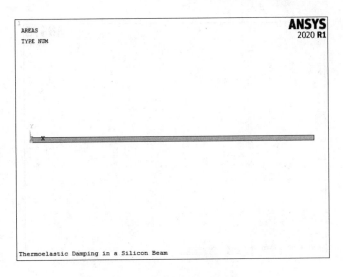

图 3-71　生成的几何模型

6. 划分网格

01 单击 ANSYS Main Menu → Preprocessor → Meshing → Size Cntrls → ManualSize → Global → Size 命令，打开 Global Element Sizes 对话框，如图 3-72 所示。在 SIZE　Element edge length 文本框中输入"W/2"，其余选项采用系统默认设置，单击"OK"按钮，关闭该对话框。

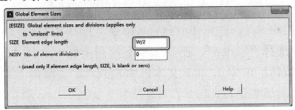

图 3-72　Global Element Sizes 对话框

02 单击 ANSYS Main Menu → Preprocessor → Meshing → Mesh → Areas → Mapped → 3 to 4 sided 命令，打开 Mesh Volumes 选择对话框。单击"Pick All"按钮，关闭该对话框，此时窗口会显示生成的网格模型，如图 3-73 所示。

7. 设置边界条件

01 单击 ANSYS Main Menu → Preprocessor → Loads → Define Loads → Settings → Reference Temp 命令，打开 Reference Temperature 对话框，如图 3-74 所示。在[TREF] Reference temperature 文本框中输入"T0"，单击"OK"按钮，关闭该对话框。

02 单击菜单栏中 Select → Entities 命令，打开 Select Entities 对话框，如图 3-75 所示。在第一个下拉列表框中选择"Nodes"，在第二个下拉列表框中选择"By Location"，单击 X coordinates 单选按钮，在 Min,Max 文本框中输入"0"，单击"OK"按钮，关闭该对话框。

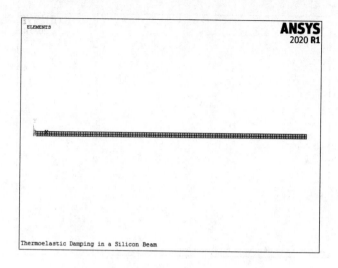

图 3-73　生成的网格模型

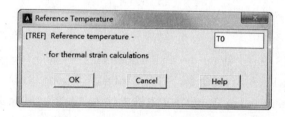

图 3-74　Reference Temperature 对话框

03 单击菜单栏中 Select → Entities 命令，打开 Select Entities 对话框。在第一个下拉列表框中选择 "Nodes"，在第二个下拉列表框中选择 "By Location"，单击 X coordinates 单选按钮，在 Min, Max 文本框中输入 "L"，单击 Also Select 单选按钮，单击 "OK" 按钮，关闭该对话框。

04 单击 ANSYS Main Menu → Preprocessor → Loads → Define Loads → Apply → Structural → Displacement → On Nodes 命令，打开 Apply U, ROT on Nodes 选择对话框。单击 "Pick All" 按钮，打开 Apply U, ROT on Nodes 对话框，如图 3-76 所示。在 Lab2　DOFs to be constrained 列表框中选择 "UX"，在 VALUE　Displacement value 文本框中输入 "0"，单击 "OK" 按钮，关闭该对话框。

05 单击菜单栏中 Select → Entities 命令，打开 Select Entities 对话框。在第一个下拉列表框中选择 "Nodes"，在第二个下拉列表框中选择 "By Location"，单击 Y coordinates 单选按钮，在 Min, Max 文本框中输入 "0"，单击 Reselect 单选按钮，单击 "OK" 按钮，关闭该对话框。

06 单击 ANSYS Main Menu → Preprocessor → Loads → Define Loads → Apply → Structural → Displacement → On Nodes 命令，打开 Apply U, ROT on Nodes 选择对话框。单击 "Pick All" 按钮，打开 Apply U, ROT on Nodes 对话框。在 Lab2　DOFs to be constrained 列表框中选择 "UY"，在 VALUE　Displacement value 文本框中输入 "0"，单击 "OK" 按钮，关闭该对话框。

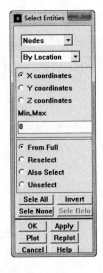

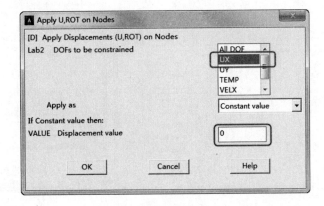

图 3-75　Select Entities 对话框　　　　图 3-76　Apply U, ROT on Nodes 对话框

07 单击菜单栏中 Select → Entities 命令，打开 Select Entities 对话框。在第一个下拉列表框中选择"Nodes"，在第二个下拉列表框中选择"By Location"，单击 Y coordinates 单选按钮，在 Min, Max 文本框中输入"W"，单击 From Full 单选按钮，单击"OK"按钮，关闭该对话框。

08 单击 ANSYS Main Menu → Preprocessor → Loads → Define Loads → Apply → Structural → Pressure → On Nodes 命令，打开 Apply PRES on nodes 选择对话框。单击"Pick All"按钮，打开 Apply PRES on nodes 对话框，如图 3-77 所示。在 VALUE Load PRES value 文本框中输入"P"，单击"OK"按钮，关闭该对话框。

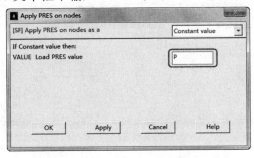

图 3-77　Apply PRES on nodes 对话框

09 单击菜单栏中 Select → Everything 命令。

3.3.2　求解

01 单击 ANSYS Main Menu → Solution → Analysis Type → New Analysis 命令，打开 New Analysis 对话框，如图 3-78 所示。在[ANTYPE] Type of analysis 选项组中单击 Harmonic 单选按钮，单击"OK"按钮，关闭该对话框。

02 单击 ANSYS Main Menu → Solution → Load Step Opts → Output Ctrls → DB/Results File 命令，打开 Controls for Database and Results File Writing 对话

框，如图3-79所示。按如图3-79所示设置，单击"OK"按钮，关闭该对话框。

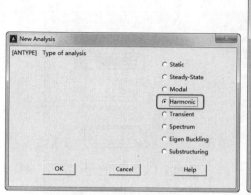

图3-78 New Analysis 对话框

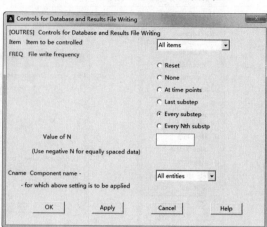

图3-79 Controls for Database

and Results File Writing 对话框

03 单击 ANSYS Main Menu → Solution → Load Step Opts → Time/Frequenc →
Freq and Substps 命令，打开 Harmonic Frequency and Substep Options 对话框，如
图3-80所示。在[HARFRQ] Harmonic freq range 文本框中输入"fmin,fmax"，在[NSUBST]
Number of substeps 文本框中输入 "nsbs"，在[KBC] Stepped or ramped b.c. 选项组
中单击 Stepped 单选按钮，单击"OK"按钮，关闭该对话框。

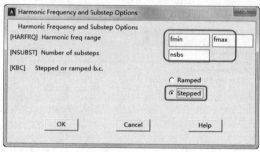

图3-80 Harmonic Frequency and Substep Options 对话框

04 单击 ANSYS Main Menu → Solution → Solve → Current LS 命令，打开/STATUS
Command 和 Solve Current Load Step 对话框。关闭/STATUS Command 对话框，单击 Solve
Current Load Step 对话框中的 "OK" 按钮，ANSYS 开始求解。

05 求解结束后，打开 Note 对话框。单击 "Close" 按钮，关闭该对话框。

06 单击菜单栏中 File → Save as Jobname.db 命令。

3.3.3 后处理

01 单击菜单栏中 Parameters → Scalar Parameters 命令，打开 Scalar
Parameters 对话框。在 Selection 文本框中依次输入：

```
delta=E*alp**2*(t0+Toff)/(rho*Cp)
pi=acos(-1)
tau=rho*Cp*W**2/(k*pi**2)
f_Qmin=1/(2*pi*tau)
f_0=0.986
f_1=0.012
f_2=0.0016
tau0=tau
tau1=tau/9
tau2=tau/25
```

02 单击菜单栏中 Parameters → Array Parameters → Define/Edit 命令，打开 Array Parameters 对话框，单击"Add"按钮，打开 Add New Array Parameter 对话框，如图 3-81 示，在 Par Parameter name 文本框中输入"FREQ"，在 Type Parameter type 选项组中单击 Table 单选按钮，在 I，J，K No. of rows, cols, planes 的第一个文本框中输入"NSBS"，其余文本框空白，单击"OK"按钮，关闭该对话框。

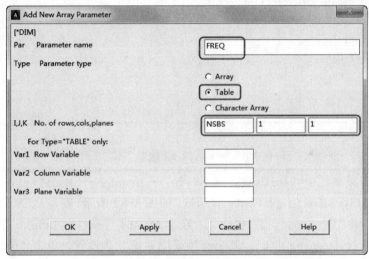

图 3-81 Add New Array Parameter 对话框

03 单击 Array Parameters 对话框的"Add"按钮，再次打开 Add New Array Parameter 对话框。在 Par Parameter name 文本框中输入"Q"，在 Type Parameter type 选项组中单击 Table 单选按钮，在 I，J，K No. of rows, cols, planes 的前两个文本框中输入"NSBS，2"，其余文本框空白，单击"OK"按钮，关闭该对话框。

04 单击"Close"按钮，关闭 Array Parameters 对话框。

05 单击菜单栏中 Parameters → Scalar Parameters 命令，打开 Scalar Parameters 选择对话框。在 Selection 文本框中依次输入：

```
DF=(FMAX-FMIN)/NSBS
F=FMIN+DF
```

06 在 ANSYS 命令文本框中输入以下内容，按 Enter 键完成输入。

```
/POST1
```

```
*do, I, 1, nsbs
set, , , 1, 0, f, ,
etab, w_r, nmisc, 4
set, , , 1, 1, f, ,
etab, w_i, nmisc, 4
ssum
*get, WR, ssum, , item, w_r
*get, WI, ssum, , item, w_i
Qansys=Wr/Wi
om=2*pi*f
omt0=om*tau0
omt1=om*tau1
omt2=om*tau2
Q1=delta*f_0*omt0/(1+omt0**2)
Q1=Q1+delta*f_1*omt1/(1+omt1**2)
Q1=Q1+delta*f_2*omt2/(1+omt2**2)
Qzener=1/Q1
freq(i)=f
Q(i, 1)=1/Qansys
Q(i, 2)=1/Qzener
f=f+df
*enddo
```

 注意： 每输入一行就按一次 Enter 键确认。

07 单击菜单栏中 PlotCtrls → Style → Graphs → Modify Axes 命令，打开 Axes Modifications for Graph Plots 对话框，如图 3-82 所示。在 [/AXLAB] X-axis label 文本框中输入"Frequency f（Hz）"，在 [/AXLAB] Y-axis label 文本框中输入"Thermoelastic Damping 1/Q"，其余选项采用系统默认设置，单击"OK"按钮，关闭该对话框。

08 单击菜单栏中 PlotCtrls → Style → Graphs → Modify Curve 命令，打开 Curve Modifications for Graph Plots 对话框，如图 3-83 所示。在 CURVE number（1-10）文本框中输入"1"，在 LABEL for curve 文本框中输入"1/Qansys"，其余选项采用系统默认设置。

09 单击对话框中"Apply"按钮，再次打开 Curve Modifications for Graph Plots 对话框，如图 3-83 所示。在 CURVE number（1-10）文本框中输入"2"，在 LABEL for curve 文本框中输入"1/Qzener"，其余选项采用系统默认设置，单击"OK"按钮，关闭该对话框。

10 单击菜单栏中 Plot → Array Parameters 命令，打开 Graph Array Parameters 对话框，如图 3-84 所示。在 ParX X-axis array parameter 文本框中输入"FREQ(1)"，在 ParY Y-axis array parameter 文本框中输入"Q(1, 1)"，在 Y2 2nd column no. 文本框中输入"2"，其余选项采用系统默认设置。

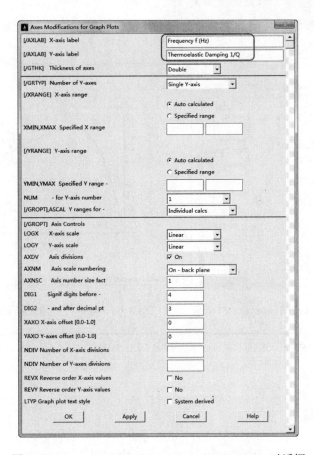

图 3-82　Axes Modifications for Graph Plots 对话框

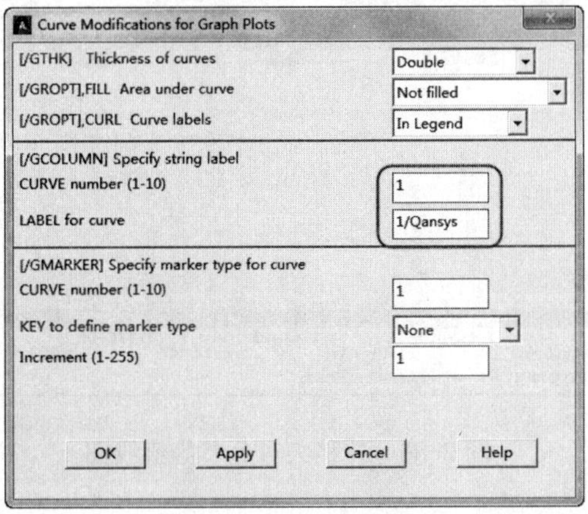

图 3-83　Curve Modifications for Graph Plots 对话框

11 单击 "OK" 按钮，关闭该对话框，ANSYS 窗口会显示频率与热弹性阻尼的关系曲线，如图 3-85 所示。

12 单击 ANSYS Main Menu → General Postproc → Plot Results → Contour Plot → Nodal Solu 命令，打开 Contour Nodal Solution Date 对话框。在 Item to be contoured 列表框中选择 Nodal Solution → DOF Solution → Displacement vector sum，单击"OK"按钮，关闭该对话框，ANSYS 窗口将显示位移矢量分布等值线图，如图 3-86 所示。

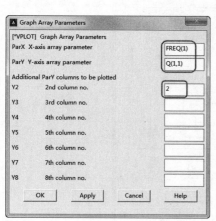

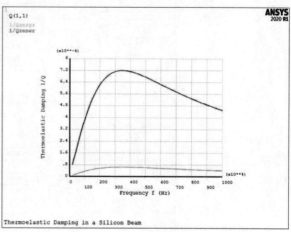

图 3-84　Graph Array Parameters 对话框　　图 3-85　频率与热弹性阻尼的关系曲线

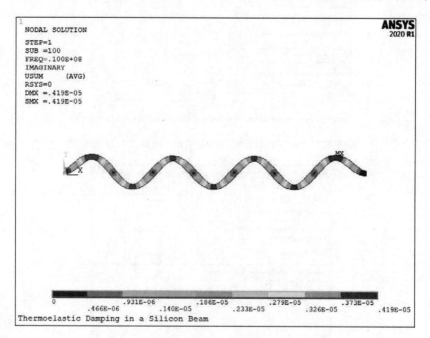

图 3-86　位移矢量分布等值线图

3.3.4　命令流

略，命令流详见随书光盘电子文档。

3.4　微型驱动器电热耦合分析

微型驱动器模型由薄臂、宽臂、弯曲部分和两个固定端组成，其中薄臂与宽臂相连接，如图 3-87 所示。固定端除了起到支撑作用外，还可以导电和导热。驱动器是根据薄臂和宽臂线胀系数的不同而工作的。当不同的电压施加于两个固定端时，电流通过薄臂和宽臂会生成热量。由于两个臂的宽度不同，驱动器的薄臂比宽臂具有更高的电阻，因此薄臂会产生更多的热量。不均匀的受热会产生不均匀的热膨胀，也会引起驱动器尖端的偏斜。

当 15V 的电压差施加于两固定端时，三维静态结构热电耦合分析可以确定尖端的偏斜量和驱动器的温度分布。分析时需要考虑表面辐射和对流换热，这对于驱动器的精确建模至关重要。微型驱动器的平面尺寸如图 3-88 所示，其厚度为 $d11$，单位为 m；材料基本属性见表 3-7；热导率与温度的关系曲线如图 3-89 所示；线胀系数与温度的关系曲线如图 3-90 所示。

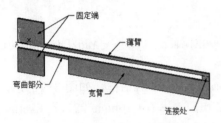

图 3-87　微型驱动器模型

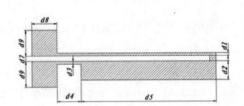

图 3-88　微型驱动器的平面尺寸

表 3-7　材料基本属性

属性	数值
弹性模量	1.69×10^5 MPa
泊松比	0.3
电阻率	$4.2 \times 10^{-4} \Omega \cdot$ mm

注：$d1$=40e-6；$d2$=255e-6；$d3$=40e-6；$d4$=330e-6；$d5$=1900e-6；$d6$=90e-6；$d7$=75e-6；$d8$=352e-6；$d9$=352e-6；$d11$=20e-6。单位为 m。

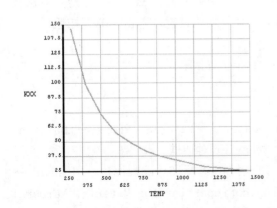

图 3-89　热导率与温度的关系曲线

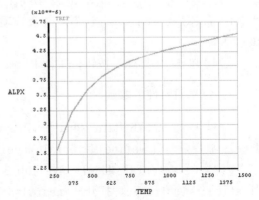

图 3-90　线胀系数与温度的关系曲线

3.4.1 前处理

1. 定义工作文件名和工作标题

01 单击菜单栏中 File → Change Jobname 命令，打开 Change Jobname 对话框，在 [/FILNAM] Enter new jobname 文本框中输入工作文件名 "Microactuator"，使 NEW log and error files 保持 "Yes" 状态，单击 "OK" 按钮，关闭该对话框。

02 单击菜单栏中 File → Change Title 命令，打开 Change Title 对话框。在对话框中输入工作标题 "Electro-Thermal Microactuator"，单击 "OK" 按钮，关闭该对话框。

2. 定义单元类型

01 单击 ANSYS Main Menu → Preprocessor → Element Type → Add/Edit/Delete 命令，打开 Element Types 对话框。

02 单击 "Add" 按钮，打开 Library of Element Types 对话框，如图 3-91 所示。在 Library of Element Types 列表框中选择 Coupled field → Tet 10node 227，在 Element type reference number 文本框中输入 "1"，单击 "OK" 按钮，关闭 Library of Element Types 对话框。

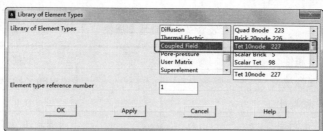

图 3-91　Library of Element Types 对话框

03 单击 Element Types 对话框中的 "Options" 按钮，打开 SOLID227 element type options 对话框，如图 3-92 所示。在 Analysis Type　K1 下拉列表框中选择 "Structural-thermoelctric"，其余选项采用系统默认设置，单击 "OK" 按钮，关闭该对话框。

04 单击 "Close" 按钮，关闭 Element Types 对话框。

3. 定义材料性能参数

01 单击 ANSYS Main Menu → Preprocessor → Material Props → Material Models 命令，打开 Define Material Model Behavior 对话框。

02 在 Material Models Available 列表框中选择 Structural → Linear → Elastic → Isotropic，打开 Linear Isotropic Properties for Material Number 1 对话框，如图 3-93 所示。在 EX 文本框中输入 "1.69E+11"，在 PRXY 文本框中输入 "0.3"，单击 "OK" 按钮，关闭该对话框。

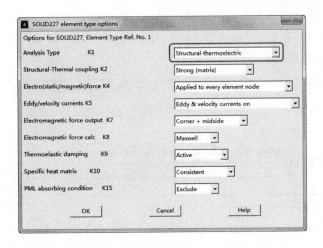

图 3-92　SOLID227 element type options 对话框

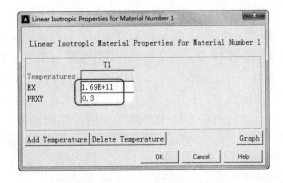

图 3-93　Linear Isotropic Properties for Material Number 1 对话框

03 在 Material Models Available 列表框中选择 Electromagnetics → Resistivity → Constant，打开 Resistivity for Material Number 1 对话框，如图 3-94 所示。在 RSVX 文本框中输入 "4.2e-4"，单击 "OK" 按钮，关闭该对话框。

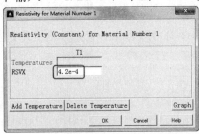

图 3-94　Resistivity for Material Number 1 对话框

04 在 Material Models Available 列表框中选择 Structural → Thermal Expansion → Secant Coefficient → Isotropic，打开 Thermal Expansion Secant Coefficient for Material Number 1 对话框，如图 3-95 所示。连续单击 "Add Temperature" 按钮 12 次，使之生成 13 列温度与线胀系数表格，在 Temperature 一行中依次输入 "300, 400, 500, 600, 700, 800, 900, 1000, 1100, 1200, 1300, 1400, 1500"，

在 ALPX 行中依次输入 "2.568e-6，3.212e-6，3.594e-6，3.831e-6，3.987e-6，4.099e-6，4.185e-6，4.258e-6，4.323e-6，4.384e-6，4.442e-6，4.5e-6，4.556e-6"，单击 "OK" 按钮，关闭该对话框。

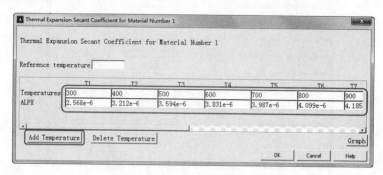

图 3-95　Thermal Expansion Secant Coefficient for Material Number 1 对话框

05 在 Material Models Available 列表框中选择 Thermal → Conductivity → Isotropic，打开 Conductivity for Material Number 1 对话框，如图 3-96 所示。连续单击 "Add Temperature" 按钮 12 次，使之生成 13 列温度与热导率表格，在 Temperature 行中依次输入 "300，400，500，600，700，800，900，1000，1100，1200，1300，1400，1500"，在 KXX 行中依次输入 "146.4，98.3，73.2，57.5，49.2，41.8，37.6，34.5，31.4，28.2，27.2，26.1，25.1"，单击 "OK" 按钮，关闭该对话框。

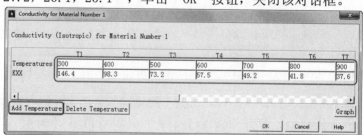

图 3-96　Conductivity for Material Number 1 对话框

06 在 Define Material Model Behavior 对话框中选择 Material → Exit，关闭该对话框。

4. 建立几何模型

01 单击菜单栏中 Parameters → Scalar Parameters 命令，打开 Scalar Parameters 选择对话框，如图 3-97 所示。在 Selection 文本框中依次输入：

```
d1=40e-6
d2=255e-6
d3=40e-6
d4=330e-6
d5=1900e-6
d6=90e-6
d7=75e-6
```

```
d8=352e-6
d9=352e-6
d11=20e-6
Vlt=15
Tblk=300
```

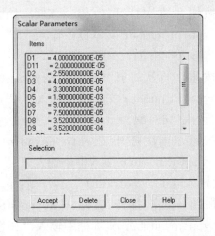

图 3-97　Scalar Parameters 选择对话框

02 单击 ANSYS Main Menu → Preprocessor → Modeling → Create → Keypoints → In Active CS 命令，打开 Create Keypoints in Active Coordinate System 对话框，如图 3-98 所示。在 NPT　Keypoint number 文本框中输入"1"，在 X,Y,Z　Location in active CS 前两个文本框依次输入"0，0"。

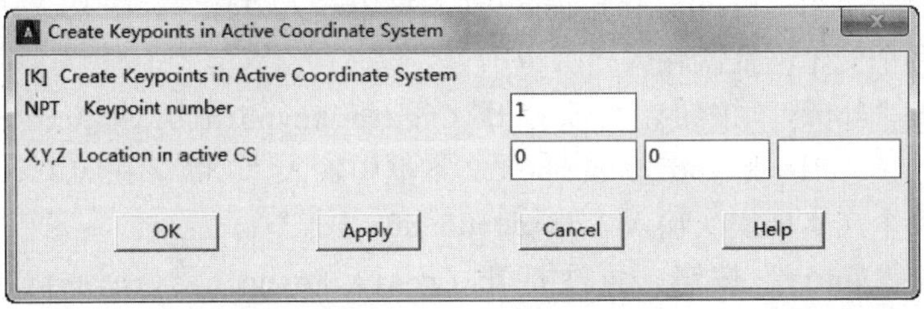

图 3-98　Create Keypoints in Active Coordinate System 对话框

03 单击"Apply"按钮，再次打开 Create Keypoints in Active Coordinate System 对话框。在 NPT　Keypoint number 文本框中输入"2"，在 X，Y，Z　Location in active CS 前两文本框依次输入"0，d9"。

04 单击"Apply"按钮，再次打开 Create Keypoints in Active Coordinate System 对话框。在 NPT　Keypoint number 文本框中输入"3"，在 X，Y，Z　Location in active CS 前两文本框依次输入"d8，d9"。

05 单击"Apply"按钮，再次打开 Create Keypoints in Active Coordinate System 对话框。在 NPT　Keypoint number 文本框中输入"4"，在 X，Y，Z　Location in active CS 前两文本框依次输入"d8，d1"。

06 单击"Apply"按钮，再次打开 Create Keypoints in Active Coordinate System 对话框。在 NPT　Keypoint number 文本框中输入"5"，在 X，Y，Z　Location in active CS 前两文本框依次输入"d8+d4+d5，d1"。

07 单击"Apply"按钮，再次打开 Create Keypoints in Active Coordinate System 对话框。在 NPT　Keypoint number 文本框中输入"6"，在 X, Y, Z　Location in active CS 前两文本框依次输入"d8+d4+d5，-(d7+d2)"。

08 单击"Apply"按钮，再次打开 Create Keypoints in Active Coordinate System 对话框。在 NPT　Keypoint number 文本框中输入"7"，在 X, Y, Z　Location in active CS 前两文本框依次输入"d8+d4，-(d7+d2)"。

09 单击"Apply"按钮，再次打开 Create Keypoints in Active Coordinate System 对话框。在 NPT　Keypoint number 文本框中输入"8"，在 X, Y, Z　Location in active CS 前两文本框依次输入"d8+d4，-(d7+d3)"。

10 单击"Apply"按钮，再次打开 Create Keypoints in Active Coordinate System 对话框。在 NPT　Keypoint number 文本框中输入"9"，在 X, Y, Z Location in active CS 前两文本框依次输入"d8，-(d7+d3)"。

11 单击"Apply"按钮，再次打开 Create Keypoints in Active Coordinate System 对话框。在 NPT　Keypoint number 文本框中输入"10"，在 X, Y, Z Location in active CS 前两文本框依次输入"d8，-(d7+d9)"。

12 单击"Apply"按钮，再次打开 Create Keypoints in Active Coordinate System 对话框。在 NPT　Keypoint number 文本框中输入"11"，在 X, Y, Z Location in active CS 前两文本框依次输入"0，-(d7+d9)"。

13 单击"Apply"按钮，再次打开 Create Keypoints in Active Coordinate System 对话框。在 NPT　Keypoint number 文本框中输入"12"，在 X, Y, Z Location in active CS 前两个文本框依次输入"0，-d7"。

14 单击"Apply"按钮，再次打开 Create Keypoints in Active Coordinate System 对话框。在 NPT　Keypoint number 文本框中输入"13"，在 X, Y, Z Location in active CS 前两个文本框依次输入"d8+d4+d5-d6，-d7"。

15 单击"Apply"按钮，再次打开 Create Keypoints in Active Coordinate System 对话框。在 NPT　Keypoint number 文本框中输入"14"，在 X, Y, Z Location in active CS 前两个文本框依次输入"d8+d4+d5-d6，0"，单击"OK"按钮，关闭该对话框。

16 单击 ANSYS Main Menu → Preprocessor → Modeling → Create → Areas → Arbitrary → Through KPs 命令，打开 Creat Area through KPs 对话框，选择关键点"1、2、3、4、5、6、7、8、9、10、11、12、13、14"，单击"OK"按钮，关闭该对话框。

17 单击 ANSYS Main Menu → Preprocessor → Modeling → Operate → Extrude → Areas → By XYZ Offset 命令，打开 Extrude Area by XYZ Offset 选择对话框。单击"Pick All"按钮，打开 Extrude Areas by XYZ Offset 对话框，如图 3-99 所示。在 DX, DY, DZ　Offsets for extrusion 文本框依次输入"0，0，d11"，其余选项采用系统默认设置，单击"OK"按钮，关闭该对话框。

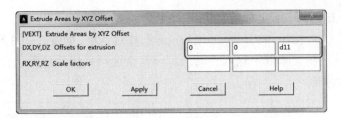

图 3-99　Extrude Areas by XYZ Offset 对话框

18 单击菜单栏中 PlotCtrls → View Settings → Viewing Direction 命令，打开 Viewing Direction 对话框，如图 3-100 所示。在 [/VIEW] View direction XV, YV, ZV Coords of view point 文本框依次输入"1，2，3"，其余选项采用系统默认设置，单击"OK"按钮，关闭该对话框。

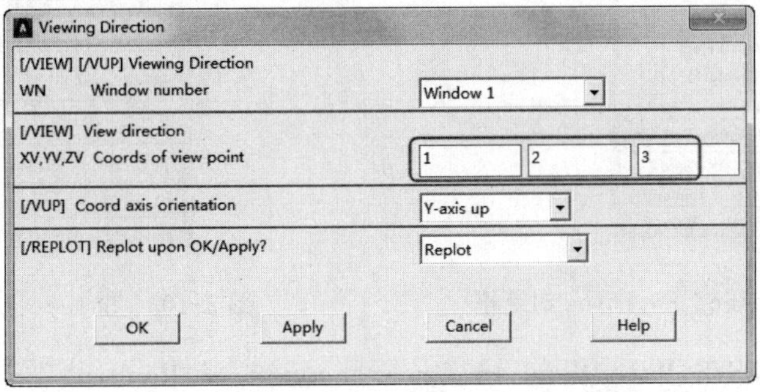

图 3-100　Viewing Direction 对话框

19 单击菜单栏中 PlotCtrls → Style → Colors → Reverse Video 命令，ANSYS 窗口将变成白色，生成的几何模型如图 3-101 所示。

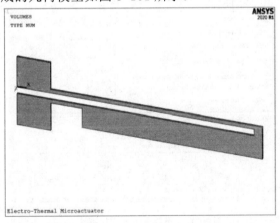

图 3-101　生成的几何模型

5. 划分网格

01 单击菜单栏中 Select → Entities 命令，打开 Select Entities 对话框，如图 3-102 所示。在第一个下拉列表框中选择"Lines"，在第二个下拉列表框中选择"By

Num/Pick"，单击From Full 单选按钮。

02 单击"OK"按钮，打开Select lines选择对话框，如图 3-103 所示。单击"Min，Max，Inc"单选按钮，在文本框中输入"31，42"，其余选项采用系统默认设置，单击"OK"按钮，关闭该对话框。

图 3-102 Select Entities 对话框

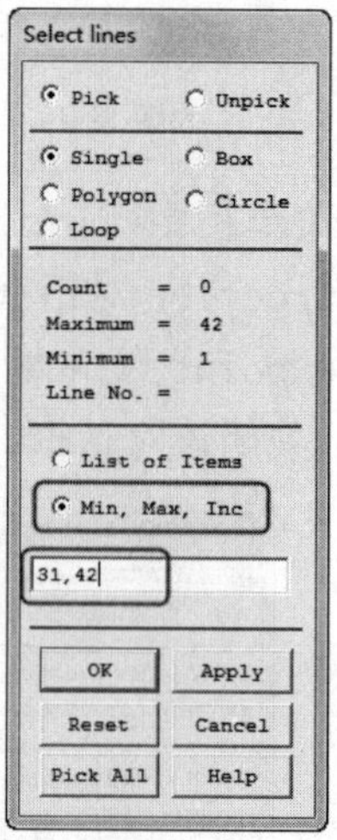

图 3-103 Select lines 对话框

03 单击 ANSYS Main Menu → Preprocessor → Meshing → Size Cntrls → ManualSize → Lines → Picked Lines 命令，打开 Element Size on Picked Lines 选择对话框。单击"Pick All"按钮，打开 Elements Sizes on Picked Lines 对话框，如图 3-104 所示。在 SIZE Element edge length 文本框中输入"d11"，使 KYNDIV SIZE，NDIV can be changed 保持"No"状态，单击"OK"按钮，关闭该对话框。

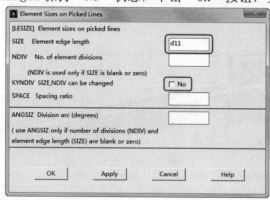

图 3-104 Elements Sizes on Picked Lines 对话框

04 单击菜单栏中 Select → Entities 命令，打开 Select Entities 对话框。在第一个下拉列表框中选择"Lines"，在第二个下拉列表框中选择"By Num/Pick"，单击 From Full 单选按钮。

05 单击"OK"按钮，打开 Select lines 选择对话框。单击 Min，Max，Inc 单选按钮，在文本框中输入"1，3"，其余选项采用默认设置，单击"OK"按钮，关闭该对话框。

06 单击菜单栏中 Select → Entities 命令，打开 Select Entities 对话框。在第一个下拉列表框中选择"Lines"，在第二个下拉列表框中选择"By Num/Pick"，单击 Also Select 单选按钮。

07 单击"OK"按钮，打开 Select lines 选择对话框。单击 Min, Max, Inc 单选按钮，在文本框中输入"9, 11"，其余选项采用默认设置，单击"OK"按钮，关闭该对话框。

08 单击菜单栏中 Select → Entities 命令，打开 Select Entities 对话框。在第一个下拉列表框中选择"Lines"，在第二个下拉列表框中选择"By Num/Pick"，单击 Also Select 单选按钮。

09 单击"OK"按钮，打开 Select lines 选择对话框。单击 Min, Max, Inc 单选按钮，在文本框中输入"15, 17"，其余选项采用默认设置，单击"OK"按钮，关闭该对话框。

10 单击菜单栏中 Select → Entities 命令，打开 Select Entities 对话框。在第一个下拉列表框中选择"Lines"，在第二个下拉列表框中选择"By Num/Pick"，单击 Also Select 单选按钮。

11 单击"OK"按钮，打开 Select lines 选择对话框。单击 Min, Max, Inc 单选按钮，在文本框中输入"23, 25"，其余选项采用默认设置，单击"OK"按钮，关闭该对话框。

12 单击 ANSYS Main Menu → Preprocessor → Meshing → Size Cntrls → ManualSize → Lines → Picked Lines 命令，打开 Element Size on Picked Lines 选择对话框。单击"Pick All"按钮，打开 Elements Sizes on Picked Lines 对话框。在 SIZE Element edge length 文本框，输入"d9/2"，使 KYNDIV SIZE, NDIV can be changed 保持"No"状态，单击"OK"按钮，关闭该对话框。

13 单击菜单栏中 Select → Entities 命令，打开 Select Entities 对话框。在第一个下拉列表框中选择"Lines"，在第二个下拉列表框中选择"By Num/Pick"，单击 From Full 单选按钮。

14 单击"OK"按钮，打开 Select lines 选择对话框。单击 List of Items 单选按钮，在文本框中输入"5"，其余选项采用系统默认设置，单击"OK"按钮，关闭该对话框。

15 单击菜单栏中 Select → Entities 命令，打开 Select Entities 对话框。在第一个下拉列表框中选择"Lines"，在第二个下拉列表框中选择"By Num/Pick"，单击 Also Reslect 单选按钮。

16 单击"OK"按钮，打开 Select lines 选择对话框。单击 List of Items 单选按钮，在文本框中输入"19"，其余选项采用系统默认设置，单击"OK"按钮，关闭该对话框。

17 单击 ANSYS Main Menu → Preprocessor → Meshing → Size Cntrls → ManualSize → Lines → Picked Lines 命令，打开 Element Size on Picked Lines 选择对话框，单击"Pick All"按钮，打开 Elements Sizes on Picked Lines 对话框。在

SIZE Element edge length 文本框中输入"(d1+d2+d7)/6",使 KYNDIV SIZE,NDIV can be changed 保持"No"状态,单击"OK"按钮,关闭该对话框。

18 单击菜单栏中 Select → Entities 命令,打开 Select Entities 对话框。在第一个下拉列表框中选择"Lines",在第二个下拉列表框中选择"By Num/Pick",单击 From Full 单选按钮。

19 单击"OK"按钮,打开 Select lines 选择对话框。单击 List of Items 单选按钮,在文本框中输入"13",其余选项采用系统默认设置,单击"OK"按钮,关闭该对话框。

20 单击菜单栏中 Select → Entities 命令,打开 Select Entities 对话框。在第一个下拉列表框中选择"Lines",在第二个下拉列表框中选择"By Num/Pick",单击 Also Reslect 单选按钮。

21 单击"OK"按钮,打开 Select lines 选择对话框。单击 List of Items 单选按钮,在文本框中输入"27",其余选项采用默认设置,单击"OK"按钮,关闭该对话框。

22 单击 ANSYS Main Menu → Preprocessor → Meshing → Size Cntrls → ManualSize → Lines → Picked Lines 命令,打开 Element Size on Picked Lines 选择对话框,单击"Pick All"按钮,打开 Elements Sizes on Picked Lines 对话框。在 SIZE Element edge length 文本框中输入"d7/3",使 KYNDIV SIZE,NDIV can be changed 保持"No"状态,单击"OK"按钮,关闭该对话框。

23 单击菜单栏中 Select → Entities 命令,打开 Select Entities 对话框。在第一个下拉列表框中选择"Lines",在第二个下拉列表框中选择"By Num/Pick",单击 From Full 单选按钮。

24 单击"OK"按钮,打开 Select lines 选择对话框。单击 List of Items 单选按钮,在文本框中输入"8",其余选项采用系统默认设置,单击"OK"按钮,关闭该对话框。

25 单击菜单栏中 Select → Entities 命令,打开 Select Entities 对话框。在第一个下拉列表框中选择"Lines",在第二个下拉列表框中选择"By Num/Pick",单击 Also Reslect 单选按钮。

26 单击"OK"按钮,打开 Select lines 选择对话框。单击 List of Items 单选按钮,在文本框中输入"22",其余选项采用系统默认设置,单击"OK"按钮,关闭该对话框。

27 单击 ANSYS Main Menu → Preprocessor → Meshing → Size Cntrls → ManualSize → Lines → Picked Lines 命令,打开 Element Size on Picked Lines 对话框,单击"Pick All"按钮,打开 Elements Sizes on Picked Lines 对话框。在 SIZE Element edge length 文本框中输入"d4/6",使 KYNDIV SIZE,NDIV can be changed 保持"No"状态,单击"OK"按钮,关闭该对话框。

28 单击菜单栏中 Select → Entities 命令,打开 Select Entities 对话框。在第一个下拉列表框中选择"Lines",在第二个下拉列表框中选择"By Num/Pick",单击 From Full 单选按钮。

29 单击"OK"按钮，打开 Select lines 选择对话框。单击 List of Items 单选按钮，在文本框中输入"4"，其余选项采用系统默认设置，单击"OK"按钮，关闭该对话框。

30 单击菜单栏中 Select → Entities 命令，打开 Select Entities 对话框。在第一个下拉列表框中选择"Lines"，在第二个下拉列表框中选择"By Num/Pick"，单击 Also Reslect 单选按钮。

31 单击"OK"按钮，打开 Select lines 选择对话框。单击 List of Items 单选按钮，在文本框中输入"18"，其余选项采用系统默认设置，单击"OK"按钮，关闭该对话框。

32 单击 ANSYS Main Menu → Preprocessor → Meshing → Size Cntrls → ManualSize → Lines → Picked Lines 命令，打开 Element Size on Picked Lines 选择对话框，单击"Pick All"按钮，打开 Elements Sizes on Picked Lines 对话框。在 SIZE Element edge length 文本框中输入"(d4+d5)/30"，使 KYNDIV SIZE,NDIV can be changed 保持"No"状态，单击"OK"按钮，关闭该对话框。

33 单击菜单栏中 Select → Entities 命令，打开 Select Entities 对话框。在第一个下拉列表框中选择"Lines"，在第二个下拉列表框中选择"By Num/Pick"，单击 From Full 单选按钮。

34 单击"OK"按钮，打开 Select lines 选择对话框。单击 List of Items 单选按钮，在文本框中输入"14"，其余选项采用系统默认设置，单击"OK"按钮，关闭该对话框。

35 单击菜单栏中 Select → Entities 命令，打开 Select Entities 对话框。在第一个下拉列表框中选择"Lines"，在第二个下拉列表框中选择"By Num/Pick"，单击 Also Reslect 单选按钮。

36 单击"OK"按钮，打开 Select lines 选择对话框。单击 List of Items 单选按钮，在文本框中输入"28"，其余选项采用默认设置，单击"OK"按钮，关闭该对话框。

37 单击 ANSYS Main Menu → Preprocessor → Meshing → Size Cntrls → ManualSize → Lines → Picked Lines 命令，打开 Element Size on Picked Lines 选择对话框，单击"Pick All"按钮，打开 Elements Sizes on Picked Lines 对话框。在 SIZE Element edge length 文本框中输入"(d8+d4+d5-d6)/40"，使 KYNDIV SIZE,NDIV can be changed 保持"No"状态，单击"OK"按钮，关闭该对话框。

38 单击菜单栏中 Select → Entities 命令，打开 Select Entities 对话框。在第一个下拉列表框中选择"Lines"，在第二个下拉列表框中选择"By Num/Pick"，单击 From Full 单选按钮。

39 单击"OK"按钮，打开 Select lines 选择对话框。单击 List of Items 单选按钮，在文本框中输入"7"，其余选项采用默认设置，单击"OK"按钮，关闭该对话框。

40 单击菜单栏中 Select → Entities 命令，打开 Select Entities 对话框。在

第一个下拉列表框中选择"Lines"，在第二个下拉列表框中选择"By Num/Pick"，单击 Also Reslect 单选按钮。

41 单击"OK"按钮，打开 Select lines 选择对话框。单击 List of Items 单选按钮，在文本框中输入"21"，其余选项采用默认设置，单击"OK"按钮，关闭该对话框。

42 单击 ANSYS Main Menu → Preprocessor → Meshing → Size Cntrls → ManualSize → Lines → Picked Lines 命令，打开 Element Size on Picked Lines 选择对话框，单击"Pick All"按钮，打开 Elements Sizes on Picked Lines 对话框。在 SIZE Element edge length 文本框中输入"d2/5"，使 KYNDIV SIZE, NDIV can be changed 保持"No"状态，单击"OK"按钮，关闭该对话框。

43 单击菜单栏中 Select → Entities 命令，打开 Select Entities 对话框。在第一个下拉列表框中选择"Lines"，在第二个下拉列表框中选择"By Num/Pick"，单击 From Full 单选按钮。

44 单击"OK"按钮，打开 Select lines 选择对话框。单击 List of Items 单选按钮，在文本框中输入"12"，其余选项采用系统默认设置，单击"OK"按钮，关闭该对话框。

45 单击菜单栏中 Select → Entities 命令，打开 Select Entities 对话框。在第一个下拉列表框中选择"Lines"，在第二个下拉列表框中选择"By Num/Pick"，单击 Also Reslect 单选按钮。

46 单击"OK"按钮，打开 Select lines 选择对话框。单击 List of Items 单选按钮，在文本框中输入"26"，其余选项采用默认设置，单击"OK"按钮，关闭该对话框。

47 单击 ANSYS Main Menu → Preprocessor → Meshing → Size Cntrls → ManualSize → Lines → Picked Lines 命令，打开 Element Size on Picked Lines 选择对话框，单击"Pick All"按钮，打开 Elements Sizes on Picked Lines 对话框。在 SIZE Element edge length 文本框中输入"(d8+d4+d5-d6)/35"，使 KYNDIV SIZE, NDIV can be changed 保持"No"状态，单击"OK"按钮，关闭该对话框。

48 单击菜单栏中 Select → Entities 命令，打开 Select Entities 对话框。在第一个下拉列表框中选择"Lines"，在第二个下拉列表框中选择"By Num/Pick"，单击 From Full 单选按钮。

49 单击"OK"按钮，打开 Select lines 选择对话框。单击 List of Items 单选按钮，在文本框中输入"6"，其余选项采用默认设置，单击"OK"按钮，关闭该对话框。

50 单击菜单栏中 Select → Entities 命令，打开 Select Entities 对话框。在第一个下拉列表框中选择"Lines"，在第二个下拉列表框中选择"By Num/Pick"，单击 Also Reslect 单选按钮。

51 单击"OK"按钮，打开 Select lines 选择对话框。单击 List of Items 单选按钮，在文本框中输入"20"，其余选项采用默认设置，单击"OK"按钮，关闭该对话框。

52 单击 ANSYS Main Menu → Preprocessor → Meshing → Size Cntrls → ManualSize → Lines → Picked Lines 命令，打开 Element Size on Picked Lines 选择对话框，单击"Pick All"按钮，打开 Elements Sizes on Picked Lines 对话框。在 SIZE Element edge length 文本框中输入"d5/25"，使 KYNDIV SIZE, NDIV can be changed 保持"No"状态，单击"OK"按钮，关闭该对话框。

53 单击菜单栏中 Select → Everything 命令。

54 单击 ANSYS Main Menu → Preprocessor → Meshing → Mesh → Volumes → Free 命令，打开 Mesh Volumes 选择对话框，单击"Pick All"按钮，关闭该对话框，生成的网格模型如图 3-105 所示。

6. 设置边界条件

01 单击 ANSYS Main Menu → Preprocessor → Loads → Define Loads → Settings → Reference Temp 命令，打开 Reference Temperature 对话框，如图 3-106 所示。在 [TREF] Reference temperature 文本框中输入"Tblk"，单击"OK"按钮，关闭该对话框。

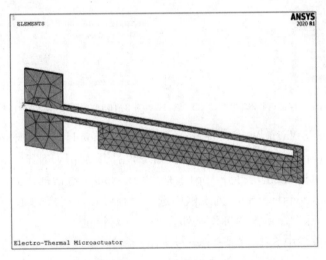

图 3-105 生成的网格模型

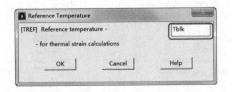

图 3-106 Reference Temperature 对话框

02 单击菜单栏中 Select → Entities 命令，打开 Select Entities 对话框，如图 3-107 所示。在第一个下拉列表框中选择"Nodes"，在第二个下拉列表框中选择"By Location"，单击 X coordinates 单选按钮，在文本框中输入"0,d8"，单击 From Full 单选按钮，单击"OK"按钮，关闭该对话框。

03 单击菜单栏中 Select → Entities 命令，打开 Select Entities 对话框。在第一个下拉列表框中选择 "Nodes"，在第二个下拉列表框中选择 "By Location"，单击 Z coordinates 单选按钮，在文本框中输入 "0"，单击 Reselect 单选按钮，单击 "OK" 按钮，关闭该对话框。

04 单击 ANSYS Main Menu → Preprocessor → Loads → Define Loads → Apply → Structural → Displacement → On Nodes 命令，打开 Apply U,ROT on Nodes 选择对话框。单击 "Pick All" 按钮，打开 Apply U,ROT on Nodes 对话框，如图 3-108 所示。在 Lab2 DOFs to be constrained 列表框中选择 "UX、UY、UZ"，在 VALUE Displacement value 文本框中输入 "0"，单击 "OK" 按钮，关闭该对话框。

图 3-107 Select Entities 对话框

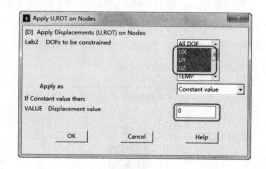

图 3-108 Apply U,ROT on Nodes 对话框

05 单击 ANSYS Main Menu → Preprocessor → Loads → Define Loads → Apply → Thermal → Temperature → On Nodes 命令，打开 Apply TEMP on Nodes 选择对话框。单击 "Pick All" 按钮，打开 Apply TEMP on Nodes 对话框，如图 3-109 所示。在 Lab2 DOFs to be constrained 列表框中选择 "TEMP"，在 VALUE Load TEMP value 文本框中输入 "Tblk"，单击 "OK" 按钮，关闭该对话框。

06 单击菜单栏中 Select → Everything 命令。

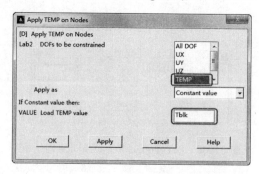

图 3-109 Apply TEMP on Nodes 对话框

07 单击菜单栏中 Select → Entities 命令，打开 Select Entities 对话框。在第一个下拉列表框中选择 "Nodes"，在第二个下拉列表框中选择 "By Location"，单

击 X coordinates 单选按钮，在文本框中输入"0,d8"，单击 From Full 单选按钮，单击"OK"按钮，关闭该对话框。

08 单击菜单栏中 Select → Entities 命令，打开 Select Entities 对话框。在第一个下拉列表框中选择"Nodes"，在第二个下拉列表框中选择"By Location"，单击 Y coordinates 单选按钮，在文本框中输入"-(d7+d9),-d7"，单击 Reselect 单选按钮，单击"OK"按钮，关闭该对话框。

09 单击 ANSYS Main Menu → Preprocessor → Coupling / Ceqn → Couple DOFs 命令，打开 Define Coupled DOFs 选择对话框。单击"Pick All"按钮，打开 Define Coupled DOFs 对话框，如图 3-110 所示。在 NSET Set reference number 文本框中输入"1"，在 Lab Degree-of-freedom label 下拉列表框中选择"VOLT"，单击"OK"按钮，关闭该对话框。

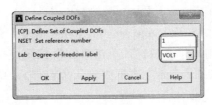

图 3-110 Define Coupled DOFs 对话框

10 单击菜单栏中 Parameters → Scalar Parameters 命令，打开 Scalar Parameters 选择对话框。在 Select 文本框中输入"n_gr=ndnext(0)"，单击"Accept"按钮，然后单击"Close"按钮，关闭该对话框

11 单击 ANSYS Main Menu → Preprocessor → Loads → Define Loads → Apply → Electric → Boundary → Voltage → On Nodes 命令，打开 Apply VOLT on Nodes 选择对话框。在文本框中输入"n_gr"，单击"OK"按钮，打开 Apply VOLT on nodes 对话框如图 3-111 所示。在 VALUE Load VOLT value 文本框中输入"0"，单击"OK"按钮，关闭该对话框。

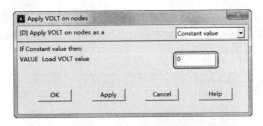

图 3-111 Apply VOLT on nodes 对话框

12 单击菜单栏中 Select → Entities 命令，打开 Select Entities 对话框。在第一个下拉列表框中选择"Nodes"，在第二个下拉列表框中选择"By Location"，单击 X coordinates 单选按钮，在文本框中输入"0,d8"，单击 From Full 单选按钮，单击"OK"按钮，关闭该对话框。

13 单击菜单栏中 Select → Entities 命令，打开 Select Entities 对话框。在

第一个下拉列表框中选择"Nodes"，在第二个下拉列表框中选择"By Location"，单击 Y coordinates 单选按钮，在文本框中输入"0,d9"，单击 Reselect 单选按钮，单击"OK"按钮，关闭该对话框。

14 单击 ANSYS Main Menu → Preprocessor → Coupling / Ceqn → Couple DOFs 命令，打开 Define Coupled DOFs 选择对话框。单击"Pick All"按钮，打开 Define Coupled DOFs 对话框。在 NSET　Set reference number 文本框中输入"2"，在 Lab Degree-of-freedom label 下拉列表框中选择"VOLT"，单击"OK"按钮，关闭该对话框。

15 单击菜单栏中 Parameters → Scalar Parameters 命令，打开 Scalar Parameters 选择对话框。在 Selection 文本框中输入"n_vlt=ndnext(0)"，单击"Accept"按钮，然后单击"Close"按钮，关闭该对话框

16 单击 ANSYS Main Menu → Preprocessor → Loads → Define Loads → Apply → Electric → Boundary → Voltage → On Nodes 命令，打开 Apply VOLT on Nodes 选择对话框。在文本框中输入"n_vlt"，单击"OK"按钮，打开 Apply VOLT on Nodes 对话框。在 VALUE Load VOLT value 文本框中输入"Vlt"，单击"OK"按钮，关闭该对话框。

17 单击菜单栏中 Select → Everything 命令。

18 单击 ANSYS Main Menu → Preprocessor → Element Type → Add/Edit/Delete 命令，打开 Element Types 对话框。

19 单击"Add"按钮，打开 Library of Element Types 对话框。在 Library of Element Types 列表框中选择 Thermal Solid → Tet 10node 87，在 Element type reference number 文本框中输入"2"，单击"OK"按钮，关闭 Library of Element Types 对话框。

20 单击"Close"按钮，关闭 Element Types 对话框。

21 单击 ANSYS Main Menu → Preprocessor → Loads → Define Loads → Apply → Thermal → Radiation → On Nodes 命令，打开 Apply RDSF on Nodes 选择对话框。单击"Pick All"按钮，打开 Apply RDSF on Nodes 对话框，如图 3-112 所示。在 VALUE Emissivity 文本框中输入"0.7"，在 VALUE2　Enclosure number 文本框中输入"1"，单击"OK"按钮，关闭该对话框。

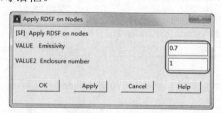

图 3-112　Apply RDSF on Nodes 对话框

22 单击 ANSYS Main Menu → Preprocessor → Radiation Opts → Solution Opt 命令，打开 Radiation Solution Options 对话框，如图 3-113 所示。在[STEF] Stefan-Boltzmann Const 文本框中输入"5.6704e-8"，在[SPECTEMP/SPCNOD]　Space option 下拉列表框中选择"Temperature"，在 Value 文本框中输入"Tblk"，其余选项采用系统默认设置，单击"OK"按钮，关闭该对话框。

23 单击菜单栏中 Select → Entities 命令，打开 Select Entities 对话框。在第一个下拉列表框中选择"Areas"，在第二个下拉列表框中选择"By Num/Pick"，单击 From Full 单选按钮。

24 单击"OK"按钮，打开 Select lines 对话框。单击 List of Items 单选按钮，在文本框中输入"2"，其余选项采用默认设置，单击"OK"按钮，关闭该对话框。

25 单击菜单栏中 Select → Entities 命令，打开 Select Entities 对话框，如图 3-114 所示。在第一个下拉列表框中选择"Nodes"，在第二个下拉列表框中选择"Attached to"，单击 Areas, all 单选按钮，单击 From Full 单选按钮，单击"OK"按钮，关闭该对话框。

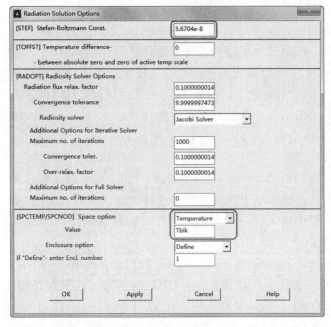

图 3-113 Radiation Solution Options 对话框　　图 3-114 Select Entities 对话框

26 单击菜单栏中 Select → Entities 命令，打开 Select Entities 对话框。在第一个下拉列表框中选择"Nodes"，在第二个下拉列表框中选择"By Location"，单击 X coordinates 单选按钮，在文本框中输入"d8, d8+d4+d5-d6"，单击 Reselect 单选按钮，单击"OK"按钮，关闭该对话框。

27 单击菜单栏中 Select → Entities 命令，打开 Select Entities 对话框。在第一个下拉列表框中选择"Nodes"，在第二个下拉列表框中选择"By Location"，单击 Y coordinates 单选按钮，在文本框中输入"0, d1"，单击 Reselect 单选按钮，单击"OK"按钮，关闭该对话框。

28 单击 ANSYS Main Menu → Preprocessor → Loads → Define Loads → Apply → Thermal → Convection → On Nodes 命令，打开 Apply CONV on Nodes 选择对话框。单击"Pick All"按钮，打开 Apply CONV on nodes 对话框，如图 3-115 所示。在 VALI

Film coefficient 文本框中输入 "-1"，在 VAL2I Bulk temperature 文本框中输入 "Tblk"，单击 "OK" 按钮，关闭该对话框。

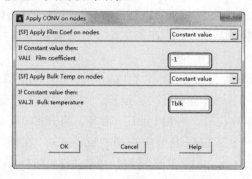

图 3-115 Apply CONV on nodes 对话框

29 单击菜单栏中 Select → Entities 命令，打开 Select Entities 对话框。在第一个下拉列表框中选择 "Nodes"，在第二个下拉列表框中选择 "Attached to"，单击 Areas,all 单选按钮，单击 From Full 单选按钮，单击 "OK" 按钮，关闭该对话框。

30 单击菜单栏中 Select → Entities 命令，打开 Select Entities 对话框。在第一个下拉列表框中选择 "Nodes"，在第二个下拉列表框中选择 "By Location"，单击 X coordinates 单选按钮，在文本框中输入 "d8,d8+d4"，单击 Reselect 单选按钮，单击 "OK" 按钮，关闭该对话框。

31 单击菜单栏中 Select → Entities 命令，打开 Select Entities 对话框。在第一个下拉列表框中选择 "Nodes"，在第二个下拉列表框中选择 "By Location"，单击 Y coordinates 单选按钮，在文本框中输入 "-(d3+d7),-d7"，单击 Reselect 单选按钮，单击 "OK" 按钮，关闭该对话框。

32 单击 ANSYS Main Menu → Preprocessor → Loads → Define Loads → Apply → Thermal → Convection → On Nodes 命令，打开 Apply CONV on Nodes 选择对话框。单击 "Pick All" 按钮，打开 Apply CONV on Nodes 对话框。在 VALI Film coefficient 文本框中输入 "-1"，在 VAL2I Bulk temperature 文本框中输入 "Tblk"，单击 "OK" 按钮，关闭该对话框。

33 单击 ANSYS Main Menu → Preprocessor → Loads → Load Step Opts → Other → Change Mat Props → Material Models 命令，打开 Define Material Model Behavior 对话框。

34 在 Material Models Available 列表框中选择 Thermal → Convection or Film Coef，打开 Convection or Film Coefficient for Material Number 1 对话框，如图 3-116 所示。连续单击 "Add Temperature" 按钮 6 次，生成 7 列温度与传热系数表格，在 Temperatures 行中依次输入 "300, 500, 700, 900, 1100, 1300, 1500"，在 HF 一行中依次输入 "17.8, 60, 65.6, 68.9, 71.1, 72.6, 73.2"，单击 "OK" 按钮，关闭该对话框。选择 Material → Exit，关闭 Define Material Model Behavior 对话框。

35 单击菜单栏中 Select → Entities 命令，打开 Select Entities 对话框。在第一个下拉列表框中选择 "Nodes"，在第二个下拉列表框中选择 "Attached to"，单击 Areas,all 单选按钮，单击 From Full 单选按钮，单击"OK"按钮，关闭该对话框。

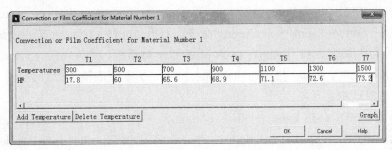

图 3-116 Convection or Film Coefficient for Material Number 1 对话框

36 单击菜单栏中 Select → Entities 命令，打开 Select Entities 对话框。在第一个下拉列表框中选择"Nodes"，在第二个下拉列表框中选择"By Location"，单击 X coordinates 单选按钮，在文本框中输入"d8+d4,d8+d4+d5-d6"，单击 Reselect 单选按钮，单击"OK"按钮，关闭该对话框。

37 单击菜单栏中 Select → Entities 命令，打开 Select Entities 对话框。在第一个下拉列表框中选择"Nodes"，在第二个下拉列表框中选择"By Location"，单击 Y coordinates 单选按钮，在文本框中输入"-(d2+d7),-d7"，单击 Reselect 单选按钮，单击"OK"按钮，关闭该对话框。

38 单击 ANSYS Main Menu → Preprocessor → Loads → Define Loads → Apply → Thermal → Convection → On Nodes 命令，打开 Apply CONV on Nodes 选择对话框。单击"Pick All"按钮，打开 Apply CONV on Nodes 对话框。在 VALI Film coefficient 文本框中输入"-2"，在 VAL2I Bulk temperature 文本框中输入"Tblk"，单击"OK"按钮，关闭该对话框。

39 单击 ANSYS Main Menu → Preprocessor → Loads → Load Step Opts → Other → Change Mat Props → Material Models 命令，打开 Define Material Model Behavior 对话框，选择 Material → New Model 打开 Define Material ID 对话框，在 Define Material ID 文本框中输入"2"，单击"OK"按钮，关闭该对话框。

40 在 Material Models Available 列表框中选择 Thermal → Convection or Film Coef，打开 Convection or Film Coefficient for Material Number 2 对话框。连续单击"Add Temperature"按钮 6 次，生成 7 列温度与传热系数表格，在 Temperatures 行中依次输入"300,400,500,600,700,800,900"，在 HF 行中依次输入"11.2,37.9,41.4,43.4,44.8,45.7,46"，单击"OK"按钮，关闭该对话框。选择 Material → Exit，关闭 Define Material Model Behavior 对话框。

41 单击菜单栏中 Select → Entities 命令，打开 Select Entities 对话框。在第一个下拉列表框中选择"Nodes"，在第二个下拉列表框中选择"Attached to"，单击 Areas,all 单选按钮，单击 From Full 单选按钮，单击"OK"按钮，关闭该对话框。

42 单击菜单栏中 Select → Entities 命令，打开 Select Entities 对话框。在第一个下拉列表框中选择"Nodes"，在第二个下拉列表框中选择"By Location"，单击 X coordinates 单选按钮，在文本框中输入"d8+d4+d5-d6,d8+d4+d5"，单击 Reselect

单选按钮，单击"OK"按钮，关闭该对话框。

43 单击 ANSYS Main Menu → Preprocessor → Loads → Define Loads → Apply → Thermal → Convection → On Nodes 命令，打开 Apply CONV on Nodes 选择对话框。单击"Pick All"按钮，打开 Apply CONV on Nodes 对话框。在 VAL1 Film coefficient 文本框中输入"-3"，在 VAL2I Bulk temperature 文本框中输入"Tblk"，单击"OK"按钮，关闭该对话框。

44 单击 ANSYS Main Menu → Preprocessor → Loads → Load Step Opts → Other → Change Mat Props → Material Models 命令，打开 Define Material Model Behavior 对话框，选择 Material → New Model 打开 Define Material ID 对话框，在 Define Material ID 文本框中输入"3"，单击"OK"按钮，关闭该对话框。

45 在 Material Models Available 列表框中选择 Thermal → Convection or Film Coef，打开 Convection or Film Coefficient for Material Number 3 对话框。连续单击"Add Temperature"按钮 6 次，生成 7 列温度与传热系数表格，在 Temperatures 一行中依次输入"300，400，500，600，700，800，900"，在 HF 一行中依次输入"15，50.9，55.5，58.2，60，61.2，62.7"，单击"OK"按钮，关闭该对话框。选择 Material → Exit，关闭 Define Material Model Behavior 对话框。

46 单击菜单栏中 Select → Entities 命令，打开 Select Entities 对话框。在第一个下拉列表框中选择"Nodes"，在第二个下拉列表框中选择"Attached to"，单击 Areas, all 单选按钮，单击 From Full 单选按钮，单击"OK"按钮，关闭该对话框。

47 单击菜单栏中 Select → Entities 命令，打开 Select Entities 对话框。在第一个下拉列表框中选择"Nodes"，在第二个下拉列表框中选择"By Location"，单击 X coordinates 单选按钮，在文本框中输入"0, d8"，单击 Reselect 单选按钮，单击"OK"按钮，关闭该对话框。

48 单击 ANSYS Main Menu → Preprocessor → Loads → Define Loads → Apply → Thermal → Convection → On Nodes 命令，打开 Apply CONV on Nodes 选择对话框。单击"Pick All"按钮，打开 Apply CONV on Nodes 对话框。在 VAL1 Film coefficient 文本框中输入"-4"，在 VAL2I Bulk temperature 文本框中输入"Tblk"，单击"OK"按钮，关闭该对话框。

49 单击 ANSYS Main Menu → Preprocessor → Loads → Load Step Opts → Other → Change Mat Props → Material Models 命令，打开 Define Material Model Behavior 对话框。选择 Material → New Model，打开 Define Material ID 对话框，在 Define Material ID 文本框中输入"4"，单击"OK"按钮，关闭该对话框。

50 在 Material Models Available 列表框中选择 Thermal → Convection or Film Coef，打开 Convection or Film Coefficient for Material Number 4 对话框。连续单击"Add Temperature"按钮 6 次，生成 7 列温度与传热系数表格。在 Temperatures 行中依次输入"300，400，500，600，700，800，900"，在 HF 行中依次输入"10.3，35，38.2，40，41.3，42.1，42.5"，单击"OK"按钮，关闭该对话框。选择 Material → Exit，关闭 Define Material Model Behavior 对话框。

51 单击菜单栏中 Select → Entities 命令，打开 Select Entities 对话框。在第一个下拉列表框中选择 "Areas"，在第二个下拉列表框中选择 "By Num/Pick"，单击 From Full 单选按钮。

52 单击 "OK" 按钮，打开 Select lines 对话框。单击 List of Items 单选按钮，在文本框中输入 "1"，其余选项采用默认设置，单击 "OK" 按钮，关闭该对话框。

53 单击菜单栏中 Select → Entities 命令，打开 Select Entities 对话框。在第一个下拉列表框中选择 "Nodes"，在第二个下拉列表框中选择 "Attached to"，单击 Areas, all 单选按钮，单击 From Full 单选按钮，单击 "OK" 按钮，关闭该对话框。

54 单击菜单栏中 Select → Entities 命令，打开 Select Entities 对话框。在第一个下拉列表框中选择 "Nodes"，在第二个下拉列表框中选择 "By Location"，单击 X coordinates 单选按钮，在文本框中输入 "d8, d8+d4+d5-d6"，单击 Reselect 单选按钮，单击 "OK" 按钮，关闭该对话框。

55 单击菜单栏中 Select → Entities 命令，打开 Select Entities 对话框。在第一个下拉列表框中选择 "Nodes"，在第二个下拉列表框中选择 "By Location"，单击 Y coordinates 单选按钮，在文本框中输入 "0, d1"，单击 Reselect 单选按钮，单击 "OK" 按钮，关闭该对话框。

56 单击 ANSYS Main Menu → Preprocessor → Loads → Define Loads → Apply → Thermal → Convection → On Nodes 命令，打开 Apply CONV on Nodes 选择对话框。单击 "Pick All" 按钮，打开 Apply CONV on Nodes 对话框。在 VALI Film coefficient 文本框中输入 "-5"，在 VAL2I Bulk temperature 文本框中输入 "Tblk"，单击 "OK" 按钮，关闭该对话框。

57 单击菜单栏中 Select → Entities 命令，打开 Select Entities 对话框。在第一个下拉列表框中选择 "Nodes"，在第二个下拉列表框中选择 "Attached to"，单击 Areas, all 单选按钮，单击 From Full 单选按钮，单击 "OK" 按钮，关闭该对话框。

58 单击菜单栏中 Select → Entities 命令，打开 Select Entities 对话框。在第一个下拉列表框中选择 "Nodes"，在第二个下拉列表框中选择 "By Location"，单击 X coordinates 单选按钮，在文本框中输入 "d8, d8+d4"，单击 Reselect 单选按钮，单击 "OK" 按钮，关闭该对话框。

59 单击菜单栏中 Select → Entities 命令，打开 Select Entities 对话框。在第一个下拉列表框中选择 "Nodes"，在第二个下拉列表框中选择 "By Location"，单击 Y coordinates 单选按钮，在文本框中输入 "-(d3+d7), -d7"，单击 Reselect 单选按钮，单击 "OK" 按钮，关闭该对话框。

60 单击 ANSYS Main Menu → Preprocessor → Loads → Define Loads → Apply → Thermal → Convection → On Nodes 命令，打开 Apply CONV on Nodes 选择对话框。单击 "Pick All" 按钮，打开 Apply CONV on Nodes 对话框。在 VALI Film coefficient 文本框中输入 "-5"，在 VAL2I Bulk temperature 文本框中输入 "Tblk"，单击 "OK" 按钮，关闭该对话框。

61 单击 ANSYS Main Menu → Preprocessor → Loads → Load Step Opts → Other

→ Change Mat Props → Material Models 命令，打开 Define Material Model Behavior 对话框。选择 Material → New Model 打开 Define Material ID 对话框，在 Define Material ID 文本框中输入 "5"，单击 "OK" 按钮，关闭该对话框。

62 在 Material Models Available 列表框中选择 Thermal → Convection or Film Coef，打开 Convection or Film Coefficient for Material Number 5 对话框。连续单击 "Add Temperature" 按钮 6 次，生成 7 列温度与传热系数表格，在 Temperatures 行中依次输入 "300，400，500，600，700，800，900"，在 HF 行中依次输入 "22.4，68.3，76.1，80.5，83.7，86，87.5"，单击 "OK" 按钮，关闭该对话框。Xz Material → Exit，关闭 Define Material Model Behavior 对话框。

63 单击菜单栏中 Select → Entities 命令，打开 Select Entities 对话框。在第一个下拉列表框中选择 "Nodes"，在第二个下拉列表框中选择 "Attached to"，单击 Areas，all 单选按钮，单击 From Full 单选按钮，单击 "OK" 按钮，关闭该对话框。

64 单击菜单栏中 Select → Entities 命令，打开 Select Entities 对话框。在第一个下拉列表框中选择 "Nodes"，在第二个下拉列表框中选择 "By Location"，单击 X coordinates 单选按钮，在文本框中输入 "d8, d8+d4+d5-d6"，单击 Reselect 单选按钮，单击 "OK" 按钮，关闭该对话框。

65 单击菜单栏中 Select → Entities 命令，打开 Select Entities 对话框。在第一个下拉列表框中选择 "Nodes"，在第二个下拉列表框中选择 "By Location"，单击 Y coordinates 单选按钮，在文本框中输入 "-(d2+d7)，-d7"，单击 Reselect 单选按钮，单击 "OK" 按钮，关闭该对话框。

66 单击 ANSYS Main Menu → Preprocessor → Loads → Define Loads → Apply → Thermal → Convection → On Nodes 命令，打开 Apply CONV on Nodes 选择对话框。单击 "Pick All" 按钮，打开 Apply CONV on Nodes 对话框。在 VALI Film coefficient 文本框中输入 "-6"，在 VAL2I Bulk temperature 文本框中输入 "Tblk"，单击 "OK" 按钮，关闭该对话框。

67 单击 ANSYS Main Menu → Preprocessor → Loads → Load Step Opts → Other → Change Mat Props → Material Models 命令，打开 Define Material Model Behavior 对话框，单击 Material → New Model 打开 Define Material ID 对话框，在 Define Material ID 文本框中输入 "6"，单击 "OK" 按钮，关闭该对话框。

68 在 Material Models Available 列表框中选择 Thermal → Convection or Film Coef，打开 Convection or Film Coefficient for Material Number 6 对话框。连续单击 "Add Temperature" 按钮 6 次，生成 7 列温度与传热系数表格，在 Temperatures 行中依次输入 "300，400，500，600，700，800，900"，在 HF 行中依次输入 "13，38.6，43.6，46，47.6，49，50.1"，单击 "OK" 按钮，关闭该对话框。选择 Material → Exit，关闭 Define Material Model Behavior 对话框。

69 单击菜单栏中 Select → Entities 命令，打开 Select Entities 对话框。在第一个下拉列表框中选择 "Nodes"，在第二个下拉列表框中选择 "Attached to"，单击 Areas，all 单选按钮，单击 From Full 单选按钮，单击 "OK" 按钮，关闭该对话框。

70 单击菜单栏中 Select → Entities 命令，打开 Select Entities 对话框。在第一个下拉列表框中选择"Nodes"，在第二个下拉列表框中选择"By Location"，单击 X coordinates 单选按钮，在文本框中输入"d8+d4+d5-d6，d8+d4+d5"，单击 Reselect 单选按钮，单击"OK"按钮，关闭该对话框。

71 单击 ANSYS Main Menu → Preprocessor → Loads → Define Loads → Apply → Thermal → Convection → On Nodes 命令，打开 Apply CONV on Nodes 对话框，单击"Pick All"按钮，打开 Apply CONV on Nodes 对话框。在 VALI Film coefficient 文本框中输入"-7"，在 VAL2I Bulk temperature 文本框中输入"Tblk"，单击"OK"按钮，关闭该对话框。

72 单击 ANSYS Main Menu → Preprocessor → Loads → Load Step Opts → Other → Change Mat Props → Material Models 命令，打开 Define Material Model Behavior 对话框，单击 Material → New Model 打开 Define Material ID 对话框，在 Define Material ID 文本框中输入"7"，单击"OK"按钮，关闭该对话框。

73 在 Material Models Available 列表框中选择 Thermal → Convection or Film Coef，打开 Convection or Film Coefficient for Material Number 7 对话框。连续单击"Add Temperature"按钮 6 次，生成 7 列温度与传热系数表格，在 Temperatures 行中依次输入"300，400，500，600，700，800，900"，在 HF 行中依次输入"24，73.8，81，85.7，88.2，91.6，93.2"，单击"OK"按钮，关闭该对话框。选择 Material → Exit，关闭 Define Material Model Behavior 对话框。

74 单击菜单栏中 Select → Everything 命令。

75 单击菜单栏中 Select → Entities 命令，打开 Select Entities 对话框，如图 3-117 所示。在第一个下拉列表框中选择"Areas"，在第二个下拉列表框中选择"By Num/Pick"，单击 From Full 单选按钮。

76 单击"OK"按钮，打开 Select areas 选择对话框，如图 3-118 所示。单击 Min，Max，Inc 单选按钮，在文本框中输入"6，16"，其余选项采用系统默认设置，单击"OK"按钮，关闭该对话框。

图 3-117 Select Entities 对话框

图 3-118 Select areas 选择对话框

77 单击菜单栏中 Select → Entities 命令，打开 Select Entities 对话框。在第一个下拉列表框中选择"Areas"，在第二个下拉列表框中选择"By Num/Pick"，单击 Unselect 单选按钮。

78 单击"OK"按钮，打开 Select areas 选择对话框。单击 Min, Max, Inc 单选按钮，在文本框中输入"11, 16"，其余选项采用默认设置，单击"OK"按钮，关闭该对话框。

79 单击 ANSYS Main Menu → Preprocessor → Loads → Define Loads → Apply → Thermal → Convection → On Areas 命令，打开 Apply CONV on areas 选择对话框，单击"Pick All"按钮，打开 Apply CONV on areas 对话框，如图 3-119 所示。在 VAL1 Film coefficient 文本框中输入"-8"，在 VAL2I Bulk temperature 文本框中输入"Tblk"，单击"OK"按钮，关闭该对话框。

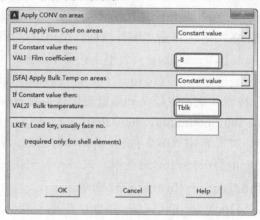

图 3-119 Apply CONV on areas 对话框

80 单击 ANSYS Main Menu → Preprocessor → Loads → Load Step Opts → Other → Change Mat Props → Material Models 命令，打开 Define Material Model Behavior 对话框。选择 Material → New Model 打开 Define Material ID 对话框，在 Define Material ID 文本框中输入"8"，单击"OK"按钮，关闭该对话框。

81 在 Material Models Available 列表框中选择 Thermal → Convection or Film Coef，打开 Convection or Film Coefficient for Material Number 8 对话框。连续单击"Add Temperature"按钮 6 次，生成 7 列温度与插入系数表格，在 Temperatures 行中依次输入"300，400，500，600，700，800，900"，在 HF 行中依次输入"929，1193，1397，1597，1791，1982，2176"，单击"OK"按钮，关闭该对话框。选择 Material → Exit，关闭 Define Material Model Behavior 对话框。

82 单击菜单栏中 Select → Everything 命令。

3.4.2 求解

01 单击 ANSYS Main Menu → Solution → Analysis Type → New Analysis 命令，打开 New Analysis 对话框，如图 3-120 所示。在 [ANTYPE] Type of analysis 选项组中单击 Static 单选按钮，单击"OK"按钮，关闭该对话框。

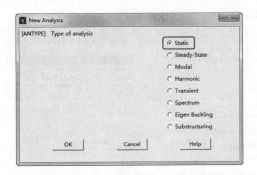

图 3-120　New Analysis 对话框

02 单击 ANSYS Main Menu → Solution → Load Step Opts → Nonlinear → Convergence Crit 命令，打开 Default Nonlinear Convergence Criteria 对话框，如图 3-121 所示。

03 单击图 3-121 中的"Replace"按钮，打开 Nonlinear Convergence Criteria 对话框，如图 3-122 所示。在 Lab Convergence is based on 列表框中选择 Structural → Force F，在 VALUE Reference value of Lab 文本框中输入"1"，在 TOLER Tolerance about VALUE 文本框中输入"1e-4"，其余选项采用系统默认设置，单击"OK"按钮，关闭该对话框。

图 3-121　Default Nonlinear Convergence Criteria 对话框

04 单击 Default Nonlinear Convergence Criteria 对话框中的"Replace"按钮，再次打开 Nonlinear Convergence Criteria 对话框，如图 3-122 所示。在 Lab Convergence is based on 列表框中选择 Thermal → Heat flow HEAT，在 VALUE Reference value of Lab 文本框中输入"1"，在 TOLER Tolerance about VALUE 文本框中输入"1e-5"，其余选项采用系统默认设置，单击"OK"按钮，关闭该对话框。

05 单击 Default Nonlinear Convergence Criteria 对话框中的"Replace"按钮，再次打开 Nonlinear Convergence Criteria 对话框。在 Lab Convergence is based on 列表框中选择 Electric → Current AMPS，在 VALUE Reference value of Lab 文本框中输入"1"，在 TOLER Tolerance about VALUE 文本框中输入"1e-5"，其余选项采用系

统默认设置，单击"OK"按钮，关闭该对话框。

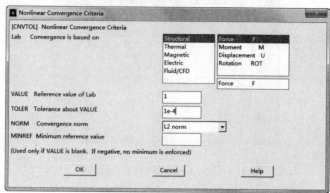

图 3-122 Nonlinear Convergence Criteria 对话框

06 单击"Close"按钮，关闭 Default Nonlinear Convergence Criteria 对话框。

07 单击 ANSYS Main Menu → Solution → Analysis Type → Analysis Options 命令，打开 Static or Steady-State Analysis 对话框，如图 3-123 所示。勾选[NLGEOM] Large deform effects 后 On 复选框，其余选项采用系统默认设置，单击"OK"按钮，关闭该对话框。

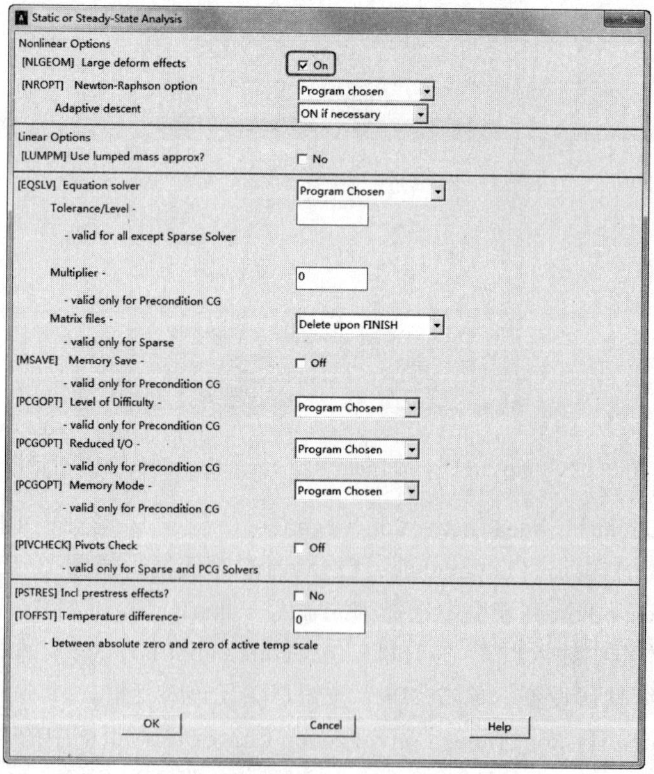

图 3-123 Static or Steady-State Analysis 对话框

08 单击 ANSYS Main Menu → Solution → Solve → Current LS 命令，打开 Verify

对话框。单击"Yes"按钮，ANSYS 开始求解。

09 求解结束后，打开 Note 对话框，单击"Close"按钮，关闭该对话框。

3.4.3 后处理

01 单击 ANSYS Main Menu → General Postproc → Read Results → Last Set 命令。

02 单击 ANSYS Main Menu → General Postproc → Plot Results → Contour Plot → Nodal Solu 命令，打开 Contour Nodal Solution Date 对话框。在 Item to be contoured 列表框中选择 Nodal Solution → DOF Solution → Displacement vector sum，单击"OK"按钮，关闭该对话框，ANSYS 窗口将显示位移场分布等值线图，如图 3-124 所示。

03 单击 ANSYS Main Menu → General Postproc → Plot Results → Contour Plot → Nodal Solu 命令，打开 Contour Nodal Solution Date 对话框。在 Item to be contoured 列表框中选择 Nodal Solution → DOF Solution → Nodal Temperature，单击"OK"按钮，关闭该对话框，ANSYS 窗口将显示温度场分布等值线图，如图 3-125 所示。

04 单击菜单栏中 PlotCtrls → Style → Contours → Uniform Contours 命令，打开 Uniform Contours 对话框，如图 3-126 所示。在 WN Window number 下拉列表框中选择"Window 1"，在 NCONT Number of contours 文本框中输入"18"，其余选项采用系统默认设置，单击"OK"按钮，关闭该对话框。

05 单击菜单栏中 PlotCtrls → Style → Displacement Scaling 命令，打开 Displacement Display Scaling 对话框，如图 3-127 所示。在 DMULT Displacement scale factor 选项组中单击 User specified 单选按钮，在 User specified factor 文本框中输入"10"，其余选项采用系统默认设置，单击"OK"按钮，关闭该对话框。

06 单击 ANSYS Main Menu → General Postproc → Plot Results → Contour Plot → Nodal Solu 命令，打开 Contour Nodal Solution Date 对话框。在 Item to be contoured 列表框选择 Nodal Solution → DOF Solution → Displacement vector sum，单击"OK"按钮，关闭该对话框，ANSYS 窗口将显示缩放后的位移场分布等值线图，如图 3-128 所示。

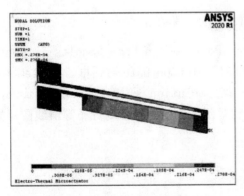

图 3-124 位移场分布等值线图

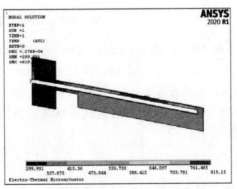

图 3-125 温度场分布等值线图

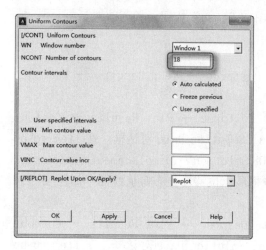

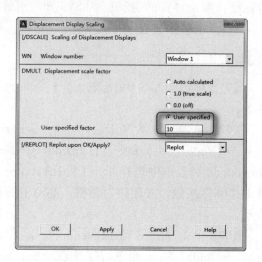

图 3-126　Uniform Contours 对话框　　　图 3-127　Displacement Display Scaling 对话框

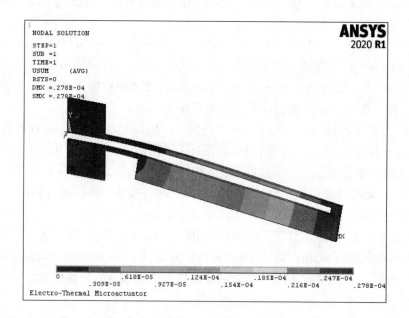

图 3-128　缩放后的位移场分布等值线图

07 单击 ANSYS Main Menu → General Postproc → Plot Results → Contour Plot → Nodal Solu 命令，打开 Contour Nodal Solution Date 对话框。在 Item to be contoured 列表框中选择 Nodal Solution → DOF Solution → Nodal Temperature，单击 "OK" 按钮，关闭该对话框，ANSYS 窗口将显示缩放后的温度场分布等值线图，如图 3-129 所示。

📖3.4.4　命令流

略，命令流详见随书电子资料包。

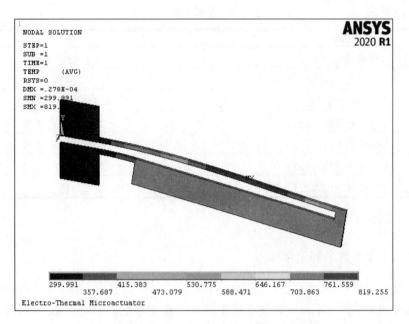

图 3-129　缩放后的温度场分布等值线图

3.5　压电耦合分析

压电晶片梁由两个连在一起的极性相反的压电层组成。压电双晶片广泛应用于驱动和感应领域。在驱动领域，将压电双晶片应用于穿过梁的电场，当一层变大时另外一层将缩小。这将引起整个结构和末端挠度的弯曲变形。在遥感领域，通过控制电极电压引起的压电，压电双晶片可以测量外部载荷。

图 3-130 所示为压电双晶片梁示意图，晶片上表面有 10 个相同的电极块，晶片下表面是接地的。对驱动的模拟可以采用线性静态分析，在上表面施加 100V 的电压，可以确定梁端部的变形；对感应的模拟可以采用大挠度静力分析，在梁端部施加 10mm 的挠度，可以确定电极电压。

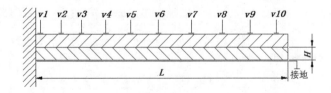

图 3-130　压电双晶片梁示意图

其中，L=100mm；H=0.5mm。

材料属性见表 3-8。

表 3-8　材料基本属性

属性	数值
弹性模量（E1）	2.0×10^{9} N/m2
泊松比（ν12）	0.29
切变模量（G12）	0.775×10^{9} N/m2
压电应变系数（d31）	2.2×10^{-11} C/N
压电应变系数（d32）	0.3×10^{-11} C/N
压电应变系数（d33）	-3.0×10^{-11} C/N
常应力下相对介电常数（ε33)T	12

📖3.5.1　前处理

1. 定义工作文件名和工作标题

01 单击菜单栏中 File → Change Jobname 命令，打开 Change Jobname 对话框，在[/FILNAM] Enter new jobname 文本框中输入工作文件名"Bimorph"，使 NEW log and error files 保持"Yes"状态，单击"OK"按钮，关闭该对话框。

02 单击菜单栏中 File → Change Title 命令，打开 Change Title 对话框，在对话框输入工作标题"Static Analysis of a Piezoelectric Bimorph Beam"，单击"OK"按钮，关闭该对话框。

2. 定义单元类型

01 单击 ANSYS Main Menu → Preprocessor → Element Type → Add/Edit/Delete 命令，打开 Element Types 对话框。

02 单击"Add"按钮，打开 Library of Element Types 对话框，如图 3-131 所示。在 Library of Element Types 列表框中选择 Coupled Field → Vector Quad 13，在 Element type reference number 文本框中输入"1"，单击"OK"按钮，关闭 Library of Element Types 对话框。

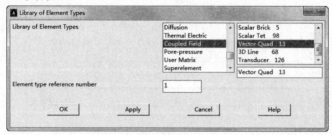

图 3-131　Library of Element Types 对话框

03 单击 Element Types 对话框中的"Options"按钮，打开 PLANE13 element type options 对话框，如图 3-132 所示。在 Element degrees of freedom　K1 下拉列表框中选择"UX　UY　VOLT"，在 Element behavior　K3 下拉列表框中选择"Plane stress"，

其余选项采用系统默认设置，单击"OK"按钮，关闭该对话框。

04 单击"Close"按钮，关闭 Element Types 对话框。

3. 设置标量参数

单击菜单栏中 Parameters → Scalar Parameters 命令，打开 Scalar Parameters 选择对话框，如图 3-133 所示。在 Selection 文本框中依次输入：

```
L=100e-3
H=0.5e-3
V=100
Uy=10e-3
E1=2.0e9
NU12=0.29
G12=0.775e9
d31=2.2e-11
d32=0.3e-11
d33=-3.0e-11
ept33=12
nelec=10
l1=0
l2=L/nelec
```

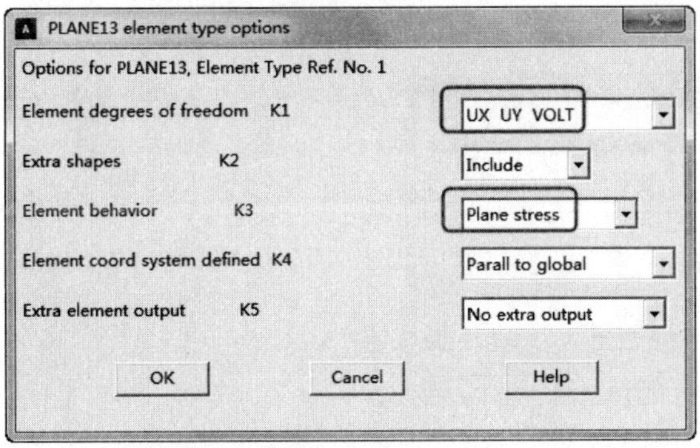

图 3-132 PLANE13 element type options 对话框 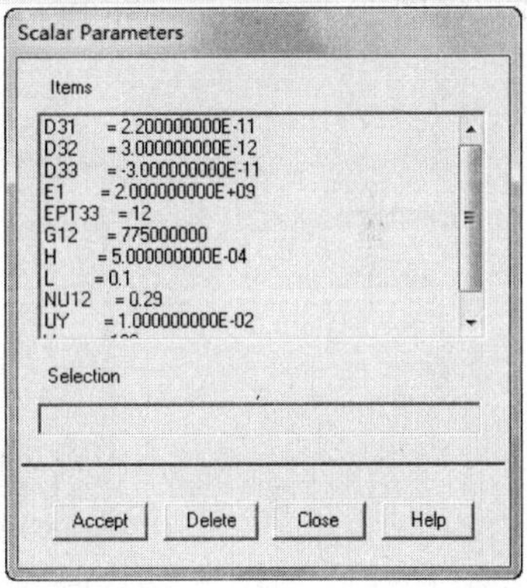 　　图 3-133 Scalar Parameters 选择对话框

4. 定义材料性能参数

01 单击 ANSYS Main Menu → Preprocessor → Material Props → Material Models 命令，打开 Define Material Model Behavior 对话框。

02 在 Material Models Available 列表框选择 Structural → Linear → Elastic → Orthotropic，打开 Linear Orthotropic Properties for Material Number 1 对话框，如图 3-134 所示。单击"Choose Poisson's Ratio"按钮，选择"Minor_Nu"，单击"OK"按钮，关闭该对话框。

03 在 Material Models Available 列表框中选择 Structural → Linear →

Elastic → Isotropic，打开 Linear Isotropic Properties for Material Number 1
对话框，如图 3-135 所示。在 EX 文本框中输入"E1"，在 PRXY 文本框中输入"NU12"，
单击"OK"按钮，关闭该对话框。

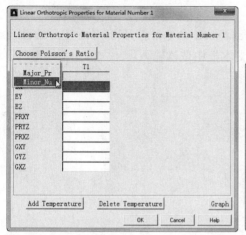

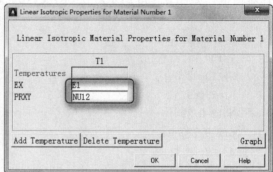

图 3-134 Linear Orthotropic Properties
for Material Number 1 对话框

图 3-135 Linear Isotropic
Properties for Material Number 1 对话框

04 在 Material Models Available 列表框中选择 Electromagnetics → Relative
Permittivity → Constant，打开 Relative Permittivity for Material Number 1 对
话框，如图 3-136 所示。在 PERX 文本框中输入"11.75"，单击"OK"按钮，关闭该对话
框。

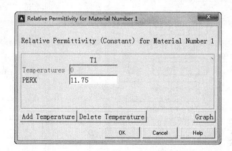

图 3-136 Relative Permittivity for Material Number 1 对话框

05 在 Material Models Available 列表框中选择 Piezoelectrics → Piezoele
ctric matrix，打开 Piezoelectric Matrix for Material Number 1 对话框，如图 3-137
所示。在 Piezoelectric Matrix Options 下拉列表框中选择"Piezoelectric stress
matrix [e]"，在 Y 列的 X、Y、Z 行依次输入"0.02876，-0.05186 和-0.0007014"，单
击"OK"按钮，关闭该对话框。

06 在 Define Material Model Behavior 对话框中选择 Material → Exit，关闭
该对话框。

5. 建立几何模型

01 单击菜单栏中 WorkPlane → Local Coordinate Systems → Create Local CS

→ At Specified Loc 命令，打开 Create CS at Local CS 对话框，选择坐标原点，单击 "OK" 按钮，打开 Create Local CS at Specified Location 对话框，如图 3-138 所示。在 KCN Ref number of new coord sys 文本框中输入 "11"，单击 "OK" 按钮，关闭该对话框。

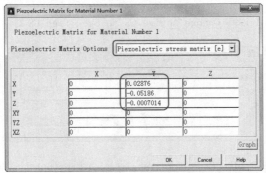

图 3-137 Piezoelectric Matrix for Material Number 1 对话框

图 3-138 Create Local CS at Specified Location 对话框

02 单击菜单栏中 WorkPlane → Local Coordinate Systems → Create Local CS → At Specified Loc 命令，打开 Create CS at Local CS 对话框，选择坐标原点，单击 "OK" 按钮，打开 Create Local CS at Specified Location 对话框。在 KCN Ref number of new coord sys 文本框中输入 "12"，在 THXY Rotation about local Z 文本框中输入 "180"，单击 "OK" 按钮，关闭该对话框。

03 单击菜单栏中 WorkPlane → Change Active CS to → Specified Coord Sys 命令，打开 Change Active CS to Specified CS 对话框，如图 3-139 所示。在 KCN Coordinate system number 文本框中输入 "11"，单击 "OK" 按钮，关闭该对话框。

04 单击 ANSYS Main Menu → Preprocessor → Modeling → Create → Areas → Rectangle → By Dimensions 命令，打开 Create Rectangle by Dimensions 对话框，如图 3-140 所示。在 X1, X2 X-coordinates 文本框依次输入 "0, L"，在 Y1, Y2 Y-coordinates 文本框依次输入 "-H, 0"。

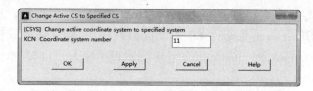

图 3-139　Change Active CS to Specified CS 对话框

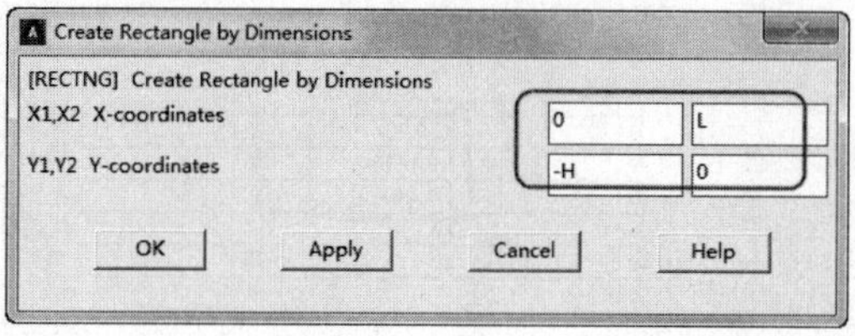

图 3-140　Create Rectangle by Dimensions 对话框

05 单击 "Apply" 按钮，再次打开 Create Rectangle by Dimensions 对话框。在 X1，X2　X-coordinates 文本框依次输入 "0，L"，在 Y1，Y2　Y-coordinates 文本框依次输入 "0，H"，单击 "OK" 按钮，关闭该对话框。

06 单击 ANSYS Main Menu → Preprocessor → Modeling → Operate → Booleans → Glue → Areas 命令，打开 Glue Areas 选择对话框。单击 "Pick All" 按钮，关闭该对话框。

07 单击菜单栏中 PlotCtrls → Style → Colors → Reverse Video 命令，ANSYS 窗口将变成白色，生成的几何模型如图 3-141 所示。

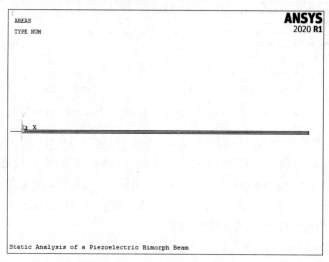

图 3-141　生成的几何模型

6. 划分网格

01 单击 ANSYS Main Menu → Preprocessor → Meshing → Size Cntrls → ManualSize → Global → Size 命令，打开 Global Element Sizes 对话框，如图 3-142

所示。在 SIZE Element edge length 文本框中输入 "H"，其余选项采用系统默认设置，单击 "OK" 按钮，关闭该对话框。

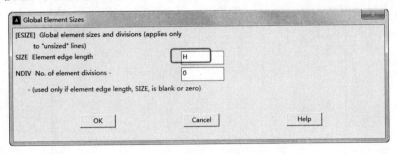

图 3-142　Global Element Sizes 对话框

02 单击 ANSYS Main Menu → Preprocessor → Meshing → Mesh Attributes → Default Attribs 命令，打开 Meshing Attributes 对话框，如图 3-143 所示。在[ESYS] Element coordinate sys 下拉列表框中选择 "11"，其余选项采用系统默认设置，单击 "OK" 按钮，关闭该对话框。

03 单击 ANSYS Main Menu → Preprocessor → Meshing → Mesh → Areas → Mapped → 3 or 4 sided 命令，打开 Mesh Areas 选择对话框。在文本框中输入 "1"，单击 "OK" 按钮，关闭该对话框。

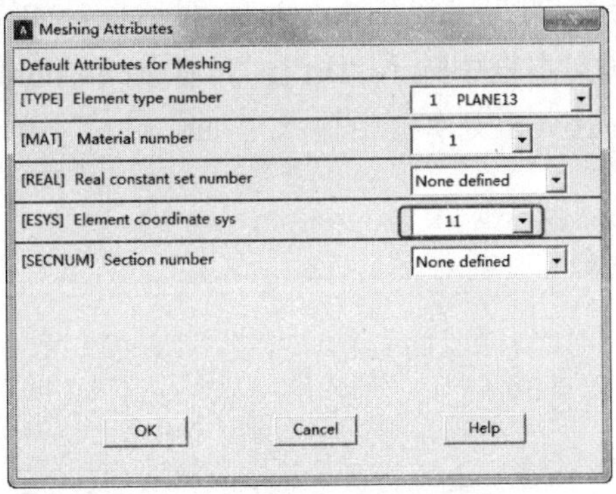

图 3-143　Meshing Attributes 对话框

04 单击 ANSYS Main Menu → Preprocessor → Meshing → Mesh Attributes → Default Attribs 命令，打开 Meshing Attributes 对话框。在[ESYS] Element coordinate sys 下拉列表框中选择 "12"，其余选项采用系统默认设置，单击 "OK" 按钮，关闭该对话框。

05 单击 ANSYS Main Menu → Preprocessor → Meshing → Mesh → Areas → Mapped → 3 or 4 sided 命令，打开 Mesh Areas 选择对话框。在文本框中输入 "3"，单击 "OK" 按钮，关闭该对话框，此时 ANSYS 窗口会显示生成的网格模型，如图 3-144 所示。

7. 设置边界条件

01 单击菜单栏中 Select → Entities 命令，打开 Select Entities 对话框，如

图 3-145 所示。在第一个下拉列表框中选择"Nodes"，在第二个下拉列表框中选择"By Location"，单击 X coordinates 单选按钮，在 Min,Max 文本框中输入"L"，单击"OK"按钮，关闭该对话框。

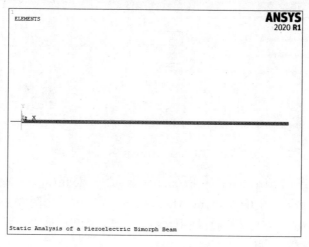

图 3-144　生成的网格模型

02 单击菜单栏中 Parameters → Get Scalar Data 命令，打开 Get Scalar Data 对话框，如图 3-146 所示。在 Type of data to be retrieved 列表框中选择 Model data → Nodes，单击"OK"按钮，打开 Get Nodal Data 对话框，如图 3-147 所示。在 Name of parameter to be defined 文本框中输入"ntip"，在 Node number N 文本框中输入"0"，在 Nodal data to be retrieved 文本框中输入"num,min"，单击"OK"按钮，关闭该对话框。

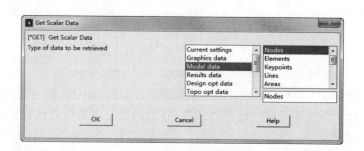

图 3-145　Select Entities 对话框　　　　图 3-146　Get Scalar Data 对话框

03 单击菜单栏中 Parameters → Array Parameters → Define/Edit 命令，打开 Array Parameters 对话框，单击"Add"按钮，打开 Add New Array Parameter 对话框，如图 3-148 所示。在 Par　Parameter name 文本框中输入"ntop"，在 Type　Parameter type 选项组中单击 Array 单选按钮，在 I，J，K　No. of rows，cols，planes 的第一

个文本框中输入"nelec"，单击"OK"按钮，关闭该对话框，单击"Close"按钮，关闭 Array Parameters 对话框。

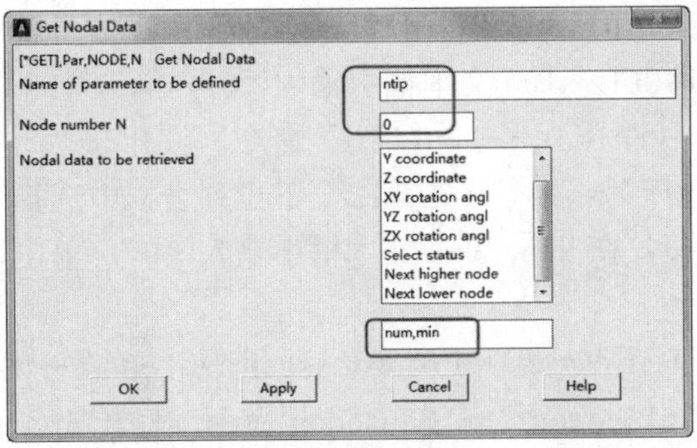

图 3-147 Get Nodal Data 对话框

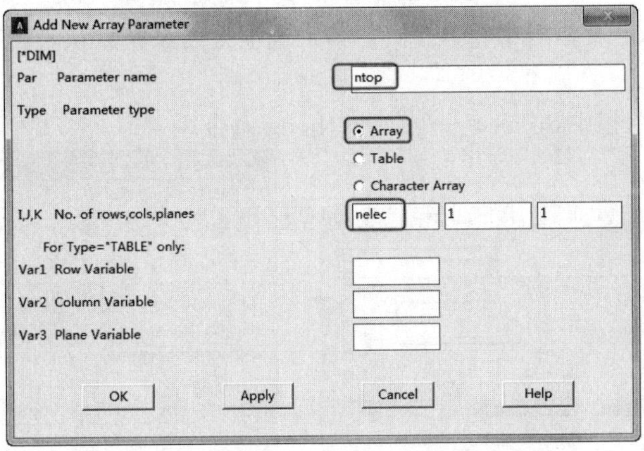

图 3-148 Add New Array Parameter 对话框

04 在命令流文本框中输入如下循环语句命令：

```
*do, i, 1, nelec
nsel, s, loc, y, H
nsel, r, loc, x, l1, l2
cp, i, volt, all
*get, ntop(i), node, 0, num, min
l1=l2+H/10
l2=l2+L/nelec
*enddo
```

注意：上述命令为循环语句，*do 命令和*enddo 命令只能通过命令流的形式在文本框中输入，没有等效的 GUI 方式。

05 单击菜单栏中 Select → Entities 命令，打开 Select Entities 对话框。在第一个下拉列表框中选择"Nodes"，在第二个下拉列表框中选择"By Location"，单击 Y coordinates 单选按钮，在 Min, Max 文本框中输入"-H"，单击"OK"按钮，关闭该对话框。

06 单击 ANSYS Main Menu → Preprocessor → Loads → Define Loads → Apply → Electric → Boundary → Voltage → On Nodes 命令，打开 Apply VOLT on nodes 选择对话框。单击"Pick All"按钮，打开 Apply VOLT on nodes 对话框，如图 3-149 所示。在 VALUE Load VOLT value 文本框中输入"0"，单击"OK"按钮，关闭该对话框。

07 单击菜单栏中 Select → Entities 命令，打开 Select Entities 对话框。在第一个下拉列表框中选择"Nodes"，在第二个下拉列表框中选择"By Location"，单击 X coordinates 单选按钮，在 Min, Max 文本框中输入"0"，单击"OK"按钮，关闭该对话框。

08 单击 ANSYS Main Menu → Preprocessor → Loads → Define Loads → Apply → Structural → Displacement → On Nodes 命令，打开 Apply U, ROT on Nodes 选择对话框。单击"Pick All"按钮，打开 Apply U, ROT on Nodes 对话框，如图 3-150 所示。在 Lab2 DOFs to be constrained 列表框中选择"UX"和"UY"，在 VALUE Displacement value 文本框中输入"0"，其余选项采用系统默认设置，单击"OK"按钮，关闭该对话框。

09 单击菜单栏中 Select → Everything 命令。

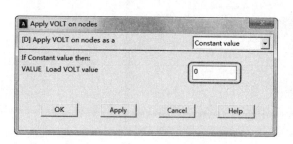

图 3-149 Apply VOLT on nodes 对话框

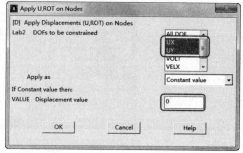

图 3-150 Apply U, ROT on Nodes 对话框

3.5.2 驱动模拟求解

01 单击 ANSYS Main Menu → Preprocessor → Loads → Analysis Type → New Analysis 命令，打开 New Analysis 对话框，如图 3-151 所示。在[ANTYPE] Type of analysis 选项组中单击 Static 单选按钮，单击"OK"按钮，关闭该对话框。

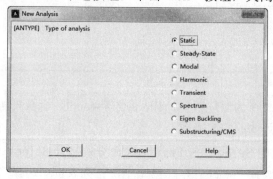

图 3-151 New Analysis 对话框

02 在命令流文本框中输入如下循环语句命令：

```
*do,i,1,nelec
d,ntop(i),volt,V
*enddo
```

03 单击 ANSYS Main Menu → Solution → Solve → Current LS 命令，打开/STATUS Command 和 Solve Current Load Step 对话框，关闭/STATUS Command 对话框，单击 Solve Current Load Step 对话框中的"OK"按钮，ANSYS 开始求解。

注意：求解过程中打开 Warning 对话框，关闭该对话框。

04 求解结束后，打开 Note 对话框，单击"Close"按钮，关闭该对话框。

3.5.3 驱动模拟后处理

01 单击菜单栏中 Parameters → Scalar Parameters 命令，打开 Scalar Parameters 选择对话框。在 Selection 文本框中输入"Uy_an=-3*d31*V*L**2/(8*H**2)"，单击"Accept"按钮确认，查看 Items 列表，可得到"UY_AN= -3.3E-05"，即梁端的理论挠度，然后单击 Close 关闭该对话框。

02 单击 ANSYS Main Menu → General Postproc → Read Results → Last Set 命令。

03 单击 ANSYS Main Menu → General Postproc → Plot Results → Contour Plot → Nodal Solu 命令，打开 Contour Nodal Solution Date 对话框。在 Item to be contoured 列表框中选择 Nodal Solution → DOF Solution → Displacement vector sum，单击"OK"按钮，关闭该对话框，ANSYS 窗口将显示位移场分布等值线图，如图 3-152 所示。

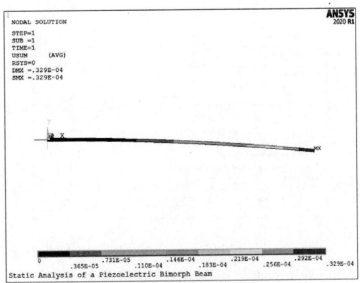

图 3-152 位移场分布等值线图

📖 3.5.4 感应模拟求解

01 单击 ANSYS Main Menu → Preprocessor → Loads → Analysis Type → New Analysis 命令，打开 New Analysis 对话框。在[ANTYPE] Type of analysis 选项组中选择"Static"，单击"OK"按钮，关闭该对话框。

02 在命令流文本框中输入如下循环语句命令：

```
*do, i, 1, nelec
ddele, ntop(i), volt
*enddo
```

03 单击 ANSYS Main Menu → Solution → Define Loads → Apply → Structural → Displacement → On Nodes 命令，打开 Apply U, ROT on Nodes 选择对话框。在文本框中输入"ntip"，单击"OK"按钮，打开 Apply U, ROT on Nodes 对话框。在 Lab2 DOFs to be constrained 列表框中选择"UY"，在 VALUE Displacement value 文本框中输入"UY"，其余选项采用系统默认设置，单击"OK"按钮，关闭该对话框。

04 单击 ANSYS Main Menu → Solution → Analysis Type → Analysis Options 命令，打开 Static or Steady-State Analysis 对话框，如图 3-153 所示。勾选[NLGEOM] Large deform effects 后"On"复选框，单击"OK"按钮，关闭该对话框。

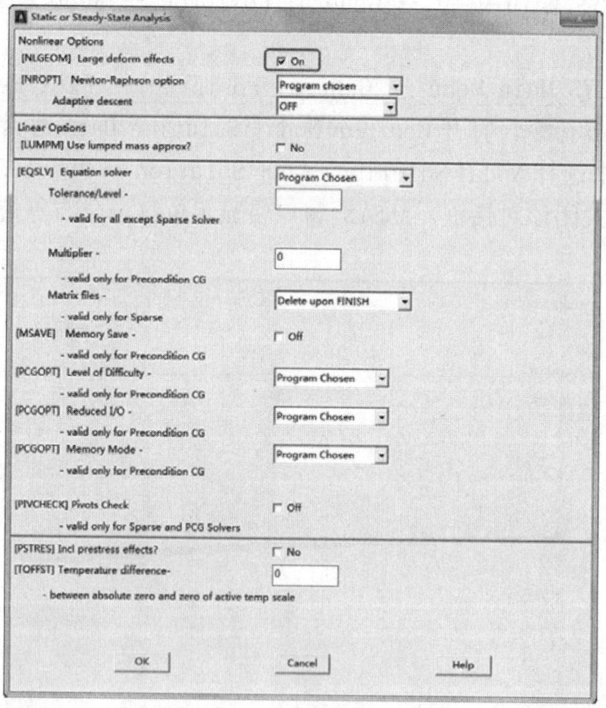

图 3-153 Static or Steady-State Analysis 对话框

05 单击 ANSYS Main Menu → Solution → Load Step Opts → Time/Frequenc → Time and Substps 命令，打开 Time and Substep Options 对话框，如图 3-154 所示。在[NSUBST] Number of substeps 文本框中输入"2"，单击"OK"按钮，关闭该对话框。

06 单击 ANSYS Main Menu → Solution → Load Step Opts → Nonlinear →

Convergence Crit 命令，打开 Default Nonlinear Convergence Criteria 对话框，如图 3-155 所示。

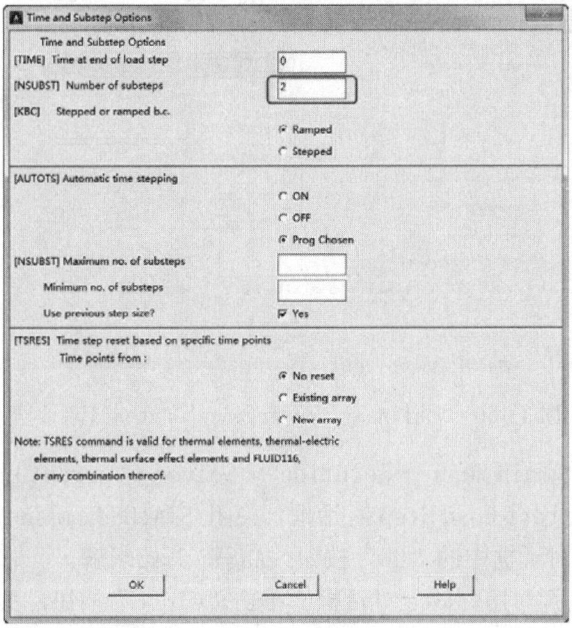

图 3-154　Time and Substep Options 对话框

图 3-155　Default Nonlinear Convergence Criteria 对话框

07 选择"AMPS calculated .001 L2"这一行，单击图 3-155 中的"Replace"按钮，打开 Nonlinear Convergence Criteria 对话框，如图 3-156 所示。在 Lab Convergence is based on 列表框中选择 Structural → Force F，在 VALUE Reference value of Lab 文本框中输入"1e-3"，在 TOLER Tolerance about VALUE 文本框中输入"1e-3"，其余选项采用系统默认设置，单击"OK"按钮，关闭该对话框。

08 单击 Default Nonlinear Convergence Criteria 对话框中的"Replace"按钮，再次打开 Nonlinear Convergence Criteria 对话框。在 Lab Convergence is based on 列表框中选择 Electric → Current AMPS，在 VALUE Reference value of Lab 文本

框中输入"1e-8"，在 TOLER Tolerance about VALUE 文本框中输入"1e-3"，其余选项采用系统默认设置，单击"OK"按钮，关闭该对话框。

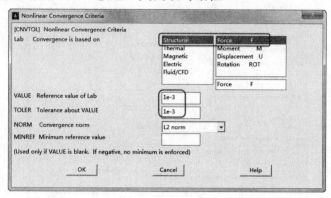

图 3-156　Nonlinear Convergence Criteria 对话框

09 单击 ANSYS Main Menu → Solution → Solve → Current LS 命令，打开/STATUS Command 和 Solve Current Load Step 对话框，关闭/STATUS Command 对话框，单击 Solve Current Load Step 对话框中的"OK"按钮，ANSYS 开始求解。

10 求解结束后，打开 Note 对话框。单击"Close"按钮，关闭该对话框。

3.5.5　感应模拟后处理

01 单击 ANSYS Main Menu → General Postproc → Read Results → Last Set 命令。

02 单击 ANSYS Main Menu → General Postproc → Plot Results → Deformed Shape 命令，打开 Plot Deformed Shape 对话框，如图 3-157 所示，在 KUND　Items to be plotted 选项组中单击 Def+undeformed 单选按钮。

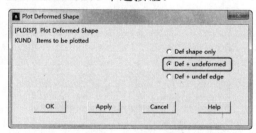

图 3-157　Plot Deformed Shape 对话框

03 单击"OK"按钮，关闭该对话框，ANSYS 窗口会显示梁偏离前后模型的比较，如图 3-158 所示。

04 单击 ANSYS Main Menu → General Postproc → Path Operations → Define Path → By Location 命令，打开 By Location 对话框，如图 3-159 所示。在 Name　Define Path Name 文本框中输入"position"，在 nPts Number of points 文本框中输入"2"，在 nDiv Number of divisions 文本框中输入"100"，其余选项采用系统默认设置。

05 单击"OK"按钮，打开 By Location in Global Cartesian 对话框，如图 3-160

所示。在NPT Path point number 文本框中输入"1"，在 X, Y, Z Location in Global CS 前两个文本框中输入"0，H"。

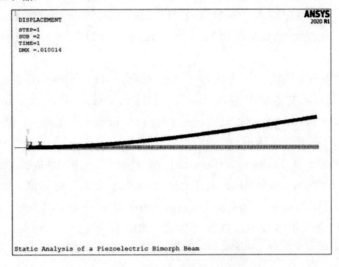

图 3-158　偏离前后模型的比较

06 单击"OK"按钮，再次打开 By Location in Global Cartesian 对话框，如图 3-160 所示。在NPT Path point number 文本框中输入"2"，在 X, Y, Z Location in Global CS 前两个文本框中输入"L, H"，单击"OK"按钮，再次打开 By Location in Global Cartesian 对话框。单击"Cancel"按钮，关闭该对话框。

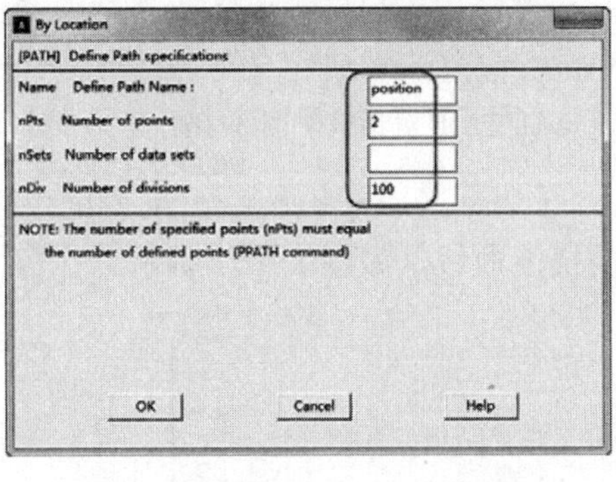

图 3-159　By Location 对话框

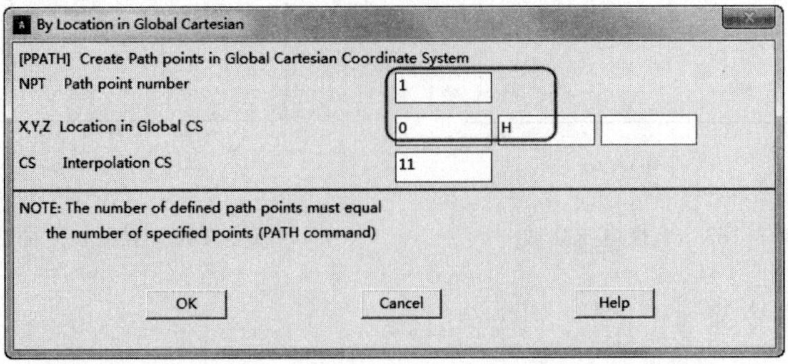

图 3-160　By Location in Global Cartesian 对话框

07 单击 ANSYS Main Menu → General Postproc → Path Operations → Map onto Path 命令，打开 Map Result Items onto Path 对话框，如图 3-161 所示。在 Lab User label for item 文本框中输入 "volt"，在 Item, Comp Item to be mapped 列表框中选择 DOF solution → Elec poten VOLT，使 Average results across element 保持 "No" 状态。

08 单击 "Apply" 按钮，再次打开 Map Result Items onto Path 对话框。在 Lab User label for item 文本框中输入 "uy"，在 Item, Comp Item to be mapped 列表框中选择 DOF solution → UY，使 Average results across element 保持 "No" 状态，单击 "OK" 按钮，关闭该对话框。

09 单击 ANSYS Main Menu →General Postproc → Plot Results → Plot Path Item → On Graph 命令，打开 Plot of Path Items on Graph 对话框，如图 3-162 所示。

10 在 Lab1-6 Path items to be graphed 列表框中选择 "VOLT"，单击 "Apply" 按钮，ANSYS 窗口会显示电极电压曲线，如图 3-163 所示。

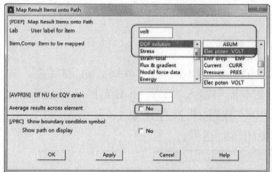 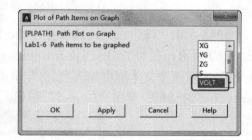

图 3-161 Map Result Items onto Path 对话框　图 3-162 Plot of Path Items on Graph 对话框

11 在 Lab1-6 Path items to be graphed 列表框中选择 "UY"，单击 "OK" 按钮，ANSYS 窗口会显示梁的挠度曲线，如图 3-164 所示。

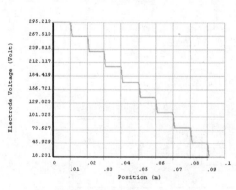 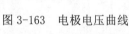 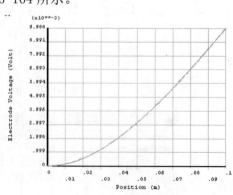

图 3-163 电极电压曲线　　　　图 3-164 梁的挠度曲线

3.5.6 命令流

略，命令流详见随书电子资料包。

3.6 科里奥利效应的压电耦合分析

此例描述的是在旋转坐标系下带有科里奥利效应的压电耦合分析。几何模型是由两个齿和底座组成的石英音叉组成的，两个齿由底座相连接。几何模型示意和几何模型平面图如图 3-165 和图 3-166 所示。

其中，音叉模型宽度 W=1250μm；齿宽 W_t=450μm；总长 L=4800μm；齿长 L_t=3200μm；厚度 T=350μm。

石英材料的主要属性有弹性模量、压电系数、介电常数和密度。由于数据较大，在这里不做列举，将在前处理中一一介绍。

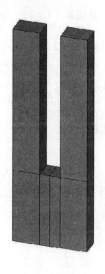

图 3-165　几何模型示意

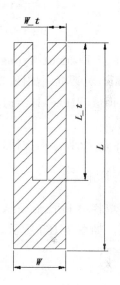

图 3-166　几何模型平面图

📖 3.6.1　前处理

1. 定义工作文件名和工作标题

01 单击菜单栏中 File → Change Jobname 命令，打开 Change Jobname 对话框，在 [/FILNAM] Enter new jobname 文本框中输入工作文件名"Tuning_Fork"，使 NEW log and error files 保持"Yes"状态，单击"OK"按钮，关闭该对话框。

02 单击菜单栏中 File → Change Title 命令，打开 Change Title 对话框，在对话框中输入工作标题"Coriolis Effect in a Vibrating Quartz Tuning Fork"，单击"OK"按钮，关闭该对话框。

2. 定义单元类型

01 单击 ANSYS Main Menu → Preprocessor → Element Type → Add/Edit/Delete 命令，打开 Element Types 对话框。

02 单击"Add"按钮，打开 Library of Element Types 对话框，如图 3-167 所示。在 Library of Element Types 列表框中选择 Coupled Field → Brick 20node 226，在 Element type reference number 文本框中输入"1"，单击"OK"按钮，关闭 Library of Element Types 对话框。

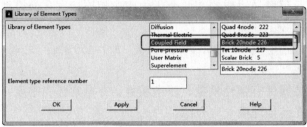

图 3-167　Library of Element Types 对话框

03 单击 Element Types 对话框中的"Options"按钮，打开 SOLID226 element type options 对话框，如图 3-168 所示。在 Analysis Type　K1 下拉列表框中选择"Electroelast/Piezoelectric"，其余选项采用系统默认设置，单击"OK"按钮，关闭该对话框。

04 单击"Close"按钮，关闭 Element Types 对话框。

3．设置标量参数

单击菜单栏中 Parameters → Scalar Parameters 命令，打开 Scalar Parameters 选择对话框，如图 3-169 所示。在 Selection 文本框中依次输入：

```
pi=4*atan(1)
c11=86.74e3
c12=6.99e3
c13=11.91e3
c14=17.91e3
c33=107.2e3
c44=57.94e3
thick=350
leng_TF=4800
leng_tin=3200
dist_t=350
width_t=450
x_t_in=dist_t/2
x_t_out=dist_t/2+width_t
delta=20
```

4．定义材料性能参数

01 单击 ANSYS Main Menu → Preprocessor → Material Props → Material Models 命令，打开 Define Material Model Behavior 对话框。

02 在 Material Models Available 列表框中选择 Structural → Linear →

Elastic → Anisotropic，打开 Anisotropic Elasticity for Material Number 1 对话框，如图 3-170 所示。在 Anisotropic Elastic Matrix Options 下拉列表框中选择"Stiffness form"，在下面的 21 个文本框内依次输入"c11，c12，c13，0，c14，0，c11，c13，0，-c14，0，c33，0，0，0，(c11-c12)/2，0，c14，c44，0，c44"，单击"OK"按钮，关闭该对话框。

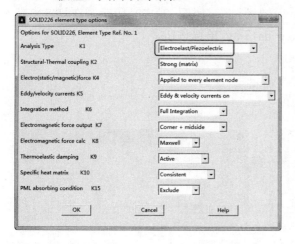

图 3-168　SOLID226 element type options 对话框　　图 3-169　Scalar Parameters 选择对话框

03 在 Material Models Available 列表框中选择 Structural → Density，打开 Density for Material Number 1 对话框，如图 3-171 所示。在 DENS 文本框中输入"2.649e-15"，单击"OK"按钮，关闭该对话框。

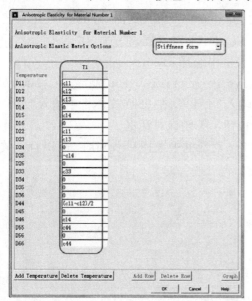

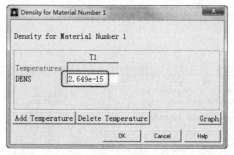

图 3-170 Anisotropic Elasticity for Material　　图 3-171　Density for Material Number 1
　　　　 Number 1 对话框　　　　　　　　　　　　　　 对话框

04 在 Material Models Available 列 表 框 中 选 择 Piezoelectrics → Piezoelectric matrix，打开 Piezoelectric Matrix for Material Number 1 对话框，

如图 3-172 所示。在 Piezoelectric Matrix Options 下拉列表框中选择"Piezoelectric stress matrix[e]",在矩阵表中填写的数据如图所示,单击"OK"按钮,关闭该对话框。

05 在 Define Material Model Behavior 对话框中选择 Material → Exit,关闭该对话框。

06 单击 ANSYS Main Menu → Preprocessor → Material Props → Electromag Units 命令,打开 Electromagnetic Units 对话框,如图 3-173 所示,在[EMUNIT] Electromagnetic units 选项组中单击 User-defined 单选按钮。

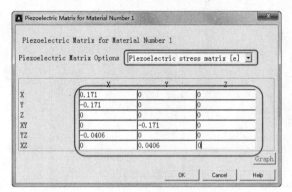

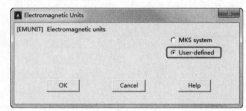

图 3-172 Piezoelectric Matrix for Material Number 1 对话框　　图 3-173 Electromagnetic Units 对话框

07 单击"OK"按钮,打开 Electromagnetic Units 对话框,如图 3-174 所示。在 Specify free-space permittivity 文本框中输入"8.854e-006",单击"OK"按钮,关闭该对话框。

08 单击 ANSYS Main Menu → Preprocessor → Material Props → Material Models 命令,打开 Define Material Model Behavior 对话框。

09 在 Material Models Available 列表框中选择 Electromagnetics → Relative Permittivity → Orthotropic,打开 Relative Permittivity for Material Number 1 对话框,如图 3-175 所示。在 PERX 文本框中输入"4.43",在 PERY 文本框中输入"4.43",在 PERZ 文本框中输入"4.63",单击"OK"按钮,关闭该对话框。

10 在 Define Material Model Behavior 对话框中选择 Material → Exit,关闭该对话框。

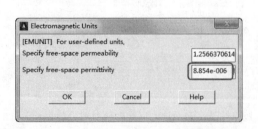

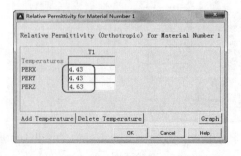

图 3-174 Electromagnetic Units 对话框　　图 3-175 Relative Permittivity for Material Number 1 对话框

5. 建立几何模型及划分网格

01 单击菜单栏中 PlotCtrls → View Settings → Viewing Direction 命令，打开 Viewing Direction 对话框，如图 3-176 所示。在[/View] View direction XV, YV, ZV Coords of view point 文本框依次输入"1, 1, 1"，其余选项采用系统默认设置，单击"OK"按钮，关闭该对话框。

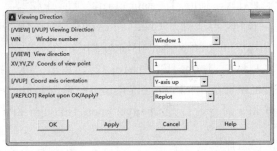

图 3-176 Viewing Direction 对话框

02 单击 ANSYS Main Menu → Preprocessor → Modeling → Create → Keypoints → In Active CS 命令，打开 Create Keypoints in Active Coordinate System 对话框，如图 3-177 所示。在 NPT Keypoint number 文本框中输入"1"，在 X, Y, Z Location in active CS 文本框依次输入"0, 0, -thick/2"。

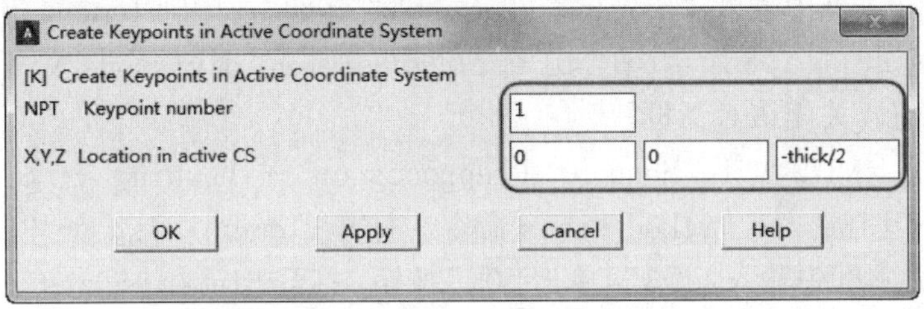

图 3-177 Create Keypoints in Active Coordinate System 对话框

03 单击"Apply"按钮，再次打开 Create Keypoints in Active Coordinate System 对话框。在 NPT Keypoint number 文本框中输入"2"，在 X, Y, Z Location in active CS 文本框依次输入"0, leng_TF-leng_tin, -thick/2"。

04 单击"Apply"按钮，再次打开 Create Keypoints in Active Coordinate System 对话框。在 NPT Keypoint number 文本框中输入"3"，在 X, Y, Z Location in active CS 文本框依次输入"x_t_in, 0, -thick/2"。

05 单击"Apply"按钮，再次打开 Create Keypoints in Active Coordinate System 对话框。在 NPT Keypoint number 文本框中输入"4"，在 X, Y, Z Location in active CS 文本框依次输入"x_t_in, leng_TF-leng_tin, -thick/2"。

06 单击"Apply"按钮，再次打开 Create Keypoints in Active Coordinate System 对话框。在 NPT Keypoint number 文本框中输入"5"，在 X, Y, Z Location in active CS 文本框依次输入"x_t_in, leng_TF, -thick/2"。

07 单击"Apply"按钮,再次打开 Create Keypoints in Active Coordinate System 对话框。在 NPT　Keypoint number 文本框中输入"6",在 X,Y,Z　Location in active CS 文本框依次输入"x_t_out, 0, -thick/2"。

08 单击"Apply"按钮,再次打开 Create Keypoints in Active Coordinate System 对话框。在 NPT　Keypoint number 文本框中输入"7",在 X,Y,Z　Location in active CS 文本框依次输入"x_t_out, leng_TF-leng_tin, -thick/2"。

09 单击"Apply"按钮,再次打开 Create Keypoints in Active Coordinate System 对话框。在 NPT　Keypoint number 文本框中输入"8",在 X,Y,Z　Location in active CS 文本框依次输入"x_t_out, leng_TF, -thick/2",单击"OK"按钮,关闭该对话框。

10 单击 ANSYS Main Menu → Preprocessor → Modeling → Create → Areas → Arbitrary → Through KPs 命令,打开 Create Area through KPs 对话框,依次选择关键点"1,3,4,2"。

11 单击"Apply"按钮,再次打开 Create Area through KPs 对话框,依次选择关键点"3,6,7,4"。

12 单击"Apply"按钮,再次打开 Create Area through KPs 对话框,依次选择关键点"4,7,8,5",单击"OK"按钮,关闭该对话框。

13 单击 ANSYS Main Menu → Preprocessor → Meshing → Size Cntrls → ManualSize → Lines → Picked Lines 命令,打开 Element Size on Picked Lines 选择对话框。在文本框中输入"5,7,9",单击"OK"按钮,打开 Element Sizes on Picked Lines 对话框,如图 3-178 所示。在 NDIV　No. of element divisions 文本框中输入"4",单击"OK"按钮,关闭该对话框。

14 单击 ANSYS Main Menu → Preprocessor → Meshing → Size Cntrls → ManualSize → Lines → Picked Lines 命令,打开 Element Size on Picked Lines 选择对话框。在文本框中输入"1,3",单击"OK"按钮,打开 Element Sizes on Picked Lines 对话框。在 NDIV　No. of element divisions 文本框中输入"2",单击"OK"按钮,关闭该对话框。

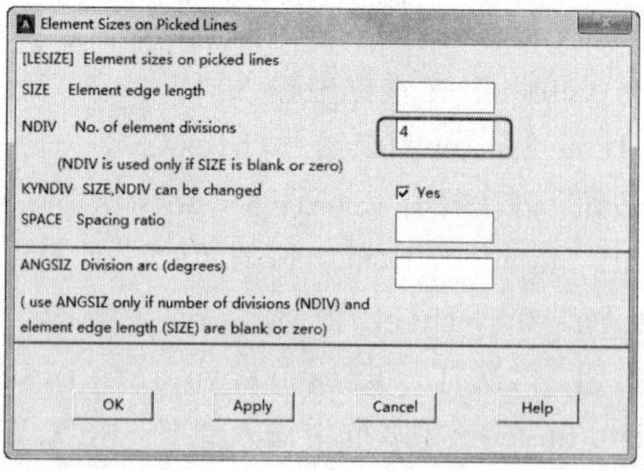

图 3-178　Element Sizes on Picked Lines 对话框

15 单击 ANSYS Main Menu → Preprocessor → Meshing → Size Cntrls → ManualSize → Lines → Picked Lines 命令,打开 Element Size on Picked Lines 选择对话框。在文本框中输入"8",单击"OK"按钮,打开 Element Sizes on Picked Lines

对话框。在 NDIV No. of element divisions 文本框中输入 "14", 在 SPACE Spacing ratio 文本框中输入 "3", 单击 "OK" 按钮, 关闭该对话框。

16 单击 ANSYS Main Menu → Preprocessor → Meshing → Size Cntrls → ManualSize → Lines → Picked Lines 命令, 打开 Element Size on Picked Lines 选择对话框。在文本框中输入 "10", 单击 "OK" 按钮, 打开 Element Sizes on Picked Lines 对话框。在 NDIV No. of element divisions 文本框中输入 "14", 在 SPACE Spacing ratio 文本框中输入 "1/3", 单击 "OK" 按钮, 关闭该对话框。

17 单击 ANSYS Main Menu → Preprocessor → Meshing → Size Cntrls → ManualSize → Lines → Picked Lines 命令, 打开 Element Size on Picked Lines 选择对话框。在文本框中输入 "2, 4, 6", 单击 "OK" 按钮, 打开 Element Sizes on Picked Lines 对话框。在 NDIV No. of element divisions 文本框中输入 "8", 在 SPACE Spacing ratio 文本框中输入 "-2", 单击 "OK" 按钮, 关闭该对话框。

18 单击菜单栏中 Parameters → Get Scalar Data 命令, 打开 Get Scalar Data 对话框, 如图 3-179 所示。在 Type of data to be retrieved 列表框中选择 Model data → Lines。

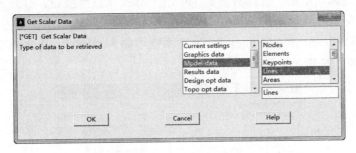

图 3-179 Get Scalar Data 对话框

19 单击 "OK" 按钮, 打开 Get Line Data 对话框, 如图 3-180 所示。在 Name of parameter to be defined 文本框中输入 "n_lin", 在 Line data to be retrieved 的文本框中输入 "count", 单击 "OK" 按钮, 关闭该对话框。

20 单击 ANSYS Main Menu → Preprocessor → Modeling → Copy → Lines 命令, 打开 Copy Lines 选择对话框。单击 "Pick All" 按钮, 打开 Copy Lines 对话框, 如图 3-181 所示。在 ITIME Number of copies 文本框中输入 "2", 在 DZ Z-offset in active CS 文本框中输入 "thick", 在 KINC Keypoint increment 文本框中输入 "20", 在 NOELEM Items to be copied 下拉列表框中选择 "Lines and mesh", 其余选项采用系统默认设置, 单击 "OK" 按钮, 关闭该对话框。

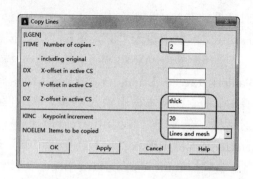

图 3-180　Get Line Data 对话框　　　　图 3-181　Copy Lines 对话框

21 在顶部命令行中输入循环语句命令，创建直线 21～直线 28，并设置网格划分参数。

```
1, 1, 21, 4,
*repeat, 8, 1, 1
```

22 单击 ANSYS Main Menu → Preprocessor → Modeling → Reflect → Lines 命令，打开 Reflect Lines 选择对话框。单击"Pick All"按钮，打开 Reflect Lines 对话框，如图 3-182 所示。在 Ncomp　Plane of symmetry 选项组中单击 Y-Z plane　X 单选按钮，在 KINC　Keypoint increment 文本框中输入"100"，其余选项采用系统默认设置，单击"OK"按钮，关闭该对话框。

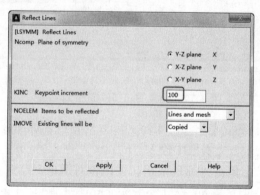

图 3-182　Reflect Lines 对话框

23 单击 ANSYS Main Menu → Preprocessor → Modeling → Create → Volumes → Arbitrary → Through KPs 命令，打开 Create Volume through KPs 对话框，在文本框中输入"1, 3, 4, 2, 21, 23, 24, 22"。

24 单击"Apply"按钮，再次打开 Create Volume through KPs 对话框，在文本框中输入"3, 6, 7, 4, 23, 26, 27, 24"。

25 单击"Apply"按钮，再次打开 Create Volume through KPs 对话框，在文本框中输入"4, 7, 8, 5, 24, 27, 28, 25"。

26 单击"Apply"按钮，再次打开 Create Volume through KPs 对话框，在文本框中输入"101, 103, 104, 102, 121, 123, 124, 122"。

27 单击 "Apply" 按钮，再次打开 Create Volume through KPs 对话框，在文本框中输入 "103，106，107，104，123，126，127，124"。

28 单击 "Apply" 按钮，再次打开 Create Volume through KPs 对话框，在文本框中输入 "104，107，108，105，124，127，128，125"，单击 "OK" 按钮，关闭该对话框。

29 单击菜单栏中 Plot → Volumes 命令，单击 PlotCtrls → Style → Colors → Reverse Video 命令，ANSYS 窗口将变成白色，生成的几何模型如图 3-183 所示。

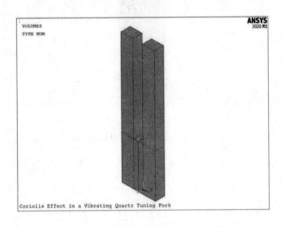

图 3-183　生成的几何模型

30 单击 ANSYS Main Menu → Preprocessor → Meshing → Mesh Attributes → Default Attribs 命令，打开 Meshing Attributes 对话框，如图 3-184 所示。在 [TYPE] Element type number 下拉列表框中选择 "1　SOLID226"，其余选项采用系统默认设置，单击 "OK" 按钮，关闭该对话框。

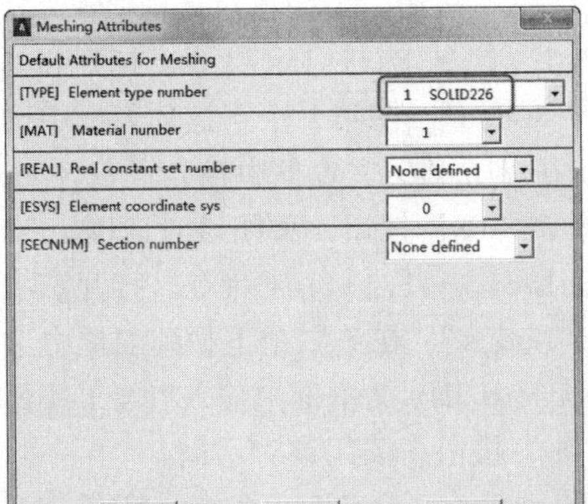

图 3-184　Meshing Attributes 对话框

31 单击 ANSYS Main Menu → Preprocessor → Meshing → Mesh → Volumes → Mapped → 4 to 6 sided 命令，打开 Mesh Volumes 对话框，单击 "Pick All" 按钮，

关闭该对话框，此时 ANSYS 窗口会显示生成的网格模型，如图 3-185 所示。

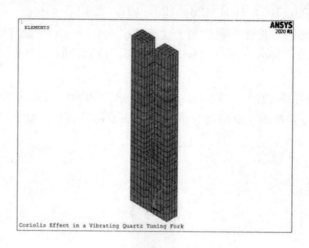

图 3-185　生成的网格模型

6. 设置边界条件

01 单击菜单栏中 Select → Entities 命令，打开 Select Entities 对话框，如图 3-186 所示。在第一个下拉列表框中选择 "Nodes"，在第二个下拉列表框中选择 "By Location"，单击 X coordinates 单选按钮，在 Min, Max 文本框中输入 "x_t_in+delta, x_t_out-delta"，单击 From Full 单选按钮，单击 "OK" 按钮，关闭该对话框。

02 单击菜单栏中 Select → Entities 命令，打开 Select Entities 对话框。在第一个下拉列表框中选择 "Nodes"，在第二个下拉列表框中选择 "By Location"，单击 Z coordinates 单选按钮，在 Min, Max 文本框中输入 "-thick/2+1, thick/2-1"，单击 Unselect 单选按钮，单击 "OK" 按钮，关闭该对话框。

03 单击菜单栏中 Select → Entities 命令，打开 Select Entities 对话框。在第一个下拉列表框中选择 "Nodes"，在第二个下拉列表框中选择 "By Location"，单击 X coordinates 单选按钮，在 Min, Max 文本框中输入 "-x_t_out-1, -x_t_out+1"，单击 Also Select 单选按钮，单击 "OK" 按钮，关闭该对话框。

04 单击菜单栏中 Select → Entities 命令，打开 Select Entities 对话框。在第一个下拉列表框中选择 "Nodes"，在第二个下拉列表框中选择 "By Location"，单击 X coordinates 单选按钮，在 Min, Max 文本框中输入 "-x_t_in-1, -x_t_in+1"，单击 Also Select 单选按钮，单击 "OK" 按钮，关闭该对话框。

05 单击菜单栏中 Select → Entities 命令，打开 Select Entities 对话框。在第一个下拉列表框中选择 "Nodes"，在第二个下拉列表框中选择 "By Location"，单击 Y coordinates 单选按钮，在 Min, Max 文本框中输入 " leng_TF-leng_tin-1, leng_TF-leng_tin*0.45"，单击 Reselect 单选按钮，单击 "OK" 按钮，关闭该对话框。

06 单击 ANSYS Main Menu → Preprocessor → Coupling / Ceqn → Couple DOFs 命令，打开 Define Coupled DOFs 选择对话框。单击 "Pick All" 按钮，打开 Define Coupled

DOFs 对话框，如图 3-187 所示。在 NSET　Set reference number 文本框中输入"1"，在 Lab　Degree-of-freedom label 下拉列表框中选择"VOLT"，单击"OK"按钮，关闭该对话框。

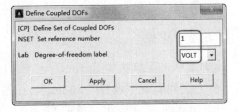

图 3-186　Select Entities 对话框　　　　图 3-187　Define Coupled DOFs 对话框

07 单击菜单栏中 Parameters → Scalar Parameters 命令，打开 Scalar Parameters 选择对话框。在 Selection 文本框中依次输入"n_load=ndnext(0)"，单击"Accept"按钮，Items 列表框中会显示"N_LOAD= 478"，单击"Close"按钮，关闭该对话框。

08 单击菜单栏中 Select → Entities 命令，打开 Select Entities 对话框。在第一个下拉列表框中选择"Nodes"，在第二个下拉列表框中选择"By Location"，单击 X coordinates 单选按钮，在 Min,Max 文本框中输入"-x_t_out+delta, -x_t_in-delta"，单击 From Full 单选按钮，单击"OK"按钮，关闭该对话框。

09 单击菜单栏中 Select → Entities 命令，打开 Select Entities 对话框。在第一个下拉列表框中选择"Nodes"，在第二个下拉列表框中选择"By Location"，单击 Z coordinates 单选按钮，在 Min,Max 文本框中输入"-thick/2+1, thick/2-1"，单击 Unselect 单选按钮，单击"OK"按钮，关闭该对话框。

10 单击菜单栏中 Select → Entities 命令，打开 Select Entities 对话框。在第一个下拉列表框中选择"Nodes"，在第二个下拉列表框中选择"By Location"，单击 X coordinates 单选按钮，在 Min,Max 文本框中输入"x_t_out-1, x_t_out+1"，单击 Also Select 单选按钮，单击"OK"按钮，关闭该对话框。

11 单击菜单栏中 Select → Entities 命令，打开 Select Entities 对话框。在第一个下拉列表框中选择"Nodes"，在第二个下拉列表框中选择"By Location"，单击 X coordinates 单选按钮，在 Min,Max 文本框中输入"x_t_in-1, x_t_in+1"，单击 Also Select 单选按钮，单击"OK"按钮，关闭该对话框。

12 单击菜单栏中 Select → Entities 命令，打开 Select Entities 对话框。在第一个下拉列表框中选择"Nodes"，在第二个下拉列表框中选择"By Location"，单击 Y coordinates 单选按钮，在 Min,Max 文本框中输入"leng_TF-leng_tin-1, leng_TF-leng_tin*0.45"，单击 Reselect 单选按钮，单击"OK"按钮，关闭该对话框。

13 单击 ANSYS Main Menu → Preprocessor → Coupling/Ceqn → Couple DOFs

命令，打开 Define Coupled DOFs 选择对话框。单击"Pick All"按钮，打开 Define Coupled DOFs 对话框。在 NSET Set reference number 文本框中输入"2"，在 Lab Degree-of-freedom label 列表框中选择"VOLT"，单击"OK"按钮，关闭该对话框。

14 单击菜单栏中 Parameters → Scalar Parameters 命令，打开 Scalar Parameters 选择对话框。在 Selection 文本框中输入"n_ground=ndnext(0)"，单击"Accept"按钮，Items 列表框中会显示"N_GROUND=6"，单击"Close"按钮，关闭该对话框。

15 单击菜单栏中 Select → Everything 命令。

📖3.6.2 求解

01 单击菜单栏中 Select → Entities 命令，打开 Select Entities 对话框。在第一个下拉列表框中选择"Nodes"，在第二个下拉列表框中选择"By Location"，单击 Y coordinates 单选按钮，单击 From Full 单选按钮，单击"OK"按钮，关闭该对话框。

02 单击 ANSYS Main Menu → Solution → Define Loads → Apply → Structural → Displacement → On Nodes 命令，打开 Apply U, ROT on Nodes 选择对话框。单击"Pick All"按钮，打开 Apply U, ROT on Nodes 对话框，如图 3-188 所示。在 Lab2 DOFs to be constrained 列表框中选择"UX"，"UY"和"UZ"，在 VALUE Displacement value 文本框中输入"0"，其余选项采用系统默认设置，单击"OK"按钮，关闭该对话框。

03 单击菜单栏中 Select → Everything 命令。

04 单击 ANSYS Main Menu → Solution → Define Loads → Apply → Electric → Boundary → Voltage → On Nodes 命令，打开 Apply VOLT on nodes 选择对话框。在文本框中输入"n_ground"，单击"OK"按钮，打开 Apply VOLT on nodes 对话框，如图 3-189 所示。在 VALUE Load VOLT value 文本框中输入"0"，其余选项采用系统默认设置，单击"OK"按钮，关闭该对话框。

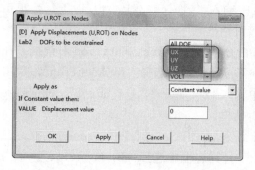 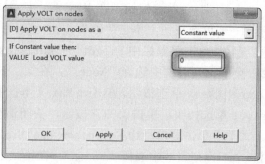

图 3-188 Apply U, ROT on Nodes 对话框   图 3-189 Apply VOLT on nodes 对话框

05 单击 ANSYS Main Menu → Solution → Define Loads → Apply → Electric → Boundary → Voltage → On Nodes 命令，打开 Apply VOLT on Nodes 选择对话框。在文本框中输入"n_load"，单击"OK"按钮，打开 Apply VOLT on nodes 对话框。在 VALUE Load VOLT value 文本框中输入"1"，其余选项采用系统默认设置，单击"OK"按钮，关闭该对话框。

06 在命令流文本框中输入语句命令"coriolis, on, , , off",按 Enter 键完成输入。

07 单击 ANSYS Main Menu → Solution → Define Loads → Apply → Structural → Inertia → Angular Veloc → Global 命令,打开 Apply Angular Velocity 对话框,如图 3-190 所示。在 OMEGY Global Cartesian Y-comp 文本框中输入"1e4",其余选项采用系统默认设置,单击"OK"按钮,关闭该对话框。

08 单击 ANSYS Main Menu → Solution → Analysis Type → New Analysis 命令,打开 New Analysis 对话框,如图 3-191 所示。在[ANTYPE] Type of analysis 选项组中选择"Modal",单击"OK"按钮,关闭该对话框。

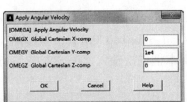

图 3-190 Apply Angular Velocity 对话框

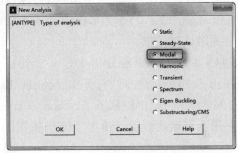

图 3-191 New Analysis 对话框

09 单击 ANSYS Main Menu → Solution → Analysis Type → Analysis Options 命令,打开 Modal Analysis 对话框,如图 3-192 所示。在[MODOPT] Mode extraction method 选项组中单击 QR Damped 单选按钮,在 No. of modes to extract 文本框中输入"4",其余选项采用系统默认设置,单击"OK"按钮,打开 Block Lanczos Method 对话框,单击"OK"按钮,关闭该对话框。

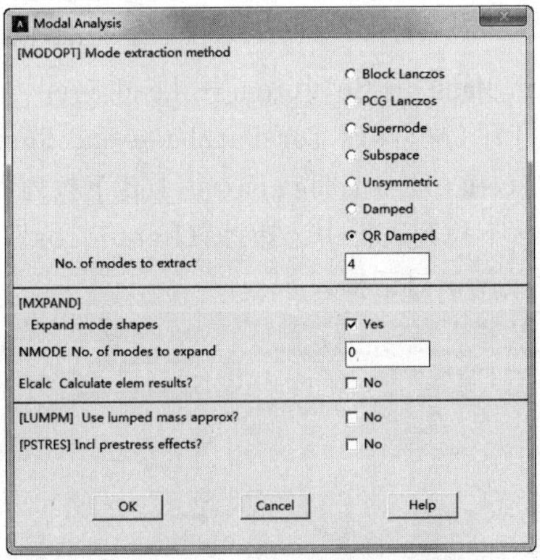

图 3-192 Modal Analysis 对话框

10 单击 ANSYS Main Menu → Solution → Solve → Current LS 命令,打开/STATUS Command 和 Solve Current Load Step 对话框,关闭/STATUS Command 对话框。单击 Solve Current Load Step 对话框中的"OK"按钮,ANSYS 开始求解。

注意：求解过程中打开 Verify 对话框，单击"Yes"按钮，关闭该对话框。

11 求解结束后，打开 Note 对话框，单击"Close"按钮，关闭该对话框。

12 单击 ANSYS Main Menu → Solution→ Analysis Type → New Analysis 命令，打开 New Analysis 对话框。在[ANTYPE] Type of analysis 列表框中选择"Harmonic"，单击"OK"按钮，关闭该对话框。

13 单击 ANSYS Main Menu → Solution → Load Step Opts → Time/Frequenc → Damping 命令，打开 Damping Specifications 对话框，如图 3-193 所示。在[DMPRAT] Constant damping ratio 文本框中输入"0.02"，其余选项采用系统默认设置，单击"OK"按钮，关闭该对话框。

14 单击 ANSYS Main Menu → Solution → Load Step Opts → Time/Frequenc → Freq and Substps 命令，打开 Harmonic Frequency and Substep Options 对话框，如图 3-194 所示。在[HARFRQ] Harmonic freq range 文本框依次输入"0，32768"，其余选项采用系统默认设置，单击"OK"按钮，关闭该对话框。

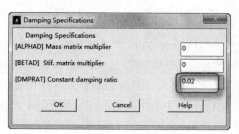
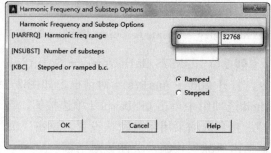

图 3-193 Damping Specifications 对话框　　图 3-194 Harmonic Frequency and Substep Options 对话框

15 单击 ANSYS Main Menu → Solution → Load Step Opts → Output Ctrls → DB/Results File 命令，打开 Controls for Database and Results File Writing 对话框，如图 3-195 所示。在 Item Item to be controlled 下拉列表框中选择"All items"，在 Cname Component name 下拉列表框中选择"All entities"，其余选项采用系统默认设置，单击"OK"按钮，关闭该对话框。

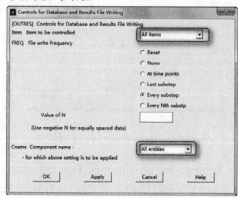

图 3-195 Controls for Database and Results File Writing 对话框

16 单击 ANSYS Main Menu → Solution → Solve → Current LS 命令，打开/STATUS Command 和 Solve Current Load Step 对话框，关闭/STATUS Command 对话框，单击 Solve Current Load Step 对话框中的"OK"按钮，ANSYS 开始求解。

17 求解结束后，打开 Note 对话框，单击"Close"按钮，关闭该对话框。

3.6.3 后处理

01 单击 ANSYS Main Menu → General Postproc → Read Results → Last Set 命令。

02 单击菜单栏中 PlotCtrls → Style → Displacement Scaling 命令，打开 Displacement Display Scaling 对话框，如图 3-196 所示。在 WN Window number 下拉列表框中选择"Window 1"，在 DMULT Displacement scale factor 选项组中单击 User Specified 单选按钮，在 User specified factor 文本框中输入"6"，其余选项采用系统默认设置，单击"OK"按钮，关闭该对话框。

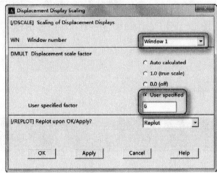

图 3-196 Displacement Display Scaling 对话框

03 单击菜单栏中 PlotCtrls → Animate → Mode Shape 命令，打开 Animate Mode Shape 对话框，如图 3-197 所示。在 Display Type 列表框中选择 DOF solution → UZ，其余选项采用系统默认设置，单击"OK"按钮，关闭该对话框，ANSYS 窗口会显示位移变化动画，同时打开动画控制框。

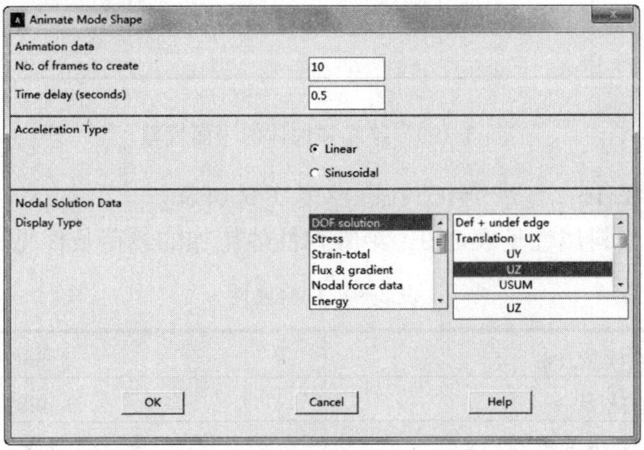

图 3-197 Animate Mode Shape 对话框

04 单击菜单栏中 PlotCtrls → Animate → Time-harmonic 命令，打开 Animate Over Time 对话框，如图 3-198 所示。在 Display Type 列表框中选择 DOF solution → UZ，其余选项采用系统默认设置，单击"OK"按钮，关闭该对话框，ANSYS 窗口会显示复位移变化动画，同时打开动画控制框。

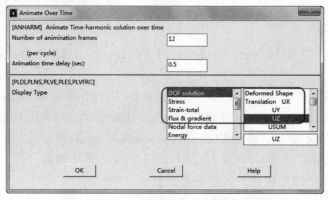

图 3-198 Animate Over Time 对话框

3.6.4 命令流

略，命令流详见随书电子资料包。

3.7 绝缘弹性体耦合分析

此例是为了确定应用于电场下的绝缘弹性体的变形情况。绝缘弹性体位于两个电极之间。施加的电场会导致绝缘弹性体在厚度方向的压缩和在长度方向的延伸。此例是在静态载荷下确定厚度方向的变形形状和应变。

绝缘弹性体的平面模型如图 3-199 所示。

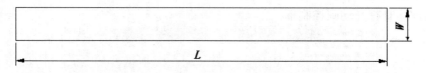

图 3-199 绝缘弹性体的平面模型

其中，长度 $L=1.1$m；宽带 $W=0.11$m；厚度 $T=0.055$m。

绝缘弹性体的材料属性见表 3-9。绝缘弹性体施加的载荷条件见表 3-10。

表 3-9 材料属性

弹性模量/Pa	3.6e6
泊松比	0.4999
相对介电常数	8.8

表 3-10　载荷条件

电场强度/（V/m）	7e6
电压/V	385
振动频率/Hz	1000

3.7.1　前处理

1．定义工作文件名和工作标题

01 单击菜单栏中 File → Change Jobname 命令，打开 Change Jobname 对话框。在 [/FILNAM] Enter new jobname 文本框中输入工作文件名 "elastomer"，使 EW log and error files 保持 "Yes" 状态，单击 "OK" 按钮，关闭该对话框。

02 单击菜单栏中 File → Change Title 命令，打开 Change Title 对话框。在对话框中输入工作标题 "Deformation of a dielectric elastomer"，单击 "OK" 按钮，关闭该对话框。

2．定义单元类型

01 单击 ANSYS Main Menu → Preprocessor → Element Type → Add/Edit/Delete 命令，打开 Element Types 对话框。

02 单击 "Add" 按钮，打开 Library of Element Types 对话框，如图 3-200 所示。在 Library of Element Types 列表框中选择 Coupled Field → Brick 20node 226，在 Element type reference number 文本框中输入 "1"，单击 "OK" 按钮，关闭 Library of Element Types 对话框。

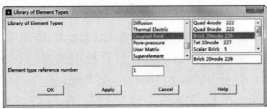

图 3-200　Library of Element Types 对话框

03 单击 Element Types 对话框中的 "Options" 按钮，打开 SOLID226 element type options 对话框，如图 3-201 所示。在 Analysis Type　K1 下拉列表框中选择 "Electroelast/Piezoelectric"，其余选项采用系统默认设置，单击 "OK" 按钮，关闭该对话框。

04 单击 "Close" 按钮，关闭 Element Types 对话框。

3．设置标量参数

单击菜单栏中 Parameters → Scalar Parameters 命令，打开 Scalar Parameters 选择对话框，如图 3-202 所示。在 Selection 文本框中依次输入：

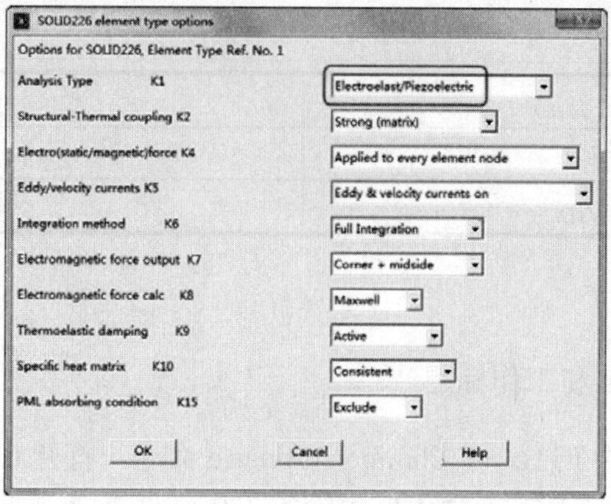

图 3-201 SOLID226 element type options 对话框

```
L=1.1e-3
W=0.11e-3
T=0.055e-3
Ef0=7e6
V=Ef0*t
freq=1000
Y=3.6e6
MU=0.4999
EPS=8.8
EPS0=8.854e-12
```

4. 定义材料性能参数

01 单击 ANSYS Main Menu → Preprocessor → Material Props → Material Models 命令，打开 Define Material Model Behavior 对话框。

02 在 Material Models Available 列表框中选择 Structural → Linear → Elastic → Isotropic，打开 Linear Isotropic Properties for Material Number 1 对话框，如图 3-203 所示。在 EX 文本框中输入"Y"，在 PRXY 文本框中输入"MU"，单击 "OK" 按钮，关闭该对话框。

图 3-202 Scalar Parameters 选择对话框

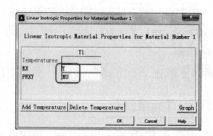

图 3-203 Linear Isotropic Properties for Material Number 1 对话框

03 在 Material Models Available 列表框中选择 Electromagnetic → Relative Permittivity → Constant，打开 Relative Permittivity for Material Number 1 对话框，如图 3-204 所示。在 PERX 文本框中输入"EPS"，单击"OK"按钮，关闭该对话框。

04 在 Define Material Model Behavior 对话框中选择 Material → Exit，关闭该对话框。

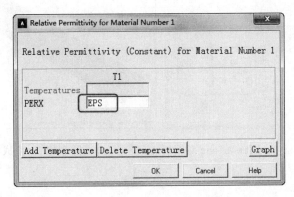

图 3-204 Relative Permittivity for Material Number 1 对话框

5. 建立几何模型

01 单击菜单栏中 PlotCtrls → View Settings → Viewing Direction 命令，打开 Viewing Direction 对话框，如图 3-205 所示。在[/View] View direction XV, YV, ZV Coords of view point 文本框依次输入"1，1，1"，在[/VUP] Coord axis orientation 下拉列表框中选择"Z-axis up"，其余选项采用系统默认设置，单击"OK"按钮，关闭该对话框。

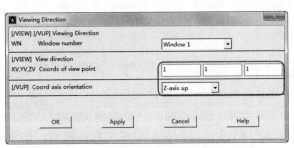

图 3-205 Viewing Direction 对话框

02 单击 ANSYS Main Menu → Preprocessor → Modeling → Create → Volumes → Block → By Dimensions 命令，打开 Create Block by Dimensions 对话框，如图 3-206 所示。在 X1, X2 X-coordinates 文本框依次输入"-L/2, L/2"，在 Y1, Y2 Y-coordinates 文本框依次输入"-W/2, W/2"，在 Z1, Z2 Z-coordinates 文本框依次输入"0, T"，单击"OK"按钮，关闭该对话框。

03 单击菜单栏中 Plot → Volumes 命令，单击菜单栏中的 Utility Menu → PlotCtrls → Style → Colors → Reverse Video 命令，ANSYS 窗口将变成白色，生成

的几何模型如图 3-207 所示。

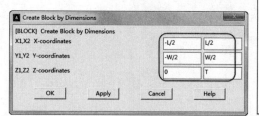

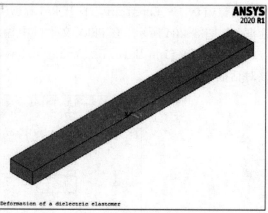

图 3-206 Create Block by Dimensions 对话框　　　图 3-207 生成的几何模型

6. 划分网格

01 单击 ANSYS Main Menu → Preprocessor → Meshing → Size Cntrls → ManualSize → Global → Size 命令，打开 Global Element Sizes 对话框，如图 3-208 所示。在 SIZE Element edge length 文本框中输入"T/2"，其余选项采用系统默认设置，单击"OK"按钮，关闭该对话框。

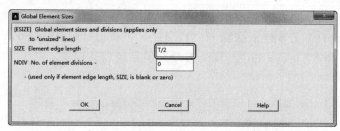

图 3-208 Global Element Sizes 对话框

02 单击 ANSYS Main Menu → Preprocessor → Meshing → Mesh → Volumes → Mapped → 4 to 6 sided 命令，打开 Mesh Volumes 选择对话框。单击"Pick All"按钮，关闭该对话框，此时 ANSYS 窗口会显示生成的网格模型，如图 3-209 所示。

7. 设置边界条件

01 单击菜单栏中 Select → Entities 命令，打开 Select Entities 对话框，如图 3-210 所示。在第一个下拉列表框中选择"Nodes"，在第二个下拉列表框中选择"By Location"，单击 X coordinates 单选按钮，在 Min, Max 文本框中输入"-L/2"，单击 From Full 单选按钮，单击"OK"按钮，关闭该对话框。

02 单击 ANSYS Main Menu → Preprocessor → Loads → Define Loads → Apply → Structural → Displacement → On Nodes 命令，在弹出的 Apply U, ROT on Nodes 选择对话框中单击"Pick All"按钮，打开 Apply U, ROT on Nodes 对话框，如图 3-211

所示。在 Lab2 DOFs to be constrained 列表框中选择"UX"，在 VALUE Displacement value 文本框中输入"0"，单击"OK"按钮，关闭该对话框。

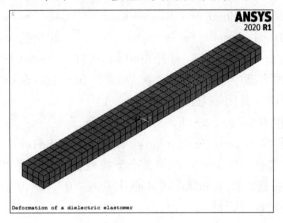

图 3-209　生成的网格模型

图 3-210　Select Entities 对话框

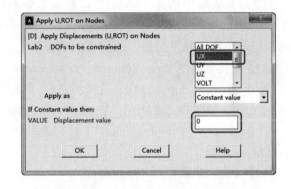

图 3-211　Apply U，ROT on Nodes 对话框

03 单击菜单栏中 Select → Entities 命令，打开 Select Entities 对话框。在第一个下拉列表框中选择"Nodes"，在第二个下拉列表框中选择"By Location"，单击 Y coordinates 单选按钮，在 Min，Max 文本框中输入"-W/2"，单击 Reselect 单选按钮，单击"OK"按钮，关闭该对话框。

04 单击 ANSYS Main Menu → Preprocessor → Loads → Define Loads → Apply → Structural → Displacement → On Nodes 命令，在弹出的 Apply U,ROT on Nodes 选择对话框中单击"Pick All"按钮，打开 Apply U,ROT on Nodes 对话框。在 Lab2 DOFs to be constrained 列表框中选择"UY"，在 VALUE Displacement value 文本框中输入"0"，单击"OK"按钮，关闭该对话框。

05 单击菜单栏中 Select → Entities 命令，打开 Select Entities 对话框。在第一个下拉列表框中选择"Nodes"，在第二个下拉列表框中选择"By Location"，单击

Z coordinates 单选按钮，在 Min,Max 文本框中输入"0"，单击 Reselect 单选按钮，单击"OK"按钮，关闭该对话框。

06 单击 ANSYS Main Menu → Preprocessor → Loads → Define Loads → Apply → Structural → Displacement → On Nodes 命令，在弹出的 Apply U, ROT on Nodes 选择对话框中单击"Pick All"按钮，打开 Apply U, ROT on Nodes 对话框。在 Lab2 DOFs to be constrained 列表框中选择"UZ"，在 VALUE Displacement value 文本框中输入"0"，单击"OK"按钮，关闭该对话框。

07 单击菜单栏中 Select → Everything 命令。

08 单击菜单栏中 Select → Entities 命令，打开 Select Entities 对话框。在第一个下拉列表框中选择"Nodes"，在第二个下拉列表框中选择"By Location"，单击 Z coordinates 单选按钮，在 Min,Max 文本框中输入"0"，单击 From Full 单选按钮，单击"OK"按钮，关闭该对话框。

09 单击菜单栏中 Select → Entities 命令，打开 Select Entities 对话框。在第一个下拉列表框中选择"Nodes"，在第二个下拉列表框中选择"By Location"，单击 X coordinates 单选按钮，在 Min, Max 文本框中输入"-L/2,L/2"，单击 Reselect 单选按钮，单击"OK"按钮，关闭该对话框。

10 单击菜单栏中 Select → Entities 命令，打开 Select Entities 对话框。在第一个下拉列表框中选择"Nodes"，在第二个下拉列表框中选择"By Location"，单击 Y coordinates 单选按钮，在 Min, Max 文本框中输入"-W/2,W/2"，单击 Reselect 单选按钮，单击"OK"按钮，关闭该对话框。

11 单击 ANSYS Main Menu → Preprocessor → Coupling / Ceqn → Couple DOFs 命令，打开 Define Coupled DOFs 选择对话框。单击"Pick All"按钮，打开 Define Coupled DOFs 对话框，如图 3-212 所示。在 NSET Set reference number 文本框中输入"1"，在 Lab Degree-of-freedom label 下拉列表框中选择"VOLT"，单击"OK"按钮，关闭该对话框。

12 单击菜单栏中 Parameters → Scalar Parameters 命令，打开 Scalar Parameters 选择对话框。在 Selection 文本框中输入"ng=ndnext(0)"，单击"Accept"按钮，Items 列表框中会显示"NG=1"，单击"Close"按钮，关闭该对话框。

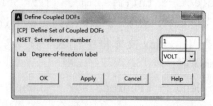

图 3-212 Define Coupled DOFs 对话框

13 单击菜单栏中 Select → Everything 命令。

14 单击菜单栏中 Select → Entities 命令，打开 Select Entities 对话框。在第一个下拉列表框中选择"Nodes"，在第二个下拉列表框中选择"By Location"，单击 Z coordinates 单选按钮，在 Min, Max 文本框中输入"T"，单击 From Full 单选按钮，单击"OK"按钮，关闭该对话框。

15 单击菜单栏中 Select → Entities 命令，打开 Select Entities 对话框。在第一个下拉列表框中选择"Nodes"，在第二个下拉列表框中选择"By Location"，单击 X coordinates 单选按钮，在 Min,Max 文本框中输入"-L/2,L/2"，单击 Reselect 单选按钮，单击"OK"按钮，关闭该对话框。

16 单击菜单栏中 Select → Entities 命令，打开 Select Entities 对话框。在第一个下拉列表框中选择"Nodes"，在第二个下拉列表框中选择"By Location"，单击 Y coordinates 单选按钮，在 Min,Max 文本框中输入"-W/2,W/2"，单击 Reselect 单选按钮，单击"OK"按钮，关闭该对话框。

17 单击 ANSYS Main Menu → Preprocessor → Coupling / Ceqn → Couple DOFs 命令，打开 Define Coupled DOFs 选择对话框。单击"Pick All"按钮，打开 Define Coupled DOFs 对话框。在 NSET Set reference number 文本框中输入"2"，在 Lab Degree-of-freedom label 列表框中选择"VOLT"，单击"OK"按钮，关闭该对话框。

18 单击菜单栏中 Parameters → Scalar Parameters 命令，打开 Scalar Parameters 选择对话框。在 Selection 文本框中依次输入"nl=ndnext(0)"，单击"Accept"按钮，Items 列表框中会显示"NL=570"，单击"Close"按钮，关闭该对话框。

19 单击菜单栏中 Select → Everything 命令。

3.7.2 求解

01 单击 ANSYS Main Menu → Preprocessor → Loads → Analysis Type → New Analysis 命令，打开 New Analysis 对话框，如图 3-213 所示。在[ANTYPE] Type of analysis 选项组中单击 Static 单选按钮，单击"OK"按钮，关闭该对话框。

02 单击 ANSYS Main Menu → Solution → Load Step Opts → Nonlinear → Convergence Crit 命令，打开 Default Nonlinear Convergence Criteria 对话框，如图 3-214 所示。

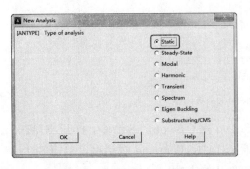

图 3-213 New Analysis 对话框

图 3-214 Default Nonlinear Convergence Criteria 对话框

03 在列表框中选择第一行"F calculated .001 L2"，单击图 3-214 中的"Replace"按钮，打开 Nonlinear Convergence Criteria 对话框，如图 3-215 所示。

在 Lab Convergence is based on 列表框中选择 Structural → Force F，在 VALUE Reference value of Lab 文本框中输入 "1"，在 TOLER Tolerance about VALUE 文本框中输入 "1e-6"，其余选项采用系统默认设置，单击 "OK" 按钮，关闭该对话框。

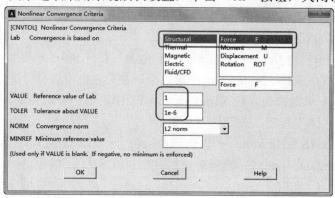

图 3-215 Nonlinear Convergence Criteria 对话框

04 单击 "Close" 按钮，关闭 Default Nonlinear Convergence Criteria 对话框。

05 单击 ANSYS Main Menu → Solution → Define Loads → Apply → Electric → Boundary → Voltage → On Nodes 命令，打开 Apply VOLT on nodes 选择对话框。在文本框中输入 "NG"，单击 "OK" 按钮，打开 Apply VOLT on nodes 对话框，如图 3-216 所示。在 VALUE Load VOLT value 文本框中输入 "0"，单击 "OK" 按钮，关闭该对话框。

06 单击 ANSYS Main Menu → Solution → Define Loads → Apply → Electric → Boundary → Voltage → On Nodes 命令，打开 Apply VOLT on Nodes 选择对话框。在文本框中输入 "NL"，单击 "OK" 按钮，打开 Apply VOLT on nodes 对话框，如图 3-216 所示。在 VALUE Load VOLT value 文本框中输入 "V"，单击 "OK" 按钮，关闭该对话框。

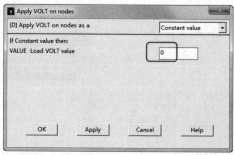

图 3-216 Apply VOLT on nodes 对话框

07 单击 ANSYS Main Menu → Solution → Solve → Current LS 命令，打开/STATUS Command 和 Solve Current Load Step 对话框，关闭/STATUS Command 对话框，单击 Solve Current Load Step 对话框中的 "OK" 按钮，ANSYS 开始求解。

08 求解结束后，打开 Note 对话框，单击 "Close" 按钮，关闭该对话框。

3.7.3　后处理

01 单击 ANSYS Main Menu → General Postproc → Read Results → Last Set 命令。

02 单击 ANSYS Main Menu → General Postproc → Plot Results → Deformed Shape 命令，打开 Plot Deformed Shape 对话框，如图 3-217 所示。在 KUND　Items to be plotted 选项组中单击 Def+undeformed 单选按钮。

03 单击"OK"按钮，ANSYS 窗口会显示变形前后的形状变化，如图 3-218 所示。

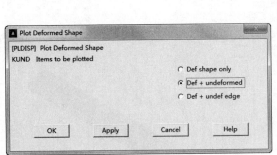

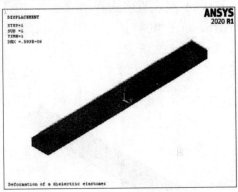

图 3-217　Plot Deformed Shape 对话框　　　图 3-218　变形前后形状变化对话框

04 单击菜单栏中的 Utility Menu → PlotCtrls → Animate → Deformed Shape 命令，打开 Animate Deformed Shape 对话框，如图 3-219 所示，在 KUND　Items to be plotted 选项组中单击 Def + undeformed 单选按钮。

05 单击"OK"按钮，关闭该对话框，ANSYS 窗口会显示形状变化动画，同时打开动画控制框。

06 单击 ANSYS Main Menu → General Postproc → Plot Results → Contour Plot → Nodal Solu 命令，打开 Contour Nodal Solution Date 对话框。在 Item to be contoured 列表框中选择 Nodal Solution → DOF Solution → Displacement vector sum，单击"OK"按钮，关闭该对话框，ANSYS 窗口将显示位移矢量分布等值线图，如图 3-220 所示。

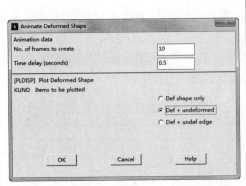

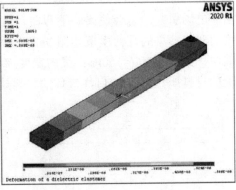

图 3-219　Animate Deformed Shape 对话框　　　图 3-220　位移矢量分布等值线图

07 单击 ANSYS Main Menu → General Postproc → Plot Results → Contour Plot → Nodal Solu 命令，打开 Contour Nodal Solution Date 对话框。在 Item to be contoured 列表框中选择 Nodal Solution → DOF Solution → Electriic potential，单击"OK"按钮，关闭该对话框。ANSYS 窗口将显示电势分布等值线图，如图 3-221 所示。

08 单击 ANSYS Main Menu → General Postproc → Plot Results → Contour Plot → Nodal Solu 命令，打开 Contour Nodal Solution Date 对话框。在 Item to be contoured 列表框中选择 Nodal Solution → Elastic Strain → XY Shear elastic strain，单击"OK"按钮，关闭该对话框。ANSYS 窗口显示 XY 方向弹性应变分布等值线图，如图 3-222 所示。

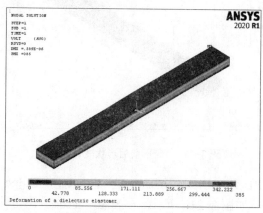

图 3-221　电势分布等值线图　　　　　图 3-222　XY 方向弹性应变分布等值线图

3.7.4　命令流

略，命令流详见随书电子资料包。

3.8　固定梁的静电-结构耦合分析

此例是为了确定微电子机械系统中硅梁的挠度变化情况。硅梁位于气体间隙的上方，由静电场引起的力会使梁朝下弯曲。这个耦合分析可以确定在施加电压情况下梁中心挠度的变化。梁的几何模型如图 3-223 所示。

其中，梁的长度 L=150μm；梁的宽度 W=4μm；梁的厚度 TC=2μm；气体间隙 TA=2μm。梁的材料属性见表 3-11，气体的材料属性见表 3-12，

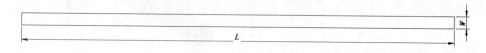

图 3-223　梁的几何模型

表 3-11 梁的材料属性

弹性模量/Pa	169e3
泊松比	0.066
密度/（kg/ μm^3）	2.329e-15

表 3-12 气体的材料属性

弹性模量/Pa	1e-3
泊松比	0
密度/（kg/ μm^3）	1

3.8.1 前处理

1. 定义工作文件名和工作标题

01 单击菜单栏中 File → Change Jobname 命令，打开 Change Jobname 对话框，在[/FILNAM] Enter new jobname 文本框中输入工作文件名"Clamped_Beam"，使 NEW log and error files 保持"Yes"状态，单击"OK"按钮，关闭该对话框。

02 单击菜单栏中 File → Change Title 命令，打开 Change Title 对话框，在对话框中输入工作标题"Electrostatic-Structural Clamped Beam Direct Analysis"，单击"OK"按钮，关闭该对话框。

2. 定义单元类型

01 单击 ANSYS Main Menu → Preprocessor → Element Type → Add/Edit/Delete 命令，打开 Element Types 对话框。

02 单击"Add"按钮，打开 Library of Element Types 对话框，如图 3-224 所示。在 Library of Element Types 列表框中选择 Coupled Field → Brick 20node 186，在 Element type reference number 文本框中输入"1"，单击"OK"按钮，关闭 Library of Element Types 对话框。

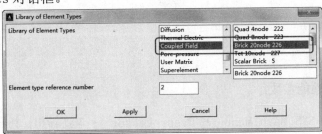

图 3-224 Library of Element Types 对话框

03 单击"Add"按钮，打开 Library of Element Types 对话框。在 Library of Element Types 列表框中选择 Coupled Field → Brick 20node 226，在 Element type reference number 文本框中输入"2"，单击"OK"按钮，关闭 Library of Element Types 对话框。

04 在 Element Types 对话框中的列表框中选择 Type 2 SOLID226，单击 Element Types 对话框中的"Options"按钮，打开 SOLID226 element type options 对话框，如图 3-225 所示。在 Analysis Type K1 下拉列表框中选择"Electroelast/Piezoelectric"，在 Electrostatic force K4 下拉列表框中选择"Applied to air-struc interface"，其余选项采用系统默认设置，单击"OK"按钮，关闭该对话框。

05 单击"Close"按钮，关闭 Element Types 对话框。

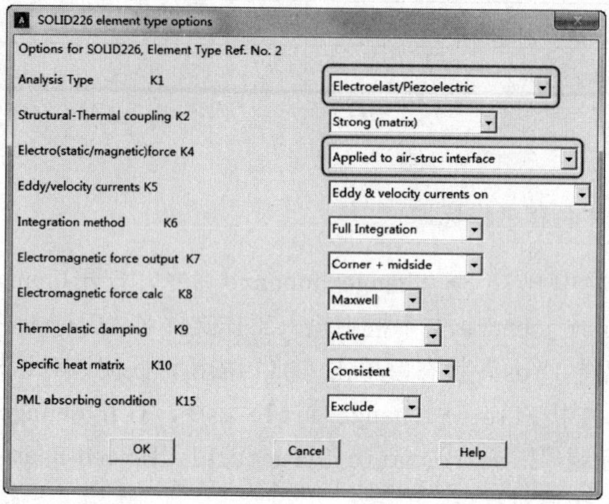

图 3-225　SOLID226 element type options 对话框

3. 设置标量参数

单击菜单栏中 Parameters → Scalar Parameters 命令，打开 Scalar Parameters 选择对话框，如图 3-226 所示。在 Selection 文本框中依次输入：

```
L=150
TC=2
W=4
TA=2
V=178
EPSE=1
```

4. 定义材料性能参数

01 单击 ANSYS Main Menu → Preprocessor → Material Props → Material Models 命令，打开 Define Material Model Behavior 对话框。

02 在 Material Models Available 列表框中选择 Structural → Linear → Elastic → Isotropic，打开 Linear Isotropic Properties for Material Number 1 对话框，如图 3-227 所示。在 EX 文本框中输入"1.69e5"，在 NUXY 文本框中输入"0.066"，单击"OK"按钮，关闭该对话框。

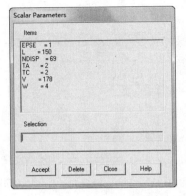

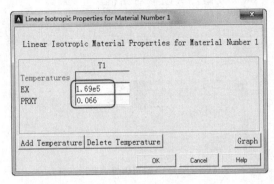

图3-226 Scalar Parameters选择对话框　　图3-227 Linear Isotropic Properties for Material Number 1 对话框

03 在 Material Models Available 列表框中选择 Structural → Density，打开 Density for Material Number 1 对话框，如图 3-228 所示。在 DENS 文本框中输入 "2.329e-15"，单击 "OK" 按钮，关闭该对话框。

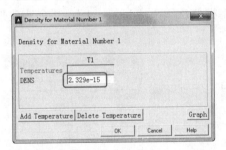

图 3-228 Density for Material Number 1 对话框

04 在 Define Material Model Behavior 对话框中，选择 Material → New Model，打开 Define Material ID 对话框，如图 3-229 所示。在 Define Material ID 文本框中输入 "2"，单击 "OK" 按钮，关闭该对话框。

05 在 Material Models Available 列表框中选择 Structural → Linear → Elastic → Isotropic，打开 Linear Isotropic Properties for Material Number 1 对话框。在 EX 文本框中输入 "1e-3"，在 PRXY 文本框中输入 "0"，单击 "OK" 按钮，关闭该对话框。

06 在 Material Models Available 列表框中选择 Electromagnetic → Relative Permittivity → Constant，打开 Relative Permittivity for Material Number 2 对话框，如图 3-230 所示。在 PERX 文本框中输入 "1"，单击 "OK" 按钮，关闭该对话框。

07 在 Define Material Model Behavior 对话框中选择 Material → Exit，关闭该对话框。

08 单击 ANSYS Main Menu → Preprocessor → Material Props → Electromag Units 命令，打开 Electromagnetic Units 对话框，在列表框中选择 "User-defined"，单击 "OK" 按钮，打开 Electromagnetic Units 对话框，如图 3-231 所示。在 Specify free-space permittivity 文本框中输入 "8.854e-6"，其余选项采用系统默认设置，单

击"OK"按钮,关闭该对话框。

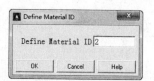

图 3-229 Define Material ID 对话框

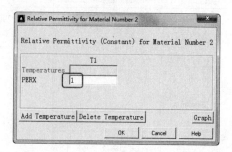

图 3-230 Relative Permittivity for Material
Number 2 对话框

5. 建立几何模型

01 单击菜单栏中 PlotCtrls → View Settings → Viewing Direction 命令,打开 Viewing Direction 对话框,如图 3-232 所示。在[/View] View direction XV, YV, ZV Coords of view point 文本框依次输入"1,1,1",其余选项采用默认设置,单击"OK"按钮,关闭该对话框。

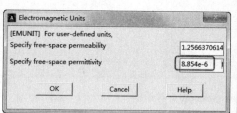

图 3-231 Electromagnetic Units 对话框

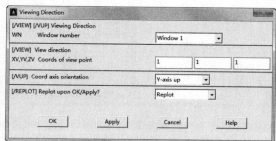

图 3-232 Viewing Direction 对话框

02 单击 ANSYS Main Menu → Preprocessor → Modeling → Create → Volumes → Block → By Dimensionss 命令,打开 Create Block by Dimensions 对话框,如图 3-233 所示。在 X1, X2 X-coordinates 文本框依次输入"0,L",在 Y1, Y2 Y-coordinates 文本框依次输入"0, TC",在 Z1, Z2 Z-coordinates 文本框依次输入"0, W",单击"OK"按钮,关闭该对话框。

03 单击 ANSYS Main Menu → Preprocessor → Modeling → Create → Volumes → Block → By Dimensions 命令,打开 Create Block by Dimensions 对话框。在 X1, X2 X-coordinates 文本框依次输入"0,L",在 Y1, Y2 Y-coordinates 文本框依次输入"-TA,0",在 Z1, Z2 Z-coordinates 文本框依次输入"0, W",单击"OK"按钮,关闭该对话框。

04 单击 ANSYS Main Menu → Preprocessor → Modeling → Operate → Booleans → Glue → Volumes 命令,打开 Glue Volumes 选择对话框。单击"Pick All"按钮,关闭该对话框。

05 单击菜单栏中 PlotCtrls → Style → Colors → Reverse Video 命令,ANSYS

窗口将变成白色，生成的几何模型如图 3-234 所示。

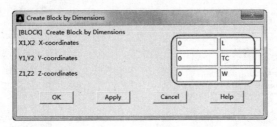

图 3-233　Create Block by Dimensions 对话框

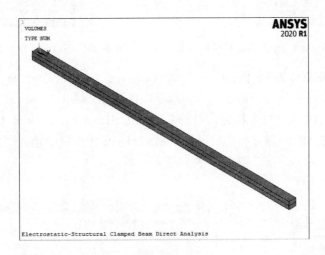

图 3-234　生成的几何模型

6. 划分网格

01 单击菜单栏中 Select → Entities 命令，打开 Select Entities 对话框，如图 3-235 所示。在第一个下拉列表框中选择"Volumes"，在第二个下拉列表框中选择"By Num/Pick"，单击 From Full 单选按钮，单击"OK"按钮，打开 Select volumes 选择对话框。在文本框中输入"1"，单击"OK"按钮，关闭该对话框。

02 单击菜单栏中 Select → Entities 命令，打开 Select Entities 对话框，如图 3-236 所示。在第一个下拉列表框中选择"Areas"，在第二个下拉列表框中选择"Attached to"，单击 Volumes 单选按钮，单击 From Full 单选按钮，单击"OK"按钮，关闭该对话框。

03 单击菜单栏中 Select → Entities 命令，打开 Select Entities 对话框。在第一个下拉列表框中选择"Lines"，在第二个下拉列表框中选择"Attached to"，单击 Areas 单选按钮，单击 From Full 单选按钮，单击"OK"按钮，关闭该对话框。

04 单击菜单栏中 Select → Entities 命令，打开 Select Entities 对话框，如图 3-237 所示。在第一个下拉列表框中选择"Lines"，在第二个下拉列表框中选择"By Location"，单击 X coordinates 单选按钮，在 Min, Max 文本框中输入"L/2"，单击 Reselect

单选按钮，单击"OK"按钮，关闭该对话框。

图 3-235 Select Entities 对话框

图 3-236 Select Entities 对话框

05 单击 ANSYS Main Menu → Preprocessor → Meshing → Size Cntrls → ManualSize → Lines → Picked Lines 命令，打开 Element Size on Picked Lines 选择对话框。单击"Pick All"按钮，打开 Element Sizes on Picked Lines 对话框，如图 3-238 所示。在 NDIV No. of element divisions 文本框中输入"20"，其余选项采用系统默认设置，单击"OK"按钮，关闭该对话框。

图 3-237 Select Entities 对话框

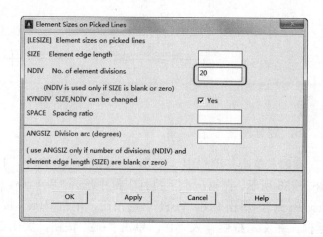

图 3-238 Element Sizes on Picked Lines 对话框

06 单击菜单栏中 Select → Entities 命令，打开 Select Entities 对话框。在第一个下拉列表框中选择"Lines"，在第二个下拉列表框中选择"Attached to"，单击 Areas 单选按钮，单击 From Full 单选按钮，单击"OK"按钮，关闭该对话框。

07 单击菜单栏中 Select → Entities 命令，打开 Select Entities 对话框。在第一个下拉列表框中选择"Lines"，在第二个下拉列表框中选择"By Location"，单击 Y coordinates 单选按钮，在 Min, Max 文本框中输入"TC/2"，单击 Reselect 单选按钮，单击"OK"按钮，关闭该对话框。

08 单击 ANSYS Main Menu → Preprocessor → Meshing → Size Cntrls → ManualSize → Lines → Picked Lines 命令，打开 Element Size on Picked Lines 选

择对话框。单击"Pick All"按钮，打开 Element Sizes on Picked Lines 对话框。在 NDIV No. of element division 文本框中输入"2"，其余选项采用系统默认设置，单击"OK"按钮，关闭该对话框。

09 单击菜单栏中 Select → Entities 命令，打开 Select Entities 对话框。在第一个下拉列表框中选择"Lines"，在第二个下拉列表框中选择"Attached to"，单击 Areas 单选按钮，单击 From Full 单选按钮，单击"OK"按钮，关闭该对话框。

10 单击菜单栏中 Select → Entities 命令，打开 Select Entities 对话框。在第一个下拉列表框中选择"Lines"，在第二个下拉列表框中选择"By Location"，单击 Z coordinates 单选按钮，在 Min,Max 文本框中输入"W/2"，单击 Reselect 单选按钮，单击"OK"按钮，关闭该对话框。

11 单击 ANSYS Main Menu → Preprocessor → Meshing → Size Cntrls → ManualSize → Lines → Picked Lines 命令，打开 Element Size on Picked Lines 选择对话框。单击"Pick All"按钮，打开 Element Sizes on Picked Lines 对话框。在 NDIV No. of element division 文本框中输入"1"，其余选项采用系统默认设置，单击"OK"按钮，关闭该对话框。

12 单击 ANSYS Main Menu → Preprocessor → Meshing → Mesh Attributes → Default Attribs 命令，打开 Meshing Attributes 对话框，如图 3-239 所示。在[TYPE] Element type number 下拉列表框中选择"1 SOLID186"，在[MAT] Material number 下拉列表框中选择"1"，其余选项采用系统默认设置，单击"OK"按钮，关闭该对话框。

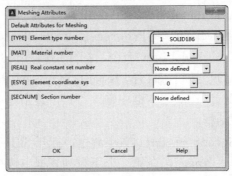

图 3-239 Meshing Attributes 对话框

13 单击 ANSYS Main Menu → Preprocessor → Meshing → Mesh → Volumes → Mapped → 4 to 6 sided 命令，打开 Mesh Volumes 选择对话框。单击"Pick All"按钮，关闭该对话框。

14 单击菜单栏中 Select → Everything 命令。

15 单击菜单栏中 Select → Entities 命令，打开 Select Entities 对话框。在第一个下拉列表框中选择"Volumes"，在第二个下拉列表框中选择"By Num/Pick"，单击 From Full 单选按钮，单击"OK"按钮，打开 Select volumes 选择对话框。在文本框中输入"3"，单击"OK"按钮，关闭该对话框。

16 单击菜单栏中 Select → Entities 命令，打开 Select Entities 对话框。在第一个下拉列表框中选择"Areas"，在第二个下拉列表框中选择"Attached to"，单击

Volumes 单选按钮，单击 From Full 单选按钮，单击 "OK" 按钮，关闭该对话框。

17 单击菜单栏中 Select → Entities 命令，打开 Select Entities 对话框。在第一个下拉列表框中选择 "Lines"，在第二个下拉列表框中选择 "Attached to"，单击 Areas 单选按钮，单击 From Full 单选按钮，单击 "OK" 按钮，关闭该对话框。

18 单击菜单栏中 Select → Entities 命令，打开 Select Entities 对话框。在第一个下拉列表框中选择 "Lines"，在第二个下拉列表框中选择 "By Location"，单击 X coordinates 单选按钮，在 Min,Max 文本框中输入 "L/2"，单击 Reselect 单选按钮，单击 "OK" 按钮，关闭该对话框。

19 单击 ANSYS Main Menu → Preprocessor → Meshing → Size Cntrls → ManualSize → Lines → Picked Lines 命令，打开 Element Size on Picked Lines 选择对话框。单击 "Pick All" 按钮，打开 Element Sizes on Picked Lines 对话框。在 NDIV No. of element division 文本框中输入 "20"，其余选项采用系统默认设置，单击 "OK" 按钮，关闭该对话框。

20 单击菜单栏中 Select → Entities 命令，打开 Select Entities 对话框。在第一个下拉列表框中选择 "Lines"，在第二个下拉列表框中选择 "Attached to"，单击 Areas 单选按钮，单击 From Full 单选按钮，单击 "OK" 按钮，关闭该对话框。

21 单击菜单栏中 Select → Entities 命令，打开 Select Entities 对话框。在第一个下拉列表框中选择 "Lines"，在第二个下拉列表框中选择 "By Location"，单击 Y coordinates 单选按钮，在 Min,Max 文本框中输入 "-TA/2"，单击 Reselect 单选按钮，单击 "OK" 按钮，关闭该对话框。

22 单击 ANSYS Main Menu → Preprocessor → Meshing → Size Cntrls → ManualSize → Lines → Picked Lines 命令，打开 Element Size on Picked Lines 选择对话框。单击 "Pick All" 按钮，打开 Element Sizes on Picked Lines 对话框。在 NDIV No. of element division 文本框中输入 "1"，其余选项采用系统默认设置，单击 "OK" 按钮，关闭该对话框。

23 单击菜单栏中 Select → Entities 命令，打开 Select Entities 对话框。在第一个下拉列表框中选择 "Lines"，在第二个下拉列表框中选择 "Attached to"，单击 Areas 单选按钮，单击 From Full 单选按钮，单击 "OK" 按钮，关闭该对话框。

24 单击菜单栏中 Select → Entities 命令，打开 Select Entities 对话框。在第一个下拉列表框中选择 "Lines"，在第二个下拉列表框中选择 "By Location"，单击 Z coordinates 单选按钮，在 Min,Max 文本框中输入 "W/2"，单击 Reselect 单选按钮，单击 "OK" 按钮，关闭该对话框。

25 单击 ANSYS Main Menu → Preprocessor → Meshing → Size Cntrls → ManualSize → Lines → Picked Lines 命令，打开 Element Size on Picked Lines 选择对话框。单击 "Pick All" 按钮，打开 Element Sizes on Picked Lines 对话框。在 NDIV No. of element division 文本框中输入 "1"，其余选项采用系统默认设置，单击 "OK" 按钮，关闭该对话框。

26 单击 ANSYS Main Menu → Preprocessor → Meshing → Mesh Attributes →

Default Attribs 命令，打开 Meshing Attributes 对话框。在[TYPE] Element type number 下拉列表框中选择"2 SOLID226"，在[MAT] Material number 下拉列表框中选择"2"，其余选项采用系统默认设置，单击"OK"按钮，关闭该对话框。

27 单击 ANSYS Main Menu → Preprocessor → Meshing → Mesh → Volumes → Free 命令，打开 Mesh Volumes 选择对话框。单击"Pick All"按钮，关闭该对话框。

28 单击菜单栏中 Select → Everything 命令。

29 单击菜单栏中 PlotCtrls → Numbering 命令，打开 Plot Numbering Controls 对话框，如图 3-240 所示。在 Elem/Attrib numbering 下拉列表框中选择"Material numbers"，在[/NUM] Numbering shown with 下拉列表框中选择"Colors only"，其余选项采用系统默认设置，单击"OK"按钮，关闭该对话框。

30 此时 ANSYS 窗口会显示生成的网格模型，如图 3-241 所示。

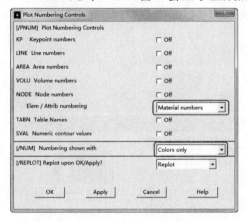

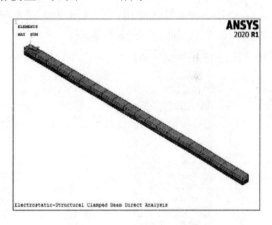

图 3-240 Plot Numbering Controls 对话框   图 3-241 生成的网格模型

7. 设置边界条件

01 单击菜单栏中 Select → Entities 命令，打开 Select Entities 对话框，如图 3-242 所示。在第一个下拉列表框中选择"Nodes"，在第二个下拉列表框中选择"By Location"，单击 X coordinates 单选按钮，在 Min,Max 文本框中输入"0"，单击 From Full 单选按钮，单击"OK"按钮，关闭该对话框。

02 单击菜单栏中 Select → Entities 命令，打开 Select Entities 对话框。在第一个下拉列表框中选择"Nodes"，在第二个下拉列表框中选择"By Location"，单击 X coordinates 单选按钮，在 Min,Max 文本框中输入"L"，单击 Also Select 单选按钮，单击"OK"按钮，关闭该对话框。

03 单击 ANSYS Main Menu → Preprocessor → Loads → Define Loads → Apply → Structural → Displacement → On Nodes 命令，打开 Apply U,ROT on Nodes 选择对话框。单击"Pick All"按钮，打开 Apply U,ROT on Nodes 对话框，如图 3-243 所示。在 Lab2 DOFs to be constrained 列表框中选择"UX、UY 和 UZ"，在 VALUE Displacement value 文本框中输入"0"，单击"OK"按钮，关闭该对话框。

04 单击菜单栏中 Select → Entities 命令，打开 Select Entities 对话框。在

第一个下拉列表框中选择"Nodes"，在第二个下拉列表框中选择"By Location"，单击 Y coordinates 单选按钮，在 Min, Max 文本框中输入"-TA"，单击 From Full 单选按钮，单击"OK"按钮，关闭该对话框。

05 单击 ANSYS Main Menu → Preprocessor → Loads → Define Loads → Apply → Structural → Displacement → On Nodes 命令，打开 Apply U, ROT on Nodes 选择对话框。单击"Pick All"按钮。打开 Apply U, ROT on Nodes 对话框，在 Lab2 DOFs to be constrained 列表框中选择"UX、UY 和 UZ"，在 VALUE Displacement value 文本框中输入"0"，单击"OK"按钮，关闭该对话框。

06 单击菜单栏中 Select → Everything 命令。

07 单击菜单栏中 Select → Entities 命令，打开 Select Entities 对话框。在第一个下拉列表框中选择"Nodes"，在第二个下拉列表框中选择"By Location"，单击 Y coordinates 单选按钮，在 Min, Max 文本框中输入"-TA"，单击 From Full 单选按钮，单击"OK"按钮，关闭该对话框。

 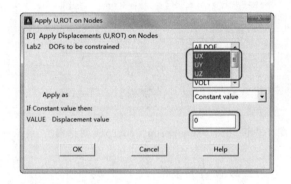

图 3-242　Select Entities 对话框　　　　图 3-243　Apply U, ROT on Nodes 对话框

08 单击 ANSYS Main Menu → Preprocessor → Loads → Define Loads → Apply → Electric → Boundary → Voltage → On Nodes 命令，打开 Apply VOLT on nodes 选择对话框。单击"Pick All"按钮，打开 Apply VOLT on nodes 对话框，如图 3-244 所示。在 VALUE Load VOLT value 文本框中输入"0"，单击"OK"按钮，关闭该对话框。

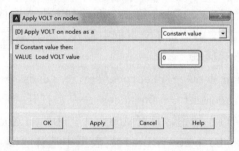

图 3-244　Apply VOLT on nodes 对话框

09 单击菜单栏中 Select → Entities 命令，打开 Select Entities 对话框。在第一个下拉列表框中选择"Nodes"，在第二个下拉列表框中选择"By Location"，单击 Y coordinates 单选按钮，在 Min, Max 文本框中输入"0"，单击 From Full 单选按钮，单击"OK"按钮，关闭该对话框。

10 单击 ANSYS Main Menu → Preprocessor → Loads → Define Loads → Apply → Electric → Boundary → Voltage → On Nodes 命令，打开 Apply VOLT on nodes 选择对话框。单击"Pick All"按钮，打开 Apply VOLT on nodes 对话框。在 VALUE Load VOLT value 文本框中输入"V"，单击"OK"按钮，关闭该对话框。

11 单击菜单栏中 Select → Everything 命令。

3.8.2 求解

01 单击 ANSYS Main Menu → Solution → Load Step Opts → Nonlinear → Convergence Crit 命令，打开 Default Nonlinear Convergence Criteria 对话框，如图 3-245 所示。

02 在列表框中选择第一行"F calculated.001 L2"，单击图 3-245 中的 Replace 按钮，打开 Nonlinear Convergence Criteria 对话框，如图 3-246 所示。在 Lab Convergence is based on 列表框中选择 Structural → Force F，在 VALUE Reference value of Lab 文本框中输入"1"，在 TOLER Tolerance about VALUE 文本框中输入"1e-3"，其余选项采用系统默认设置，单击"OK"按钮，关闭该对话框。

图 3-245 Default Nonlinear Convergence Criteria 对话框

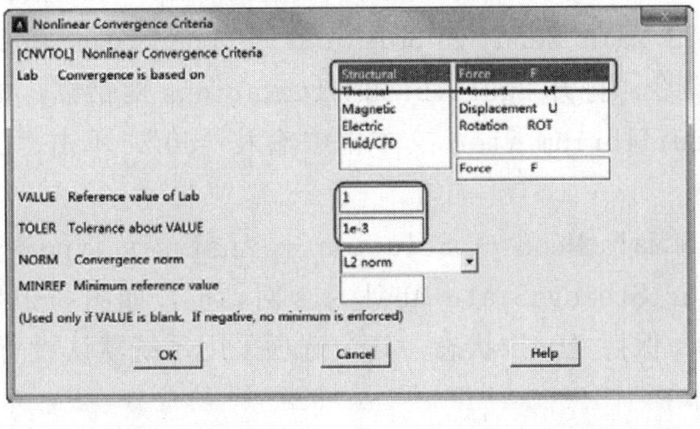

图 3-246 Nonlinear Convergence Criteria 对话框

03 单击 "Close" 按钮，关闭 Default Nonlinear Convergence Criteria 对话框。

04 单击 ANSYS Main Menu → Solution → Load Step Opts → Time/Frequenc → Time-Time Step 命令，打开 Time and Time Step Options 对话框，如图 3-247 所示。在[TIME] Time at end of load step 文本框中输入 "V"，在[DELTIM] Time step size 文本框中输入 "10"，在[KBC] Stepped or ramped b.c. 选项组中单击 Ramped 单选按钮，其余选项采用系统默认设置，单击 "OK" 按钮，关闭该对话框。

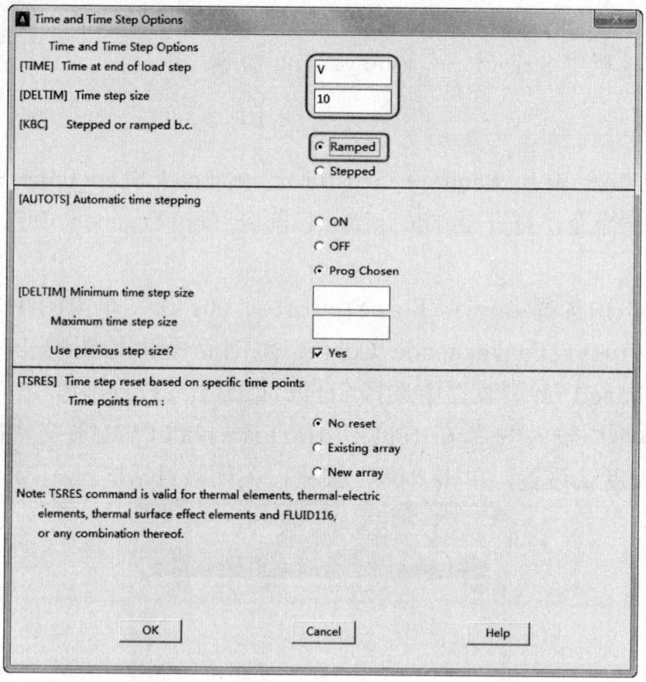

图 3-247 Time and Time Step Options 对话框

05 单击 ANSYS Main Menu → Solution → Load Step Opts → Output Ctrls → DB/Results File 命令，打开 Controls for Database and Results File Writing 对话框，如图 3-248 所示。在 Item Item to be controlled 列表框选择 "Nodal DOF solu"，在 FREQ File write frequency 选项组中单击 Every Nth substp 单选按钮，在 Value of N 文本框中输入 "1"，其余选项采用系统默认设置，单击 "OK" 按钮，关闭该对话框。

06 单击 ANSYS Main Menu → Solution → Load Step Opts → Nonlinear → Equilibrium Iter 命令，打开 Equilibrium Iterations 对话框，如图 3-249 所示。在[NEQIT] No. of equilibrium iter 文本框中输入 "50"，单击 "OK" 按钮，关闭该对话框。

07 单击 ANSYS Main Menu → Solution → Analysis Type → Analysis Options 命令，打开 Static or Steady-State Analysis 对话框，如图 3-250 所示。使[NLGEOM] Large deform effects 保持 "On" 状态，其余选项采用系统默认设置，单击 "OK" 按钮，关闭该对话框。

08 单击 ANSYS Main Menu → Solution → Solve → Current LS 命令，打开/STATUS

Command 和 Solve Current Load Step 对话框，关闭/STATUS Command 对话框，单击 Solve Current Load Step 对话框中的"OK"按钮，ANSYS 开始求解。

图 3-248 Controls for Database and Results File Writing 对话框

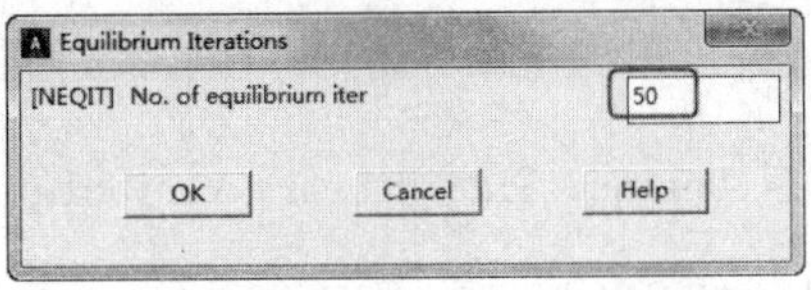

图 3-249 Equilibrium Iterations 对话框

09 求解结束后，打开 Note 对话框，单击"Close"按钮，关闭该对话框。

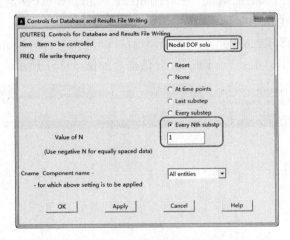

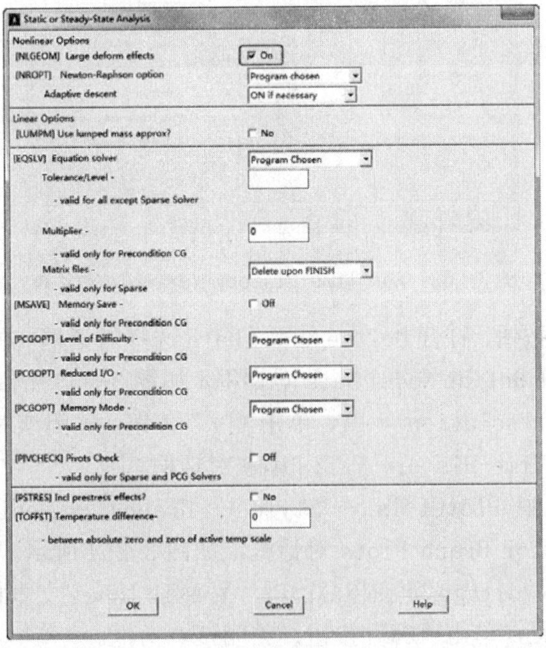

图 3-250 Static or Steady-State Analysis 对话框

3.8.3 后处理

01 单击 ANSYS Main Menu → TimeHist Postpro 命令，打开 Time History Variables 对话框，单击 "Close" 按钮，关闭该对话框。

02 单击 ANSYS Main Menu → TimeHist Postpro → Define Variables 命令，打开 Defined Time-History Variables 对话框，如图 3-251 所示。

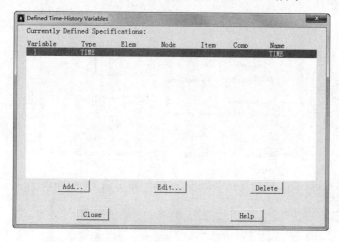

图 3-251 Defined Time-History Variables 对话框

03 单击 "Add" 按钮，打开 Add Time-History Variable 对话框，如图 3-252 所示。在 Type of variable 选项组中单击 "Nodal DOF result" 单选按钮。

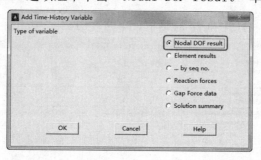

图 3-252 Add Time-History Variable 对话框

04 单击 "OK" 按钮，打开 Define Nodal Data 选择对话框。在文本框中输入 "69"，单击 "OK" 按钮，打开 Define Nodal Data 对话框，如图 3-253 所示。在 Item,Comp Data item 列表框中选择 DOF solution → UY，单击 "OK" 按钮，关闭该对话框，单击 "Close" 按钮，关闭 Defined Time-History Variables 对话框。

05 单击菜单栏中 PlotCtrls → Style → Graphs → Modify Axes 命令，打开 Axes Modifications for Graph Plots 对话框，如图 3-254 所示。在 [/AXLAB] X-axis label 文本框中输入 "Voltage"，在 [/AXLAB] Y-axis label 文本框中输入 "UY"，其余选项采用系统默认设置，单击 "OK" 按钮，关闭该对话框。

06 单击 ANSYS Main Menu → TimeHist Postpro → Graph Variables 命令，打开 Graph Time-History Variables 对话框，如图 3-255 所示。在 NVAR1 1st variable to graph 文本框中输入"2"，单击"OK"按钮，关闭该对话框。

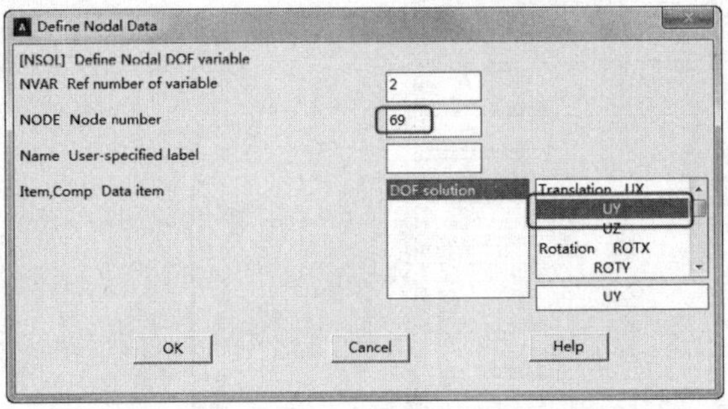

图 3-253 Define Nodal Data 对话框

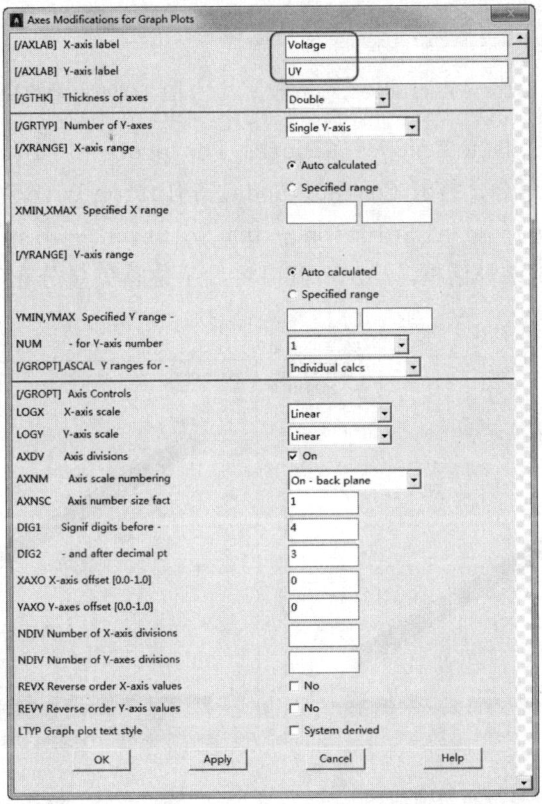

图 3-254 Axes Modifications for Graph Plots 对话框

07 此时，ANSYS 窗口会显示梁的挠度与电压的变化曲线，如图 3-256 所示。

08 单击 ANSYS Main Menu → General Postproc → Read Results → Last Set 命令。

09 单击 ANSYS Main Menu → General Postproc → Plot Results → Contour Plot → Nodal Solu 命令，打开 Contour Nodal Solution Date 对话框。在 Item to be contoured 列表框中选择 Nodal Solution → DOF Solution → Y-Component of displacement，单击"OK"按钮，关闭该对话框，ANSYS 窗口将显示 Y 方向位移矢量分

布等值线图,如图 3-257 所示。

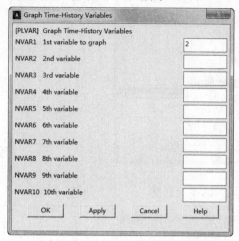
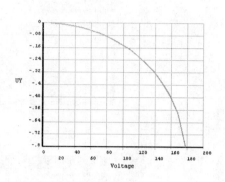

图 3-255 Graph Time-History Variables 对话框   图 3-256 梁的挠度与电压的变化曲线

10 单击 ANSYS Main Menu → General Postproc → Plot Results → Contour Plot → Nodal Solu 命令,打开 Contour Nodal Solution Date 对话框。在 Item to be contoured 列表框中选择 Nodal Solution → DOF Solution → Displacement vector sum, 单击"OK"按钮,关闭该对话框,ANSYS 窗口将显示位移矢量分布等值线图,如图 3-258 所示。

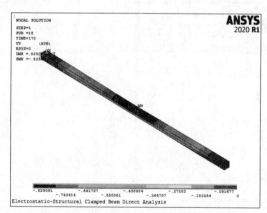
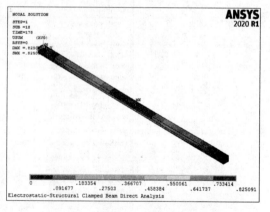

图 3-257 位移矢量分布等值线图   图 3-258 位移矢量分布等值线图

📖 3.8.4 命令流

略,命令流详见随书电子资料包。

3.9 压阻现象耦合分析

此例分析的传感元件是由分散在 n 型硅隔膜上的 p 型长方形电阻器组成的。几何模型如图 3-259 所示。其中,$L=85.5\mu m$;$W=57\mu m$;$b=23\mu m$;$a=46\mu m$。

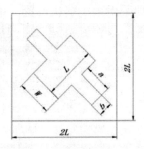

图 3-259　几何模型示意图

硅的材料属性见表 3-13。

表 3-13　硅的材料属性

刚度系数/（MN/m²）	c11=165.7e3
	c12=63.9e3
	c44=79.6e3
p 型硅的电阻率/Ω·μm	7.8e-8
p 型硅的压阻系数/MPa⁻¹	$p11=6.5e-5$
	$p12=-1.1e-5$
	$p44=138.1e-5$

📖 3.9.1　前处理

1．定义工作文件名和工作标题

01 单击菜单栏中 File → Change Jobname 命令，打开 Change Jobname 对话框。在 [/FILNAM] Enter new jobname 文本框中输入工作文件名 "piezoresistive"，使 NEW log and error files 保持 "Yes" 状态，单击 "OK" 按钮，关闭该对话框。

02 单击菜单栏中 File → Change Title 命令，打开 Change Title 对话框。在对话框中输入工作标题 "Four-terminal piezoresistive element"，单击 "OK" 按钮，关闭该对话框。

2．定义单元类型

01 单击 ANSYS Main Menu → Preprocessor → Element Type → Add/Edit/Delete 命令，打开 Element Types 对话框。

02 单击 "Add" 按钮，打开 Library of Element Types 对话框，如图 3-260 所示。在 Library of Element Types 列表框中选择 Coupled Field → Quad 8node 223，在 Element type reference number 文本框中输入 "1"，单击 "OK" 按钮，关闭 Library of Element Types 对话框。

03 单击 Element Types 对话框中的 "Options" 按钮，打开 PLANE223 element type options 对话框，如图 3-261 所示。在 Analysis Type　K1 下拉列表框中选择

"Piezoresistive"，其余选项采用系统默认设置，单击"OK"按钮，关闭该对话框。

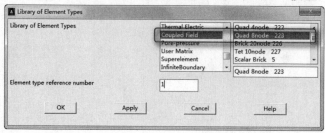

图 3-260 Library of Element Types 对话框

04 单击"Add"按钮，打开 Library of Element Types 对话框。在 Library of Element Types 列表框中选择 Structural Solid → 8 node 183，在 Element type reference number 文本框中输入"2"，单击"OK"按钮，关闭 Library of Element Types 对话框。

05 单击"Close"按钮，关闭 Element Types 对话框。

3. 设置标量参数

单击菜单栏中 Parameters → Scalar Parameters 命令，打开 Scalar Parameters 对话框，如图 3-262 所示。在 Selection 文本框中依次输入：

```
W=57
L=85.5
b=23
a=46
S=171
c11= 16.57e4
c12= 6.39e4
c44= 7.96e4
rho= 7.8e-8
p11=6.5e-5
p12=-1.1e-5
p44=138.1e-5
p=10
Vs=5
```

4. 定义材料性能参数

01 单击 ANSYS Main Menu → Preprocessor → Material Props → Material Models 命令，打开 Define Material Model Behavior 对话框。

02 在 Material Models Available 列表框中选择 Structural → Linear → Elastic → Anisotropic，打开 Anisotropic Elasticity for Material Number 1 对话框，如图 3-263 所示。在 Anisotropic Elastic Matrix Options 列表框中选择"Stiffness form"，在 T1 的 21 个文本框中依次输入"c11、c12、c12、0、0、0、c11、c12、0、0、

0、c11、0、0、0、c44、0、0、0、0、0",单击"OK"按钮,关闭该对话框。

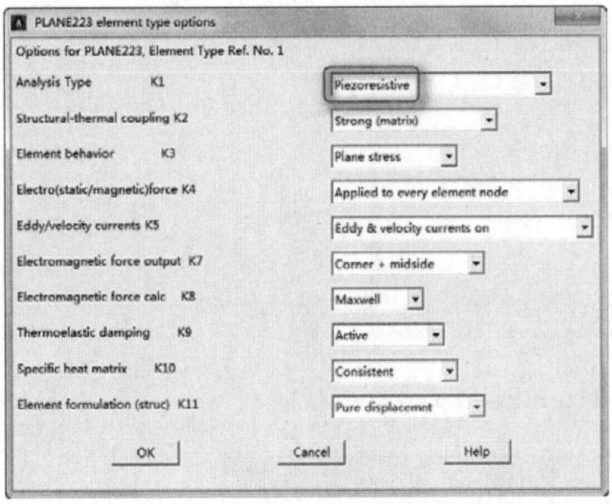

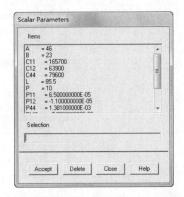

图 3-261 PLANE223 element type options 对话框　　图 3-262 Scalar Parameters 选择对话框

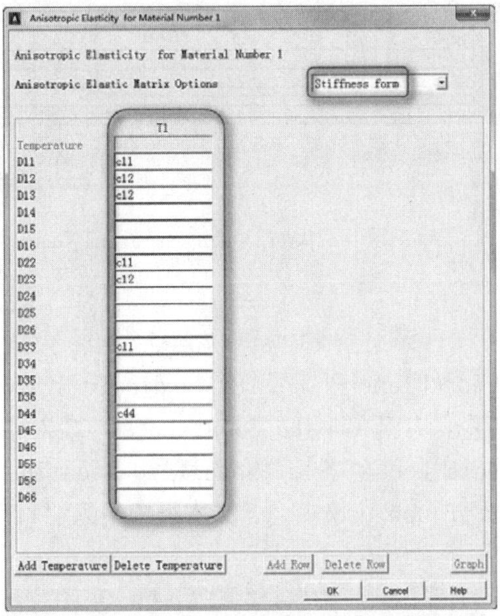

图 3-263 Anisotropic Elasticity for Material Number 1 对话框

03 在 Material Models Available 列 表 框 中 选 择 Electromagnetics → Resistivity → Constant,打开 Resistivity for Material Number 1 对话框,如图 3-264 所示。在 RSVX 文本框中输入 "rho",单击 "OK" 按钮,关闭该对话框。

04 在 Material Models Available 列 表 框 中 选 择 Piezoresistivity → Piezoresistive matrix,打开 Piezoresistive Matrix for Material Number 1 对话框, 如图 3-265 所示。在 Piezoresistive Matrix Options 下拉列表框中选择 "Piezoreesistive stress matrix [pi]",在下面的文本框中输入的数据如图 3-265 所示,单击 "OK" 按钮,关闭该对话框。

05 在 Define Material Model Behavior 对话框中选择 Material → Exit,关闭

该对话框。

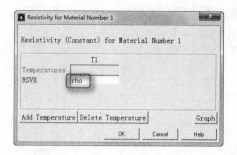

图 3-264　Resistivity for Material Number 1 对话框

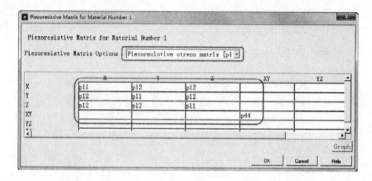

图 3-265　Piezoresistive Matrix for Material Number 1 对话框

5. 建立几何模型

01 单击菜单栏中 WorkPlane → Local Coordinate Systems → Create Local CS → At Specified Loc 命令，打开 Create CS at Local CS 对话框，选择坐标原点，单击 "OK" 按钮，打开 Create Local CS at Specified Location 对话框，如图 3-266 所示。在 KCN　Ref number of new coord sys 文本框中输入 "11"，单击 "OK" 按钮，关闭该对话框。

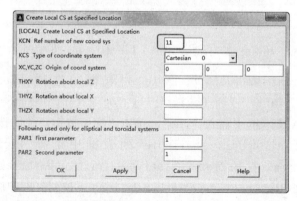

图 3-266　Create Local CS at Specified Location 对话框

02 单击菜单栏中 WorkPlane → Local Coordinate Systems → Create Local CS

→ At Specified Loc 命令，打开 Create CS at Local CS 对话框，选择坐标原点，单击"OK"按钮，打开 Create Local CS at Specified Location 对话框。在 KCN Ref number of new coord sys 文本框中输入"12"，在 THXY Rotation about local Z 文本框中输入"45"，单击"OK"按钮，关闭该对话框。

03 单击菜单栏中 WorkPlane → Change Active CS to → Specified Coord Sys 命令，打开 Change Active CS to Specified CS 对话框，如图 3-267 所示。在 KCN Coordinate system number 文本框中输入"12"，单击"OK"按钮，关闭该对话框。

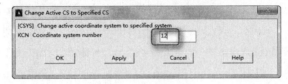

图 3-267 Change Active CS to Specified CS 对话框

04 单击 ANSYS Main Menu → Preprocessor → Modeling → Create → Keypoints → In Active CS 命令，打开 Create Keypoints in Active Coordinate System 对话框，如图 3-268 所示。在 NPT Keypoint number 文本框中输入"1"，在 X, Y, Z Location in active CS 前两个文本框中依次输入"b/2，W/2+a"，单击"OK"按钮，关闭该对话框。

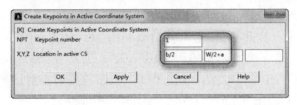

图 3-268 Create Keypoints in Active Coordinate System 对话框

05 单击 ANSYS Main Menu → Preprocessor → Modeling → Create → Keypoints → In Active CS 命令，打开 Create Keypoints in Active Coordinate System 对话框。在 NPT Keypoint number 文本框中输入"2"，在 X, Y, Z Location in active CS 前两个文本框中依次输入"b/2，W/2"，单击"OK"按钮，关闭该对话框。

06 单击 ANSYS Main Menu → Preprocessor → Modeling → Create → Keypoints → In Active CS 命令，打开 Create Keypoints in Active Coordinate System 对话框。在 NPT Keypoint number 文本框中输入"3"，在 X, Y, Z Location in active CS 前两个文本框中依次输入"L/2，W/2"，单击"OK"按钮，关闭该对话框。

07 单击 ANSYS Main Menu → Preprocessor → Modeling → Create → Keypoints → In Active CS 命令，打开 Create Keypoints in Active Coordinate System 对话框。在 NPT Keypoint number 文本框中输入"4"，在 X, Y, Z Location in active CS 前两个文本框中依次输入"L/2，-W/2"，单击"OK"按钮，关闭该对话框。

08 单击 ANSYS Main Menu → Preprocessor → Modeling → Create → Keypoints → In Active CS 命令，打开 Create Keypoints in Active Coordinate System 对话框。在 NPT Keypoint number 文本框中输入"5"，在 X, Y, Z Location in active CS 前两

个文本框中依次输入"b/2，-W/2"，单击"OK"按钮，关闭该对话框。

09 单击 ANSYS Main Menu → Preprocessor → Modeling → Create → Keypoints → In Active CS 命令，打开 Create Keypoints in Active Coordinate System 对话框。在 NPT　Keypoint number 文本框中输入"6"，在 X, Y, Z　Location in active CS 前两个文本框中依次输入"b/2，-W/2-a"，单击"OK"按钮，关闭该对话框。

10 单击 ANSYS Main Menu → Preprocessor → Modeling → Create → Keypoints → In Active CS 命令，打开 Create Keypoints in Active Coordinate System 对话框。在 NPT　Keypoint number 文本框中输入"7"，在 X, Y, Z　Location in active CS 前两个文本框中依次输入"-b/2，-W/2-a"，单击"OK"按钮，关闭该对话框。

11 单击 ANSYS Main Menu → Preprocessor → Modeling → Create → Keypoints → In Active CS 命令，打开 Create Keypoints in Active Coordinate System 对话框。在 NPT　Keypoint number 文本框中输入"8"，在 X, Y, Z　Location in active CS 前两个文本框中依次输入"-b/2，-W/2"，单击"OK"按钮，关闭该对话框。

12 单击 ANSYS Main Menu → Preprocessor → Modeling → Create → Keypoints → In Active CS 命令，打开 Create Keypoints in Active Coordinate System 对话框。在 NPT　Keypoint number 文本框中输入"9"，在 X, Y, Z　Location in active CS 前两个文本框中依次输入"-L/2，-W/2"，单击"OK"按钮，关闭该对话框。

13 单击 ANSYS Main Menu → Preprocessor → Modeling → Create → Keypoints → In Active CS 命令，打开 Create Keypoints in Active Coordinate System 对话框。在 NPT　Keypoint number 文本框中输入"10"，在 X, Y, Z　Location in active CS 前两个文本框中依次输入"-L/2，W/2"，单击"OK"按钮，关闭该对话框。

14 单击 ANSYS Main Menu → Preprocessor → Modeling → Create → Keypoints → In Active CS 命令，打开 Create Keypoints in Active Coordinate System 对话框。在 NPT　Keypoint number 文本框中输入"11"，在 X, Y, Z　Location in active CS 前两个文本框中依次输入"-b/2，W/2"，单击"OK"按钮，关闭该对话框。

15 单击 ANSYS Main Menu → Preprocessor → Modeling → Create → Keypoints → In Active CS 命令，打开 Create Keypoints in Active Coordinate System 对话框。在 NPT　Keypoint number 文本框中输入"12"，在 X, Y, Z　Location in active CS 前两个文本框中依次输入"-b/2，W/2+a"，单击"OK"按钮，关闭该对话框。

16 单击 ANSYS Main Menu → Preprocessor → Modeling → Create → Areas → Arbitrary → Through KPs 命令，打开 Create Area thru 对话框，在文本框中输入"1，2，3，4，5，6，7，8，9，10，11，12"（或者依次选取关键点"1，2，3，4，5，6，7，8，9，10，11，12"），单击"OK"按钮，关闭该对话框。

17 单击菜单栏中 WorkPlane → Change Active CS to → Specified Coord Sys 命令，打开 Change Active CS to Specified CS 对话框。在 KCN　Coordinate system number 文本框中输入"11"，单击"OK"按钮，关闭该对话框。

18 单击 ANSYS Main Menu → Preprocessor → Modeling → Create → Areas → Rectangle → By Dimensions 命令，打开 Create Rectangle by Dimensions 对话框，

如图 3-269 所示。在 X1, X2　X-coordinates 文本框中依次输入 "-S/2, S/2"，在 Y1, Y2　X-coordinates 文本框中依次输入 "-S/2, S/2"，单击 "OK" 按钮，关闭该对话框。

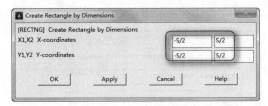

图 3-269　Create Rectangle by Dimensions 对话框

19 单击 ANSYS Main Menu → Preprocessor → Modeling → Operate → Booleans → Overlap → Areas 命令，打开 Overlap Areas 选择对话框。单击 "Pick All" 按钮，关闭该对话框。

20 单击菜单栏中 PlotCtrls → Style → Colors → Reverse Video 命令，ANSYS 窗口将变成白色，生成的几何模型如图 3-270 所示。

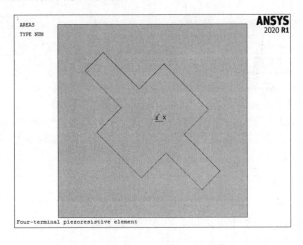

图 3-270　生成的几何模型

6. 划分网格

01 单击 ANSYS Main Menu → Preprocessor → Meshing → Mesh Attributes → Default Attribs 命令，打开 Meshing Attributes 对话框，如图 3-271 所示。在 [TYPE] Element type number 下拉列表框中选择 "1　PLANE223"，在 [ESYS]　Element coordinate sys 下拉列表框中选择 "12"，其余选项采用系统默认设置，单击 "OK" 按钮，关闭该对话框。

02 单击 ANSYS Main Menu → Preprocessor → Meshing → Size Cntrls → ManualSize → Global → Size 命令，打开 Global Element Sizes 对话框，如图 3-272 所示。在 SIZE　Element edge length 文本框中输入 "b/4"，其余选项采用系统默认设置，单击 "OK" 按钮，关闭该对话框。

03 单击 ANSYS Main Menu → Preprocessor → Meshing → Mesher Opts 命令，

打开 Mesher Options 对话框，采用默认设置，单击"OK"按钮，打开 Set Element Shape 对话框，如图 3-273 所示。在 2D Shape key 下拉列表框中选择"Tri"，单击"OK"按钮，关闭该对话框。

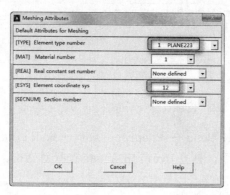

图 3-271　Meshing Attributes 对话框

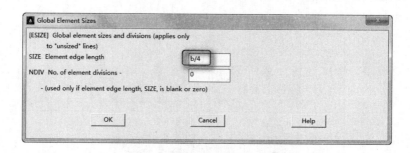

图 3-272　Global Element Sizes 对话框

04 单击 ANSYS Main Menu → Preprocessor → Meshing → Mesh → Areas → Free 命令，打开 Mesh Volumes 选择对话框。在文本框中输入"1"，单击"OK"按钮，关闭该对话框。

05 单击 ANSYS Main Menu → Preprocessor → Meshing → Mesh Attributes → Default Attribs 命令，打开 Meshing Attributes 对话框。在[TYPE] Element type number 下拉列表框中选择"2　PLANE183"，其余选项采用系统默认设置，单击"OK"按钮，关闭该对话框。

06 单击 ANSYS Main Menu → Preprocessor → Meshing → Size Cntrls → ManualSize → Global → Size 命令，打开 Global Element Sizes 对话框。在 SIZE Element edge length 文本框中输入"b/2"，其余选项采用系统默认设置，单击"OK"按钮，关闭该对话框。

07 单击 ANSYS Main Menu → Preprocessor → Meshing → Mesh → Areas → Free 命令，打开 Mesh Volumes 选择对话框。在文本框中输入"3"，单击"OK"按钮，关闭该对话框。

08 单击菜单栏中 PlotCtrls → Numbering 命令，打开 Plot Numbering Controls 对话框，如图 3-274 所示。在 Elem/Attrib numbering 下拉列表框中选择"Element type num",在 [/NUM]　Numbering shown with 下拉列表框中选择"Colors only",其余选项采用系统默认设置,单击"OK"按钮,关闭该对话框。

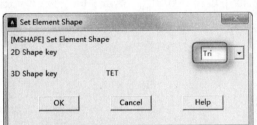
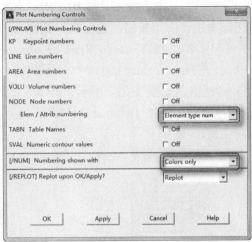

图 3-273　Set Element Shape 对话框　　　图 3-274　Plot Numbering Controls 对话框

09 ANSYS 窗口会显示生成的网格模型,如图 3-275 所示。

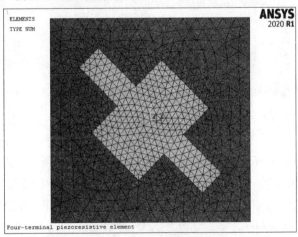

图 3-275　生成的网格模型

7. 设置边界条件

01 单击菜单栏中 WorkPlane → Change Active CS to → Specified Coord Sys 命令,打开 Change Active CS to Specified CS 对话框。在 KCN　Coordinate system number 文本框中输入"12",单击"OK"按钮,关闭该对话框。

02 单击菜单栏中 Select → Entities 命令,打开 Select Entities 对话框,如图 3-276 所示。在第一个下拉列表框中选择"Nodes",在第二个下拉列表框中选择"By Location",单击"X coordinates"单选按钮,在 Min,Max 文本框中输入"-L/2",单击 From Full 单选按钮,单击"OK"按钮,关闭该对话框。

03 单击菜单栏中 Select → Entities 命令，打开 Select Entities 对话框。在第一个下拉列表框中选择 "Nodes"，在第二个下拉列表框中选择 "By Location"，单击 Y coordinates 单选按钮，在 Min,Max 文本框中输入 "-W/2,W/2"，单击 Reselect 单选按钮，单击 "OK" 按钮，关闭该对话框。

04 单击 ANSYS Main Menu → Preprocessor → Coupling/Ceqn → Couple DOFs 命令，打开 Define Coupled DOFs 选择对话框。单击 "Pick All" 按钮，打开 Define Coupled DOFs 对话框，如图 3-277 所示。在 NSET Set reference number 文本框中输入 "1"，在 Lab Degree-of-freedom label 下拉列表框中选择 "VOLT"，单击 "OK" 按钮，关闭该对话框。

图 3-276 Select Entities 对话框

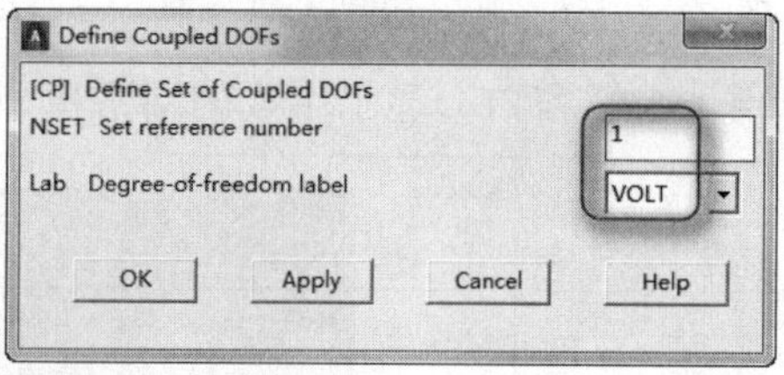

图 3-277 Define Coupled DOFs 对话框

05 单击菜单栏中 Parameters → Get Scalar Data 命令，打开 Get Scalar Data 选择对话框。在 Type of data to be retrieved 列表框中选择 Model data → Nodes，单击 "OK" 按钮，打开 Get Nodal Data 对话框，如图 3-278 所示。在 Name of parameter to be defined 文本框中输入 "n1"，在 Node number N 文本框中输入 "0"，在 Nodal data to be retrieved 文本框中输入 "num,min"，单击 "OK" 按钮，关闭该对话框。

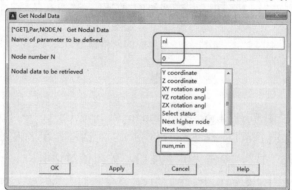

图 3-278 Get Nodal Data 对话框

06 单击 ANSYS Main Menu → Preprocessor → Loads → Define Loads → Apply → Electric → Boundary → Voltage → On Nodes 命令，打开 Apply VOLT on Nodes

选择对话框。在文本框中输入"nl"，单击"OK"按钮，打开 Apply VOLT on nodes 对话框，如图 3-279 所示。在 VALUE Load VOLT value 文本框中输入"VS"，单击"OK"按钮，关闭该对话框。

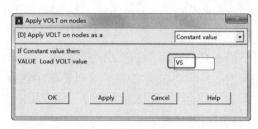

图 3-279 Apply VOLT on nodes 对话框

07 单击菜单栏中 Select → Entities 命令，打开 Select Entities 对话框。在第一个下拉列表框中选择"Nodes"，在第二个下拉列表框中选择"By Location"，单击 X coordinates 单选按钮，在 Min,Max 文本框中输入"L/2"，单击 From Full 单选按钮，单击"OK"按钮，关闭该对话框。

08 单击菜单栏中 Select → Entities 命令，打开 Select Entities 对话框。在第一个下拉列表框中选择"Nodes"，在第二个下拉列表框中选择"By Location"，单击 Y coordinates 单选按钮，在 Min,Max 文本框中输入"-W/2,W/2"，单击 Reselect 单选按钮，单击"OK"按钮，关闭该对话框。

09 单击 ANSYS Main Menu → Preprocessor → Loads → Define Loads → Apply → Electric → Boundary → Voltage → On Nodes 命令，打开 Apply VOLT on Nodes 选择对话框。单击"Pick All"按钮，打开 Apply VOLT on nodes 对话框。在 VALUE Load VOLT value 文本框中输入"0"，单击"OK"按钮，关闭该对话框。

10 单击菜单栏中 Select → Entities 命令，打开 Select Entities 对话框。在第一个下拉列表框中选择"Nodes"，在第二个下拉列表框中选择"By Location"，单击 Y coordinates 单选按钮，在 Min,Max 文本框中输入"W/2+a"，单击 From Full 单选按钮，单击"OK"按钮，关闭该对话框。

11 单击菜单栏中 Select → Entities 命令，打开 Select Entities 对话框。在第一个下拉列表框中选择"Nodes"，在第二个下拉列表框中选择"By Location"，单击 X coordinates 单选按钮，在 Min,Max 文本框中输入"-b/2,b/2"，单击 Reselect 单选按钮，单击"OK"按钮，关闭该对话框。

12 单击 ANSYS Main Menu → Preprocessor → Coupling / Ceqn → Couple DOFs 命令，打开 Define Coupled DOFs 选择对话框。单击"Pick All"按钮，打开 Define Coupled DOFs 对话框。在 NSET Set reference number 文本框中输入"2"，在 Lab Degree-of-freedom label 下拉列表框中选择"VOLT"，单击"OK"按钮，关闭该对话框。

13 单击菜单栏中 Parameters → Get Scalar Data 命令，打开 Get Scalar Data 选择对话框。在 Type of data to be retrieved 列表框中选择 Model data → Nodes，单击"OK"按钮，打开 Get Nodal Data 对话框。在 Name of parameter to be defined 文本框中输入"nt"，在 Node number N 文本框中输入"0"，在 Nodal data to be retrieved

文本框中输入"num, min",单击"OK"按钮,关闭该对话框。

14 单击菜单栏中 Select → Entities 命令,打开 Select Entities 对话框。在第一个下拉列表框中选择"Nodes",在第二个下拉列表框中选择"By Location",单击 Y coordinates 单选按钮,在 Min, Max 文本框中输入"-W/2-a",单击 From Full 单选按钮,单击"OK"按钮,关闭该对话框。

15 单击菜单栏中 Select → Entities 命令,打开 Select Entities 对话框。在第一个下拉列表框中选择"Nodes",在第二个下拉列表框中选择"By Location",单击 X coordinates 单选按钮,在 Min, Max 文本框中输入"-b/2, b/2",单击 Reselect 单选按钮,单击"OK"按钮,关闭该对话框。

16 单击 ANSYS Main Menu → Preprocessor → Coupling / Ceqn → Couple DOFs 命令,打开 Define Coupled DOFs 选择对话框。单击"Pick All"按钮,打开 Define Coupled DOFs 对话框。在 NSET Set reference number 文本框中输入"3",在 Lab Degree-of-freedom label 下拉列表框中选择"VOLT",单击"OK"按钮,关闭该对话框。

17 单击菜单栏中 Parameters → Get Scalar Data 命令,打开 Get Scalar Data 选择对话框。在 Type of data to be retrieved 列表框中选择 Model data → Nodes,单击"OK"按钮,打开 Get Nodal Data 对话框。在 Name of parameter to be defined 文本框中输入"nb",在 Node number N 文本框中输入"0",在 Nodal data to be retrieved 文本框中输入"num, min",单击"OK"按钮,关闭该对话框。

18 单击菜单栏中 Select → Everything 命令。

19 单击菜单栏中 Utility Menu → WorkPlane → Change Active CS to → Specified Coord Sys 命令,打开 Change Active CS to Specified CS 对话框。在 KCN Coordinate system number 文本框中输入"11",单击"OK"按钮,关闭该对话框。

20 单击菜单栏中 Select → Entities 命令,打开 Select Entities 对话框。在第一个下拉列表框中选择"Nodes",在第二个下拉列表框中选择"By Location",单击 X coordinates 单选按钮,在 Min, Max 文本框中输入"-S/2",单击 From Full 单选按钮,单击"OK"按钮,关闭该对话框。

21 单击 ANSYS Main Menu → Preprocessor → Loads → Define Loads → Apply → Structural → Displacement → On Nodes 命令,打开 Apply U, ROT on Nodes 选择对话框。单击"Pick All"按钮,打开 Apply U, ROT on Nodes 对话框,如图 3-280 所示。在 Lab2 DOFs to be constrained 列表框中选择"UX",在 VALUE Displacement value 文本框中输入"0",其余选项采用系统默认设置,单击"OK"按钮,关闭该对话框。

22 单击菜单栏中 Select → Entities 命令,打开 Select Entities 对话框。在第一个下拉列表框中选择"Nodes",在第二个下拉列表框框中选择"By Location",单击 Y coordinates 单选按钮,在 Min, Max 文本框中输入"-S/2",单击 Reselect 单选按钮,单击"OK"按钮,关闭该对话框。

23 单击 ANSYS Main Menu → Preprocessor → Loads → Define Loads → Apply → Structural → Displacement → On Nodes 命令,打开 Apply U, ROT on Nodes 选择对话框。单击"Pick All"按钮,打开 Apply U, ROT on Nodes 对话框。在 Lab2 DOFs to

be constrained 列表框中选择"UY", 在 VALUE Displacement value 文本框中输入"0",
其余选项采用系统默认设置, 单击"OK"按钮, 关闭该对话框。

24 单击菜单栏中 Select → Entities 命令, 打开 Select Entities 对话框。在
第一个下拉列表框中选择"Nodes", 在第二个下拉列表框中选择"By Location", 单击
X coordinates 单选按钮, 在 Min, Max 文本框中输入"S/2", 单击 From Full 单选按钮,
单击"OK"按钮, 关闭该对话框。

25 单击 ANSYS Main Menu → Preprocessor → Loads → Define Loads → Apply
→ Structural → Pressure → On Nodes 命令, 打开 Apply PRES on nodes 选择对话
框。单击"Pick All"按钮, 打开 Apply PRES on nodes 对话框, 如图 3-281 所示。在
VALUE Load PRES value 文本框中输入"p", 单击"OK"按钮, 关闭该对话框。

26 单击菜单栏中 Select → Everything 命令。

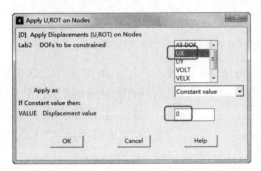

图 3-280 Apply U, ROT on Nodes 对话框

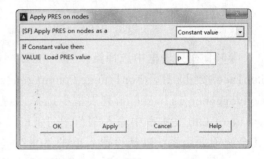

图 3-281 Apply PRES on nodes 对话框

3.9.2 求解

01 单击 ANSYS Main Menu → Solution → Analysis Type → New Analysis 命
令, 打开 New Analysis 对话框, 如图 3-282 所示。在[ANTYPE] Type of analysis 选
项组中单击 Static 单选按钮, 单击"OK"按钮, 关闭该对话框。

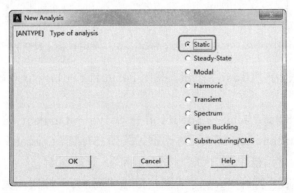

图 3-282 New Analysis 对话框

02 单击 ANSYS Main Menu → Solution → Load Step Opts → Nonlinear →
Convergence Crit 命令, 打开 Default Nonlinear Convergence Criteria 对话框, 如

图 3-283 所示。

图 3-283 Default Nonlinear Convergence Criteria 对话框

03 在列表框中选择第二行"AMPS calculated .001 L2",单击图 3-283 中的 Replace 按钮,打开 Nonlinear Convergence Criteria 对话框,如图 3-284 所示。在 Lab Convergence is based on 列表框中选择 Electric → Current AMPS,在 VALUE Reference value of Lab 文本框中输入"1",在 TOLER Tolerance about VALUE 文本框中输入"1e-3", 其余选项采用系统默认设置,单击"OK"按钮,关闭该对话框。

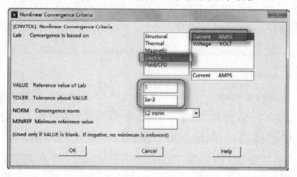

图 3-284 Nonlinear Convergence Criteria 对话框

04 单击对话框中"Close"按钮,关闭 Default Nonlinear Convergence Criteria 对话框。

05 单击 ANSYS Main Menu → Solution → Solve → Current LS 命令,打开/STATUS Command 和 Solve Current Load Step 对话框,关闭/STATUS Command 对话框,单击 Solve Current Load Step 对话框中的"OK"按钮,ANSYS 开始求解。

06 求解结束后,打开 Note 对话框,单击"Close"按钮,关闭该对话框。

3.9.3 后处理

01 单击 ANSYS Main Menu → General Postproc → Read Results → Last Set 命令。

02 单击 ANSYS Main Menu → General Postproc → Plot Results → Deformed Shape 命令，打开 Plot Deformed Shape 对话框，如图 3-285 所示。在 KUND Items to be plotted 选项组中单击 Def ∣ undeformed 单选按钮。

03 单击"OK"按钮，ANSYS 窗口会显示变形前后的形状变化，如图 3-286 所示。

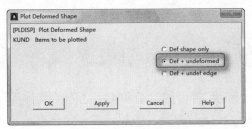

图 3-285 Plot Deformed Shape 对话框

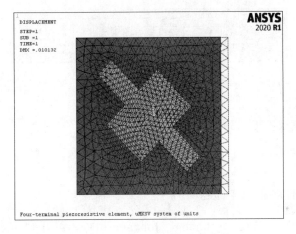

图 3-286 变形前后的形状变化

04 单击菜单栏中 PlotCtrls → Animate → Deformed Shape 命令，打开 Animate Deformed Shape 对话框，在 KUND Items to be plotted 选项组中单击 Def+undeformed 单选按钮， 如图 3-287 所示。

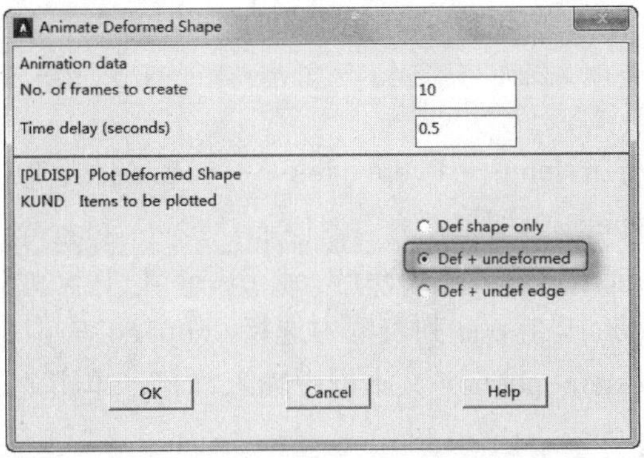

图 3-287 Animate Deformed Shape 对话框

05 单击"OK"按钮，关闭该对话框，ANSYS 窗口会显示形状变化动画，同时打开动画控制框。

📖 3.9.4 命令流

略，命令流详见随书电子资料包。

3.10 梳齿式机电耦合分析

几何模型如图3-288所示。梳齿的定子和转子之间的气体间隙要在TRANS109单元下划分网格。定子是固定的，转子与弹簧发条相连接，允许有一定的位移UX。当UX为1μm时，弹簧力与静电力会处于平衡状态。

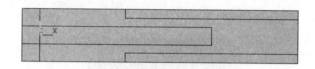

图3-288　几何模型示意图

其中，弹簧刚度 k=2.8333e-4N/mm。

📖 3.10.1 前处理

1. 定义工作文件名和工作标题

01 单击菜单栏中 File → Change Jobname 命令，打开 Change Jobname 对话框。在 [/FILNAM] Enter new jobname 文本框中输入工作文件名 "Comb_Finger"，使 NEW log and error files 保持 "Yes" 状态，单击 "OK" 按钮，关闭该对话框。

02 单击菜单栏中 File → Change Title 命令，打开 Change Title 对话框。在对话框中输入工作标题 "Electromechanical Comb Finger Analysis"，单击 "OK" 按钮，关闭该对话框。

2. 定义单元类型

01 单击 ANSYS Main Menu → Preprocessor → Element Type → Add/Edit/Delete 命令，打开 Element Types 对话框。

02 单击 "Add" 按钮，打开 Library of Element Types 对话框，如图 3-289 所示。在 Library of Element Types 列表框中选择 Coupled Field → Quad 8node 223，在 Element type reference number 文本框中输入 "1"，单击 "OK" 按钮，关闭该对话框。

03 单击 Element Types 对话框中的 "Options" 按钮，打开 PLANE223 element type options 对话框，如图 3-290 所示。在 Analysis Type K1 列表框中选择 "Electroelast/Piezoelectric"，在 Specific heat matrix K10 列表框中选择

"Diagonalized"其余选项采用系统默认设置，单击"OK"按钮，关闭该对话框。

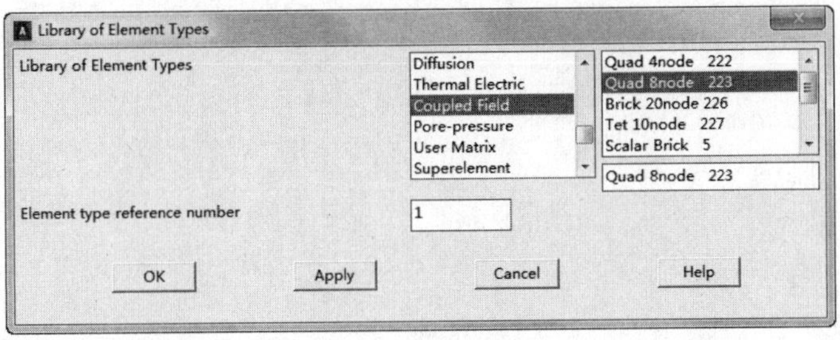

图 3-289　Library of Element Types 对话框

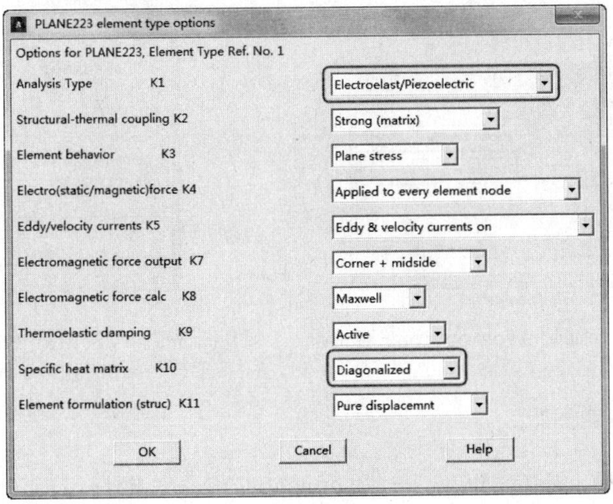

图 3-290　PLANE223 element type options 对话框

04 单击"Add"按钮，打开 Library of Element Types 对话框。在 Library of Element Types 列表框中选择 Combination → Spring-damper 14，在 Element type reference number 文本框中输入"2"，单击"OK"按钮，关闭该对话框。

05 在 Defined Element Type 列表框中选择"Type 2　COMBIN14"，单击 Element Types 对话框中的"Options"按钮，打开 COMBIN14 element type options 对话框，如图 3-291 所示。在 DOF select for 1D behavior　K2 下拉列表框中选择"Longitude UX DOF"，其余选项采用系统默认设置，单击"OK"按钮，关闭该对话框。

06 单击"Add"按钮，打开 Library of Element Types 对话框。在 Library of Element Types 列表框中选择（Strutural）Solid → Quad 4node 182，在 Element type reference number 文本框中输入"3"，单击"OK"按钮，关闭该对话框。

07 单击"Close"按钮，关闭 Element Types 对话框。

3. 设置标量参数

单击菜单栏中 Parameters → Scalar Parameters 命令，打开 Scalar Parameters 选择对话框，如图 3-292 所示。在 Selection 文本框中依次输入：

```
eps0=8.854e-6
g0=5.0
h=10
L=100
x0=50
ftol=1.0e-5
esize=1.0
k=2.8333e-4
vltg=4.0
```

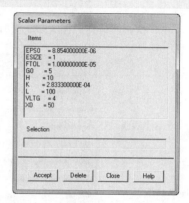

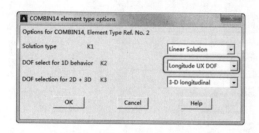

图 3-291　COMBIN14 element type options 对话框　　图 3-292　Scalar Parameters 选择对话框

4. 定义材料性能参数

01 单击 ANSYS Main Menu → Preprocessor → Material Props → Material Models 命令，打开 Define Material Model Behavior 对话框。

02 在 Material Models Available 列表框中选择 Electromagnetics → Relative Permittivity → Constant，打开 Relative Permittivity for Material Number 1 对话框，如图 3-293 所示。在 PERX 文本框中输入"1"，单击"OK"按钮，关闭该对话框。

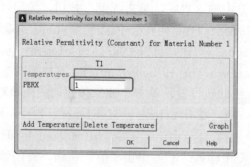

图 3-293　Relative Permittivity for Material Number 1 对话框

在 Material Models Available 列表框中选择 Structural → Linear → Elastic → Isotropic，打开 Linear Isotropic Properties for Material Number 1 对话框，如图 3-294 所示，输入 EX 为 1e-007 、PRXY 为 0，单击"OK"按钮，关闭该对话框。

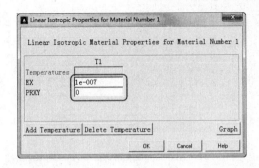

图 3-294　Linear Isotropic Properties for Material Number 1 对话框

03 在 Define Material Model Behavior 对话框中，选择 Material → New Model，打开 Define Material ID 对话框，如图 3-295 所示。在 Define Material ID 文本框中输入"2"，单击"OK"按钮，关闭该对话框。

04 在 Material Models Available 列表框中选择 Structural → Linear → Elastic → Isotropic，打开 Linear Isotropic Properties for Material Number 2 对话框，如图 3-296 所示。在 EX 文本框中输入"1.69e5"，在 PRXY 文本框中输入"0.25"，单击"OK"按钮，关闭该对话框。

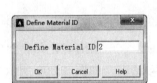

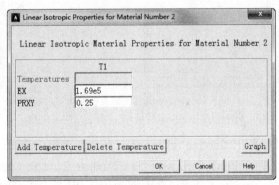

图3-295　Define Material ID对话框　图3-296　Linear Isotropic Properties for Material Number 2 对话框

05 在 Define Material Model Behavior 对话框中选择 Material → Exit，关闭该对话框。

06 单击 ANSYS Main Menu → Preprocessor → Material Props → Electromag Units 命令，打开 Electromagnetic Units 选择对话框。在列表框中选择"User-defined"，单击"OK"按钮，打开 Electromagnetic Units 对话框，如图 3-297 所示。在 Specify free-space permittivity 文本框中输入"eps0"，其余选项采用系统默认设置，单击"OK"按钮，关闭该对话框。

5. 设置实常数

01 直接在命令行中输入"r, 1, 1.0"命令，定义一个实常数。

02 单击 ANSYS Main Menu → Preprocessor → Real Constants →

Add/Edit/Delete命令，打开 Real Constants 对话框，如图 3-298 所示。

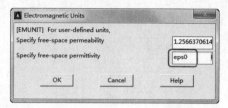

图 3-297 Electromagnetic Units 对话框

03 单击"Add"按钮，打开 Element Type for Real Constants 对话框，如图 3-299 所示。

图 3-298 Real Constants 对话框   图 3-299 Element Type for Real Constants 对话框

04 在 Choose element type 列表框中选择"Type 2 COMBIN14"，单击"OK"按钮，打开 Real Constant Set Number 2, for COMBIN14 对话框，如图 3-300 所示。在 Real Constants Set No. 文本框中输入"2"，在 Spring constant K 文本框中输入"k"，单击"OK"按钮，关闭该对话框。

05 再次打开 Real Constants 对话框。单击"Add"按钮，打开 Element Type for Real Constants 对话框。

06 在 Element Typefor Real Constants 对话框中选择"Type 2 COMBIN14"，单击"OK"按钮，打开 Real Constant Set Number 2, for COMBIN14 对话框。在 Real Constant Set No. 文本框中输入"3"，单击"OK"按钮，关闭该对话框。

07 单击"Close"按钮，关闭 Real Constants 对话框。

6. 建立几何模型

01 单击 ANSYS Main Menu → Preprocessor → Modeling → Create → Areas → Rectangle → By 2 Corners 命令，打开 Rectangle by 2 Corners 对话框，如图 3-301 所示。在 WP X 文本框中输入"0"，在 WP Y 文本框中输入"-h/2"，在 Width 文本框中输入"L"，在 Height 文本框中输入"h"。

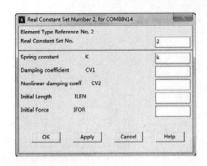

图 3-300　Real Constant Set Number 2, for COMBIN14 对话框

02 单击"Apply"按钮，再次打开 Rectangle by 2 Corners 对话框。在 WP X 文本框中输入"-h"，在 WP Y 文本框中输入"-h/2"，在 Width 文本框中输入"h"，在 Height 文本框中输入"h"。

03 单击"Apply"按钮，再次打开 Rectangle by 2 Corners 对话框。在 WP X 文本框中输入"-h"，在 WP Y 文本框中输入"-h-g0"，在 Width 文本框中输入"h"，在 Height 文本框中输入"h/2+g0"。

04 单击"Apply"按钮，再次打开 Rectangle by 2 Corners 对话框。在 WP X 文本框中输入"-h"，在 WP Y 文本框中输入"h/2"，在 Width 文本框中输入"h"，在 Height 文本框中输入"h/2+g0"。

05 单击"Apply"按钮，再次打开 Rectangle by 2 Corners 对话框。在 WP X 文本框中输入"L-x0"，在 WP Y 文本框中输入"h/2+g0"，在 Width 文本框中输入"L"，在 Height 文本框中输入"h/2"。

06 单击"Apply"按钮，再次打开 Rectangle by 2 Corners 对话框。在 WP X 文本框中输入"L-x0"，在 WP Y 文本框中输入"-h-g0"，在 Width 文本框中输入"L"，在 Height 文本框中输入"h/2"。

07 单击"Apply"按钮，再次打开 Rectangle by 2 Corners 对话框。在 WP X 文本框中输入"0"，在 WP Y 文本框中输入"-h-g0"，在 Width 文本框中输入"2*L-x0"，在 Height 文本框中输入"2*(h+g0)"，单击"OK"按钮，关闭该对话框。

08 单击 ANSYS Main Menu → Preprocessor → Modeling → Operate → Booleans → Overlap → Areas 命令，打开 Overlap Areas 选择对话框。单击"Pick All"按钮，关闭该对话框。

09 单击 ANSYS Main Menu → Preprocessor → Numbering Ctrls → Merge Items 命令，打开 Merge Coincident or Equivalently Defined Items 对话框，如图 3-302 所示。在 Label　Type of item to be merge 下拉列表框中选择"Keypoints"，其余选项采用系统默认设置，单击"OK"按钮，关闭该对话框。

10 单击菜单栏中 PlotCtrls → Style → Colors → Reverse Video 命令，ANSYS 窗口将变成白色，生成的几何模型如图 3-303 所示。

7. 划分网格

01 单击 ANSYS Main Menu → Preprocessor → Meshing → Mesh Attributes →

Picked Areas 命令，打开 Area Attributes 对话框，如图 3-304 所示，在文本框中输入"1, 8, 9, 10"。

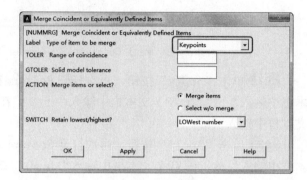

图 3-301　Rectangle by 2 Corners 对话框　图 3-302　Merge Coincident or Equivalently Defined Items 对话框

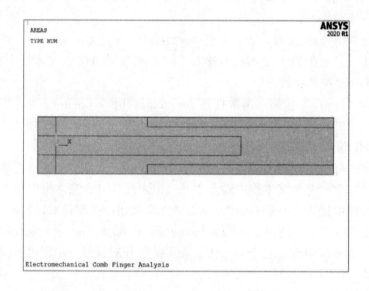

图 3-303　生成的几何模型

02 单击"OK"按钮，打开 Area Attributes 选择对话框，如图 3-305 所示。在 MAT Material number 下拉列表框中选择"2"，在 REAL Real constant set number 下拉列表框中选择"3"，在 TYPE Element type number 下拉列表框中选择"3 PLANE182"，其余选项采用系统默认设置，单击"OK"按钮，关闭该对话框。

03 单击 ANSYS Main Menu → Preprocessor → Meshing → Mesh Attributes → Picked Areas 命令，打开 Area Attributes 选择对话框。在文本框中输入"11"。

04 单击"OK"按钮，打开 Area Attributes 对话框。在 MAT Material number

下拉列表框中选择"1"，在REAL Real constant set number 下拉列表框中选择"1"，在TYPE Element type number 下拉列表框中选择"1 PLANE223"，其余选项采用系统默认设置，单击"OK"按钮，关闭该对话框。

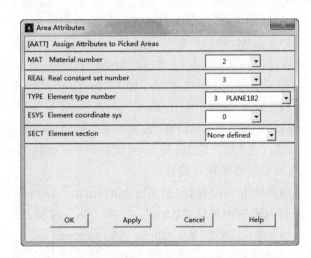

图3-304 Area Attributes 选择对话框   图3-305 Area Attributes 对话框

05 单击菜单栏中 Select → Everything 命令。

06 单击菜单栏中 Select → Entities 命令，打开 Select Entities 对话框，如图3-306所示。在第一个下拉列表框中选择"Areas"，在第二个下拉列表框中选择"By Num/Pick"，单击 From Full 单选按钮，单击"OK"按钮，打开 Select areas 选择对话框。在文本框中输入"11"，单击"OK"按钮，关闭该对话框。

07 单击 ANSYS Main Menu → Preprocessor → Meshing → Size Cntrls → ManualSize → Global → Size 命令，打开 Global Element Sizes 对话框，如图3-307所示。在SIZE Element edge length 文本框中输入"esize"，单击"OK"按钮，关闭该对话框。

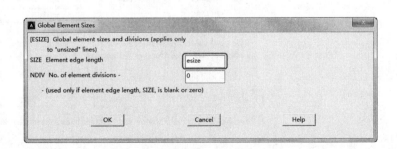

图3-306 Select Entities 对话框   图3-307 Global Element Sizes 对话框

08 单击 ANSYS Main Menu → Preprocessor → Meshing → Mesh → Areas → Free 命令，打开 Mesh Areas 选择对话框。单击"Pick All"按钮，关闭该对话框。

09 单击菜单栏中 Select → Everything 命令。

10 单击菜单栏中 Select → Entities 命令，打开 Select Entities 对话框。在第一个下拉列表框中选择"Areas"，在第二个下拉列表框中选择"By Num/Pick"，单击 From Full 单选按钮，单击"OK"按钮，打开 Select areas 选择对话框。在文本框中输入"1, 8, 9, 10"，单击"OK"按钮，关闭该对话框。

11 单击 ANSYS Main Menu → Preprocessor → Meshing → Size Cntrls → ManualSize → Global → Size 命令，打开 Global Element Sizes 对话框。在 SIZE Element edge length 文本框中输入"esize"，单击"OK"按钮，关闭该对话框。

12 单击 ANSYS Main Menu → Preprocessor → Meshing → Mesher Opts 命令，打开 Mesher Options 对话框，如图 3-308 所示。在 KEY Mesher Type 选项组中单击 Mapped 单选按钮，在 KEY Midside node placement 下拉列表框中选择 No midside nodes 选项，其余选项采用系统默认设置。

13 单击"OK"按钮，打开 Set Element Shape 对话框，如图 3-309 所示。在 2D Shape key 下拉列表框中选择"Quad"，单击"OK"按钮，关闭该对话框。

14 单击 ANSYS Main Menu → Preprocessor → Meshing → Mesh → Areas → Free 命令，打开 Mesh Areas 选择对话框。单击"Pick All"按钮，关闭该对话框。

15 ANSYS 窗口会显示生成的网格模型，如图 3-310 所示。

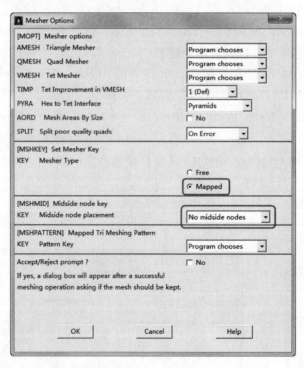

图 3-308　Mesher Options 对话框

8. 设置弹簧元件

01 单击菜单栏中 Select → Everything 命令。

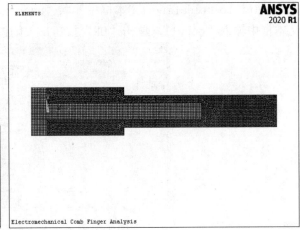

图 3-310　生成的网格模型

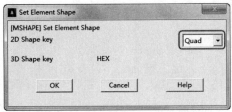

图 3-309　Set Element Shape 对话框

02 单击 ANSYS Main Menu → Preprocessor → Meshing → Mesh Attributes → Default Attribs 命令，打开 Meshing Attributes 对话框，如图 3-311 所示。在[TYPE] Element type number 下拉列表框中选择"2　COMBIN14"，在[REAL]　Real constant set number 下拉列表框中选择"2"，单击"OK"按钮，关闭该对话框。

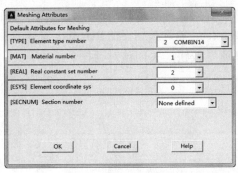

图 3-311　Meshing Attributes 对话框

03 单击菜单栏中 Parameters → Get Scalar Data 命令，打开 Get Scalar Data 对话框，如图 3-312 所示，在 Type of data to be retrieved 列表框中选择 Model data → Nodes。

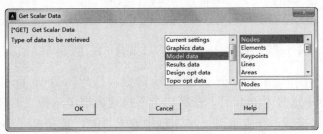

图 3-312　Get Scalar Data 对话框

04 单击"OK"按钮，打开 Get Nodal Data 对话框，如图 3-313 所示。在 Name of

parameter to be defined 文本框中输入 "node_num"，在 Nodal data to be retrieved 文本框中输入 "count"，单击 "OK" 按钮，关闭该对话框。

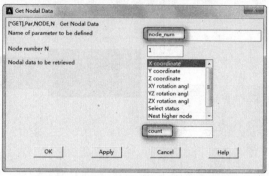

图 3-313　Get Nodal Data 对话框

05 单击 ANSYS Main Menu → Preprocessor → Modeling → Create → Nodes → In Active CS 命令，打开 Create Nodes in Active Coordinate System 对话框，如图 3-314 所示。在 NODE　Node number 文本框中输入 "node_num+1"，在 X, Y, Z　Location in active CS 前两个文本框中依次输入 "0，0"，单击 "OK" 按钮，关闭该对话框。

06 单击菜单栏中 Select → Entities 命令，打开 Select Entities 对话框，如图 3-315 所示。在第一个下拉列表框中选择 "Nodes"，在第二个下拉列表框中选择 "By Location"，单击 X coordinates 单选按钮，在 Min, Max 文本框中输入 "-h"，单击 "From Full" 单选按钮，单击 "OK" 按钮，关闭该对话框。

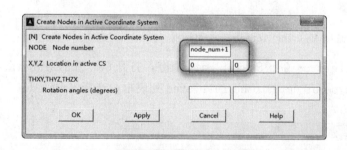

图 3-314　Create Nodes in Active Coordinate System 对话框　图 3-315　Select Entities 对话框

07 单击菜单栏中 Select → Entities 命令，打开 Select Entities 对话框。在第一个下拉列表框中选择 "Nodes"，在第二个下拉列表框中选择 "By Location"，单击 Y coordinates 单选按钮，在 Min, Max 文本框中输入 "0"，单击 Reselect 单选按钮，单击 "OK" 按钮，关闭该对话框。

08 单击菜单栏中 Parameters → Get Scalar Data 命令，打开 Get Scalar Data 对话框。在 Type of data to be retrieved 列表框中选择 Model data → Nodes。

09 单击"OK"按钮，打开 Get Nodal Data 对话框。在 Name of parameter to be defined 文本框中输入"node0"，在 Nodal data to be retrieved 文本框中输入"num,max"，单击"OK"按钮，关闭该对话框。

10 单击菜单栏中 Select → Everything 命令。

9. 设置边界条件

01 单击菜单栏中 Select → Entities 命令，打开 Select Entities 对话框，如图 3-316 所示。在第一个下拉列表框中选择"Lines"，在第二个下拉列表框中选择"By Num/Pick"，单击 From Full 单选按钮。

02 单击"OK"按钮，打开 Select lines 对话框，如图 3-317 所示。在文本框中输入"1,2,3,9,15,31,33"，单击"OK"按钮，关闭该对话框。

03 单击菜单栏中 Select → Entities 命令，打开 Select Entities 对话框，如图 3-318 所示。在第一个下拉列表框中选择"Nodes"，在第二个下拉列表框中选择"Attached to"，单击 Lines,all 单选按钮，单击 From Full 单选按钮，单击"OK"按钮，关闭该对话框。

图 3-316 Select Entities 对话框　　图 3-317 Select lines 对话框　　图 3-318 Select Entities 对话框

04 单击菜单栏中 Select → Comp/Assembly → Create Component 命令，打开 Create Component 对话框，如图 3-319 所示。在 Cname Component name 文本框中输入"rotor"，在 Entity Component is made of 下拉列表框选择"Nodes"，单击"OK"按钮，关闭该对话框。

05 单击菜单栏中 Select → Everything 命令。

06 单击菜单栏中 Select → Entities 命令，打开 Select Entities 对话框。在第一个下拉列表框中选择"Lines"，在第二个下拉列表框中选择"By Num/Pick"，单击 From Full 单选按钮。

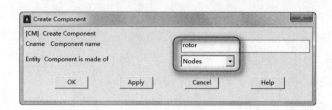

图 3-319 Create Component 对话框

07 单击 " OK " 按钮，打开 Select lines 对话框。在文本框中输入 "17, 20, 23, 24, 37"，单击"OK"按钮，关闭该对话框。

08 单击菜单栏中 Select → Entities 命令，打开 Select Entities 对话框。在第一个下拉列表框中选择"Nodes"，在第二个下拉列表框中选择"Attached to"，单击 Lines, all 单选按钮，单击 From Full 单选按钮，单击"OK"按钮，关闭该对话框。

09 单击菜单栏中 Select → Comp/Assembly → Create Component 命令，打开 Create Component 对话框。在 Cname Component name 文本框中输入"ground"，在 Entity Component is made of 下拉列表框中选择"Nodes"，单击"OK"按钮，关闭该对话框。

10 单击菜单栏中 Select → Everything 命令。

11 单击菜单栏中 Select → Entities 命令，打开 Select Entities 对话框，如图 3-320 所示。在第一个下拉列表框中选择"Nodes"，在第二个下拉列表框中选择"By Location"，单击 Y coordinates 单选按钮，在文本框中输入"-(h+g0)"，单击 From Full 单选按钮，单击"OK"按钮，关闭该对话框。

12 单击菜单栏中 Select → Entities 命令，打开 Select Entities 对话框。在第一个下拉列表框中选择"Nodes"，在第二个下拉列表框中选择"By Location"，单击 Y coordinates 单选按钮，在文本框中输入"h+g0"，单击 Also Select 单选按钮，单击"OK"按钮，关闭该对话框。

13 单击 ANSYS Main Menu → Preprocessor → Loads → Define Loads → Apply → Structural → Displacement → On Nodes 命令，打开 Apply U, ROT on Nodes 选择对话框。单击"Pick All"按钮，打开 Apply U, ROT on Nodes 对话框，如图 3-321 所示。在 Lab2 DOFs to be constrained 列表框中选择"UY"，在 VALUE Displacement value 文本框中输入"0"，单击"OK"按钮，关闭该对话框。

14 单击菜单栏中 Select → Everything 命令。

15 单击 ANSYS Main Menu → Preprocessor → Loads → Define Loads → Apply → Structural → Displacement → On Nodes 命令，打开 Apply U, ROT on Nodes 选择对话框。在文本框中输入"node_num+1"，单击"OK"按钮，打开 Apply U, ROT on Nodes 对话框。在 Lab2 DOFs to be constrained 列表框中选择"UX"，在 VALUE Displacement value 文本框中输入"0"，单击"OK"按钮，关闭该对话框。

16 单击菜单栏中 Select → Comp/Assembly → Select Comp/Assembly 命令，打开 Select Component or Assembly 对话框，如图 3-322 所示。在 Select component or Assembly 选项组中单击 by component name 单选按钮。

17 单击"OK"按钮，打开 Select Component or Assembly 对话框，如图 3-323

所示。在 Name Comp/Assemb to be selected 列表框中选择 "GROUND"，其余选项采用系统默认设置，单击 "OK" 按钮，关闭该对话框。

图 3-320 Select Entities 对话框

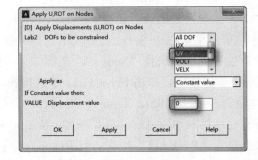

图 3-321 Apply U, ROT on Nodes 对话框

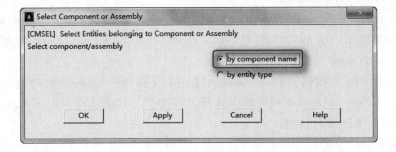

图 3-322 Select Component or Assembly 对话框

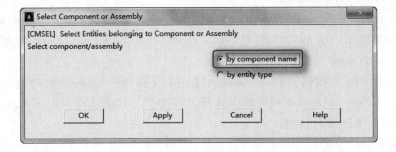

图 3-323 Select Component or Assembly 对话框

18 单击 ANSYS Main Menu → Preprocessor → Loads → Define Loads → Apply → Structural → Displacement → On Nodes 命令，打开 Apply U, ROT on Nodes 选择对话框。单击 "Pick All" 按钮，打开 Apply U, ROT on Nodes 对话框。在 Lab2 DOFs to be constrained 列表框中选择 "UY" 和 "VOLT"，在 VALUE Displacement value 文

本框中输入"0"，单击"OK"按钮，关闭该对话框。

19 单击菜单栏中 Select → Everything 命令。

20 单击菜单栏中 Select → Entities 命令，打开 Select Entities 对话框。在第一个下拉列表框中选择"Lines"，在第二个下拉列表框中选择"By Num/Pick"，单击 From Full 单选按钮。

21 单击"OK"按钮，打开 Select lines 对话框。在文本框中输入"20,24,37"，单击"OK"按钮，关闭该对话框。

22 单击菜单栏中 Select → Entities 命令，打开 Select Entities 对话框。在第一个下拉列表框中选择"Nodes"，在第二个下拉列表框中选择"Attached to"，单击 Lines,all 单选按钮，单击 From Full 单选按钮，单击"OK"按钮，关闭该对话框。

23 单击 ANSYS Main Menu → Preprocessor → Loads → Define Loads → Apply → Structural → Displacement → On Nodes 命令，打开 Apply U,ROT on Nodes 选择对话框。单击"Pick All"按钮，打开 Apply U,ROT on Nodes 对话框。在 Lab2 DOFs to be constrained 列表框中选择"UX"，在 VALUE Displacement value 文本框中输入"0"，单击"OK"按钮，关闭该对话框。

24 单击菜单栏中 Select → Comp/Assembly → Select Comp/Assembly 命令，打开 Select Component or Assembly 对话框。在 Select component/assembly 选项组中单击 by component name 单选按钮。

25 单击"OK"按钮，打开 Select Component or Assembly 对话框。在 Name Comp/Assemb to be selected 列表框中选择"ROTOR"，其余选项采用系统默认设置，单击"OK"按钮，关闭该对话框。

26 单击 ANSYS Main Menu → Preprocessor → Loads → Define Loads → Apply → Structural → Displacement → On Nodes 命令，打开 Apply U,ROT on Nodes 选择对话框。单击"Pick All"按钮，打开 Apply U,ROT on Nodes 对话框。在 Lab2 DOFs to be constrained 列表框中选择"VOLT"，在 VALUE Displacement value 文本框中输入"vltg"，单击"OK"按钮，关闭该对话框。

27 单击菜单栏中 Select → Everything 命令。

3.10.2 求解

01 单击 ANSYS Main Menu → Solution → Analysis Type → Analysis Options 命令，打开 Static or Steady-State Analysis 对话框，如图 3-324 所示。使[NLGEOM] Large deform effects 保持"On"状态，其余选项采用系统默认设置，单击"OK"按钮，关闭该对话框。

02 单击 ANSYS Main Menu → Solution → Load Step Opts → Nonlinear → Convergence Crit 命令，打开 Default Nonlinear Convergence Criteria 对话框，如图 3-325 所示。

03 在列表框中选择第一行"F calculated .001 L2"，单击图 3-325 中的"Replace"按钮，打开 Nonlinear Convergence Criteria 对话框，如图 3-326 所示。在 Lab Convergence is based on 列表框中选择 Structural → Force F，在 VALUE

Reference value of Lab 文本框中输入 "1"，在 TOLER Tolerance about VALUE 文本框中输入 "ftol"，其余选项采用系统默认设置，单击 "OK" 按钮，关闭该对话框。

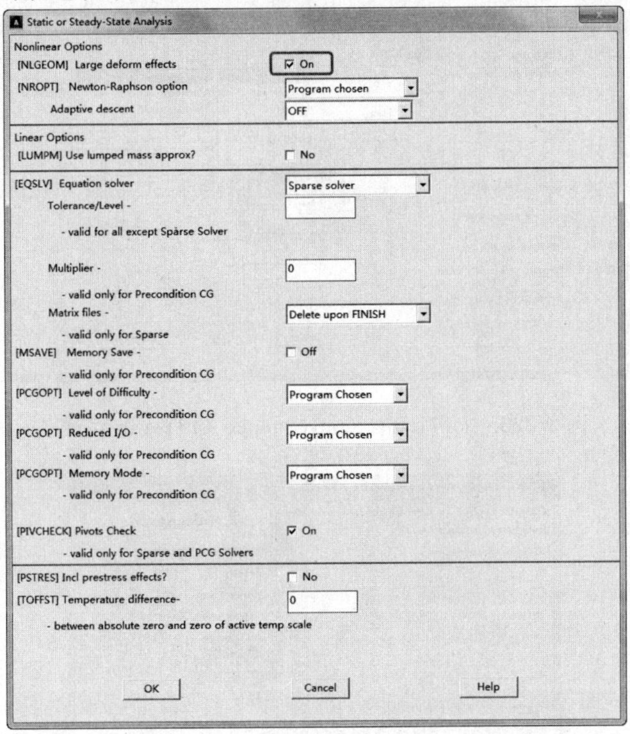

图 3-324　Static or Steady-State Analysis 对话框

图 3-325　Default Nonlinear Convergence Criteria 对话框

04 单击 "Close" 按钮，关闭 Default Nonlinear Convergence Criteria 对话框。

05 单击 ANSYS Main Menu → Solution → Load Step Opts → Output Ctrls → DB/Results File 命令，打开 Controls for Database and Results File Writing 对话框，如图 3-327 所示。在 Item　Item to be controlled 下拉列表框中选择 "All items"，

在 FREQ File write frequency 选项组中单击 Every substep 单选按钮，其余选项采用系统默认设置，单击"OK"按钮，关闭该对话框。

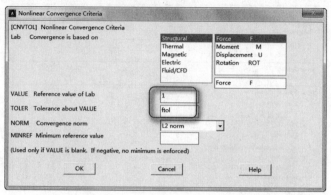

图 3-326 Nonlinear Convergence Criteria 对话框

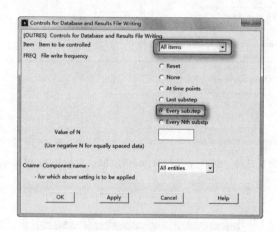

图 3-327 Controls for Database and Results File Writing 对话框

06 单击 ANSYS Main Menu → Solution → Solve → Current LS 命令，打开 /STATUS Command 和 Solve Current Load Step 对话框，关闭/STATUS Command 对话框，单击 Solve Current Load Step 对话框的"OK"按钮，ANSYS 开始求解。

07 求解结束后，打开 Note 对话框。单击"Close"按钮，关闭该对话框。

3.10.3 后处理

01 单击 ANSYS Main Menu → General Postproc → Read Results → Last Set 命令。

02 单击 ANSYS Main Menu → General Postproc → Plot Results → Contour Plot → Nodal Solu 命令，打开 Contour Nodal Solution Date 对话框。在 Item to be contoured 列表框中选择 Nodal Solution → DOF Solution → Displacement vector sum，单击"OK"按钮，关闭该对话框。ANSYS 窗口将显示位移矢量分布等值线图，如图 3-328 所示。

03 单击 ANSYS Main Menu → General Postproc → Plot Results → Contour Plot → Nodal Solu 命令，打开 Contour Nodal Solution Date 对话框。在 Item to be contoured 列表框中选择 Nodal Solution → DOF Solution → Electric potential，单击"OK"按钮，关闭该对话框。ANSYS 窗口将显示电势分布等值线图，如图 3-329 所示。

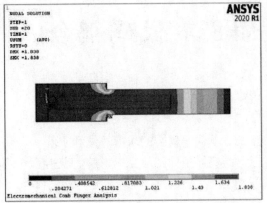

图 3-328　位移矢量分布等值线图

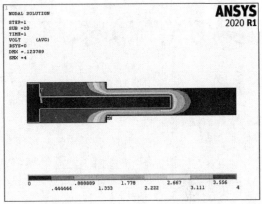

图 3-329　电势分布等值线图

📖3.10.4　命令流

略，命令流详见随书电子资料包。

第 4 章

多场（TM）求解器-MFS 单代码耦合

　　本章描述了 ANSYS 多场求解器- MFS 单代码，它适应于一大类耦合分析问题。

　　本章主要介绍了 ANSYS 多场求解器-MFS 单代码耦合的求解算法和求解步骤。求解步骤包括：建立场模型、标记场交界条件、建立场求解、获得解和对结果进行后处理。

- ◎ ANSYS 多场求解器和求解算法
- ◎ ANSYS 多场求解器求解步骤

本章将介绍 ANSYS 多场求解器-MFS 单代码，它适用于多种耦合分析问题。ANSYS 多场求解器是一个求解顺序耦合场的自动化工具，它取代了基于物理文件的程序，并为求解顺序耦合物理问题提供了一个强大的、精确的和易于使用的工具。它建立在一个前提上，即将每一个物理场创建为一个具有独立实体模型和网格的场。首先确定耦合载荷传递的面或体，然后使用一组多场求解器命令配置问题并定义求解顺序。求解器会自动地在不同的网格间传递耦合载荷。

MFS 求解器适用于稳态、谐波和瞬态分析，这主要取决于物理要求。用一个顺序（交错）方式可求解任意的场数。

ANSYS 多场求解器是两个多场求解器版本中的一个。若模拟中包含小模型，而且该小模型具有包含在一个程序中的所有的物理场（如 ANSYS），则 MFS 求解器是用到的基本多场求解器。

MFS 求解器使用迭代耦合求解器，顺序求解每一个物理场，分别求解每一个矩阵方程。求解器在每一个物理场之间迭代，直到跨越物理界面传递的载荷收敛。

注：由于多场求解器-MFS 在 2020 版本中已不再支持，本章及 5 章、6 章设置求解步骤需要在 ANSYS 19.0 或以下版本中运行。

ANSYS 多场求解器的主要特征如下：

- 将每一个物理场创建为一个具有独立模型和网格的场。
- 每一个场由一组单元类型定义。
- 通过面和/或体确定载荷传递区域。
- 载荷矢量耦合发生在场之间。
- 每一个场具有不同的分析类型。
- 每一个场具有不同的求解器和分析选项。
- 每一个场具有不同的网格离散。
- 面载荷传递可以发生在整个区域上
- 体载荷传递可以发生在整个区域上。
- 非结构单元可以自动变形。
- 每一个场都可以建立独立结果文件。

ANSYS 多场求解器能够求解许多耦合场问题。包括热应力、焦耳加热、感应加热和搅拌、流体-结构耦合、电磁-结构耦合、静电-结构耦合、RF 加热、电流传导-静磁等。

4.1　ANSYS 多场求解器和求解算法

ANSYS Multiphysics 软件包支持 ANSYS 多场求解器，能够求解如下耦合场问题：

- MEMS 驱动（没有流体耦合的静电/结构）。
- 电机（磁/热/结构耦合）。
- 焦耳加热（热/电/结构耦合）。
- 感应加热（谐波电磁/热耦合）。

- 感应搅拌（谐波电磁/热/流体耦合）。
- RF加热（高频率电磁/热/结构耦合）。
- 热/应力分析（热/结构耦合）。
- 流体固体耦合分析（流体/结构耦合）。

📖4.1.1 载荷传递

载荷传递是一个场将基于网格的量传递到另一个场的过程。传递发生在从面到面或从体到体的过程中。静电驱动的梁分析是一个面载荷传递问题的例子。在这个问题中，力从静电场传递到结构场，位移从结构区域传递到静电场。厚壁圆筒的热-应力分析和圆坯的感应加热分析则是体载荷传递问题的例子。

在厚壁圆筒问题中，温度从热场传递到结构场；在圆坯问题中，生热从磁场传递到热场，温度从热场传递到磁场。

ANSYS 多场求解器在不同的网格间自动地传递耦合载荷。两种插值方法可用于载荷传递：图形保留插值和整体守恒插值。

在图形保留插值方法中，接收端的每一个节点映射到发送端的一个单元上（a_i），然后传递变量在 a_i 处插值，如图4-1所示。传递变量为 $T_i = \phi(a_i)$。因此，接收端的所有节点就可以在接收端查询。

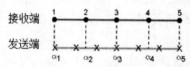

图4-1 图形保留插值

在整体守恒插值中，发送端的每一个节点X映射到接收端的一个单元上。因此，发送端的传递变量就分成两个量，这两个量添加到接收器节点中。节点4处的力分成节点3'和4'处的力，如图4-2所示。

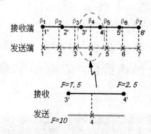

图4-2 整体守恒插值

关于插值方法的注意要点如下：

1）对于图形保留插值，界面上的力和热率并不平衡，如图4-3所示。对于整体守恒插值，界面上的总力和总热率平衡，但是局部分布可能会不平衡，如图4-4所示。

2）保存诸如面界面处的热流量及力的量具有物理意义。同样，体界面处的热生成也应该保存。

在积分基础上保留位移或温度并没有物理意义，但在整个界面上可以充分捕捉位移和温度分布。

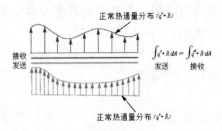

图 4-3　图形保留插值-载荷不平衡

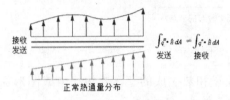

图 4-4　整体守恒插值-载荷平衡

3）对于图形保留插值方法，应该在发送端使用粗糙网格，在接收端使用细网格，反过来则不行，如图 4-5 所示。当发送端为粗糙网格时，接收器就能够充分地捕捉到垂直热流量分布。在接收端，细网格能够确保有足够的节点数。当接收端为粗糙网格时，由于接收端没有足够的节点数，接收器就不能充分地捕捉到垂直热流量分布，如图 4-6 所示。

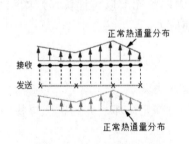
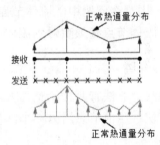

图 4-5　图形保留插值-发送端为粗糙网格　　图 4-6　图形保留插值-接收端为粗糙网格

4）对于整体守恒插值方法，应该在发送端使用细网格，在接收端使用粗糙网格，反过来则不行，如图 4-7 所示。当发送端为细网格时，接收器就能充分捕捉到力；当接收端为细网格时，就不能捕捉到接收器上的载荷分布，尽管接收器上的总力等于发送器上的总力，如图 4-8 所示。

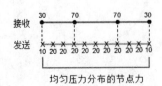
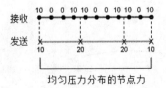

图 4-7　整体守恒插值-发送端为细网格　　图 4-8　整体守恒插值-接收端为细网格

5）如果发送器网格或接收器网格由高阶单元组成，则上述两点有效。如果想要产生一个从高阶单元到低阶单元的点对点映射，则要注意上述两点。例如，如果接收器是高阶的，一个整体守恒的载荷传递跨越一个两侧都具有相同单元数的界面时，就不会产生正确的图形保留，如图4-9所示。

为了得到正确的图形保留，需要将发送低阶单元数加倍，如图4-10所示。还要注意不能漏掉面界面或体界面处的中端节点。

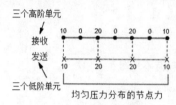

图4-9　三个低阶单元　　　　　　　图4-10　六个低阶单元

6）可以确定力、热流量和热生成的整体守恒插值或图形保留插值方法。位移和温度传递总是用图形保留插值方法。

4.1.2　映射

为了使传递载荷跨越一个不同的网格界面，一个网格的节点必须映射到另一个网格中一个单元的局部坐标上。MFS求解算法要对每个面对面及体对体界面进行两次映射。例如，在流-固耦合问题中，流体节点必须映射到固体单元上以传递位移，如图4-11所示。同样，固体节点必须映射到流体单元上以传递应力。

1. 映射算法

可用的映射算法有两种：整体方法和桶式搜索方法。

整体方法：当前节点沿另一个网格中所有现有的单元循环，并且试图寻找一个能够映射的单元。

大多数节点能够找到一个唯一的单元，且很容易映射。然而，偶尔会有一个节点映射到两个或多个单元上。当在两个网格间存在一个有限的非零间隙/穿透深度时，就会出现这种情况，然后就会选定一个具有最小间距的单元。节点 N_1 位于单元 e_1 和 e_2 中，那么它会映射到具有最小间距的单元上（e_1，因为 $d_1 < d_2$），如图4-12所示。

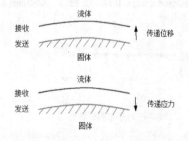

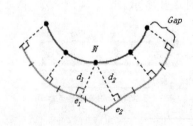

图4-11　流-固耦合载荷传递　　　　　图4-12　节点映射到具有最小间距的单元上

有时一个节点不能映射到任何一个单元上，当界面边缘没有对齐时就会出现这种情况。节点 N 没有映射到任何一个单元上，所以它就映射到最近的节点（N_l'）上，如图 4-13 所示。

整体方法有一个复杂的 $\theta(n \times m)$。其中，n 是映射到 m 单元上的节点数。若 n 和 m 阶数相同，则计算映射所需的时间就变为二次，还将导致计算无效，尤其是对大模型。

⚠️ **注意**：包括面对面映射的 4-D 模型中也存在相同的问题。2-D 和 4-D 模型中体映射也会遇到这种情况。

桶式搜索方法：用于缓解节点数增加时整体方法遇到的无效问题。对于一个给定的节点，桶式搜索方法限制了它循环的单元，可按以下步骤完成。

a）所有单元均分布在笛卡儿盒中（也称为桶）。

b）正被讨论的节点位于一个盒中。

c）整体方法用于正被讨论的节点，但是单元仅限制在那个盒中。

例如，单元 e_1、e_2 和 e_3 在盒 1 中，单元 e_3 和 e_4 在盒 2 中，单元 e_4、e_5 和 e_6 在盒 3 中，节点 N_1 仅沿盒 3 中的单元搜索，如图 4-14 所示。

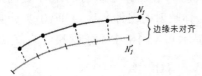

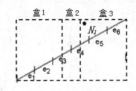

图 4-13 节点映射到最近的节点上　　　　图 4-14 具有 3 个单元的盒 3 中的节点

当正被讨论的节点在一个带有单元的盒中时，映射就等同于整体映射。

虽然这个过程看起来简单易懂，但是当正被讨论的节点在一个空盒中时，它会变得非常复杂，如图 4-15 所示。当出现间隙或穿透深度时，或者界面边缘没有对齐时，就有可能遇到这种情况。

映射与整体映射不同，映射时需要查找带有单元的最近的盒，并且在单元循环时只能选择一个盒。

桶式搜索方法有一个复杂的 $\theta(n)$。其中，n 为映射到 m 个单元上的节点数。为了提高效率，在一个额外计算费用下必须建立桶，并且 m 个单元必须放置在桶中。

⚠️ **注意**：这个相同的映射过程可用于包含面对面映射的 4-D 模型，以及包含体积映射的 2-D 和 4-D 模型。

2. 映射诊断

可以使用 MFTOL 命令（ANSYS Main Menu → Preprocessor → Multi-field Set Up → MFS-Single Code → Setup → Global）打开面映射的垂直间距检测，设置从一个节点到一个单元面的垂直间距限制。垂直间距检测默认为一个相对值，并且默认为 1.0e-6（单位独立）。也可以通过 MFTOL 命令定义一个绝对值（单位不独立）。

当使用相对间隙公差（MFTOL 命令下 Toler=REL）时，对于一个确定的界面，可由相对公插值和笛卡儿绑定盒的最大尺寸相乘得到标准间距公差。因此，每一个界面具有一个不同的垂直间距公差，尽管 MFTOL 是一个整体命令，见如图 4-16 所示。

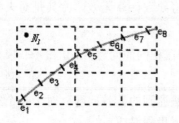

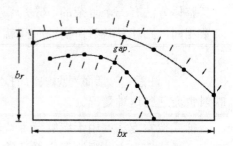

图 4-15　9 个盒以及空盒中的节点　　　　图 4-16　MFTOL 的相对间隙

如图 4-17 所示，在一个面映射中，不正确的映射节点包括超出设定的垂直标准间距限制的节点（图 4-17a）以及位于不对齐表面上的节点（图 4-17b）。在体映射中，不正确的映射节点是那些位于目标区域以外的节点（图 4-17c）。

映射工具创建了组件来形象地显示那些不正确映射的节点。面映射的组件名称是MFSU_界面数_场数_标记_场数（如 MFSU_1_1_TEMP_2）；体映射的组件名称为 MFVO_界面数_场数_标记_场数（如 MFVO_2_1_HGEN_2）。ANSYS 不能显示 CFX 网格中不正确映射的节点。

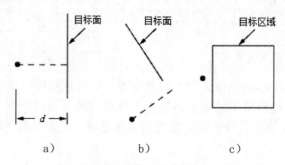

图 4-17　不正确的映射节点

3. 映射操作

可以使用 MFMAP 命令（Main Menu → Preprocessor → Multi-field Set Up → MFS-Single Code → Interface → Mapping）计算、保存、恢复或删除映射数据。通过把映射数据保存在一个文件中和使用恢复功能，在重启动或另一个求解过程中能够明显缩短计算时间。如果想要恢复一个映射文件，确保首先删除内存中现存的所有映射数据。也可以使用这个命令在没有进行求解时检查映射。

4.1.3　耦合场载荷

在耦合物理分析中，ANSYS 多场求解器能够传递的载荷见表 4-1。

表 4-1　ANSYS 多场求解器能够传递的载荷

场	结构场	热场	电场	磁场	流体场
结构场		1	2	3	4
热场			5	6	7
电场					
磁场					8
流体场					

1. 结构-热耦合

结构-热耦合场载荷见表 4-2。

表 4-2　结构-热耦合场载荷

体载荷传递	结构	热
发送	位移	温度
接收	温度	位移

2. 静电-结构耦合

静电-结构耦合场载荷见表 4-3。

表 4-3　静电-结构耦合场载荷

面载荷传递	结构	静电
发送	位移	力
接收	力	位移

3. 结构-磁耦合

结构-磁耦合场载荷见表 4-4。

表 4-4　结构-磁耦合场载荷

面或体载荷传递	结构	磁
发送	位移	力
接收	力	位移

4. 结构-流体

结构-流体耦合场载荷见表 4-5。

表 4-5　结构-流体耦合场载荷

面载荷传递	结构	流体
发送	位移	力
接收	力	位移

5．热-电耦合

热-电耦合场载荷见表 4-6。

表 4-6 热-电耦合场载荷

体载荷传递	热	电
发送	温度	生热
接收	生热	温度

6．热-磁耦合

热-磁耦合场载荷见表 4-7。

表 4-7 热-磁耦合场载荷

体载荷传递	热	磁
发送	温度	生热
接收	生热	温度

7．热-流体耦合

热-流体耦合场载荷见表 4-8。

表 4-8 热-流体耦合场载荷

面载荷传递	热	流体
发送	温度/热流量	温度/热流量
接收	热流量/温度	热流量/温度

8．磁-流体耦合

磁-流体耦合场载荷见表 4-9。

表 4-9 磁-流体耦合场载荷

体载荷传递	磁	流体
发送	力	-
接收	-	力

4.1.4 支持的单元

ANSYS 多场求解器支持的单元见表 4-10 和表 4-11。在一个分析中，这些单元支持面载荷（场表面分界面：FSIN 标记）的 SF 族命令（SF、SFA、SFE 或 SFL）以及体载荷（场体积分界面：FVIN 标记）的 BFE 命令。为了在分析过程中将载荷传递到其他场，需要在面界面（FSIN）和体界面（FVIN）处标记这些单元。在任何一个场分析中可以使用其他单元类型，但是这些单元不会参与载荷传递。

表 4-10　结构和热单元

结构单元			
平面	实体	梁	壳
PLANE182	SOLID185	BEAM188	SHELL181
PLANE183	SOLID186	BEAM189	SOLSH190
	SOLID187		SHELL281
热单元			
平面	实体		
PLANE35	SOLID70		
PLANE55	SOLID87		
PLANE77	SOLID90		

表 4-11　电磁、流体和耦合场单元

电磁单元			
平面	实体		
PLANE53	SOLID96		
PLANE121	SOLID97		
	SOLID122		
	SOLID123		
	SOLID231		
	SOLID232		
流体单元			
平面	实体		
FLUID141[1]	FLUID142[1]		
耦合场单元			
平面	实体		壳
PLANE223	SOLID5		SHELL157
	SOLID98		
	SOLID226		
	SOLID227		

4.1.5　求解算法

ANSYS 多场求解器的求解算法如图 4-18 所示。MFANALYSIS 命令激活了求解。求解回路由场回路、交错回路和时间回路构成。ANSYS 多场求解器支持场回路内部的场瞬态、稳态以及谐波分析。

时间回路对应于 MFS 问题的时间步长回路，并由 MFTIME 命令对其进行设置，用

MFDTIME 命令设置恒定时间步长。对于稳态分析，时间回路可参考每一个场分析的载荷步长；对于谐波分析，时间回路可参考时间步长中的谐波求解；对于瞬态分析，时间步长代表实际瞬态时间的终止时间和时间步长。场间的载荷传递发生在时间回路时间步长处。

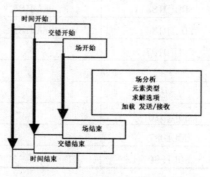

图 4-18　ANSYS 多场求解器求解算法

　　每一个时间回路内都是交错回路。交错回路考虑了 MFS 求解过程中场的隐式耦合。在时间回路中的每一步长内，交错回路中重复进行场求解，直到收敛为止。交错回路内的迭代数可根据场间载荷传递的收敛确定，也可根据 MFITER 命令定义的最大交错迭代数确定。

　　每一个交错回路内都是场回路。场回路包括每一个场求解的分析。场回路可以像任何一个 ANSYS 分析那样建立。使用 MFELEM 命令对一组单元类型进行分组来建立每一个场；使用 MFCMMAND 命令设置每一个场的求解选项；使用 MFSURFACE 和 MFVOLUME 命令分别定义场间的面载荷和体载荷传递。

　　场可以共享一个跨越界面的不同网格。分别对场求解以后就会发生来自一个场的载荷传递。在求解场之前，载荷会传递到一个特定场，在场求解之前非结构场网格会发生变形（MORPH），变形基于先前结构场求解的位移之上。

4.2　ANSYS 多场求解器求解步骤

　　1）建立场模型。
　　2）标记场界面条件。
　　3）建立场求解。
　　4）获得解。
　　5）对结果进行后处理。

4.2.1　创建场模型

　　进行 MFS 分析时，首先要在 ANSYS 中创建场模型。可以完全独立地创建这些模型，唯一的标准就是这些模型都要有相同的几何形状（重复的实体模型）。可以在一个 ANSYS

数据库中创建，也可以在不同的数据库中创建，并导入（MFIMPORT 命令）这些模型来建立一个模型。每一个模型都由求解某一特定场需要的所有信息组成，包括网格、边界条件、分析选项、输出选项等。

若要生成辐射面单元（RSURE），就必须先对不同的区域进行网格划分，然后分别在各个网格区域上生成辐射表面单元。使用 RSURE、ETNUM 将不同的单元类型编号并赋予每个区域。这个程序允许在随后的多场分析中确定单独区域。同样，在场定义中也包括辐射面单元类型（MFELEM）。

📖 4.2.2　标记场界面条件

第二步就是标记载荷传递的场表面界面及体积界面。具有共同表面界面编号的标记表面会交换面载荷数据；具有共同体积界面编号的标记体积会交换体载荷数据。

对于场间的面载荷传递，使用 SF 族命令（SF、SFA、SFE 或 SFL）和 FSIN 面载荷标记。两次应用场表面标记，一次是对于发生载荷传递的每一个场表面。当和 FSIN 标记一起执行 SF、SFA、SFE 或 SFL 命令时，场界面都使用相同的界面编号，在具有相同界面编号的场间发生载荷传递。对于跨越每一对场表面界面的载荷传递也保持唯一的界面编号。为了设定面载荷传递选项，可以通过 MFSURFACE 命令使用这些界面编号。

对于体载荷传递，使用 BFE 命令以及 FVIN 体载荷标记。两次应用场体积界面标记，一次是对于发生载荷传递的每一个场体积。当和 FVIN 标记一起执行 BFE 命令时，发生载荷传递的场界面都使用相同的界面编号，在具有相同界面编号的场间发生载荷传递。对于跨越每一对场体积界面的载荷传递也保持唯一的界面编号。为了设定体载荷传递选项，可以通过 MFVOLUME 命令使用这些界面编号。

📖 4.2.3　建立场求解

1）定义场并捕捉场求解。
2）建立界面载荷传递。
3）建立整体场求解。
4）建立交错求解。
5）建立时间和频率控制。
6）建立变形（如有必要）。
7）清除或列表设置。

1．定义场并捕捉场求解

定义场及捕捉场求解的步骤见表 4-12。

使用 MFELEM 命令定义分析的场。若定义了 10 个以上的单元类型，则使用 MFEM 命令将更多单元类型添加到场中。对于 ANSYS 多场求解器，可使用一个设定的场编号将单元类型分组到不同的场中。

为了进行分析，分组到一个场中的单元应属于同一个物理场。更确切地说，一个物理场代表一个 ANSYS 模型。该模型使用了一组求解该场的单元。例如，在压电分析中，一个耦合场单元类型组在一个场循环中同时求解电分析和结构分析。可以将这个场模型和一个热场模型中耦合起来以包含热效应。场中的单元类型数量在重启动期间一定不能变化。

表 4-12　定义场及捕捉场求解的步骤

步骤	命令	GUI 路径
通过对单元类型分组来定义场，将更多的单元类型添加到场中，或者将一个已定义的场导入到当前的分析中	MFELEM	ANSYS Main Menu → Preprocessor → Multi-field Set Up → MFS-Single Code → Define → Define ANSYS Main Menu → Solution → Multi-field Set Up → MFS-Single Code → Define → Define
	MFEM	ANSYS Main Menu → Preprocessor → Multi-field Set Up → MFS-Single Code → Define → Add elems ANSYS Main Menu → Solution → Multi-field Set Up → MFS-Single Code → Define → Add elems
	MFIMPORT	ANSYS Main Menu → Preprocessor → Multi-field Set Up → MFS-Single Cod → Import
对每一个场定义一个文件名	MFFNAME	ANSYS Main Menu → Preprocessor → Multi-field Set Up → MFS-Single Code → Define → Define ANSYS Main Menu → Solution → Multi-field Set Up → MFS-Single Code → Define → Define
对每一个场捕捉求解选项	MFCMMAND	ANSYS Main Menu → Preprocessor → Multi-field Set Up → MFS-Single Code → Capture ANSYS Main Menu → Solution → Multi-field Set Up → MFS-Single Code → Capture
在设置新的场选项之前删除所有求解选项	MFCLEAR	ANSYS Main Menu → Preprocessor → Multi-field Set Up → MFS-Single Code → Clear ANSYS Main Menu → Solution → Multi-field Set Up → MFS-Single Code → Clear

除了从一个 ANSYS 分析创建的模型中定义场以外，还可以通过 CDB 文件（CDWRITE命令）导入另一个 ANSYS 分析中定义的场。使用 MFIMPORT 命令可以将任意数量的新场导入到当前的分析中。使用此选项，可以独立地准备场模型，然后将模型连接起来进行 MFS求解。

如果一个 FLLTRAN 流体场连同其他场一起导入，则必须最后导入 FLOTRAN 流体场，以确保流体区域材料编号为 1。

对于一个 2-D 的 FSI 分析，FLOTRAN 单元必须按逆时针排序；对于一个 4-D 的 FSI分析，FLOTRAN 单元必须按正体积排序。如果单元序号不正确，就需要重新创建网格以使顺序颠倒过来。

导入选项时使用 NUMOFF 命令功能取消当前实体的数据库编号，这样就允许导入 CDB

文件上的模型。基于重新编号的单元类型编号之上，对使用 MFELEM 或 MFEM 命令定义的场进行了更新。

如果在执行 MFIMPORT 命令之前没有定义场，则程序会自动地将现有单元类型归类到一个场中（MFELEM 或 MFEM）并把所有求解选项写入一个命令文件中（MFCMMAND）。对 CDB 文件中的场赋予设定的场编号，然后被读入到数据库中。当使用 MFIMPORT 选项时要当心，因为 NUMOFF 命令功能有一些限制。

使用 MFFNAME 命令定义 MFS 分析中用到的每一个场文件名。在设定场的求解过程中，场文件名可用于所有文件。场文件名默认为场"n"，其中 n 为场编号。

对于每个场分析，MFS 分析允许确定不同的求解选项，使用 MFCMMAND 命令捕捉每个场编号的求解选项。求解选项会写到一个文件中，当对场进行求解时会读入求解选项。在设置新场的选项前，执行 MFCLEAR,SOLU 命令，可清除所有现存的求解选项。MFCLEAR,SOLU 命令将所有求解选项设置成 ANSYS 中的默认值。通过对分析选项、非线性选项、载荷步选项等执行 ANSYS 求解命令来设定每个场分析的求解选项。求解选项会写入一个指定的给定场编号的文件中。命令文件名默认为场"n"，其中 n 为场编号。

如果需要模型变形，就必须在执行 MFCMMAND 命令之前进行。

MFS 分析允许阶梯加载，也允许斜坡加载，但两者不能同时加载。KBC 命令可整体用于 ANSYS 多场求解器的所有场中，因此并不能写入到指定场的命令文件中。这种限制是由场之间一致的载荷传递问题引起的。

如果在 SOLVE 命令之前没有执行 KBC 命令，就使用斜坡加载（KBC,0）。如果多次执行 KBC 命令，则使用由最后命令设定的加载类型。

2. 建立界面载荷传递

建立界面载荷传递的步骤见表 4-13。

表 4-13　建立界面载荷传递的步骤

步骤	命令	GUI 路径
定义面载荷传递	MFSURFACE	ANSYS Main Menu → Preprocessor → Multi-field Set Up → MFS-Single Code → Interface → Surface ANSYS Main Menu → Solution → Multi-field Set Up → MFS-Single Code → Interface → Surface
定义体载荷传递	MFVOLUME	ANSYS Main Menu → Preprocessor → Multi-field Set Up → MFS-Single Code → Interface → Volume ANSYS Main Menu → Solution → Multi-field Set Up → MFS-Single Code → Interface → Volume

MFS 分析允许在标记的表面界面和体积界面间进行载荷传递。使用 MFSURFACE 命令设定通过场交界面的面载荷传递，设定传递的变量、发送和接收场编号，以及由 SF 族命令（SF，SFA，SFE 或 SFL）和 FSIN 表面载荷标记设定的场表面界面编号。使用 MFVOLUME 命令设定通过场界面的体载荷，设定传递的变量、发送和接收场编号以及由 BFE 命令和 FVIN 体载荷标记设定的场表面界面编号。

ANSYS 多场求解器不允许在重启动操作中通过相同界面的相同载荷量改变载荷传递的方向。例如，如果在先前求解过程中 Field1 通过 Interface1 发送温度到 Field2，并接收来自 Field2 的热流量，就不能在重启动操作中使 Field1 发送热流量到 Field2，并接收来自 Field2 的温度，尽管清除了相应的载荷传递命令。

不能使用 SF 族命令或 BFE 命令将外部载荷施加到任意的多场交界面上，通过 MFSURFACE 或 MFVOLUME 命令使这些界面从其他物理场获得相同的载荷。多场载荷传递将覆盖外部载荷，导致出现不正确的结果。

3．建立整体场求解

建立整体场求解的步骤见表 4-14。

表 4-14　建立整体场求解的步骤

步骤	命令	GUI 路径
打开 ANSYS 多场求解器分析	MFANALYSIS	ANSYS Main Menu → Preprocessor → Multi-field Set Up → Select method ANSYS Main Menu → Solution → Multi-field Set Up → Select method
设定整体守恒或图形保留载荷传递插值	MFINTER	ANSYS Main Menu → Preprocessor → Multi-field Set Up → MFS-Single Code → Setup → Global ANSYS Main Menu → Solution → Multi-field Set Up → MFS-Single Code → Setup → Global
设定载荷传递插值的搜索选项	MFBUCKET	ANSYS Main Menu → Preprocessor → Multi-field Set Up → MFS-Single Code → Setup → Global ANSYS Main Menu → Solution → Multi-field Set Up → MFS-Single Code → Setup → Global
设定场分析顺序	MFORDER	ANSYS Main Menu → Preprocessor → Multi-field Set Up → MFS-Single Code → Setup → Order ANSYS Main Menu → Solution → Multi-field Set Up → MFS-Single Code → Setup → Order
定义外部场（如有必要）	MFEXTER	ANSYS Main Menu → Preprocessor → Multi-field Set Up → MFS-Single Code → Setup → External ANSYS Main Menu → Solution → Multi-field Set Up → MFS-Single Code → Setup → External

可以使用 MFANALYSIS 命令激活 MFS 分析，而 MFANALYSIS,OFF 关闭（OFF 为默认设置）。

可以使用 MFINTER 命令对场界面间的载荷传递设定整体守恒或图形保留插值。整体守恒或图形保留插值可应用于力、热流量和场界面间传递的热生成。图形保留插值传递力、热流量和作为通量数量的通过场界面热生成，整体守恒插值传递如力和热率等的变量。插值默认为图形保留插值。

桶式搜索是默认选项。为了更有效地映射界面数据，这个选项将界面分割成许多小单元（桶）。可以为搜索算法定义一个比例因数（默认为 50%），桶的数量等于比例因数乘以搜索界面上的单元数。如果想要转换到整体搜索，可使用 MFBUCKET 命令。

使用 MFORDER 命令设定已定义场的求解顺序。MFORDER 命令用于设定 MFS 分析中从第一个场求解到最后一个场求解的场求解顺序。

可以定义一个外部场（MFEXTER），该场预定义了载荷，它的存在只是为了将载荷传递到另一个场中。外部场需要完全确定的载荷，且在 MFS 分析过程中并不进行求解，它只是将载荷传递到另一个场。建立外部场的方式如下：

1）如果从一个外部场中传递位移或温度，则在外部场网格上使用 D 命令设定所需的位移或温度，也可以对面或体载荷传递分别使用 MFSURFACE 或 MFVOLUME 命令设定传递的变量。

2）如果从一个外部场中传递力或热流量，则在外部场网格上使用 F 命令确定力或热率。用一个微小的位移或温度限制全场网格。

外部场功能使用一个由外部软件代码产生的简单的传递机理，而外部软件代码可以支持写出一个由节点、单元和载荷组成的 CDB 文件。

在分析中，使用 MFEXTER 命令定义外部场，在外部场上设定要传递的载荷，使用 MFSURFACE 或 MFVOLUME 命令设定通过场界面传递到其他场的载荷。

4．建立交错求解

建立交错求解的步骤见表 4-15。

表 4-15　建立交错求解的步骤

步骤	命令	GUI 路径
设置最大的交错迭代数	MFITER	ANSYS Main Menu → Preprocessor → Multi-field Set Up → MFS-Single Code → Stagger → Iterations ANSYS Main Menu → Solution → Multi-field Set Up → MFS-Single Code → Stagger → Iterations
确定收敛值	MFCONV	ANSYS Main Menu → Preprocessor → Multi-field Set Up → MFS-Single Code → Stagger → Convergence ANSYS Main Menu → Solution → Multi-field Set Up → MFS-Single Code → Stagger → Convergence
确定松弛值	MFRELAX	ANSYS Main Menu → Preprocessor → Multi-field Set Up → MFS-Single Code → Stagger → Relaxation ANSYS Main Menu → Solution → Multi-field Set Up → MFS-Single Code → Stagger → Relaxation

使用 MFITER 设置 MFS 分析中场之间最大的交错迭代数。在每一个交错回路末端，耦合算法会检测通过界面传递的量的收敛情况。若界面量已经收敛，则分析会进入下一个时间步。交错求解会一直进行，直至达到最大的交错迭代数，或者发生收敛为止。默认为 10 个交错迭代。

使用 MFSCONV 设定通过每个场界面的表面和体积界面处传递的量的收敛准则。默认为 0.001。插值算法（整体守恒或图形保留）确定通过场界面传递的量。

使用 MFRELAX 确定通过表面和体积场界面的载荷传递变量的松弛值。如果对 MFS 分析的每一个时间步长使用一个交错迭代，则对所有量使用一个松弛值 1.0，默认松弛值为 0.75。使用 MFFR 命令使场解松弛，以便在耦合问题中得到一个最佳的收敛速率，尤其适用于需要动态松弛的情况。施加 MFFR 命令的 ANSYS 场在每一个多场交错求解中仅进行一次非线性交错迭代，通过多个多场交错使场求解器满足收敛。ANSYS 不会终止非线性场求解，直到场求解器收敛，或者达到 MFITER 命令设定的最大多场交错数。

5. 建立时间和频率控制

建立时间和频率控制的步骤见表 4-16。

表 4-16　建立时间和频率控制的步骤

步骤	命令	GUI 路径
对 MFS 分析设置终止时间	MFTIME	ANSYS Main Menu → Preprocessor → Multi-field Set Up → MFS-Single Code → Time Ctrl ANSYS Main Menu → Solution → Multi-field Set Up → MFS-Single Code → Time Ctrl
对 MFS 分析设置时间步长增量	MFDTIME	ANSYS Main Menu → Preprocessor → Multi-field Set Up → MFS-Single Code → Time Ctrl ANSYS Main Menu → Solution → Multi-field Set Up → MFS-Single Code → Time Ctrl
对每一个场分析设置时间步长增量	DELTIM	ANSYS Main Menu → Preprocessor → Loads → Load Step Opts → Time/Frequency → Time - Time Step ANSYS Main Menu → Solution → Load Step Opts → Time/Frequency → Time - Time Step
确定一个重启动（如有必要的话）	MFRSTART	ANSYS Main Menu → Preprocessor → Multi-field Set Up → MFS-Single Code → Time Ctrl ANSYS Main Menu → Solution → Multi-field Set Up → MFS-Single Code → Time Ctrl
对一个场设定一个计算频率（如有必要）	MFCALC	ANSYS Main Menu → Preprocessor → Multi-field Set Up → MFS-Single Code → Frequency ANSYS Main Menu → Solution → Multi-field Set Up → MFS-Single Code → Frequency
对 MFS 分析设定输出频率	MFOUTPUT	ANSYS Main Menu → Preprocessor → Multi-field Set Up → MFS-Single Code → Frequency ANSYS Main Menu → Solution → Multi-field Set Up → MFS-Single Code → Frequency

使用 MFTIME 命令设定 MFS 分析的终止时间，终止时间应为许多时间步长增量。可以使用 MFDTIME 命令设定初始时间步长、最小时间步长和最大时间步长。求解仅支持恒定的时间步进。时间步长增量和终止时间默认为 1。时间步长如图 4-19 所示。

必须设定每一个场分析的时间步长增量。对结构、热和电磁分析使用 DELTEM 命令，对流体分析使用 FLDATA4、TIME、STEP、VALUE 命令。在场分析中还可以使用自动时间步长（AUTOTS）。

每一个场分析的时间步长增量应小于或等于 MFS 分析的时间步长增量。分析子循环沿每个场分析，以便通过场界面的载荷传递发生在由 MFDTIME 命令设定的时间增量处。MFCMMAND 命令捕捉每一个场分析的时间步长。

可以从最后一个时间步长开始，也可以从结果文件中最后一个收敛解开始重启动 MFS 分析。

单框和多框的重启动都是允许的。

使用 MFCALC 设置分析中给定场的计算频率。在每个时间步长处或每个第 N 个时间步长处可以获得任何一个给定场的场解。计算频率选项仅适用于使用谐波分析或稳态分析的场。例如，当传递的场量在设定的时间增量(MFDTIME)中变化不大时，该选项可跳过一个时间步长中的谐波场解（和载荷传递更新）。

使用 MFOUTPUT 设置关于时间步长（MFDTIME）分析结果的输出频率。可以在每个时间步长处或每个第 N 个时间步长处写出输出频率。输出频率应用于每个场结果文件中。

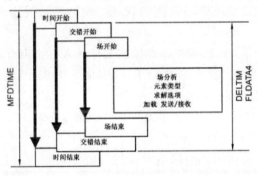

图 4-19　时间步长

6．设置变形（如有必要）

在 MFS 分析中，结构的偏差会影响周围非结构场的求解。一个很好的例子就是 MEMS 结构中的静电-结构相互作用，其中结构变形改变了静电场，而静电场反过来又改变静电力以及因而产生的变形。为了模拟这种行为，结构周围的场网格必须更新以与结构偏差一致。更新场网格的过程称为变形。对于一个已定义的表面界面，通过使用 MFSURFACE 命令，结构场把位移发送到非结构场。ANSYS 多场求解器使用 MORPH 命令调用给定场模型中的变形，建立变形的步骤见表 4-17。

MORPH 命令可用于任何一个非结构场分析（不包含流体单元）。该命令激活了非结构单元的 UX、UY、UZ 自由度，为的是将边界条件施加到场网格上，以限制变形过程中非结构网格的移动。在场求解之前的非结构场交错过程中，使用结构场和非结构场之间的表面界面处传递的位移，使场网格发生变形。

表 4-17　建立变形的步骤

步骤	命令	GUI 路径
打开变形（如有必要）	MORPH	ANSYS Main Menu → Preprocessor → Loads → Load Step Options → Other → Element Morphing ANSYS Main Menu → Solution → Loads → Load Step Options → Other → Element Morphing

准备用于变形的非结构网格的过程如下所示。同时，在执行 MFCMMAND 命令前，必须完成以下步骤：

1）创建非结构模型和网格。

2）通过执行变形命令（MORPH, ON）设置变形和网格重划分控制。使用 MORPH 命令可以设定网格重划分控制，如最大许用单元尺寸的改变量或长宽比等。使用 MORPH 命令可以开启所有除了 FLOTRAN 流体场变形之外的非结构场变形。对于 FLOTRAN 流体场，使用 KEYOPT, ITYPE, 4, 1 命令进行变形。

如果在求解过程中激活变形，则变形会保持活动状态直到关闭为止。为了避免结构场中出现非预期的变形，可在执行 MFCMMAND 命令之前执行 MORPH, OFF 命令。如果所有场的变形都是打开的，则建议对所有场有明确的定义变形（或者开启或者关闭）。

3）将合适的结构边界条件限制施加到非结构网格边界上（通常将位移的垂直分量设为 0）。

每一次网格重划分后，新的数据库和结构文件写入时会带有扩展名 .rth0n 和 .db0n。其中，n 为网格重划分文件编号（FieldName.rth01，FieldName.rth02，… 和 FieldName.db01，FieldName.db02 等）。

最初的数据库文件为 FieldName.db0。FieldName.db01、FieldName.db02 等文件中具有从实体模型中分离出来的单元。

变形场必须位于整体笛卡儿坐标系中（CSYS=0）。

> **注意**：MORPH 选项不同于 DAMORPH、DVMORPH 和 DEMORPH。DAMORPH、DVMORPH 和 DEMORPH 与 ANSYS 多场求解器不兼容。

7. 清除或列表设置

清除或列出 MFS 分析设置的步骤见表 4-18。

4.2.4　获得解

为了从结果文件中最后一个时间步长或最后一个收敛解处获得解或者重启动 ANSYS 分析，可以使用表 4-19 中的命令。

表 4-18　清除或列出 MFS 分析设置的步骤

步骤	命令	GUI 路径
删除 MFS 分析设置	MFCLEAR	ANSYS Main Menu → Preprocessor → Multi-field Set Up → MFS-Single Code → Clear ANSYS Main Menu → Solution → Multi-field Set Up → MFS-Single Code → Clear
列出 MFS 分析设置	MFLIST	ANSYS Main Menu → Preprocessor → Multi-field Set Up → MFS-Single Code → Status ANSYS Main Menu → Solution → Multi-field Set Up → MFS-Single Code → Status

📖 4.2.5　对结果进行后处理

为了对分析进行后处理，必须提供数据库，并且选择适当的结果文件。使用 POST1 或 POST26 中的 FILE 命令选择适当的结果文件，结果文件名称基于由 MFFNAME 命令用到的设置之上，使用标准 ANSYS POST1 和 POST26 命令检查结果。在对结果（ESEL）进行后处理之前，一定要对选定的结果文件选择合适的场单元类型。MFS 分析不支持对场结果同时进行后处理。

表 4-19　获得解及重启动 ANSYS 分析的步骤

步骤	命令	GUI 路径
获得解	SOLVE	ANSYS Main Menu → Solution → Current LS
重启动 MFS 分析	MFRESTART	ANSYS Main Menu → Preprocessor → Multi-field Set Up → MFS-Single Code → Time Ctrl ANSYS Main Menu → Solution → Multi-field Set Up → MFS-Single Code → Time Ctrl

使用随时间变化的（POST26）后处理器时，如果先进行结果分析，再进行 FLOTRAN 分析（MFOR），则 FLOTRAN 分析要关闭某些结构自由度。在执行 FILE,fname,rst 命令之后，必须执行 STORE,NEW 命令，以确保对它们各自的后处理已经激活了必要的结构自由度。

多场求解器仅限于单框重启动。因而，当有一个活动的数据库时，就不能从结果中得到正确的接触力。为了得到正确的接触力，仅使用最后一个数据库文件（执行 SOLVE 命令之后立即保存），没有数据库时仅读取结果文件。

为了仅使用数据库：

```
/solu
solve
save
fini
/clear
```

```
resume,file,db
/post1
esel,s,ename, ,174
nsle
fsum, ,cont
```

为了在没有数据库时读取结果文件：

```
/clear
/post1
file,struct,rst
set,s,ename, ,174
nsle
fsum, ,cont
```

非结构单元的位移为网格位移，可以避免出现网格扭曲，但是在结构场和非结构场之间的界面之外并没有物理意义。

第 5 章

使用代码耦合的多场求解分析

本章描述了 ANSYS 多场求解器-多代码耦合（MFX），它适用于许多耦合分析问题。MFX 求解器是两种版本 ANSYS 多场求解器之一。MFX 求解器主要用于流体-结构交互作用分析，使用 ANSYS Multiphysics（或 Mechanical）求解分析的结构部分，使用 ANSYS CFX-FCS 求解流体部分。

本章介绍 MFX 工作原理，求解过程以及如何启动和停止 MFX 分析。

- MFX 如何工作
- MFX 求解过程
- 启动和停止 MFX 分析

本章描述了 ANSYS 多场求解器-多代码耦合（MFX），它适用于许多耦合分析问题。MFX 求解器是两种版本 ANSYS 多场求解器之一。MFX 求解器可用于模拟分布于运行在一个或多个机器上的多个代码之间（如在 ANSYS Multiphysics 或 Mechanical 和 ANSYS CFX 之间）的物理场。这样，这个求解器就可以提供比 MFS 版本（物理上）更复杂、更大的模型。

在 MFX 求解器中，一个"场求解器"是不同代码各自的运行算例。使用交错迭代耦合这些场求解器。在每一个迭代过程中，每个场求解器从其他场求解器中获得载荷，并且继续求解它自己的物理场，迭代会一直持续到所有物理场解和载荷收敛为止。使用基于超过标准因特网套接字的通信协议上的客户机/服务器,完成潜在地运行在不同机器上的场求解器间的耦合。考虑到最大的适应性和延展性，并不需要第三方软件。

MFX 求解器主要用于流体-结构交互作用（FSI）分析（包括共轭传热），其中使用 ANSYS Multiphysics（或 Mechanical）求解分析的结构部分，使用 ANSYS CFX-FCS 求解流体部分。典型的应用如下：

- 生物医学应用（如药品输送泵、静脉导管、支架设计的弹性动脉模拟）。
- 航空航天应用（如机翼摆动、涡轮发电机）。
- 汽车应用（如引擎罩下冷却、HVAC 加热/冷却、热交换器）。
- 流体运送应用（如阀、燃料注射元件、压力调节器）。
- 土木工程应用（如结构的风和流体载荷）。
- 电子冷却。

如果不熟悉 ANSYS 多场求解器，可在使用 MFX 之前先阅读 ANSYS 多场求解器部分，也需要熟悉 CFX。

MFX 分析需要建立场求解器控制。使用 ANSYS 或使用独立模式中的 ANSYS CFX 或 ANSYS CFX Workbench 模式完成建立任务。

本章描述了如何使用 ANSYS Multiphysics（或 Mechanical）和 ANSYS CFX-FCS 软件包进行流体-结构交互作用分析。ANSYS 或 CFX 中的 HP AlphaServer 或 Fujitsu 系统不支持 MFX 求解器。

为了使用 MFX 求解器，分析就必须满足以下要求：

1）分析必须是三维的。

2）ANSYS 模型必须是单场模型，载荷传递涉及的单元必须为 3-D 单元，并且具有结构或热自由度。

3）仅传递面载荷。有效的面载荷为位移、温度、力和力密度和热流量。

4）只能耦合两个场求解器，一个 ANSYS 和一个 CFX。给定的分析只能具有两个场求解器间的一个耦合，但是可以有多个载荷传递。

5）ANSYS 场不能是分布式的，但是 CFX 场可以使用 CFX 的并行处理能力。使用并行处理求解的 CFX 场仍然认为是单场求解器。

6）分析必须批处理运行。

7）仅支持单框重启动。

8）ANSYS 允许稳态和瞬态分析，但是 CFX 仅允许瞬态分析。

5.1 MFX 如何工作

ANSYS 代码工作原理：读取所有的多场命令，从 CFX 代码中获取界面网格，进行映射，以及将时间和交错环控制传达给 CFX 代码。由 ANSYS 生成的映射用于在耦合界面每一侧上的不同网格之间插入载荷。每一个场求解器通过连续的多场时间步长和每一个时间步长中的交错（耦合）迭代向前推进。在每个交错迭代过程中，每个场求解器从其他场求解器中获取所需的载荷，然后求解自己的物理场。

使用 CFX 的并行处理能力运行 CFX 场求解器，以作为 ANSYS 在相同的或一个不同的平台上运行大规模的、并行的 CFD 作业。

5.1.1 同步点和载荷传递

使用 MFX 时，通过流-固交互作用分析传递数据。传递数据的点称为同步点。数据只能在同步点处发送或接收，如图 5-1 所示。

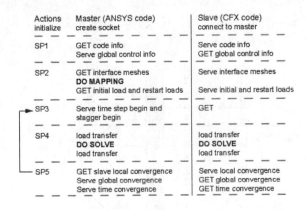

图 5-1 MFX 数据通信方法

在每一个同步点处，ANSYS 和 CFX 代码相继转换它们的客户机权限：客户机代码查询服务器代码以得到信息，服务器代码提供数据直到它收到命令来获得客户机权限，或者被要求进到下一个同步点。对于载荷传递，在求解之前，每一个代码都会从其他代码中获得所有界面的边界条件，这取决于场求解器是否会同时或顺序求解（在由 MFPSIMUL 命令定义的相同组中），在求解之前或之后，代码会分别提供载荷。

5.1.2 载荷插值

在同步点处，ANSYS 和 CFX 代码通过流-固界面互相传递载荷。MFX 求解器自动探测界面每一侧的网格是否相同。可用两种插值方法：图形保留插值和守恒插值。MFX 中用到的图形保留插值和 MFS 中的一样。

MFX 中的守恒插值取代了 MFS 中用到的整体守恒插值。在基本插值技术中，守恒插值不同于其他两种插值。

1）图形保留插值方法在 MFS 和 MFX 中都用到，根据发送端的单元面的值，插入接收端的节点的值。

2）MFS 中用到的整体守恒插值将发送端节点的值分配到接收端的单元面上。

3）MFX 中用到的守恒插值将发送端的单元插值（IP）面映射到接收端的单元 IP 面上。

4）图形保留和整体守恒插值方法都使用桶式搜索算法把一个节点映射到一个单元面上。

5）守恒插值使用树形搜索算法把一端的一个 IP 面映射到另一端的所有 IP 面上，这些面与给定的面相交。

在守恒插值中，每个单元面先被划分成 n 个 IP 面，n 为面上的节点数，然后三维 IP 面转换成一个由被称为像素的原点的行和列组成的二维多边形。默认情况下，这些像素的分辨率为 100×100。使用 MFCI 命令增加分辨率和提高算法的精度，一定要注意增加分辨率时也会增加时间和内存的需求。接下来，通过使用像素图像，发送端的转换多边形与接收端的 IP 多边形相交。多边形相交创建了许多重叠区域，这些重叠区域称为控制面，然后使用这些控制面在两端之间传递载荷，如图 5-2 所示。

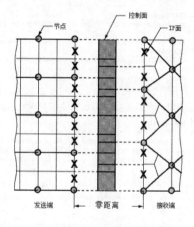

图 5-2　守恒插值

守恒插值一般能够保存局部分布，因此还可以用于插入网格位移和温度。按面积加权的方式从发送端的所有 IP 面中插入位移和温度变量，而这些 IP 面与给定节点周围的节点的 IP 区域相交，因此守恒插值能消除发送端局部图形中存在的任何一个数值振荡。但是在某些特殊问题中，局部分布的图形不能保留到与图形保留插值方法相同的程度。

如果发送端的面与接收端的面相匹配，那么总力和热流量首先传递到控制面，再在接收端的面上重新分布而没有任何损失。因此，总的载荷传递（单元级上的整体和局部）都是守恒的。尽管网格形状和大小、栅格拓扑以及界面上的面分布各不相同，但守恒性质是不变的。

如果发送端的面和接收端的面不匹配，那么发送端非映射区域上的总力和热流量就不能传递到控制面上，接收端的总力及热流量与发送端的不相等。确切地说，总的不平衡为发送端非映射区域中的总力和热流量的数量不平衡。

📖5.1.3　支持的单元和载荷类型

MFX 支持所有 ANSYS 3-D 单元，包括结构单元（实体单元和壳单元）、热单元、电磁单元以及耦合场单元，但是只有支持带有场表面界面（FSIN）标记的面载荷传递 SF 族命令（SF、SFA、SFE 或 SFL）的单元才能参与载荷传递，在分析过程中需要在将载荷传递到其他场的面（FSIN）处标记这些单元。分析中也可以使用其他单元类型，但它们不能参与载荷传递，并且不能位于界面上。MFX 仅支持场之间的机械载荷和热载荷传递。

📖5.1.4　求解过程

MFX 的求解过程如图 5-3 所示。ANSYS 代码读取所有 MFX 命令、进行映射，以及为 CFX 提供时间步长和交错回路控制。用 MFANALYSIS 命令激活多场求解。求解回路由多场时间回路和多场交错回路组成。

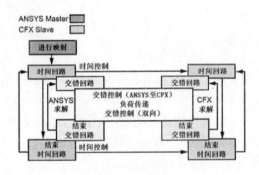

图 5-3　MFX 的求解过程

ANSYS 场求解器支持瞬态和稳态分析。CFX 仅支持瞬态分析。如果想要稳态求解，在 ANSYS 上运行稳态分析有助于 CFX 更快地获得一个解。

时间回路对应于多场分析的时间步长回路，用 MFTIME 命令进行设置。使用 MFDTIME 命令设定时间步长。

在每个时间步长内是交错回路。交错回路用于 MFX 求解中的场的隐式耦合。交错迭代数用于 MFX 分析中的每个时间步长。在时间步长回路中的每个步长内，交错回路中的场求解一直重复直到收敛。交错回路内执行的迭代数由场之间载荷传递的收敛决定，或者由 MFITER 命令所设定的最大交错迭代数决定。对于一个在 CFX 中进行的瞬态分析，交错迭代包含许多 CFX 系数迭代，这个会循环到达到收敛为止，或者达到最大系数迭代数为止。在每个交错回路处发生场间的载荷传递。在载荷传递之后检查是否达到整体收敛。如果载荷传递没有达到整体收敛，就要进行另一个交错回路。

使用 MFLCOMN 命令设定场求解器之间的面载荷传递。各个场求解器中使用的网格在界面上不同的。在求解一个给定场之前，从其他场求解器中获取所有必需的载荷。载荷可以在场求解器求解之前传递，也可以在求解之后传递，这取决于场求解器组是顺序求解还是同时求解。

5.2 MFX 求解过程

1）建立 ANSYS 和 CFX 模型。

2）标记场界面条件。

3）建立输入。

4）获得解。

5）多场命令。

6）对结果进行后处理。

5.2.1 建立 ANSYS 和 CFX 模型

要进行 MFX 分析，必须首先建立 ANSYS 和 CFX 模型（如网格、边界条件、分析选项、输出选项等）。

5.2.2 标记场界面条件

用界面编号标记 ANSYS 表面，用界面名称标记 CFX 表面，用带有 FSIN 面载荷标记的 SF 族命令（SF、SFA 或 SFE）定义 ANSYS 界面，把 CFX 界面定义成一个边界条件，它具有与 ANSYS Multi-field 相关量的选项设置。在 ANSYS 和 CFX 场求解器之间的标记界面上发生载荷传递。使用 MFLCOMN 命令设定面载荷传递，在一个 MFX 操作中执行多个 MFLCOMN 命令，以设定多个界面编号或界面名称。

5.2.3 建立输入

1）建立整体 MFX 控制。

2）建立界面载荷传递。

3）建立时间控制。

4）建立映射运算。

5）建立交错求解。

6）列出或清除设置。

1. 建立整体 MFX 控制

建立整体 MFX 控制的步骤见表 5-1。因为没有默认设置，故必须设定求解顺序（MFSORDER）。

使用 MFANALYSIS 命令激活 ANSYS 多场求解器分析，执行 MFANALYSIS,OFF 关闭分析（OFF 为默认设置）。

使用 MFPSIMUL 命令设定想要同时求解的场求解器的组。例如，一个同时具有 ANSYS 和 CFX 场求解器的组会产生以下行为：ANSYS 从 CFX 中获得载荷，CFX 从 ANSYS 中获得载荷，然后两个求解器同时进行求解，如图 5-4 所示。需要两个 MFPSIMUL 命令（每个都包含一个场求解）处理和同时求解场求解器，如图 5-5 所示。

表 5-1　建立整体 MFX 控制的步骤

步骤	命令/选项	GUI 路径
打开 ANSYS 多场求解器	MFANALYSIS	ANSYS Main Menu → Preprocessor → Multi-field Set Up → Select method ANSYS Main Menu → Solution → Multi-field Set Up → Select method
对顺序求解或同时求解建立场求解器组	MFPSIMUL	ANSYS Main Menu → Preprocessor → Multi-field Set Up → MFX-ANSYS/CFX → Solution Ctrl ANSYS Main Menu → Solution → Multi-field Set Up → MFX-ANSYS/CFX → Solution Ctrl
设定求解顺序	MFSORDER	ANSYS Main Menu → Preprocessor → Multi-field Set Up → MFX-ANSYS/CFX → Solution Ctrl ANSYS Main Menu → Solution → Multi-field Set Up → MFX-ANSYS/CFX → Solution Ctrl

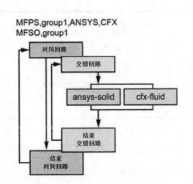

图 5-4　同时求解的 ANSYS 和 CFX 场

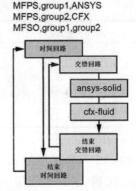

图 5-5　顺序求解的 ANSYS 和 CFX 场

使用 MFSORDER 命令设定求解顺序，在这个过程中对由 MFPSIMUL 命令确定的场求解器的组进行处理。

如果使用 GUI 创建 ANSYS 输出文件，ANSYS 会自动地使用 ANSYS 作为 ANSYS 场求解器的名称，使用 CFX 作为 CFX 场求解器的名称。在这种情况下，当从启动台运行 MFX 时，必须使用 ANSYS 和 CFX（大写字母）作为场求解器名称。

如果交互式地工作，ANSYS 就会产生 MFPSIMUL 和 MFSORDER，如图 5-4 和图 5-5 所示。这取决于选择的是同时求解还是顺序求解，在这一点上设定整体松弛因子（参考 MFRELAX, ALL, VALUE）。

1）为了建立同时求解，可使用一次 MFPSIMUL 命令，该命令有一个组名称和两个场求解器名称。此外，使用 MFSORDER 命令设定求解顺序。

2）要建立顺序求解，可使用 MFSIMUL 命令建立两个组，每个时间只有一个场，然后使用 MFSORDER 命令设定求解顺序。

使用 MFPSIMUL 和 MFSORDER 命令，根据所求解的场之间物理耦合的本质，对计算资源的使用进行优化。

弱耦合场通常要同时求解（如通过一个 MFPSIMUL 命令）。在这种情况下，由于场求解器不需等待另一个场求解器中的结果/载荷，所以总的仿真时间会减少。如果场是强烈耦合的，由于每个场求解器中施加不新的结果/载荷，所以同时求解会使求解过程不稳定。强耦合场应该顺序求解（如通过多个 MFPSIMUL 命令），这可确保把一个场求解器中的最新的结果/载荷施加到另一个场。通常需要使用多个交错迭代在每个多场时间步长末端获得一个全隐式解。

在大多数仿真中，一个场求解器中的物理过程会驱动另一个场中的物理过程。例如，在许多 FSI 情况下，流体场产生的力会导致固体场中的应变。在这种情况下，应该使用 MFSORDER 命令，设定首先求解"驱动器"的场求解器（在这种情况下为流体场）。

2. 建立界面载荷传递

MFX 允许标记表面上的载荷传递。使用 MFLCOMN 命令建立 ANSYS 和 CFX 代码之间的载荷传递，见表 5-2。由于没有默认设置，故必须设定载荷传递信息。

表 5-2　建立界面载荷传递的步骤

步骤	命令/选项	GUI 路径
建立载荷传递	MFLCOMN	ANSYS Main Menu → Preprocessor → Multi-field Set Up → MFX-ANSYS/CFX → Load Transfer ANSYS Main Menu → Solution → Multi-field Set Up → MFX-ANSYS/CFX → Load Transfer

设定场求解器发送量和接收量的名称、面名称或编号及传递的变量。插值选项，即守恒或图形保留（非守恒的），决定载荷是如何在场中传递的。对热流量和力使用 Conservative（CPP），对热流量和力密度使用 Profile Preserving（NONC），对网格位移和温度可使用任何一个插值方法。如 MFLCOMN 命令描述中所强调的，插值类型需要和 CFX 代码中的数据传递类型一致

如果交互式地工作，可以选择两个预定义的组合，即 Mechanical 或 Thermal，或者选择一个 Custom 选项。如果选择 Mechanical 载荷类型，则会传递总力和总网格位移的数据（分别对应于 ANSYS FORC 和 DISP 标志）。如果选择了 Thermal 载荷类型，则会传递温度和壁面热流量的数据（分别对应于 ANSYS TEMP 和 HFLU 标志）；如果选择了 Custom，就可以选择任何一个有效的如 MFLCOMN 命令描述中所描述的标志和选项的组合；如果留下 CFX Region Name 作为"默认"，CFX 会自动地寻找相应的多场界面名称。

注意：在一个 MFX 运行中执行多个 MFLCOMN 命令可设定多个界面编号或界面名称（多达 50 个）。

在一个重启动运行中，对通过相同界面的相同的载荷量，ANSYS 多场求解器不能改

变载荷传递的方向。例如，如果在前面的求解中 Field1 把温度发送到 Field2，并接收来自 Field2 的通过界面的热流量，那么在重启动运行中 Field1 就不能发送热流量到 Field2，也不能接收来自 Field2 的通过相同界面的温度，尽管清除了相应的载荷传递命令。不能使用 SF 族命令或 BFE 命令将外部载荷施加到任意的多场界面上，这些界面可通过 MFSURFACE、MFVOLUME 或 MFLCOMN 命令从其他物理场中获得相同的载荷。多场载荷传递会覆盖外部载荷，从而产生不正确的结果。

3. 建立时间控制

表 5-3 列出了建立时间控制的步骤。

表 5-3　建立时间控制的步骤

步骤	命令	GUI 路径
设置 ANSYS 多场求解器分析的终止时间	MFTIME	ANSYS Main Menu → Preprocessor → Multi-field Set Up → MFX-ANSYS/CFX → Time Ctrl ANSYS Main Menu → Solution → Multi-field Set Up → MFX-ANSYS/CFX → Time Ctrl
设置 ANSYS 多场求解器分析的时间步长	MFDTIME	ANSYS Main Menu → Preprocessor → Multi-field Set Up → MFX-ANSYS/CFX → Time Ctrl ANSYS Main Menu → Solution → Multi-field Set Up → MFX-ANSYS/CFX → Time Ctrl
重启动 ANSYS 多场求解器分析（如有必要）	MFRSTART	ANSYS Main Menu → Preprocessor → Multi-field Set Up → MFX-ANSYS/CFX → Time Ctrl ANSYS Main Menu → Solution → Multi-field Set Up → MFX-ANSYS/CFX → Time Ctrl

使用 MFTIME 命令设定 MFX 分析的终止时间。使用 MFDTIME 命令设定一个初始时间步长、最小时间步长、最大时间步长以及时间步长携带钥匙（对重启动）。时间步长和终止时间都默认为 1。如果 MFDTIME 命令中的 DTMIN 和 DTMAX 都和 DTINE 不相等，则对多场时间回路会打开自动时间步长，ANSYYS 会自动地调整下一个多场时间步长，以在 DTMIN 和 DTMAX 之间发生步长，这基于当前收敛的情况、目标交错迭代数（由 MFITER 设定）以及需要在当前时间步长处达到收敛的实际迭代数。

还必须对每个 ANSYS 场分析设定时间步长增量。自动时间步长（AUTOTS）可用于场分析中。每个 ANSYS 场分析的时间步长增量应该小于或等于全部分析的时间步长增量。分析允许 ANSYS 场中的子循环，而 CFX 不支持子循环，所以 CFX 的内部时间步长应该与多场时间增量相同。

MFX 支持单框重启动和多框重启动（正如模型的物理环境所允许的一样）。

单框重启动例子。在 MFX 中输入单框重启动如下：

```
resume,,db
/solu
mfrs,5,SING
```

```
mfti,50
solve
alls
save
finish
```

多框重启动例子。在 MFX 中输入多框重启动如下：

```
/solu
mfrs,5,MULT
mfti,10
solve
alls
save
finish
```

4. 建立映射运算

建立映射运算的步骤见表 5-4。

表 5-4　建立映射运算的步骤

步骤	命令/选项	GUI 路径
对图形保留（NONC）插值方法用到的界面映射设定一个搜索选项	MFBUCKET	ANSYS Main Menu → Preprocessor → Multi-field Set Up → MFX-ANSYS/CFX → Advanced Set Up → Mapping ANSYS Main Menu → Solution → Multi-field Set Up → MFX-ANSYS/CFX → Advanced Set Up → Mapping
激活图形保留（NONC）插值方法用到的法向距离检测	MFTOL	ANSYS Main Menu → Preprocessor → Multi-field Set Up → MFX-ANSYS/CFX → Advanced Set Up → Mapping ANSYS Main Menu → Solution → Multi-field Set Up → MFX-ANSYS/CFX → Advanced Set Up → Mapping
设置守恒（CPP）插值方法用到的控制参数	MFCI	ANSYS Main Menu → Preprocessor> → Multi-field Set Up → MFX-ANSYS/CFX → Advanced Set Up → Mapping ANSYS Main Menu → Solution → Multi-field Set Up → MFX-ANSYS/CFX → Advanced Set Up → Mapping

当采用图形保留插值方法时，必须使用桶式搜索方法，该方法为默认设置。如果关闭桶式搜索选项，就会收到错误信息，并且求解会停止。为了更有效地映射界面数据，这个选项把界面分割成大小几乎相等的小细胞（桶）。可对搜索设定一个比例因数（默认值为 50%），桶数等于比例因数乘以搜索界面处的单元数。当法向距离检测（MFTOL）被激活时，映射工具会检测从一个节点到最近单元的法向距离。如果法向距离超过了公差值，则认为节点是不正确映射的节点，映射工具会创建一个元件来形象地显示不正确映射的节点。如果 CFX 网格在图形保留插值中为接收端或在守恒插值中为发送端，并且节点是不正确映射的节点，由于 CFX 节点并没有存在于 ANSYS 数据库中，则 ANSYS 中产生的节点元件应该可以忽略不计。当使用守恒插值方法时，MFX 会自动地选择一个基于八叉树的二分搜索方法，搜寻与界面另一侧源面相交的所有面。对于一个不同的网格界面，

一个网格节点映射到其他网格中的一个单元的局部坐标上。用一个相对分离因数处理界面两侧之间的间隙，并可用 MFCI 命令调整该因数。

5. 建立交错求解

建立交错求解的步骤见表 5-5。使用 MFITER 命令对每个多场时间步长设置场求解器之间的最大的交错迭代数。在每个交错迭代末端，ANSYS 检测通过界面和每个场求解器内部场传递量的收敛情况。如果界面量已经收敛，则分析进入下一个时间步长。交错迭代持续到达到最大的交错迭代数为止，或者持续到发生收敛为止。默认为 10 个交错迭代。对 MFX 中的自动时间步长，可以设定一个最小的交错迭代（MFITER, MINITER）和一个目标交错迭代（预期的交错迭代数）（MFITER, TARGET）。

表 5-5　建立交错求解的步骤

步骤	命令	GUI 路径
设置最大的交错迭代数	MFITER	ANSYS Main Menu → Preprocessor → Multi-field Set Up → MFX-ANSYS/CFX → Advanced Set Up → Iterations ANSYS Main Menu → Solution → Multi-field Set Up → MFX-ANSYS/CFX → Advanced Set Up → Iterations
设定收敛值	MFCONV	ANSYS Main Menu → Preprocessor → Multi-field Set Up → MFX-ANSYS/CFX → Advanced Set Up → Convergence ANSYS Main Menu → Solution → Multi-field Set Up → MFX-ANSYS/CFX → Advanced Set Up → Convergence
设定松弛值	MFRELAX 或 MFFR（MFFR 仅为 GUI）	ANSYS Main Menu → Preprocessor → Multi-field Set Up → MFX-ANSYS/CFX → Advanced Set Up → Relaxation ANSYS Main Menu → Solution → Multi-field Set Up → MFX-ANSYS/CFX → Advanced Set Up → Relaxation

使用 MFCONV 命令设定界面处通过每个场的传递量的收敛标准。默认值为 0.001。

必须对每个耦合场求解器中求解的场设置迭代控制和收敛标准，迭代控制对控制耦合分析的效率和稳定性是非常重要的。收敛标准对控制每个场求解器提供的解的精确性是非常重要的，一般建议如下：

a）设置收敛标准以获得预期水平的求解精确性。

b）将最大的交错迭代设为某个值，这个值要满足每个多场时间步长的收敛标准。

c）在执行每个场求解器过程中限制所做的工作（如迭代），以保持紧密的耦合及提高效率和稳定性。

使用 MFRELAX 命令对通过面的载荷传递变量设定松弛值，松弛默认值为 0.75。Option=RELX 通常会提供一个更稳定的和更平滑的载荷传递，并且可适用于强烈耦合的问题（如 FSI 问题）。如果对每个多场时间步长使用一个交错迭代，则必须对所有量使用一个松弛值 1.0。在耦合问题中，尤其是在需要动态松弛的情况下，为了得到一个最佳的收敛速率，可使用 MFFR 命令使场解松弛。施加 MFFR 命令的 ANSYS 场在每个多场交错内部只能进行一次非线性交错迭代，通过多个多场交错来满足 ANSYS 场求解器的收敛。

CFX 场求解器在场求解器内可以有多个迭代。ANSYS 不会终止非线性场求解，直到 ANSYS 场求解器收敛或达到 MFITER 设定的最大多场交错数。

6．列出或清除设置

列出或清除分析设置的步骤见表 5-6。

表 5-6　列出或清除分析设置的步骤

步骤	命令	GUI 路径
列出 ANSYS 多场求解器分析设置	MFLIST	ANSYS Main Menu → Preprocessor → Multi-field Set Up → MFX-ANSYS/CFX → Status ANSYS Main Menu → Solution → Multi-field Set Up → MFX-ANSYS/CFX → Status
清除载荷传递设置	MFCLEAR	ANSYS Main Menu → Preprocessor → Multi-field Set Up → MFX-ANSYS/CFX → Clear ANSYS Main Menu → Solution → Multi-field Set Up → MFX-ANSYS/CFX → Clear

5.2.4　获得解

如果交互式地工作，可按照表 5-7 中的步骤和命令写出 MFX 必需的输出文件。

表 5-7　写出 MFX 输出文件的步骤

步骤	命令	GUI 路径
写出 MFX 输出文件	MFWRITE	ANSYS Main Menu → Preprocessor → Multi-field Set Up → MFX-ANSYS/CFX → Write input ANSYS Main Menu → Solution → Multi-field Set Up → MFX-ANSYS/CFX → Write input

对于不能交互式的求解，必须执行 MFWRITE 命令，写出包含所有 MFX 数据的输出文件，然后和必需的 CFX 输入一起，递交输出文件作为批处理作业。当使用 MFWRITE 命令或通过启动台写出输入文件时，ANSYS 会在输出文件结尾增加/SOLU、SOLVE 和 FINISH 命令。

5.2.5　多场命令

对多场分析有效的命令见表 5-8。

注意：这些命令只对 MFX 中的 ANSYS 场有效。

最后，使用 CFX-Post 对流体结果进行后处理。

表 5-8　对多场分析有效的命令

命令	对 ANSYS 多场求解器有效	对 MFX 有效	命令	对 ANSYS 多场求解器有效	对 MFX 有效
MFANALYSIS	yes	yes	MFLCOMN		yes
MFBUCKET	yes	yes	MFLIST	yes	yes
MFCALC	yes		MFMAP	yes	
MFCI		yes	MFPSIMUL		yes
MFCLEAR	yes	yes	MFORDER	yes	
MFCMMAND	yes		MFOUTPUT	yes	yes*
MFCONV	yes	yes	MFRELAX	yes	
MFDTIME	yes	yes	MFRSTART	yes	
MFELEM	yes		MFSORDER		yes
MFEM	yes		MFSURFACE	yes	
MFEXTER	yes		MFTIME	yes	yes
MFFNAME	yes		MFTOL	yes	yes
MFIMPORT	yes		MFVOLUME	yes	
MFINTER	yes		MFWRITE		yes
MFITER	yes	yes			

5.3　启动和停止 MFX 分析

5.3.1　用启动台启动 MFX 分析

当用启动台启动 MFX 分析时，ANSYS 启动台同时启动 ANSYS 和 CFX，必须按 MFX 求解步骤分别建立分析，本节介绍的步骤可打开具有正确许可证和设置的软件，并且运行指定的输入文件。

使用启动台只能在当地的机器上打开和运行 CFX。如果在一个不同的机器上运行 CFX，就必须使用命令方法。

必须在 HP、SGI、Sun、IBM、Linux 或 Windows 平台上运行，ANSYS 和 CFX 都不支持 HP AlphaServer 和 Fujitsu 平台。

通过启动台启动 MFX 分析的步骤如下：

1）打开 ANSYS 启动台。对 Windows 系统，单击开始 → 所有程序 → ANSYS 19.0 → Mechanical APDL Product Launcher 命令；对 UNIX 系统，直接执行 launcher190 命令。

2）选择 MFX - ANSYS/CFX 仿真环境，激活 MFX - ANSYS/CFX Setup。

3）选用一个可用的许可证。必须使用 ANSYS Multiphysics（除了 Multiphysics1、2 或 3 或 Batch Child）或 Mechanical 许可证，仅显示可用的许可证。

4）在 MFX - ANSYS/CFX Setup 上设定 ANSYS Run 信息。

a) 设置工作目录（在 Windows 中必须是一个绝对路径）。

b) 设置工作名。

c) 输入文件。

d) 设置额外的参数。

在一个正常的 ANSYS 运行中，以上这些项表现出相同的方式。

在运行部分 ANSYS 时，也可以选择使用 ANSYS 共享内存的并行功能。如果选择了这个选项，则需要设定使用的处理器数目。在前两个之后，每个处理器必须具有 ANSYS Mechanical HPC 许可证。

5）设定 CFX Run 信息。

a) 设置工作目录。

b) 定义文件，输入文件的名称。

c) 初始值文件，只有当设定了一个定义文件时才有效。

d) 额外命令直线选项，cfx5solve 命令直线选项（使用 cfx5solve-help 命令了解关于应用命令直线选项的更多信息）。

e) 设置 CFX 安装目录。必须在 UNIX 平台上输入安装目录，尽管已经在默认位置安装了 CFX。Windows 平台提供了默认目录，但是可以更改。如果在机器上安装了多个 CFX 版本，最新安装的版本是 NOT，并且要使用该版本进行 MFX 操作，则需要设定一个非默认的 CFX 安装目录。此外，只能在 Windows 系统中恢复默认设置。

f) 局部并行运行的分区数目。启动台不支持分布式并行运算，但是如果使用 CFX 的并行处理功能（由命令直线设定），仍然可以在启动台进行 ANSYS 运算。

6）单击 Run 命令。

启动台提供了另外的工具，以帮助进行 MFX 分析。

如果不想在这个启动台上运行 CFX，可以不选择 Automatically start CFX run after starting ANSYS run 选项。如果选择不自动打开 CFX，则需要在 MFX 分析完成之前手动打开 CFX。

在启动台的软件包设置区域，可以选择自动启动 ANSYS Results Tracker、CFX-Solver Manager 以及 Interface Results Tracker。这些工具允许在 MFX 分析运行时监测该分析过程。要使用 ANSYS Results Tracker 或 Interface Results Tracker，就必须在输入列表中包含/GST, ON, ON 命令。可以使用 NLHIST 命令了解更多关于 ANSYS Results Tracker 和 Interface Results Tracker 的信息，查看 CFX 使用说明（Help → Master Contents → Solver Manager）了解更多关于 CFX-Solver Manager 的信息。

通过单击 Cancel Run 命令取消 MFX 运行，当监测过程中发现分析不收敛或遇到其他问题时，这个操作是非常有用的，可以停止运行，修正输入，然后重新运行 MFX。单击 Cancel Run 命令后，MFX 运行会结束当前的多场时间步长，立即停止运行。

使用 ANS_LAUNCH_MFX_PORT_RANGE 环境变量进一步控制启动台设置，这个环境变量控制某个端口来试图确定侦听端口。有效范围是 1024～65535。如果想要设定某一范围的端口进行尝试，可使用一个连字符分开这个范围。例如，如果要对 50000～50050 的端口进行尝试，可把环境变量设为 50000～50050。默认端口范围为 49800～49899。

　　如果通过只开放某些端口的防火墙运行计算，这个功能是非常有用的。只有在使用 ANSYS 启动台启动 MFX 分析时，ANS_LAUNCH_MFX_PORT_RANGE 环境变量才是有效的。

📖5.3.2　由命令启动 MFX 分析

　　也可以使用以下程序，由命令直接启动 MFX 分析。

1. ANSYS Master

　　执行如下命令启动主 ANSYS 程序。

```
ansys190 -p productname -mfm fieldname -ser port# -i inputname -o outputname
```

其中：

　　1）productname 是 ansys 软件包变量。必须使用一个 Multiphysics（除了 Multiphysics1、2 或 3，或 Batch Child）或 Mechanical 许可证。

　　2）fieldname 是由 MFLCOMN 和 MFPSIMUL 命令设定的主场求解器名称。

　　3）port#是侦听端口编号。ANSYS 建议在 49512 和 65535 之间使用一个端口编号。如果命令直线中不包含-ser port#选项，ANSYS 就会创建一个 jobname.port 文件，然后就可以在 CFX 运行中使用这个编号。必须首先启动 ANSYS 生成 jobname.port 文件。

　　4）inputname 和 outputname 是输入和输出文件名。

2. CFX SLAVE

　　执行如下命令启动 CFX 程序。

```
cfx5solve -def inputfile -cplg-slave fieldname -cplg-host port#@ansys_ hostname
```

其中：

　　1）inputfile 是 CFX 输入（定义）文件。

　　2）fieldname 是由 MFLCOMN 和 MFPSIMUL 命令设定的场求解器名称。

　　3）port#@ansys_hostname 是由 ANSYS 机器的主机名初始化得到的侦听端口编号。

📖5.3.3　手动停止 MFX 运行

　　在启动台使用 Cancel Run 命令停止 MFX 运行。如果想要手动停止 MFX 运行，可在第一条直线中用 MFX 创建一个文本文件，命名为 Jobname_mfx.ABT。这个文件必须位于工作目录中。一旦这个文件位于适当的位置，MFX 就会在结束当前的多场时间步长之后立即停止。要监测 MFX 分析的过程和场收敛，可使用启动台提供的追踪工具，或者在 ANSYS 中通过执行 NLHIST130 命令手动启动收敛追踪器。为了监测分析，输入文件中必须包含 /GST,ON,ON 命令。使用该命令对界面收敛创建 Jobname.NLH 文件、对 ANSYS 场收敛创建 ANSYS.GST 文件时，必须使用 CFX Solver Manager 监测 CFX 收敛。

第 **6** 章

多场求解器—MFS 单代码

的耦合实例分析

本章介绍了 3 个多场求解器-MFS 单代编码的耦合实例的分析，分别为：厚壁圆筒的热应力分析、静电驱动的梁分析和圆钢坯的感应加热分析。

- ◎ 厚壁圆筒的热应力分析
- ◎ 静电驱动的梁分析
- ◎ 圆钢坯的感应加热分析

6.1 厚壁圆筒的热应力分析

厚壁圆筒内表面的温度为 Ti，外表面的温度为 To。此例可以确定圆筒上的温度分布及内表面上的轴向和周向应力分布。

此例采用圆筒的1/4通过热和结构模型不同的网格划分来进行热应力分析。首先建立热模型，在圆筒内外表面施加温度约束；然后建立结构模型，并施加模拟对称性边界条件。由于热和结构模型完全重叠，所以要在所有的单元施加体积载荷转移标令。几何模型的平面如图6-1所示。

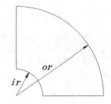

图6-1 几何模型的平面

其中，圆筒内半径 ir=0.1875 in；圆筒外半径 or=0.625 in；圆筒的高度 h=0.5 in。

6.1.1 前处理

1. 定义工作文件名和工作标题

01 单击菜单栏中 File → Change Jobname 命令，打开 Change Jobname 对话框，在[/FILNAM] Enter new jobname 文本框中输入工作文件名 "long_thick_cylinder"，并使 NEW log and error files 保持 "Yes" 状态，单击 "OK" 按钮，关闭该对话框。

02 单击菜单栏中 File → Change Title 命令，打开 Change Title 对话框，在对话框中输入工作标题 "Thermal stress analysis of a long thick cylinder"，单击 "OK" 按钮，关闭该对话框。

2. 定义单元类型

01 单击 ANSYS Main Menu → Preprocessor → Element Type → Add/Edit/Delete 命令，打开 Element Types 对话框，如图6-2所示。

02 单击 "Add" 按钮，打开 Library of Element Types 对话框，如图6-3所示。在 Library of Element Types 列表框中选择 Thermal Solid → Tet 10node 87,在 Element type reference number 文本框中输入 "1"，单击 "OK" 按钮，关闭 Library of Element Types 对话框。

03 单击 "Add" 按钮，再次打开 Library of Element Types 对话框，在 Library of Element Types 列表框中选择（Structual）Solid →（Brike）20node 186,在 Element type reference number 文本框中输入"2",单击"OK"按钮,关闭 Library of Element Types 对话框,返回到 Element Types 对话框。

04 在 Element Types 对话框中选择"Type 2 SOLID186",单击"Options"按钮,打开 SOLID186 element type options 对话框,在 Element technology K2 下拉列表框中选择"Reduced integr",其余选项采用系统默认设置,单击"OK"按钮,关闭该对话框。

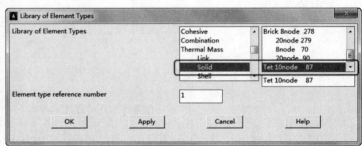

图 6-2 Element Types 对话框   图 6-3 Library of Element Types 对话框

05 单击"Close"按钮,关闭 Element Types 对话框。

3. 设置标量参数

单击菜单栏中 Parameters → Scalar Parameters 命令,打开 Scalar Parameters 选择对话框,如图 6-4 所示。在 Selection 文本框中依次输入:

ir=0.1875

or=0.625

theta=90

h=0.5

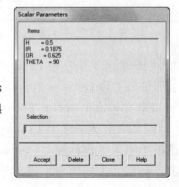

图 6-4 Scalar Parameters 选择对话框

4. 定义材料性能参数

01 单击 ANSYS Main Menu → Preprocessor → Material Props → Material Models 命令,打开 Define Material Model Behaviar 对话框。

02 在 Material Models Available 列表框中选择 Thermal → Conductivity → Isotropic,打开 Conductivity for Material Number 1 对话框,如图 6-5 所示。在 KXX 文本框中输入"3",单击"OK"按钮,关闭该对话框。

03 在 Define Material Model Behaviar 对话框中选择 Material → New Model

命令，打开 Define Material ID 对话框，如图 6-6 所示。在 Define Material ID 文本框中输入"2"，单击"OK"按钮，关闭该对话框。

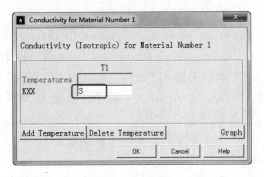
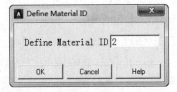

图 6-5 Conductivity for Material Number 1 对话框 图 6-6 Define Material ID 对话框

04 在 Material Models Available 列表框中选择 Structual → Linear → Elastic → Orthotropic，打开 Linear Orthotropic Properties for Material Number 2 对话框，如图 6-7 所示。单击"Choose Poisson's Ratio"按钮，选择"Minor_NU"，单击"OK"按钮，关闭该对话框。

05 在 Material Models Available 列表框中选择 Structual → Linear → Elastic → Isotropic，打开 Linear Isotropic Properties for Material Number 2 对话框，如图 6-8 所示。在 EX 文本框中输入"3e7"，在 NUXY 文本框中输入"0.3"，单击"OK"按钮，关闭该对话框。

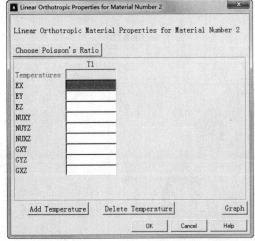
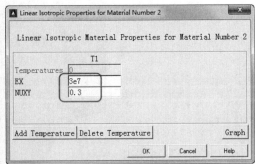

图 6-7 Linear Orthotropic Properties   图 6-8 Linear Isotropic Properties
　　for Material Number 2 对话框　　　　　　for Material Number 2 对话框

06 在 Material Models Available 列表框选择 Structual → Thermal Expansion→ Secant Coefficient → Isotropic，打开 Thermal Expansion Secant Coefficient for Material Number 2 对话框，如图 6-9 所示。在 ALPX 文本框中输入"1.435e-5"，单击"OK"按钮，关闭该对话框。

07 在 Define Material Model Behaviar 对话框中选择 Material → Exit 命令，

关闭该对话框。

5. 建立几何模型并划分网格

01 单击 ANSYS Main Menu → Preprocessor → Modeling → Create → Volumes → Cylinder → By Dimensions 命令，打开 Create Cylinder by Dimensions 对话框，如图 6-10 所示。在 RAD1 Outer radius 文本框中输入 "or"，在 RAD2 Optional inner radius 文本框中输入 "ir"，在 Z1,Z2 Z-coordinates 文本框中依次输入 "0, h"，在 THETA1 Starting angle（degrees）文本框中输入 "0"，在 THETA2 Ending angle（degrees）文本框中输入 "theta"，单击 "OK" 按钮，关闭该对话框。

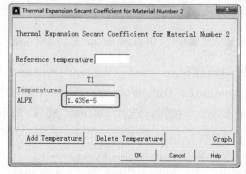
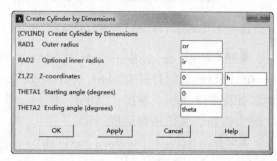

图 6-9　Thermal Expansion Secant Coefficient 图 6-10　Create Cylinder by Dimensions 对话框
　　　　for Material Number 2 对话框

02 单击菜单栏中 PlotCtrls → Style → Colors → Reverse Video 命令，ANSYS 窗口将变成白色，生成的几何模型如图 6-11 所示。

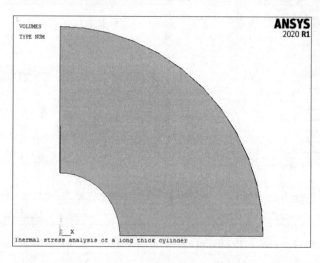

图 6-11　生成的几何模型

03 单击 ANSYS Main Menu → Preprocessor → Meshing → Size Cntrls → ManualSize → Global → Size 命令，打开 Golbal Element Sizes 对话框，如图 6-12 所示。在 NDIV No. of element divisions 文本框中输入 "6"，单击 "OK" 按钮，关闭该对话框。

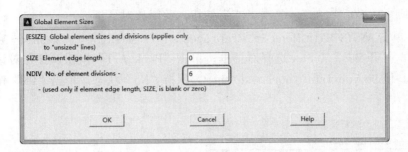

图 6-12　Golbal Element Sizes 对话框

04 单击 ANSYS Main Menu → Preprocessor → Meshing → Mesh → Volumes → Free 命令，打开 Mesh Areas 选择对话框，单击 "Pick All" 按钮，关闭该对话框。

05 ANSYS 窗口会显示生成的网格模型，如图 6-13 所示。

06 单击 ANSYS Main Menu → Preprocessor → Modeling → Create → Volumes → Cylinder → By Dimensions 命，打开 Create Cylinder by Dimensions 对话框。在 RAD1　Outer radius 文本框中输入 "or"，在 RAD2　Optional inner radius 文本框中输入 "ir"，在 Z1, Z2　Z-coordinates 文本框中依次输入 "0，h"，在 THETA1　Starting angle（degrees）文本框中输入 "0"，在 THETA2　Ending angle（degrees）文本框中输入 "theta"，单击 "OK" 按钮，关闭该对话框。

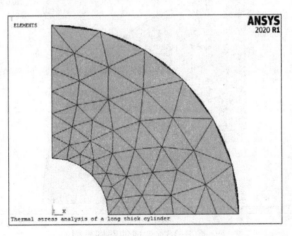

图 6-13　生成的网格模型

07 单击 ANSYS Main Menu → Preprocessor → Meshing → Size Cntrls → ManualSize → Global → Size 命令，打开 Golbal Element Sizes 对话框，如图 6-12 所示。在 NDIV　No. of element divisions 文本框中输入 "6"，单击 "OK" 按钮，关闭该对话框。

08 单击 ANSYS Main Menu → Preprocessor → Meshing → Mesh Attributes → Picked Volumes 命令，打开 Volume Attributes 选择对话框，在文本框中输入 "2"，单击 "OK" 按钮，关闭该对话框，打开 Volume Attributes 对话框，如图 6-14 所示。在 MAT　Material number 下拉列表框中选择 "2"，在 TYPE　Element type number 下拉列

表框中选择"2 SOLID186",单击"OK"按钮,关闭该对话框。

09 单击 ANSYS Main Menu → Preprocessor → Meshing → Mesh → Volumes → Free 命令,打开 Mesh Areas 选择对话框,单击"Pick All"按钮,打开对话框,如图 6-15 所示。使 Do you want to remesh them? 保持"No"状态,单击"OK"按钮,关闭该对话框。

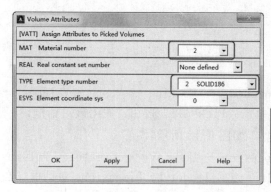

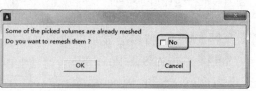

图 6-14 Volume Attributes 对话框   图 6-15 提示对话框

10 ANSYS 窗口会显示生成的网格模型,如图 6-16 所示。

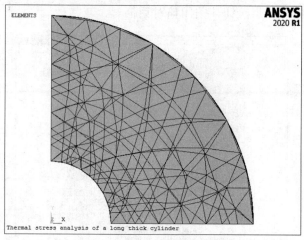

图 6-16 生成的网格模型

6. 设置边界条件

01 单击菜单栏中 WorkPlane → Change Active CS to → Specified Coord Sys 命令,打开 Change Active CS to Specified CS 对话框,如图 6-17,在 KCN Coordinate system number 文本框中输入"1",单击"OK"按钮,关闭该对话框。

02 单击菜单栏中的 Select → Entities 命令,打开 Select Entities 对话框,如图 6-18 所示。在第一个下拉列表框中选择"Nodes",在第二个下拉列表框中选择"By Location",单击 X coordinates 单选按钮,在文本框中输入"ir",单击"From Full"单选按钮,单击"OK"按钮,关闭该对话框。

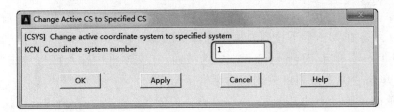

图 6-17　Change Active CS to Specified CS 对话框

03 单击 ANSYS Main Menu → Preprocessor → Loads → Define Loads → Apply → Thermal → Temperature → On Nodes 命令，打开 Apply TEMP on Nodes 选择对话框。单击"Pick All"按钮，打开 Apply TEMP on Nodes 对话框，如图 6-19 所示。在 Lab2　DOFs to be constrained 列表框中选择"TEMP"，在 VALUE　Load TEMP value 文本框中输入"-1"，单击"OK"按钮，关闭该对话框。

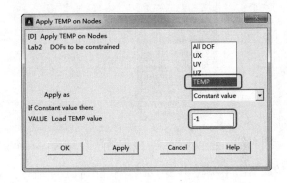

图 6-18　Select Entities 对话框　　　　图 6-19　Apply TEMP on Nodes 对话框

04 单击菜单栏中 Select → Entities 命令，打开 Select Entities 对话框。在第一个下拉列表框中选择"Nodes"，在第二个下拉列表框中选择"By Location"，单击 X coordinates 单选按钮，在文本框中输入"or"，单击"From Full"单选按钮，单击"OK"按钮，关闭该对话框。

05 单击菜单栏中的 ANSYS Main Menu → Preprocessor → Loads → Define Loads → Apply → Thermal → Temperature → On Nodes 命令，打开 Apply TEMP on Nodes 对话框，单击"Pick All"按钮，打开 Apply TEMP on Nodes 对话框。在 Lab2　DOFs to be constrained 列表框中选择"TEMP"，在 VALUE　Load TEMP value 文本框中输入"0"，单击"OK"按钮，关闭该对话框。

06 单击菜单栏中 Select → Everything 命令。

07 单击菜单栏中 WorkPlane → Change Active CS to → Specified Coord Sys 命令，打开 Change Active CS to Specified CS 对话框。在 KCN　Coordinate system number 文本框中输入"0"，单击"OK"按钮，关闭该对话框。

08 单击菜单栏中 Select → Entities 命令，打开 Select Entities 对话框 1，如图 6-20 所示。在第一个下拉列表框中选择 "Elements"，在第二个下拉列表框中选择 "By Attributes"，单击 Elem type num 单选按钮，在文本框中输入 "2"，单击 "From Full" 单选按钮，单击 "OK" 按钮，关闭该对话框。

09 单击菜单栏中的 Select → Entities 命令，打开 Select Entities 对话框 2，如图 6-21 所示。在第一个下拉列表框中选择 "Nodes"，在第二个下拉列表框中选择 "Attached to"，单击 Elements 单选按钮，单击 "From Full" 单选按钮，单击 "OK" 按钮，关闭该对话框。

图 6-20　Select Entities 对话框 1　　　　图 6-21　Select Entities 对话框 2

10 单击菜单栏中 Select → Entities 命令，打开 Select Entities 对话框。在第一个下拉列表框中选择 "Nodes"，在第二个下拉列表框中选择 "By Location"，单击 Z coordinates 单选按钮，单击 Reselect 单选按钮，单击 "OK" 按钮，关闭该对话框。

11 单击 ANSYS Main Menu → Preprocessor → Loads → Define Loads → Apply → Structural → Displacement → On Nodes 命令，打开 Apply U, ROT on Nodes 选择对话框。单击 "Pick All" 按钮，打开 Apply U, ROT on Nodes 对话框，如图 6-22 所示。在 Lab2　DOFs to be constrained 列表框中选择 "UZ"，在 VALUE　Displacement value 文本框中输入 "0"，单击 "OK" 按钮，关闭该对话框。

12 单击菜单栏中 Select → Entities 命令，打开 Select Entities 对话框。在第一个下拉列表框中选择 "Nodes"，在第二个下拉列表框中选择 "Attached to"，单击 Elements 单选按钮，单击 "From Full" 单选按钮，单击 "OK" 按钮，关闭该对话框。

13 单击菜单栏中 Select → Entities 命令，打开 Select Entities 对话框。在第一个下拉列表框中选择 "Nodes"，在第二个下拉列表框中选择 "By Location"，单击 Z coordinates 单选按钮，在文本框中输入 "h"，单击 Reselect 单选按钮，单击 "OK" 按钮，关闭该对话框。

14 单击 ANSYS Main Menu → Preprocessor → Coupling / Ceqn → Couple DOFs

命令，打开 Define Coupled DOFs 选择对话框。单击"Pick All"按钮，打开 Define Coupled DOFs 对话框，如图 6-23 所示。在 NSET　Set reference number 文本框中输入"1"，在 Lab　Degree-of-freedom label 下拉列表框中选择"UZ"，单击"OK"按钮，关闭该对话框。

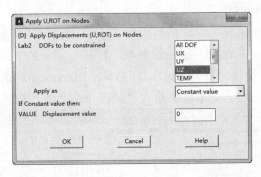

图 6-22　Apply U，ROT on Nodes 对话框

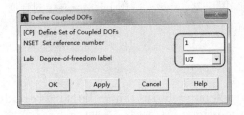

图 6-23　Define Coupled DOFs 对话框

⑮ 单击菜单栏中 Select → Entities 命令，打开 Select Entities 对话框。在第一个下拉列表框中选择"Nodes"，在第二个下拉列表框中选择"Attached to"，单击 Elements 单选按钮，单击"From Full"单选按钮，单击"OK"按钮，关闭该对话框。

⑯ 单击菜单栏中 Select → Entities 命令，打开 Select Entities 对话框。在第一个下拉列表框中选择"Nodes"，在第二个下拉列表框中选择"By Location"，单击 Y coordinates 单选按钮，单击 Reselect 单选按钮，单击"OK"按钮，关闭该对话框。

⑰ 单击 ANSYS Main Menu → Preprocessor → Loads → Define Loads → Apply → Structural → Displacement → On Nodes 命令，打开 Apply U，ROT on Nodes 选择对话框。单击"Pick All"按钮，打开 Apply U，ROT on Nodes 对话框。在 Lab2　DOFs to be constrained 列表框中选择"UY"，在 VALUE　Displacement value 文本框中输入"0"，单击"OK"按钮，关闭该对话框。

⑱ 单击菜单栏中 Select → Entities 命令，打开 Select Entities 对话框。在第一个下拉列表框中选择"Nodes"，在第二个下拉列表框中选择"Attached to"，单击 Elements 单选按钮，单击"From Full"单选按钮，单击"OK"按钮，关闭该对话框。

⑲ 单击菜单栏中 Select → Entities 命令，打开 Select Entities 对话框。在第一个下拉列表框中选择"Nodes"，在第二个下拉列表框中选择"By Location"，单击 X coordinates 单选按钮，单击 Reselect 单选按钮，单击"OK"按钮，关闭该对话框。

⑳ 单击 ANSYS Main Menu → Preprocessor → Loads → Define Loads → Apply

→ Structural → Displacement → On Nodes 命令，打开 Apply U，ROT on Nodes 选择对话框。单击"Pick All"按钮，打开 Apply U，ROT on Nodes 对话框，在 Lab2 DOFs to be constrained 列表框中选择"UX"，在 VALUE Displacement value 文本框中输入"0"，单击"OK"按钮，关闭该对话框。

21 单击菜单栏中 Select → Everything 命令。

22 单击 ANSYS Main Menu → Preprocessor → Loads → Define Loads → Apply → Field Volume Intr → On Elements 命令，打开 Apply FVIN on Elements 选择对话框。单击"Pick All"按钮，打开 Apply FVIN on Elements 对话框，如图 6-24 所示。在 VAL1 Interface number 文本框中输入"1"，单击"OK"按钮，关闭该对话框。

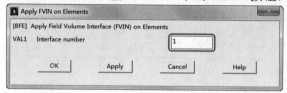

图 6-24 Apply FVIN on Elements 对话框

6.1.2 求解

01 单击 ANSYS Main Menu → Solution → Multi-field Set Up → Select method 命令，打开 Multi-field ON/OFF 对话框，如图 6-25 所示。单击[MFAN] MFS/MFX Activation key 选项组中的 ON 单选按钮。

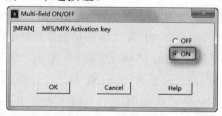

图 6-25 Multi-field ON/OFF 对话框

02 单击"OK"按钮，打开 Select Multi-field method 对话框，如图 6-26 所示。在 Select MF method 选项组中单击 MFS-Single Code 单选按钮，单击"OK"按钮，关闭该对话框。

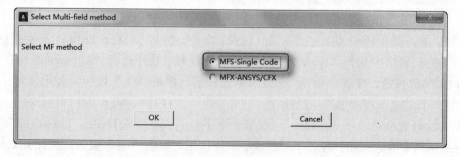

图 6-26 Select Multi-field method 对话框

03 单击 ANSYS Main Menu → Solution → Multi-field Set Up → MFS-Single Code → Define → Define 命令，打开 MFS Define 对话框，如图 6-27 所示。在 Field number 文本框中输入"1"，在 Element type 列表框中选择"1 SOLOID87"，在 Field file name 文本框中输入"therm1"，单击"OK"按钮，关闭该对话框。

04 单击 ANSYS Main Menu → Solution → Multi-field Set Up → MFS-Single Code → Define → Define 命令，打开 MFS Define 对话框，在 Field number 文本框中输入"2"，在 Element type 列表框中选择"2 SOLOID186"，在 Field file name 文本框中输入"struc2"，单击"OK"按钮，关闭该对话框。

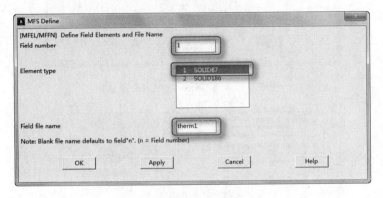

图 6-27 MFS Define 对话框

05 单击 ANSYS Main Menu → Solution → Multi-field Set Up → MFS-Single Code → Setup → Order 命令，打开 MFS Solution Order Options 对话框，如图 6-28 所示。在第一个下拉列表框中选择"1"，在第二个下拉列表框中选择"2"，单击"OK"按钮，关闭该对话框。

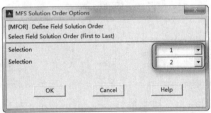

图 6-28 MFS Solution Order Options 对话框

06 单击 ANSYS Main Menu → Solution → Multi-field Set Up → MFS-Single Code → Time Ctrl 命令，打开 MFS Time Control 对话框，如图 6-29 所示。在 [MFTI] MFS End time 文本框中输入"1"，在 Initial Time step 文本框中输入"1"，其余选项采用系统默认设置，单击"OK"按钮，关闭该对话框。

07 单击 ANSYS Main Menu → Solution → Multi-field Set Up → MFS-Single Code → Stagger → Iterations 命令，打开 MFS Stagger Iteration 对话框，如图 6-30 所示。在 Maximum Stagger Iteration 文本框中输入"5"，在 Target Stagger Iterations 文本框中输入"5"，其余选项采用系统默认设置，单击"OK"按钮，关闭该对话框。

08 单击 ANSYS Main Menu → Solution → Multi-field Set Up → MFS-Single

Code → Stagger → Relaxation 命令，打开 MFS Relaxation options 对话框，如图 6-31 所示。在[MFRE] Relaxation items 列表框中选择"ALL"。

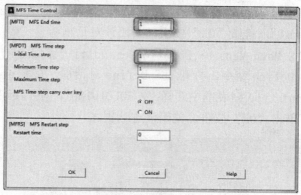

图 6-29　MFS Time Control 对话框

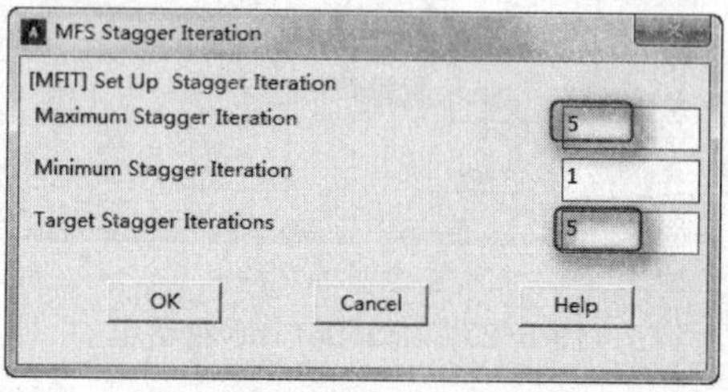

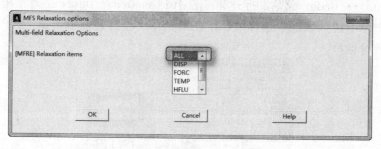

图 6-30　MFS Stagger Iteration 对话框

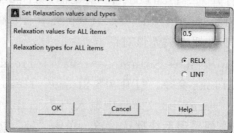

图 6-31　MFS Relaxation options 对话框

09 单击"OK"按钮，打开 Set Relaxation values and types 对话框，如图 6-32 所示。在 Relaxation values for ALL items 文本框中输入"0.5"，其余选项采用系统默认设置，单击"OK"按钮，关闭该对话框。

图 6-32　Set Relaxation values and types 对话框

10 单击 ANSYS Main Menu → Solution → Multi-field Set Up → MFS-Single Code → Interface → Volume 命令，打开 MFS Volume Transfer options 对话框，如图 6-33 所示。在 Transfer variable Label 下拉列表框中选择"TEMP"，在 From Field number 下拉列表框中选择"1"，在 To Field number 下拉列表框中选择"2"，在 Across interface number 下拉列表框中选择"1"，单击"OK"按钮，关闭该对话框。

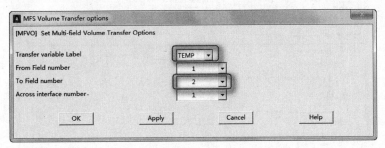

图 6-33　MFS Volume Transfer options 对话框

11 单击 ANSYS Main Menu → Preprocessor → Loads → Analysis Type → New Analysis 命令，打开 New Analysis 对话框，如图 6-34 所示。在[ANTYPE] Type of analysis 选项组中单击 Static 单选按钮，单击"OK"按钮，关闭该对话框。

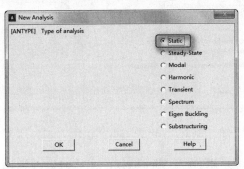

图 6-34　New Analysis 对话框

12 单击 ANSYS Main Menu → Solution → Analysis Type → Analysis Options 命令，打开 Static or Steady-State Analysis 对话框，如图 6-35 所示。在[EQSLV] Equation solver 下拉列表框中选择"Inc Cholesky CG"，其余选项采用系统默认设置，单击"OK"按钮，关闭该对话框。

13 单击 ANSYS Main Menu → Solution → Multi-field Set Up → MFS-Single Code → Capture 命令，打开 MFS Solution option capture 对话框，如图 6-36 所示。在 Field number 下拉列表框中选择"1"，单击"OK"按钮，关闭该对话框。

14 单击 ANSYS Main Menu → Preprocessor → Loads → Analysis Type → New Analysis 命令，打开 New Analysis 对话框，在[ANTYPE] Type of analysis 选项组中单击 Steady-State 单选按钮，单击"OK"按钮，关闭该对话框。

15 单击 ANSYS Main Menu → Solution → Analysis Type → Analysis Options 命令，打开 Static or Steady-State Analysis 对话框，在[EQSLV] Equation solver

下拉列表框中选择"Precondition CG",其余选项采用系统默认设置,单击"OK"按钮,关闭该对话框。

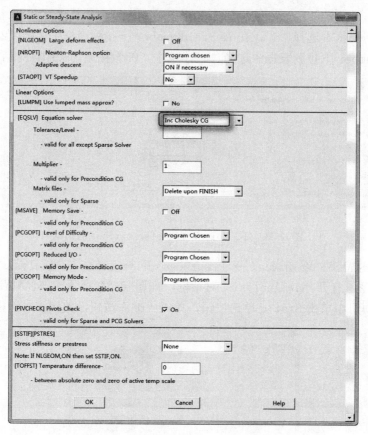

图 6-35 Static or Steady-State Analysis 对话框

16 单击 ANSYS Main Menu → Solution → Multi-field Set Up → MFS-Single Code → Capture 命令,打开 MFS Solution option capture 对话框,在 Field number 下拉列表框中选择"2",单击"OK"按钮,关闭该对话框。

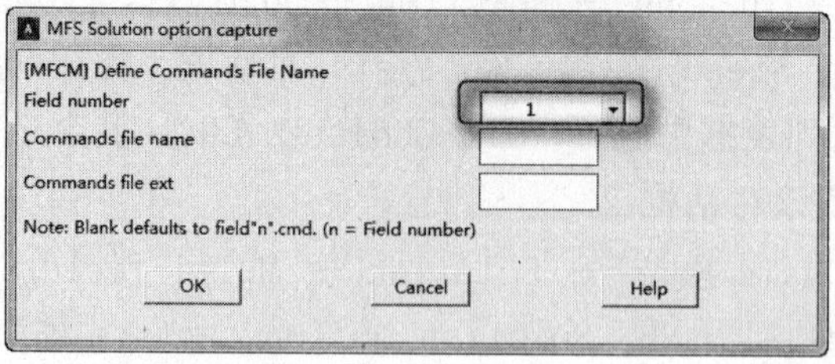

图 6-36 MFS Solution option capture 对话框

17 单击 ANSYS Main Menu → Solution → Solve → Current LS 命令,打开/STATUS Command 和 Solve Current Load Step 对话框,关闭/STATUS Command 对话框,单击 Solve Current Load Step 对话框的"OK"按钮,ANSYS 开始求解。

18 求解结束后,打开 Note 对话框,单击"Close"按钮,关闭该对话框。

6.1.3 后处理

01 单击 ANSYS Main Menu → General Postproc → Data & File Opts 命令，打开 Data and File Options 对话框，如图 6-37 所示。在工作目录下找到"therm1.rth"文件，单击"OK"按钮，关闭该对话框。

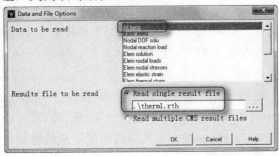

图 6-37 Data and File Options 对话框

02 单击 ANSYS Main Menu → General Postproc → Read Results → Last Set 命令。

03 单击菜单栏中 Select → Entities 命令，打开 Select Entities 对话框。在第一个下拉列表框中选择"Elements"，在第二个下拉列表框中选择"By Attributes"，单击 Elem type num 单选按钮，在文本框中输入"1"，单击"From Full"单选按钮，单击"OK"按钮，关闭该对话框。

04 单击 ANSYS Main Menu → General Postproc → Plot Results → Contour Plot → Nodal Solu 命令，打开 Contour Nodal Solution Date 对话框。在 Item to be contoured 列表框中选择 Nodal Solution → DOF Solution → Nodal Temperature，单击"OK"按钮，关闭该对话框，ANSYS 窗口将显示温度分布等值线图，如图 6-38 所示。

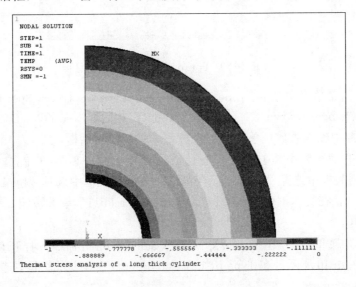

图 6-38 温度分布等值线图

05 单击 ANSYS Main Menu → General Postproc → Data & File Opts 命令，打开 Data and File Options 对话框，在工作目录下找到"struc2.rst"文件，单击"OK"按钮，关闭该对话框。

06 单击 ANSYS Main Menu → General Postproc → Read Results → Last Set 命令。

07 单击菜单栏中 Select → Entities 命令，打开 Select Entities 对话框，在第一个下拉列表框中选择"Elements"，在第二个下拉列表框中选择"By Attributes"，单击 Elem type num 单选按钮，在文本框中输入"2"，单击 From Full 单选按钮，单击"OK"按钮，关闭该对话框。

08 单击 ANSYS Main Menu → General Postproc → Options for Outp 命令，打开 Options for Output 对话框，如图 6-39 所示。在[RSYS] Results coord system 下拉列表框中选择"Global cylindric"，其余选项采用系统默认设置，单击"OK"按钮，关闭该对话框。

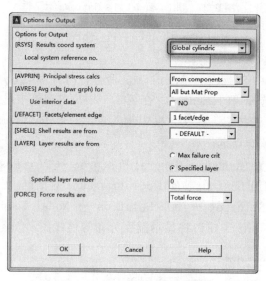

图 6-39　Options for Output 对话框

09 单击菜单栏中 WorkPlane → Change Active CS to → Specified Coord Sys 命令，打开 Change Active CS to Specified CS 对话框，在 KCN Coordinate system number 文本框中输入"1"，单击"OK"按钮，关闭该对话框。

10 单击菜单栏中 Select → Entities 命令，打开 Select Entities 对话框。在第一个下拉列表框中选择"Nodes"，在第二个下拉列表框中选择"By Location"，单击 X coordinates，在文本框中输入"ir"，单击"From Full"单选按钮，单击"OK"按钮，关闭该对话框。

11 单击菜单栏中 Parameters → Get Scalar Data 命令，打开 Get Scalar Data 对话框，如图 6-40 所示。在 Type of data to be retrieved 列表框中选择 Results data → Global measures。

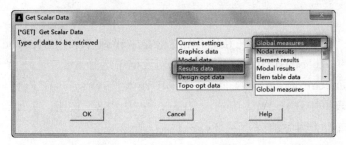

图 6-40 Get Scalar Data 对话框

12 单击"OK"按钮，打开 Get Global Measures from Selected Node Set 对话框，如图 6-41 所示。在[NSORT] Glb measure to retrieve 列表框中选择 Stress → Z-direction SZ，在 Name of parameter to be defined 文本框中输入"szmax"，在 Retrieve max or min value? 下拉列表框中选择"Maximum value"，单击"OK"按钮，关闭该对话框。

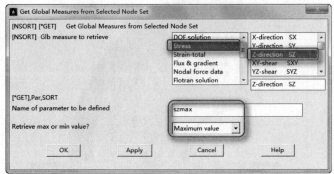

图 6-41 Get Global Measures from Selected Node Set 对话框

13 单击菜单栏中 Parameters → Get Scalar Data 命令，打开 Get Scalar Data 对话框，在 Type of data to be retrieved 列表框中选择 Results data → Global measure。

14 单击"OK"按钮，打开 Get Global Measures from Selected Node Set 对话框。在[NSORT] Glb measure to retrieve 列表框中选择 Stress → Z-direction SZ，在 Name of parameter to be defined 文本框中输入"szmin"，在 Retrieve max or min value? 下拉列表框中选择"Minimum value"，单击"OK"按钮，关闭该对话框。

15 单击菜单栏中 Parameters → Get Scalar Data 命令，打开 Get Scalar Data 对话框，在 Type of data to be retrieved 列表框中选择 Results data → Global measure。

16 单击"OK"按钮，打开 Get Global Measures from Selected Node Set 对话框，在[NSORT] Glb measure to retrieve 列表框中选择 Stress → Y-direction SY，在 Name of parameter to be defined 文本框中输入"symax"，在 Retrieve max or min value? 下拉列表框中选择"Maximum value"，单击"OK"按钮，关闭该对话框。

17 单击菜单栏中 Parameters → Get Scalar Data 命令，打开 Get Scalar Data 对话框，在 Type of data to be retrieved 列表框中选择 Results data → Global measure。

18 单击"OK"按钮,打开 Get Global Measures from Selected Node Set 对话框,在[NSORT] Glb measure to retrieve 列表框中选择 Stress → Y-direction SY,在 Name of parameter to be defined 文本框中输入"symin",在 Retrieve max or min value? 下拉列表框中选择"Minimum value",单击"OK"按钮,关闭该对话框。

19 单击菜单栏中 Select → Everything 命令。

20 单击 ANSYS Main Menu → General Postproc → Plot Results → Contour Plot → Nodal Solu 命令,打开 Contour Nodal Solution Date 对话框。在 Item to be contoured 列表框中选择 Nodal Solution → Stress → Z-Component of stress,单击"OK"按钮,关闭该对话框,ANSYS 窗口将显示 Z 方向应力分布等值线图,如图 6-42 所示。

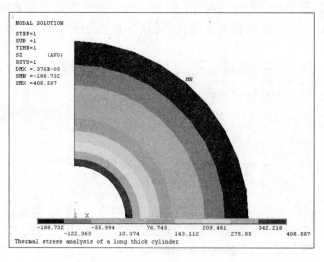

图 6-42 Z 方向应力分布等值线图

6.1.4 命令流

```
!定义工作标题
/TITLE, Thermal stress analysis of a long thick cylinder

!参数设置
ir=.1875
or=.625
theta=90
h=.5

!预处理
/prep7

! 定义单元类型
et,1,87
```

```
!定义材料性能参数
mp, kxx, 1, 3

!创建模型
cylind, or, ir, 0, h, 0, theta

!划分网格
esiz, , 6
vmesh, all

!设置边界条件
csys, 1
nsel, s, loc, x, ir
d, all, temp, -1
nsel, s, loc, x, or
d, all, temp, 0
allsel, all
! Structure Model
et, 2, 186, , 1
mp, ex, 2, 30E6
mp, alpx, 2, 1.435E-5
mp, nuxy, 2, .3
cylind, or, ir, 0, h, 0, theta
esiz, , 9
vatt, 2, 1, 2
vmesh, all
csys, 0
esel, s, type, , 2
nsle
nsel, r, loc, z
d, all, uz, 0
nsle
nsel, r, loc, z, h
cp, 1, uz, all
nsle
nsel, r, loc, y
d, all, uy, 0
nsle
nsel, r, loc, x
d, all, ux, 0
allsel, all
bfe, all, fvin, , 1
finish
```

```
!求解
/solu
mfan, on
mfel, 1, 1
mfel, 2, 2
mfor, 1, 2
mfti, 1
mfdt, 1
mfit, 5
mfre, all, 0.5
mffn, 1, therm1
mffn, 2, struc2
mfvo, 1, 1, temp, 2
antyp, stat
eqslv, iccg
mfcm, 1
antype, static
eqslv, pcg
mfcm, 2
solve
finish

!后处理
/post1
file, therm1, rth
set, last
esel, s, type, , 1
plns, temp
finish

/post1
file, struc2, rst
set, last
esel, s, type, , 2
rsys, 1
csys, 1
nsel, s, loc, x, ir
nsort, s, z
*get, szmax, sort, , max
*get, szmin, sort, , min
nsort, s, y
*get, symax, sort, , max
*get, symin, sort, , min
```

```
*status
nsel,all
plns,s,z
finish
```

6.2 静电驱动的梁分析

模拟分析静电驱动的固定梁可以求解在施加外电压情况下的中心挠度。由静电场产生的力可以使梁弯曲。对于梁的建模和划分网格时需要使用 SOLID185 单元,对于位于梁下面空气的建模和划分网格需要使用 SOLID123 单元。

几何模型的平面示意图如图 6-43 所示。

图 6-43   几何模型平面示意图

其中,梁和空气长度 L=150μm;梁和空气高度 H=2μm;梁和空气宽度 W=4μm。梁的材料属性见表 6-1。

表 6-1   梁的材料属性

材料属性	数值
弹性模量	1.69×6^{-5}kg/μm·s^2
泊松比	0.066
密度	2.23×6^{-15}kg/μm^3

6.2.1   前处理

1. 定义工作文件名和工作标题

01 单击菜单栏中 File → Change Jobname 命令,打开 Change Jobname 对话框,在[/FILNAM] Enter new jobname 文本框中输入工作文件名"clamped_beam",并将 NEW log and error files 设置为"Yes",单击"OK"按钮,关闭该对话框。

02 单击菜单栏中 File → Change Title 命令,打开 Change Title 对话框。在对话框中输入工作标题"Electrostatic clamped beam analysis",单击"OK"按钮,关闭该对话框。

2. 定义单元类型

01 单击 ANSYS Main Menu → Preprocessor → Element Type → Add/Edit/Delete 命令,打开 Element Types 对话框,如图 6-44 所示。

02 单击"Add"按钮，打开 Library of Element Types 对话框，如图 6-45 所示。在 Library of Element Types 列表框中选择 Structual Solid → Brick 8node 185，在 Element type reference number 文本框中输入"1"，单击"OK"按钮，关闭 Library of Element Types 对话框。

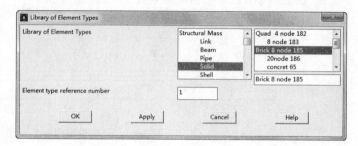

图 6-44 Element Types 对话框　　　图 6-45 Library of Element Types 对话框

03 单击 Element Types 对话框中的"Options"按钮，打开 SOLID185 element type options 对话框，在 Element technology K2 下拉列表框中选择"Simple Enhanced Strn"，其余选项采用系统默认设置，单击"OK"按钮，关闭该对话框。

04 单击"Add"按钮，打开 Library of Element Types 对话框。在 Library of Element Types 列表框中选择 Electrostatic → 3D Tet 123，在 Element type reference number 文本框中输入"2"，单击"OK"按钮，关闭 Library of Element Types 对话框。

05 单击"Close"按钮，关闭 Element Types 对话框。

3．设置标量参数

单击菜单栏中 Parameters → Scalar Parameters 命令，打开 Scalar Parameters 选择对话框，如图 6-46 所示。在 Selection 文本框中依次输入：

L=150；

H=2；

W=4。

4．定义材料性能参数

01 单击 ANSYS Main Menu → Preprocessor → Material Props → Material Models 命令，打开 Define Material Model Behaviar 对话框。

02 在 Material Models Available 列表框中选择 Structual → Linear → Elastic → Orthotropic，打开 Linear Orthotropic Properties for Material Number 1 对话框，如图 6-47 所示。单击"Choose Poisson's Ratio"按钮，选择"Minor_Nu"，单击

256

"OK"按钮，关闭该对话框。

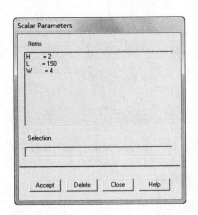

图6-46　Scalar Parameters 选择对话框

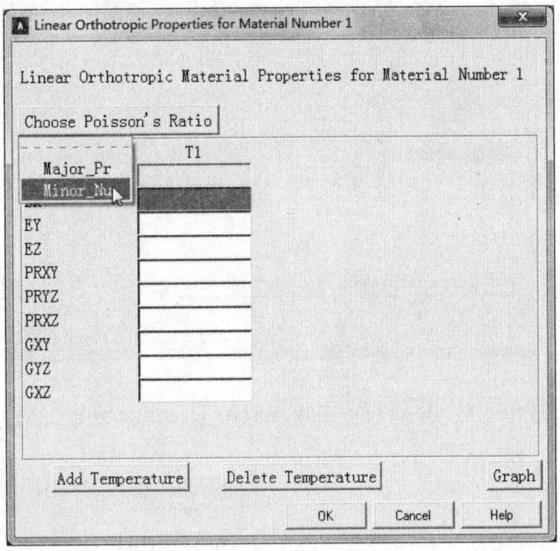

图6-47　Linear Orthotropic Properties for Material Number 1 对话框

03 在Material Models Available 列表框中选择Structual → Linear → Elastic → Isotropic，打开 Linear Isotropic Properties for Material Number 1 对话框，如图 6-48 所示。在 EX 文本框中输入"1.69e5"，在 NUXY 文本框中输入"0.066"，单击"OK"按钮，关闭该对话框。

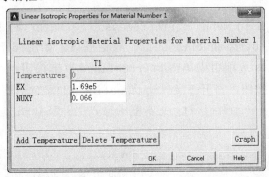

图6-48　Linear Isotropic Properties for Material Number 1 对话框

04 在 Material Models Available 列表框中选择 Structual → Density，打开 Density for Material Number 1 对话框，如图 6-49 所示。在 DENS 文本框中输入"2.329e-15"，单击"OK"按钮，关闭该对话框。

05 在 Define Material Model Behaviar 对话框中选择 Material → New Model，打开 Define Material ID 对话框，如图 6-50 所示。在 Define Material ID 文本框中输入"2"，单击"OK"按钮，关闭该对话框。

06 在 Material Models Available 列表框中选择 Electromagnetics → Relative Permittivity → Constant，打开 Relative Permittivity for Material Number 2 对话框，如图 6-51 所示。在 PERX 文本框中输入"1"，单击"OK"按钮，关闭该对话框。

07 在 Define Material Model Behaviar 对话框中选择 Material → Exit，关闭

该对话框。

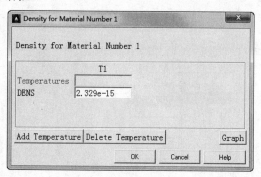

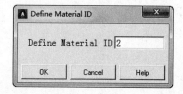

图 6-49 Density for Material Number 1 对话框   图 6-50 Define Material ID 对话框

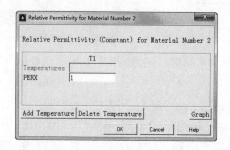

图 6-51 Relative Permittivity for Material Number 2 对话框

08 单击 ANSYS Main Menu → Preprocessor → Material Props → Electromag Units 命令，打开 Electromagnetic Units 对话框 1，如图 6-52 所示。在[EMUNIT] Electromagnetic units 选项组中单击 User-defined 单选按钮。

09 单击"OK"按钮，打开 Electromagnetic Units 对话框 2，如图 6-53 所示。在 Specify free-space permittivity 文本框中输入"8.854e-6"，单击"OK"按钮，关闭该对话框。

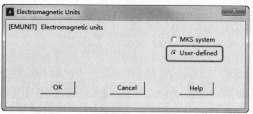

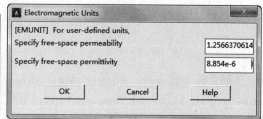

图 6-52 Electromagnetic Units 对话框 1   图 6-53 Electromagnetic Units 对话框 2

5. 建立结构模型及划分网格

01 单击 ANSYS Main Menu → Preprocessor → Modeling → Create → Volumes → Block → By Dimensions 命令，打开 Create Block by Dimensions 对话框，如图 6-54 所示。在 X1,X2 X-Coordinates 文本框中依次输入"0，L"，在 Y1,Y2 Y-Coordinates

文本框中依次输入"0，H"，在 Z1，Z2 Z-Coordinates 文本框中依次输入"0，W"，单击"OK"按钮，关闭该对话框。

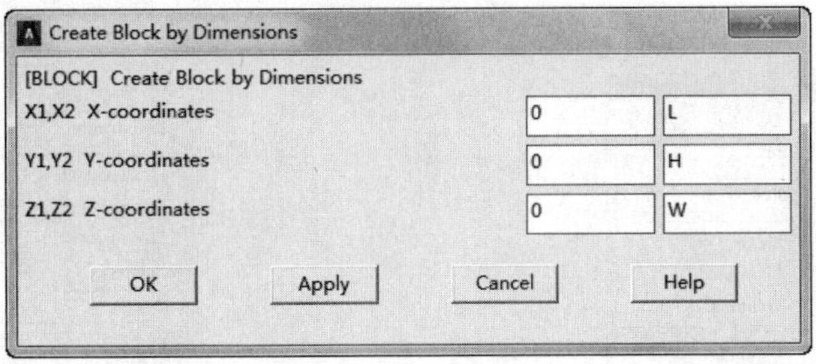

图 6-54 Create Block by Dimensions 对话框

02 单击菜单栏中 PlotCtrls → Style → Colors → Reverse Video 命令，ANSYS 窗口将变成白色，生成的平面几何模型和三维几何模型如图 6-55 和图 6-56 所示。

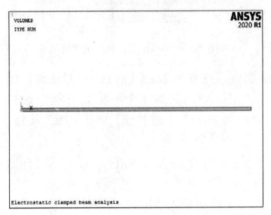

图 6-55 生成的平面几何模型

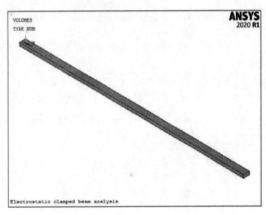

图 6-56 生成的三维几何模型

03 单击菜单栏中 Select → Entities 命令，打开 Select Entities 对话框 1，如图 6-57 所示。在第一个下拉列表框中选择"Areas"，在第二个下拉列表框中选择"Attached to"，单击 Volumes 单选按钮，单击"From Full"单选按钮，单击"OK"按钮，关闭该对话框。

04 单击菜单栏中 Select → Entities 命令，打开 Select Entities 对话框 2。在第一个下拉列表框中选择"Lines"，在第二个下拉列表框中选择"Attached to"，单击 Areas 单选按钮，单击"From Full"单选按钮，单击"OK"按钮，关闭该对话框。

05 单击菜单栏中 Select → Entities 命令，打开 Select Entities 对话框，如图 6-58 所示。在第一个下拉列表框中选择"Lines"，在第二个下拉列表框中选择"By Location"，单击 X coordinates 单选按钮，在文本框中输入"L/2"，单击 Reselect 单选按钮，单击"OK"按钮，关闭该对话框。

06 单击 ANSYS Main Menu → Preprocessor → Meshing → Size Cntrls → ManualSize → Lines → Picked Lines 命令，打开 Element Size on Picked Lines 选择对话框。单击"Pick All"按钮，打开 Element Size on Picked Lines 对话框，如图

6-59 所示。在 NDIV No. of element divisions 文本框中输入"20",其余选项采用系统默认设置,单击"OK"按钮,关闭该对话框。

图 6-57 Select Entities 对话框 1   图 6-58 Select Entities 对话框 2

07 单击菜单栏中 Select → Entities 命令,打开 Select Entities 对话框,如图 6-57 所示。在第一个下拉列表框中选择"Lines",在第二个下拉列表框中选择"Attached to",单击 Areas 单选按钮,单击"From Full"单选按钮,单击"OK"按钮,关闭该对话框。

08 单击菜单栏中 Select → Entities 命令,打开 Select Entities 对话框,如图 6-58 所示。在第一个下拉列表框中选择"Lines",在第二个下拉列表框中选择"By Location",单击 Y coordinates 单选按钮,在文本框中输入"H/2",单击 Reselect 单选按钮,单击"OK"按钮,关闭该对话框。

09 单击 ANSYS Main Menu → Preprocessor → Meshing → Size Cntrls → ManualSize → Lines → Picked Lines 命令,打开 Element Size on Picked Lines 对话框,单击"Pick All"按钮,打开 Element Size on Picked Lines 对话框,如图 6-59 所示。在 NDIV No. of element divisions 文本框中输入"2",其余选项采用系统默认设置,单击"OK"按钮,关闭该对话框。

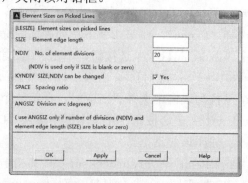

图 6-59 Element Sizes on Picked Lines 对话框

10 单击菜单栏中 Select → Entities 命令，打开 Select Entities 对话框。在第一个下拉列表框中选择 "Lines"，在第二个下拉列表框中选择 "Attached to"，单击 Areas 单选按钮，单击 "From Full" 单选按钮，单击 "OK" 按钮，关闭该对话框。

11 单击菜单栏中 Select → Entities 命令，打开 Select Entities 对话框，在第一个下拉列表框中选择 "Lines"，在第二个下拉列表框中选择 "By Location"，单击 Z coordinates 单选按钮，在文本框中输入 "W/2"，单击 Reselect 单选按钮，单击 "OK" 按钮，关闭该对话框。

12 单击 ANSYS Main Menu → Preprocessor → Meshing → Size Cntrls → ManualSize → Lines → Picked Lines 命令，打开 Element Size on Picked Lines 选择对话框。单击 "Pick All" 按钮，打开 Element Size on Picked Lines 对话框，在 NDIV No. of element divisions 文本框中输入 "1"，其余选项采用系统默认设置，单击 "OK" 按钮，关闭该对话框。

13 单击 ANSYS Main Menu → Preprocessor → Meshing → Mesh Attributes → Picked Volumes 命令，打开 Volume Attributes 选择对话框。在文本框中输入 "1"，单击 "OK" 按钮，打开 Volume Attributes 对话框，如图 6-60 所示。在 Mat Material number 下拉列表框中选择 "1"，在 TYPE Element type nember 下拉列表框中选择 "1 SOLOID185"，其余选项采用系统默认设置，单击 "OK" 按钮按关闭该对话框。

14 单击 ANSYS Main Menu → Preprocessor → Meshing → Mesh → Volumes → Mapped → 4 to 6 sided 命令，打开 Mesh Volumes 选择对话框。单击 "Pick All" 按钮，关闭该对话框。

15 ANSYS 窗口会显示生成的网格模型，如图 6-61 所示。

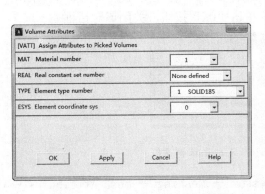

图 6-60 Volume Attributes 对话框

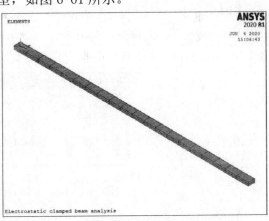

图 6-61 生成的网格模型

6. 建立静电模型及划分网格

01 单击 ANSYS Main Menu → Preprocessor → Modeling → Create → Volumes → Block → By Dimensions 命令，打开 Create Block by Dimensions 对话框。在 X1, X2 X-Coordinates 文本框依次输入 "0, L"，在 Y1, Y2 Y-Coordinates 文本框中依次输入 "-H, 0"，在 Z1, Z2 Z-Coordinates 文本框中依次输入 "0, W"，单击 "OK" 按钮，关

闭该对话框。

02 单击菜单栏中 Select → Entities 命令，打开 Select Entities 对话框，如图 6-62 所示。在第一个下拉列表框中选择"Volumes"，在第二个下拉列表框中选择"By Num/Pick"，单击"From Full"单选按钮。

03 单击"OK"按钮，打开 Select volumes 选择对话框，如图 6-63 所示。在文本框中输入"2"，单击"OK"按钮，关闭该对话框。

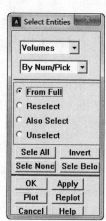

图 6-62 Select Entities 对话框

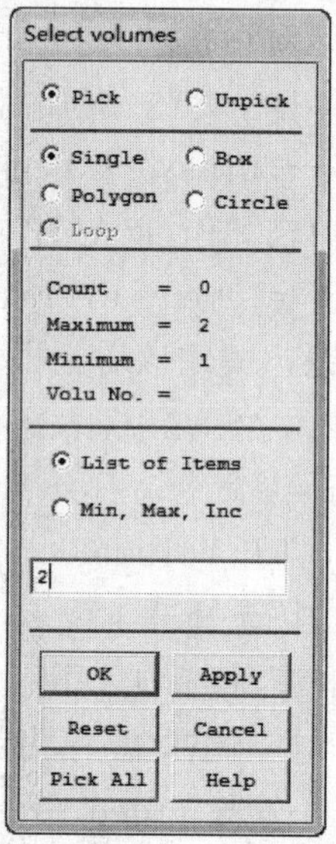

图 6-63 Select volumes 选择对话框

04 单击 ANSYS Main Menu → Preprocessor → Meshing → Size Cntrls → SmartSize → Basic 命令，打开 Basic SmartSize Settings 对话框，如图 6-64 所示。在 LVL Size Level 下拉列表框中选择"2"，单击"OK"按钮，关闭该对话框。

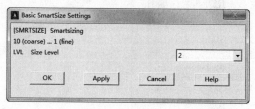

图 6-64 Basic SmartSize Settings 对话框

05 单击 ANSYS Main Menu → Preprocessor → Meshing → Mesh Attributes → Picked Volumes 命令，打开 Volume Attributes 选择对话框。在文本框中输入"2"，单击"OK"按钮，打开 Volume Attributes 对话框，在 MAT Material number 下拉列表框中选择"2"，在 TYPE Element type nember 下拉列表框中选择"2 SOLOID123"，其余选项采用系统默认设置，单击"OK"按钮，关闭该对话框。

06 单击 ANSYS Main Menu → Preprocessor → Meshing → Mesh → Volumes → Free 命令，打开 Mesh Areas 选择对话框。单击"Pick All"按钮，关闭该对话框。

07 单击菜单栏中 Select → Everything 命令。此时，ANSYS 窗口会显示生成的网格模型，如图 6-65 所示。

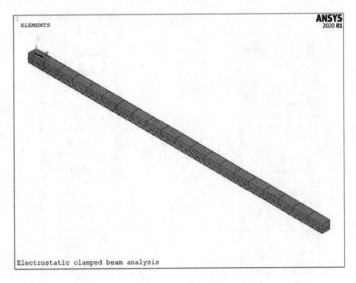

图 6-65　生成的网格模型

7．设置边界条件

01 单击菜单栏中 Select → Entities 命令，打开 Select Entities 对话框 1，如图 6-66 所示。在第一个下拉列表框中选择"Areas"，在第二个下拉列表框中选择"By Location"，单击 Y coordinates 单选按钮，在文本框中输入"H/2"，在单击"From Full"单选按钮，单击"OK"按钮，关闭该对话框。

02 单击菜单栏中 Select → Entities 命令，打开 Select Entities 对话框．在第一个下拉列表框中选择"Areas"，在第二个下拉列表框中选择"By Location"，单击 Z coordinates 单选按钮，在文本框中输入"W/2"，单击 Reselect 单选按钮，单击"OK"按钮，关闭该对话框。

03 单击菜单栏中 Select → Entities 命令，打开 Select Entities 对话框 1，如图 6-67 所示。在第一个下拉列表框中选择"Nodes"，在第二个下拉列表框中选择"Attached to"，单击 Areas，all 单选按钮，单击"From Full"单选按钮，单击"OK"按钮，关闭该对话框。

04 单击 ANSYS Main Menu → Preprocessor → Loads → Define Loads → Apply → Structural → Displacement → On Areas 命令，打开 Apply U，ROT on Areas 选择对话框。单击"Pick All"按钮，打开 Apply U，ROT on Areas 对话框，如图 6-68 所示。在 Lab2　DOFs to be constrained 下拉列表框中选择"UX"，在 VALUE Displacement value 文本框中输入"0"，单击"OK"按钮，关闭该对话框。

05 单击 ANSYS Main Menu → Preprocessor → Loads → Define Loads → Apply → Structural → Displacement → On Areas 命令，打开 Apply U，ROT on Areas 选择对话框。单击"Pick All"按钮，打开 Apply U，ROT on Areas 对话框，在 Lab2　DOFs to be constrained 下拉列表框中选择"UY"，在 VALUE　Displacement value 文本框中

输入"0"，单击"OK"按钮，关闭该对话框。

图 6-66　Select Entities 对话框 1　　图 6-67　Select Entities 对话框 2

06 单击 ANSYS Main Menu → Preprocessor → Loads → Define Loads → Apply → Structural → Displacement → On Areas 命令，打开 Apply U，ROT on Areas 选择对话框。单击"Pick All"按钮，打开 Apply U，ROT on Areas 对话框，在 Lab2　DOFs to be constrained 下拉列表框中选择"UZ"，在 VALUE　Displacement value 文本框中输入"0"，单击"OK"按钮，关闭该对话框。

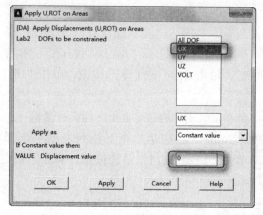 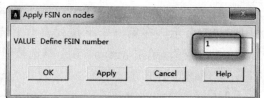

图 6-68　Apply U，ROT on Areas 对话框　　图 6-69　Apply FSIN on nodes 对话框

07 单击菜单栏中 Select → Everything 命令。

08 单击菜单栏中 Select → Entities 命令，打开 Select Entities 对话框。在第一个下拉列表框中选择"Areas"，在第二个下拉列表框中选择"By Location"，单击 Y coordinates 单选按钮，在文本框中输入"H/2"，单击"From Full"单选按钮，单击"OK"按钮，关闭该对话框。

09 单击菜单栏中 Select → Entities 命令，打开 Select Entities 对话框。在

第一个下拉列表框中选择"Areas"，在第二个下拉列表框中选择"By Location"，单击 Z coordinates 单选按钮，在文本框中输入"0"，单击 Reselect 单选按钮，单击"OK"按钮，关闭该对话框。

10 单击菜单栏中 Select → Entities 命令，打开 Select Entities 对话框。在第一个下拉列表框中选择"Nodes"，在第二个下拉列表框中选择"Attached to"，单击 Areas，all 单选按钮，单击"From Full"单选按钮，单击"OK"按钮，关闭该对话框。

11 单击 ANSYS Main Menu → Preprocessor → Loads → Define Loads → Apply → Structural → Displacement → On Areas 命令，打开 Apply U, ROT on Areas 选择对话框。单击"Pick All"按钮，打开 Apply U, ROT on Areas 对话框，在 Lab2 DOFs to be constrained 下拉列表框中选择"UZ"，在 VALUE Displacement value 文本框中输入"0"，单击"OK"按钮，关闭该对话框。

12 单击菜单栏中 Select → Everything 命令。

13 单击菜单栏中 Select → Entities 命令，打开 Select Entities 对话框，在第一个下拉列表框中选择"Nodes"，在第二个下拉列表框中选择"By Location"，单击 Y coordinates 单选按钮，在文本框中输入"0"，单击"From Full"单选按钮，单击"OK"按钮，关闭该对话框。

14 单击 ANSYS Main Menu → Preprocessor → Loads → Define Loads → Apply → Field Surface Intr → On Nodes 命令，打开 Apply FSIN on Nodes 对话框，单击"Pick All"按钮，打开 Apply FSIN on nodes 选择对话框，如图6-69所示。在 VALUE Define FSIN number 文本框中输入"1"，单击"OK"按钮，关闭该对话框。

15 单击菜单栏中 Select → Entities 命令，打开 Select Entities 对话框。在第一个下拉列表框中选择"Areas"，在第二个下拉列表框中选择"Attached to"，单击"Volumes，all"单选按钮，单击"From Full"单选按钮，单击"OK"按钮，关闭该对话框。

16 单击菜单栏中 Select → Entities 命令，打开 Select Entities 对话框，在第一个下拉列表框中选择"Areas"，在第二个下拉列表框中选择"By Location"，单击 X coordinates 单选按钮，在文本框中输入"0"，单击 Reselect 单选按钮，单击"OK"按钮，关闭该对话框。

17 单击 ANSYS Main Menu → Preprocessor → Loads → Define Loads → Apply → Structural → Displacement → On Areas 命令，打开 Apply U, ROT on Areas 选择对话框。单击"Pick All"按钮，打开 Apply U, ROT on Areas 对话框，在 Lab2 DOFs to be constrained 下拉列表框中选择"UX"，在 VALUE Displacement value 文本框中输入"0"，单击"OK"按钮，关闭该对话框。

18 单击菜单栏中 Select → Entities 命令，打开 Select Entities 对话框，在第一个下拉列表框中选择"Areas"，在第二个下拉列表框中选择"Attached to"，单击"Volumes，all"单选按钮，单击"From Full"单选按钮，单击"OK"按钮，关闭该对话框。

19 单击菜单栏中 Select → Entities 命令，打开 Select Entities 对话框。在

第一个下拉列表框中选择 "Areas"，在第二个下拉列表框中选择 "By Location"，单击 X coordinates 单选按钮，在文本框中输入 "L"，单击 Reselect 单选按钮，单击 "OK" 按钮，关闭该对话框。

20 单击 ANSYS Main Menu → Preprocessor → Loads → Define Loads → Apply → Structural → Displacement → On Areas 命令，打开 Apply U, ROT on Areas 选择对话框。单击 "Pick All" 按钮，打开 Apply U, ROT on Areas 对话框，在 Lab2 DOFs to be constrained 下拉列表框中选择 "UX"，在 VALUE Displacement value 文本框中输入 "0"，单击 "OK" 按钮，关闭该对话框。

21 单击菜单栏中 Select → Entities 命令，打开 Select Entities 对话框。在第一个下拉列表框中选择 "Areas"，在第二个下拉列表框中选择 "Attached to"，单击 "Volumes, all" 单选按钮，单击 "From Full" 单选按钮，单击 "OK" 按钮，关闭该对话框。

22 单击菜单栏中 Select → Entities 命令，打开 Select Entities 对话框，在第一个下拉列表框中选择 "Areas"，在第二个下拉列表框中选择 "By Location"，单击 Z coordinates 单选按钮，在文本框中输入 "0"，单击 Reselect 单选按钮，单击 "OK" 按钮，关闭该对话框。

23 单击 ANSYS Main Menu → Preprocessor → Loads → Define Loads → Apply → Structural → Displacement → On Areas 命令，打开 Apply U, ROT on Areas 选择对话框。单击 "Pick All" 按钮，打开 Apply U, ROT on Areas 对话框，在 Lab2 DOFs to be constrained 列表框中选择 "UZ"，在 VALUE Displacement value 文本框中输入 "0"，单击 "OK" 按钮，关闭该对话框。

24 单击菜单栏中 Select → Entities 命令，打开 Select Entities 对话框，在第一个下拉列表框中选择 "Areas"，在第二个下拉列表框中选择 "Attached to"，单击 "Volumes, all" 单选按钮，单击 "From Full" 单选按钮，单击 "OK" 按钮，关闭该对话框。

25 单击菜单栏中 Select → Entities 命令，打开 Select Entities 对话框。在第一个下拉列表框中选择 "Areas"，在第二个下拉列表框中选择 "By Location"，单击 Z coordinates 单选按钮，在文本框中输入 "W"，单击 Reselect 单选按钮，单击 "OK" 按钮，关闭该对话框。

26 单击 ANSYS Main Menu → Preprocessor → Loads → Define Loads → Apply → Structural → Displacement → On Areas 命令，打开 Apply U, ROT on Areas 选择对话框。单击 "Pick All" 按钮，打开 Apply U, ROT on Areas 对话框，在 Lab2 DOFs to be constrained 列表框中选择 "UZ"，在 VALUE Displacement value 文本框中输入 "0"，单击 "OK" 按钮，关闭该对话框。

27 单击菜单栏中 Select → Entities 命令，打开 Select Entities 对话框，在第一个下拉列表框中选择 "Areas"，在第二个下拉列表框中选择 "Attached to"，单击 "Volumes, all" 单选按钮，单击 "From Full" 单选按钮，单击 "OK" 按钮，关闭该对话框。

28 单击菜单栏中 Select → Entities 命令，打开 Select Entities 对话框，在第一个下拉列表框中选择 "Areas"，在第二个下拉列表框中选择 "By Location"，单击 Y coordinates 单选按钮，在文本框中输入 "-H"，单击 Reselect 单选按钮，单击 "OK" 按钮，关闭该对话框。

29 单击 ANSYS Main Menu → Preprocessor → Loads → Define Loads → Apply → Structural → Displacement → On Areas 命令，打开 Apply U, ROT on Areas 选择对话框。单击 "Pick All" 按钮，打开 Apply U, ROT on Areas 对话框，在 Lab2 DOFs to be constrained 列表框中选择 "UY"，在 VALUE Displacement value 文本框中输入 "0"，单击 "OK" 按钮，关闭该对话框。

30 单击菜单栏中 Select → Entities 命令，打开 Select Entities 对话框，在第一个下拉列表框中选择 "Areas"，在第二个下拉列表框中选择 "Attached to"，单击 "Volumes, all" 单选按钮，单击 "From Full" 单选按钮，单击 "OK" 按钮，关闭该对话框。

31 单击菜单栏中 Select → Entities 命令，打开 Select Entities 对话框，在第一个下拉列表框中选择 "Areas"，在第二个下拉列表框中选择 "By Location"，单击 Y coordinates 单选按钮，在文本框中输入 "0"，单击 Reselect 单选按钮，单击 "OK" 按钮，关闭该对话框。

32 单击菜单栏中 Select → Entities 命令，打开 Select Entities 对话框，在第一个下拉列表框中选择 "Nodes"，在第二个下拉列表框中选择 "Attached to"，单击 Areas, all 单选按钮，单击 "From Full" 单选按钮，单击 "OK" 按钮，关闭该对话框。

33 单击 ANSYS Main Menu → Preprocessor → Loads → Define Loads → Apply → Field Surface Intr → On Nodes 命令，打开 Apply FSIN on Nodes 选择对话框。单击 "Pick All" 按钮，打开 Apply FSIN on nodes 对话框，在 VALUE Define FSIN number 文本框中输入 "1"，单击 "OK" 按钮，关闭该对话框。

34 单击 ANSYS Main Menu → Solution → Define Loads → Apply → Electric → Boundary → Voltage → On Nodes 命令，打开 Apply VOLT on Nodes 选择对话框。单击 "Pick All" 按钮，打开 Apply VOLT on nodes 对话框，如图 6-70 所示。在 VALUE Load VOLT value 文本框中输入 "120"，单击 "OK" 按钮，关闭该对话框。

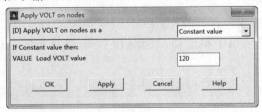

图 6-70 Apply VOLT on nodes 对话框

35 单击菜单栏中 Select → Entities 命令，打开 Select Entities 对话框，在第一个下拉列表框中选择 "Nodes"，在第二个下拉列表框中选择 "By Location"，单击 Y coordinates 单选按钮，在文本框中输入 "-H"，单击 "From Full" 单选按钮，单击 "OK" 按钮，关闭该对话框。

36 单击 ANSYS Main Menu → Solution → Define Loads → Apply → Electric → Boundary → Voltage → On Nodes 命令，打开 Apply VOLT on Nodes 选择对话框。单击 "Pick All" 按钮，打开 Apply VOLT on nodes 对话框，在 VALUE Load VOLT value 文本框中输入 "0"，单击 "OK" 按钮，关闭该对话框。

37 单击菜单栏中 Select → Everything 命令。

38 单击 ANSYS Main Menu → Preprocessor → Loads → Load Step Opts → Other → Element Morphing 命令，打开 Activate Element Morphing 对话框，如图 6-71 所示。在 Morph Elements 选项组中单击 ON 单选按钮，单击 "OK" 按钮，关闭该对话框。

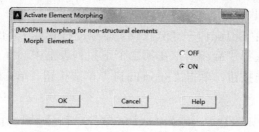

图 6-71　Activate Element Morphing 对话框

6.2.2　求解

01 单击 ANSYS Main Menu → Solution → Multi-field Set Up → Select method 命令，打开 Multi-field ON/OFF 对话框，如图 6-72 所示。在 [MFAN] MFS/MFX Activation key 选项组中单击 ON 单选按钮，单击 "OK" 按钮，关闭该对话框。

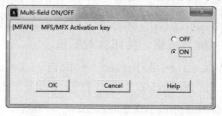

图 6-72　Multi-field ON/OFF 对话框

02 单击 "OK" 按钮，打开 Select Multi-field method 对话框，如图 6-73 所示。在 Select MF method 选项组中单击 MFS-Single Code 单选按钮，单击 "OK" 按钮，关闭该对话框。

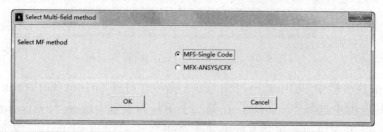

图 6-73　Select Multi-field method 对话框

03 单击 ANSYS Main Menu → Solution → Multi-field Set Up → MFS-Single Code → Define → Define 命令,打开 MFS Define 对话框,如图 6-74 所示。在 Field number 文本框中输入 "1",在 Element type 列表框中选择 "1 SOLOID185",单击 "OK" 按钮,关闭该对话框。

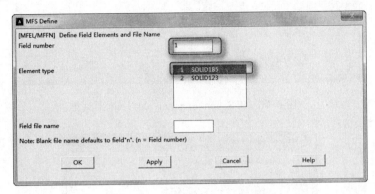

图 6-74 MFS Define 对话框

04 单击 ANSYS Main Menu → Solution → Multi-field Set Up → MFS-Single Code → Define → Define 命令,打开 MFS Define 对话框,在 Field number 文本框中输入 "2",在 Element type 列表框中选择 "2 SOLOID123",单击 "OK" 按钮,关闭该对话框。

05 单击 ANSYS Main Menu → Solution → Multi-field Set Up → MFS-Single Code → Setup → Order 命令,打开 MFS Solution Order Options 对话框,如图 6-75 所示。在第一个下拉列表框中选择 "2",在第二个下拉列表框选择 "1",单击 "OK" 按钮,关闭该对话框。

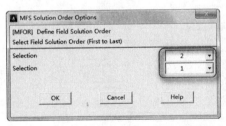

图 6-75 MFS Solution Order Options 对话框

06 单击 ANSYS Main Menu → Solution → Multi-field Set Up → MFS-Single Code → Stagger → Convergence 命令,打开 MFS Convergence Options 对话框,如图 6-76 所示。在[MFCO] Convergence items 下拉列表框中选择 "ALL"。

07 单击 "OK" 按钮,打开 Set Convergence values 对话框,如图 6-77 所示。在 Convergence values for ALL items 文本框中输入 "1e-5",单击 "OK" 按钮,关闭该对话框。

08 单击 ANSYS Main Menu → Solution → Analysis Type → Analysis Options 命令,打开 Static or Steady-State Analysis 对话框,如图 6-78 所示。在[EQSLV]

Equation solver 下拉列表框中选择 "Inc Cholesky CG"，其余选项采用系统默认设置，单击 "OK" 按钮，关闭该对话框。

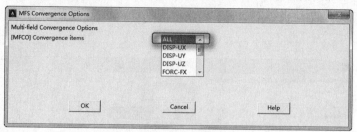

图 6-76　MFS Convergence Options 对话框

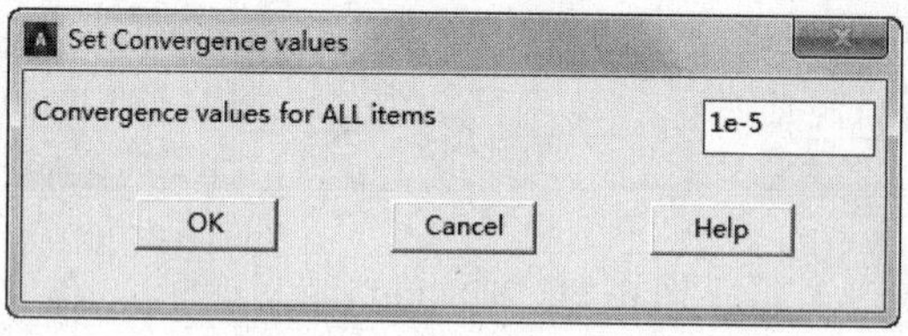

图 6-77　Set Convergence values 对话框

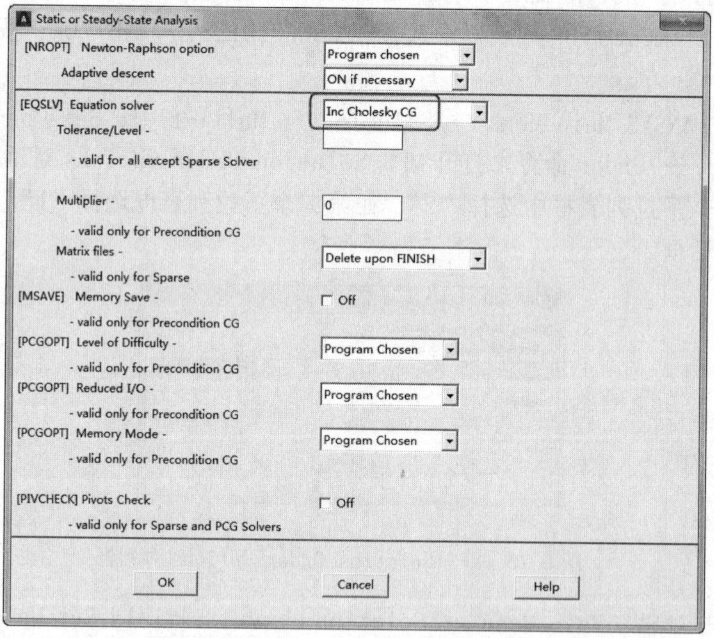

图 6-78　Static or Steady-State Analysis 对话框

09 单击 ANSYS Main Menu → Solution → Load Step Opts → Other → Element Morphing 命令，打开 Activate Element Morphing 对话框，在 Morph Elements 选项组中单击 ON 单选按钮，单击 "OK" 按钮，关闭该对话框。

10 单击 ANSYS Main Menu → Solution → Multi-field Set Up → MFS-Single Code → Capture 命令，打开 MFS Solution option capture 对话框，如图 6-79 所示。

在Field number下拉列表框中选择"2"，单击"OK"按钮，关闭该对话框。

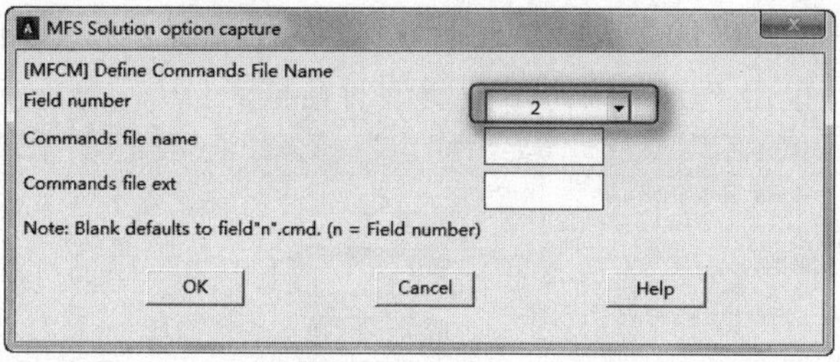

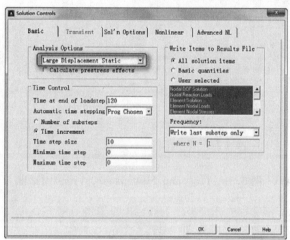

图6-79　MFS Solution option capture 对话框

11 单击ANSYS Main Menu → Solution → Analysis Type → Sol'n Controls，打开Solution Controls对话框，如图6-80所示。在Analysis Options下拉列表框中选择"Large Displacement Static"，其余选项采用系统默认设置，单击"OK"按钮，关闭该对话框。

图6-80　Solution Controls 对话框

12 单击ANSYS Main Menu → Solution → Load Step Opts → Time/Frequenc → Time – Time Step命令，打开Time and Time Step Options对话框，如图6-81所示。在[DELTIM] Time step size文本框中输入"10"，在[KBC] Stepped or ramped b.c.选项组中单击Ramped单选按钮，其余选项采用系统默认设置，单击"OK"按钮，关闭该对话框。

13 单击ANSYS Main Menu → Solution → Load Step Opts → Other → Element Morphing命令，打开Activate Element Morphing对话框，在Morph Elements选项组中单击OFF单选按钮，单击"OK"按钮，关闭该对话框。

14 单击ANSYS Main Menu → Solution → Multi-field Set Up → MFS-Single Code → Capture命令，打开MFS Solution option capture对话框，在Field number下拉列表框中选择"1"，单击"OK"按钮，关闭该对话框。

15 单击ANSYS Main Menu → Solution → Multi-field Set Up → MFS-Single Code → Time Ctrl命令，打开MFS Time Control对话框，如图6-82所示。在[MFIT] MFS

End time 文本框中输入"120"，在 Initial Time step 文本框中输入"10"，在 Minimum Time step 文本框中输入"10"，在 Maximum Time step 文本框中输入"10"，其余选项采用系统默认设置，单击"OK"按钮，关闭该对话框。

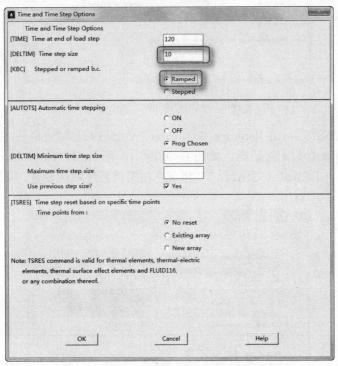

图 6-81 Time and Time Step Options 对话框

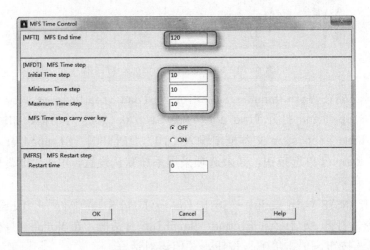

图 6-82 MFS Time Control 对话框

16 单击 ANSYS Main Menu → Solution → Multi-field Set Up → MFS-Single Code → Frequency 命令，打开 MFS Solution Frequency 对话框，如图 6-83 所示。在 Output frequency 文本框中输入"1"，单击"OK"按钮，关闭该对话框。

17 单击 ANSYS Main Menu → Solution → Multi-field Set Up → MFS-Single

Code → Stagger → Iterations 命令，打开 MFS Stagger Iteration 对话框，如图 6-84 所示。在 Maximum Stagger Iteration 文本框中输入"20"，其余选项采用系统默认设置，单击"OK"按钮，关闭该对话框。

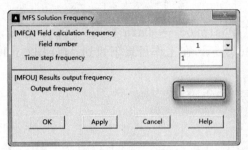

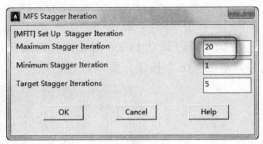

图 6-83　MFS Solution Frequency 对话框　　　图 6-84　MFS Stagger Iteration 对话框

18 单击 ANSYS Main Menu → Solution → Multi-field Set Up → MFS-Single Code → Setup → Global 命令，打开 MFS Setup 对话框，如图 6-85 所示。在[MFIN] Load transfer option 选项组中单击 Global Conservative 单选按钮，其余选项采用系统默认设置，单击"OK"按钮，关闭该对话框。

图 6-85　MFS Setup 对话框

19 在命令流文本框中输入以下循环语句：

mfsu, 1, 2, forc, 1;

mfsu, 1, 1, disp, 2。

20 单击 ANSYS Main Menu → Solution → Solve → Current LS 命令，打开打开/STATUS Command 和 Solve Current Load Step 对话框，关闭/STATUS Command 对话框，单击 Solve Current Load Step 对话框的"OK"按钮，ANSYS 开始求解。

21 求解结束后，打开 Note 对话框，单击"Close"按钮，关闭该对话框。

6.2.3 后处理

01 单击 ANSYS Main Menu → General Postproc → Data & File Opts 命令，打开 Data and File Options 对话框，如图 6-86 所示。在工作目录下找到"field2.rth"文件，单击"OK"按钮，关闭该对话框。

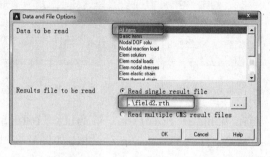

图 6-86 Data and File Options 对话框

02 单击 ANSYS Main Menu → General Postproc → Read Results → Last Set 命令。

03 单击菜单栏中 Select → Entities 命令，打开 Select Entities 对话框。在第一个下拉列表框中选择"Elements"，在第二个下拉列表框中选择"By Attributes"，单击 Elem type num 单选按钮，在文本框中输入"2"，单击"From Full"单选按钮，单击"OK"按钮，关闭该对话框。

04 单击菜单栏中 Plot → Results → Contour Plot → Nodal Solution 命令，打开 Contour Nodal Solution Date 对话框。在 Item to be contoured 列表框中选择 Nodal Solution → Electric Field → Electric field vecor sum，单击"OK"按钮，关闭该对话框，ANSYS 窗口将显示电场分布等值线图，如图 6-87 所示。

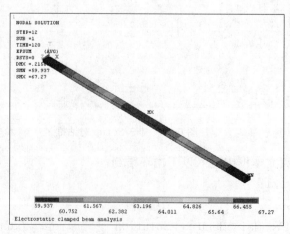

图 6-87 电场分布等值线图

05 单击 ANSYS Main Menu → Finish 命令。

06 单击 ANSYS Main Menu → General Postproc → Data & File Opts 命令，打开 Data and File Options 对话框。在工作目录下找到"field1.rst"文件，单击"OK"按钮，关闭该对话框。

07 单击 ANSYS Main Menu → General Postproc → Read Results → Last Set 命令。

08 单击菜单栏中 Select → Entities 命令，打开 Select Entities 对话框。在第一个下拉列表框中选择"Elements"，在第二个下拉列表框中选择"By Attributes"，单击 Elem type num 单选按钮，在文本框中输入"1"，单击"From Full"单选按钮，单击"OK"按钮，关闭该对话框。

09 单击菜单栏中 Select → Entities 命令，打开 Select Entities 对话框。在第一个下拉列表框中选择"Nodes"，在第二个下拉列表框中选择"Attached to"，单击 Elements 单选按钮，单击"From Full"单选按钮，单击"OK"按钮，关闭该对话框。

10 单击菜单栏中 Plot → Results → Contour Plot → Nodal Solution 命令，打开 Contour Nodal Solution Date 对话框。在 Item to be contoured 列表框中选择 Nodal Solution → DOF Solution → Displacement vector sum，单击"OK"按钮，关闭该对话框，ANSYS 窗口将显示位移分布等值线图，如图 6-88 所示。

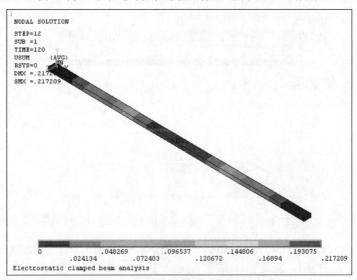

图 6-88　位移分布等值线图

11 单击菜单栏中 Plot → Results → Contour Plot → Nodal Solution 命令，打开 Contour Nodal Solution Date 对话框。在 Item to be contoured 列表框中选择 Nodal Solution → DOF Solution → Y-Component of displacement，单击"OK"按钮，关闭该对话框，ANSYS 窗口将显示 Y 方向位移分布等值线图，如图 6-89 所示。

12 单击 ANSYS Main Menu → Finish 命令。

13 单击 ANSYS Main Menu → TimeHist Postpro 命令，打开 Select Results File 对话框。在工作目录下找到"field1.rst"文件，单击"OK"按钮，关闭该对话框，然

后打开 Result File Mismatch 对话框，单击"Close"按钮，关闭该对话框。

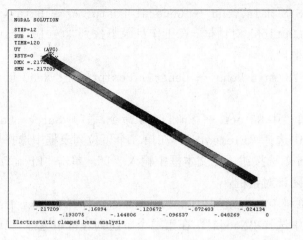

图 6-89 Y 方向位移等值线图

注意：关闭弹出的 Time History Variables-field1.rst 对话框。

14 单击 Menu → TimeHist Postpro → Define Variables 命令，打开 Defined Time-History Variables 对话框，如图 6-90 所示。

图 6-90 Defined Time-History Variables 对话框

15 单击"Add"按钮，打开 Add Time-History Variable 对话框，如图 6-91 所示，在 Type of variable 选项组中单击 Nodal DOF result 单选按钮。

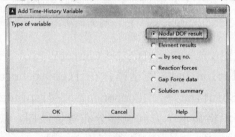

图 6-91 Add Time-History Variable 对话框

16 单击"OK"按钮，打开 Define Nodal Data 选择对话框。在文本框中输入"35"，单击"OK"按钮,打开 Define Nodal Data 对话框,如图 6-92 所示。在 NVAR Ref number of variable 文本框中输入"2",在 NODE Node number 文本框中输入"35",在 Item, Comp Data item 列表框中选择 DOF solution→UY,单击"OK"按钮,关闭该对话框;然后单击"close"按钮,关闭 Defined Time-History Variables 对话框。

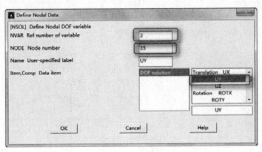

图 6-92 Define Nodal Data 对话框

17 单击菜单栏中 PlotCtrls → Style → Graphs → Modify Axes 命令,打开 Axes Modifications for Graph Plots 对话框,如图 6-93 所示。在[/AXLAB] X-axis label 文本框中输入"Voltage",在[/AXLAB] Y-axis label 文本框中输入"UY",其余选项采用系统默认设置,单击"OK"按钮,关闭该对话框。

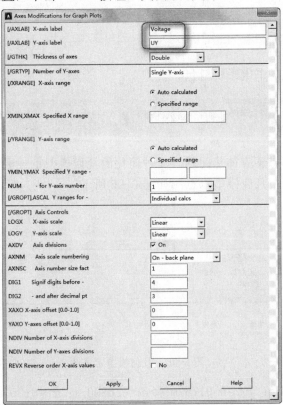

图 6-93 Axes Modifications for Graph Plots 对话框

18 单击 ANSYS Main Menu → TimeHist Postpro → Graph Variables 命令,打

开 Graph Time-History Variables 对话框，如图 6-94 所示。在 NVAR1 1st variable to graph 文本框中输入 "2"，单击 "OK" 按钮，关闭该对话框。

19 ANSYS 窗口会显示位移随电压的变化曲线，如图 6-95 所示。

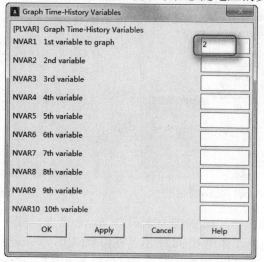

图 6-94 Graph Time-History Variables 对话框　　　图 6-95 位移随电压的变化曲线

6.2.4 命令流

略，命令流详见随书电子资料包。

6.3 圆钢坯的感应加热分析

此例描述的是瞬态感应加热问题。一种简化的几何模型是一根长条形的长钢坯，这可以简化为一维问题。几何模型示意图如图 6-96 所示。

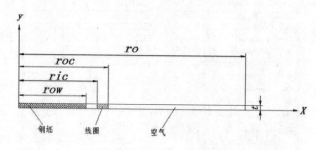

图 6-96 几何模型示意图

其中，row=0.015m；ric=0.0175 m；roc=0.0200 m；ro=0.05 m；t=0.001 m。求解电磁场模型要用 PLANE53 单元；求解模型热问题要用 PLANE55 单元。

📖 6.3.1 前处理

1．定义工作文件名和工作标题

01 单击菜单栏中 File → Change Jobname 命令，打开 Change Jobname 对话框。在 [/FILNAM] Enter new jobname 文本框中输入工作文件名"cylinder_billet"，并将 NEW log and error files 设置为"Yes"，单击"OK"按钮，关闭该对话框。

02 单击菜单栏中 File → Change Title 命令，打开 Change Title 对话框，在对话框中输入工作标题"Induction heating of a solid cylinder billet"，单击"OK"按钮，关闭该对话框。

2．定义单元类型

01 在软件上部命令行输入框中输入下列命令流，定义两个 PLANE53 单元，编号分别为 1 和 2。

```
/prep7
et,1,53,,,1
et,2,53,,,1
```

02 单击 ANSYS Main Menu → Preprocessor → Element Type → Add/Edit/Delete 命令，打开 Element Types 对话框，如图 6-97 所示。

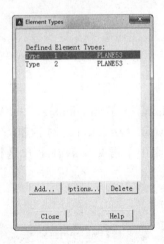

图 6-97　Element Types 对话框

03 单击 Element Types 对话框中的"Add"按钮，打开 Library of Element Types 对话框。在 Library of Element Types 列表框中选择（Thermal）Solid → Quad 4node55，在 Element type reference number 文本框中输入"4"，单击"OK"按钮，关闭 Library of Element Types 对话框。

04 在 Defined Element Type 列表框中选择 Type 4　PLANE55，单击 Element Types 对话框中的"Options"按钮，打开 PLANE55 element type options 对话框。在 Element behavior K3 下拉列表框中选择 "Axisymmetric"，其余选项采用系统默认设置，单击 "OK" 按钮，关闭该对话框。

05 单击 "Close" 按钮，关闭 Element Types 对话框。

3. 设置标量参数

单击菜单栏中 Parameters → Scalar Parameters 命令，打开 Scalar Parameters 选择对话框，如图 6-98 所示。在 Selection 文本框中依次输入：

```
row=0.015
ric=0.0175
roc=0.0200
ro=0.05
t=0.001
freq=150000
pi=4*atan(1)
cond=.392e7
muzero=4e-7*pi
mur=200
skind=sqrt(1/(pi*freq*cond*muzero*mur))
ftime=3
tinc=0.05
time=0
delt=0.01。
```

4. 定义材料性能参数

01 单击 ANSYS Main Menu → Preprocessor → Material Props → Electromag Units 命令，打开 Electromagnetic Units 对话框，如图 6-99 所示。在 [EMUNIT] Electromagnetic units 选项组中单击 MKS system 单选按钮，单击 "OK" 按钮，关闭该对话框。

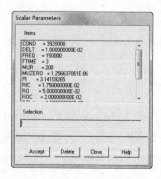

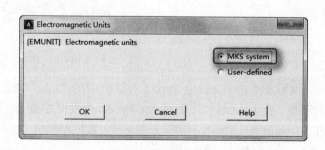

图 6-98 Scalar Parameters 对话框   图 6-99 Electromagnetic Units 对话框

02 单击 ANSYS Main Menu → Preprocessor → Material Props → Material

Models 命令，打开 Define Material Model Behaviar 对话框。

03 在 Material Models Available 列表框中选择 Electromagnetics → Relative Permeability → Constant，打开 Permeability for Material Number 1 对话框，如图 6-100 所示。在 MURX 文本框中输入"1"，单击"OK"按钮，关闭该对话框。

04 在 Define Material Model Behaviar 对话框中选择 Material → New Model，打开 Define Material ID 对话框，如图 6-101 所示。在 Define Material ID 文本框中输入"2"，单击"OK"按钮，关闭该对话框。

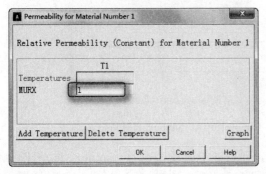
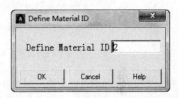

图 6-100　Permeability for Material Number 1 对话框　　图 6-101　Define Material ID 对话框

05 在 Material Models Available 列表框中选择 Thermal → Conductivity → Isotropic，打开 Conductivity for Material Number 2 对话框，如图 6-102 所示。单击"Add Temperature"按钮 3 次，使其成为 4 列 2 行表格。在 Temperatures 行的文本框中依次输入"0，730，930，1000"，在 KXX 行的文本框中依次输入"60.64，29.5，28，28"，单击"OK"按钮，关闭该对话框。

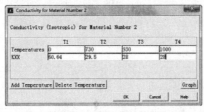

图 6-102　Conductivity for Material Number 2 对话框

06 在 Material Models Available 列表框中选择 Thermal → Emissivity，打开 Emissivity for Material Number 2 对话框，如图 6-103 所示。在 EMIS 文本框中输入"0.68"，单击"OK"按钮，关闭该对话框。

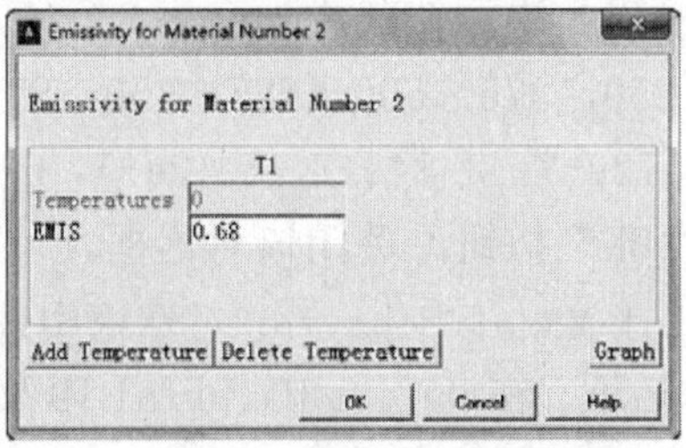

图 6-103　Emissivity for Material Number 2 对话框

07 在 Material Models Available 列表框中选择 Thermal → Enthalpy，打开 Enthalpy for Material Number 2 对话框，如图 6-104 所示。单击"Add Temperature"按钮 8 次，使其成为 9 列 2 行表格，在 Temperatures 行的文本框中依次输入"0，27，127，327，527，727，765，765.001，927"，在 EN TH 行的文本框中依次输入"7.8886E-031，9.1609E+007，4.5329E+008，1.2748E+009，2.2519E+009，3.3396E+009，3.5485E+009，3.5486E+009，4.352E+009"，单击"OK"按钮，关闭该对话框。

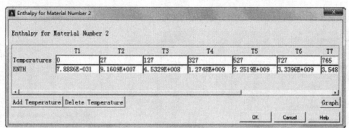

图 6-104 Enthalpy for Material Number 2 对话框

08 在 Material Models Available 列表框中选择 Electromagnetics → Relative Permeability → Constant，打开 Permeability for Material Number 2 对话框，如图 6-105 所示。单击"Add Temperature"按钮 10 次，使其成为 11 列 2 行表格，在 Temperatures 行的文本框中依次输入"25.5，160，291.5，477.6，635，698，709，720.3，742，761，1000"，在 MURX 行的文本框中依次输入"200，190，182，161，135，104，84，35，17，1，1"，单击"OK"按钮，关闭该对话框。

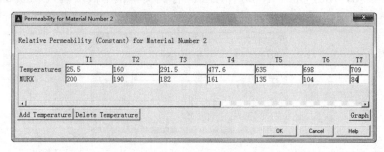

图 6-105 Permeability for Material Number 2 对话框

09 在 Material Models Available 列表框中选择 Electromagnetics → Resistivity → Constant，打开 Resistivity for Material Number 2 对话框，如图 6-106 所示。单击"Add Temperature"按钮 8 次，使其成为 9 列 2 行表格，在 Temperatures 行的文本框中依次输入"0，125，250，375，500，625，750，875，1000"，在 RSVX 行的文本框中依次输入"1.84e-7，2.72e-7，3.84e-7，5.12e-7，6.56e-7，8.24e-7，1.032e-6，1.152e-6，1.2e-6"，单击"OK"按钮，关闭该对话框。

10 在 Define Material Model Behaviar 对话框中选择 Material → New Model，打开 Define Material ID 对话框。在 Define Material ID 文本框中输入"3"，单击"OK"按钮，关闭该对话框。

11 在 Material Models Available 列表框中选择 Electromagnetics → Relative

Permeability → Constant，打开 Permeability for Material Number 3 对话框。在 MURX 文本框中输入"1"，单击"OK"按钮，关闭该对话框。

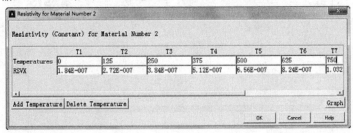

图 6-106　Resistivity for Material Number 2 对话框

12 在 Define Material Model Behaviar 对话框中选择 Material → Exit，关闭该对话框。

5. 建立电磁模型，划分网格及设置边界条件

01 单击 ANSYS Main Menu → Preprocessor → Modeling → Create → Areas → Rectangle → By Dimensions 命令，打开 Create Rectangle by Dimensions 对话框，如图 6-107 所示。在 X1, X2　X-coordinates 文本框中依次输入"0, row"，在 Y1, Y2 Y-coordinates 文本框中依次输入"0，t"。

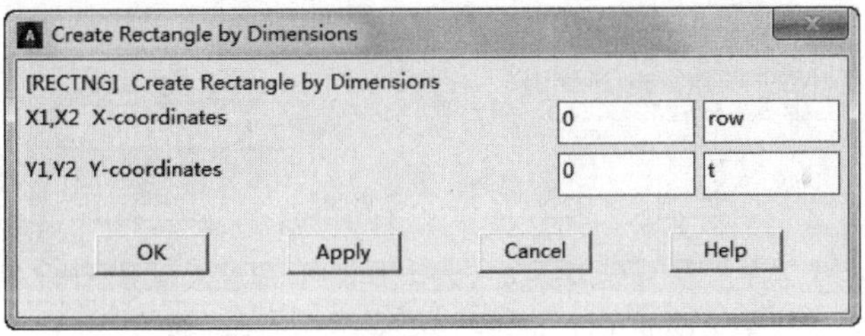

图 6-107　Create Rectangle by Dimensions 对话框

02 单击"Apply"按钮，再次打开 Create Rectangle by Dimensions 对话框，在 X1, X2　X-coordinates 文本框中依次输入"row, ric"，在 Y1, Y2　Y-coordinates 文本框中依次输入"0，t"。

03 单击"Apply"按钮，再次打开 Create Rectangle by Dimensions 对话框，在 X1, X2　X-coordinates 文本框中依次输入"ric, roc"，在 Y1, Y2　Y-coordinates 文本框中依次输入"0，t"。

04 单击"Apply"按钮，再次打开 Create Rectangle by Dimensions 对话框，在 X1, X2　X-coordinates 文本框中依次输入"roc, ro"，在 Y1, Y2　Y-coordinates 文本框中依次输入"0，t"，单击"OK"按钮，关闭该对话框。

05 单击 ANSYS Main Menu → Preprocessor → Modeling → Operate → Booleans → Glue → Areas 命令，打开 Glue Areas 选择对话框。单击"Pick All"按钮，关闭该对话框。

06 单击菜单栏中 PlotCtrls → Style → Colors → Reverse Video 命令，ANSYS

窗口将变成白色，生成的平面几何模型如图 6-108 所示。

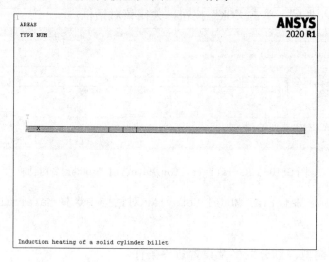

图 6-108 生成的平面几何模型

07 单击 ANSYS Main Menu → Preprocessor → Numbering Ctrls → Compress Numbers 命令，打开 Compress Numbers 对话框，如图 6-109 所示。在 Label Item to be compressed 下拉列表框中选择"Areas"，单击"OK"按钮，关闭该对话框。

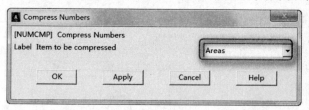

图 6-109 Compress Numbers 对话框

08 单击菜单栏中 Select → Entities 命令，打开 Select Entities 对话框，如图 6-110 所示。在第一个下拉列表框中选择"Keypoints"，在第二个下拉列表框中选择"By Location"，单击 X coordinates 单选按钮，在文本框中输入"row"，单击"From Full"单选按钮，单击"OK"按钮，关闭该对话框。

09 单击 ANSYS Main Menu → Preprocessor → Meshing → Size Cntrls → ManualSize → Keypoints → Picked KPs 命令，打开 Elem Size at Picked Keypoints 选择对话框。单击"Pick All"按钮，打开 Element Size at Picked Keypoints 对话框，如图 6-111 所示。在 SIZE Element edge length 文本框中输入"skind/2"，单击"OK"按钮，关闭该对话框。

10 单击菜单栏中 Select → Entities 命令，打开 Select Entities 对话框。在第一个下拉列表框中选择"Keypoints"，在第二个下拉列表框中选择"By Location"，单击 X coordinates 单选按钮，在文本框中输入"0"，单击"From Full"单选按钮，单击"OK"按钮，关闭该对话框。

11 单击 ANSYS Main Menu → Preprocessor → Meshing → Size Cntrls →

ManualSize → Keypoints → Picked KPs 命令，打开 Elem Size at Picked Keypoints 选择对话框。单击"Pick All"按钮，打开 Element Size at Picked Keypoints 对话框，在 SIZE Element edge length 文本框中输入"40*skind"，单击"OK"按钮，关闭该对话框。

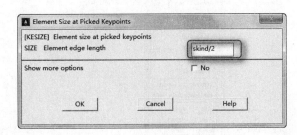

图 6-110 Select Entities 对话框 　图 6-111 Element Size at Picked Keypoints 对话框

12 单击菜单栏中 Select → Entities 命令，打开 Select Entities 对话框。在第一个下拉列表框中选择"Lines"，在第二个下拉列表框中选择"By Location"，单击 Y coordinates 单选按钮，在文本框中输入"t/2"，单击"From Full"单选按钮，单击"OK"按钮，关闭该对话框。

13 单击 ANSYS Main Menu → Preprocessor → Meshing → Size Cntrls → ManualSize → Lines → Picked Lines 命令，打开 Element Size on Picked Lines 选择对话框。单击"Pick All"按钮，打开 Element Size on Picked Lines 对话框，如图 6-112 所示。在 NDIV No. of element divisions 文本框中输入"1"，单击"OK"按钮，关闭该对话框。

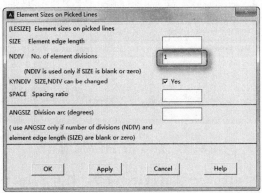

图 6-112 Element Size on Picked Lines 对话框

14 单击菜单栏中 Select → Everything 命令。

15 单击菜单栏中 Select → Entities 命令，打开 Select Entities 对话框，如

图 6-113 所示。在第一个下拉列表框中选择"Areas",在第二个下拉列表框中选择"By Num/Pick",单击"From Full"单选按钮。

16 单击"OK"按钮,打开 Select areas 选择对话框,如图 6-114 所示。在文本框中输入"1",单击"OK"按钮,关闭该对话框。

图 6-113 Select Entities 对话框　　　图 6-114 Select areas 选择对话框

17 单击 ANSYS Main Menu → Preprocessor → Meshing → Mesh Attributes → Picked Areas 命令,打开 Area Attributes 选择对话框。单击"Pick All"按钮,打开 Area Attributes 对话框,如图 6-115 所示。在 MAT Material number 下拉列表框中选择"2",在 TYPE Element type number 下拉列表框中选择"1 PLANE53",其余选项采用系统默认设置,单击"OK"按钮,关闭该对话框。

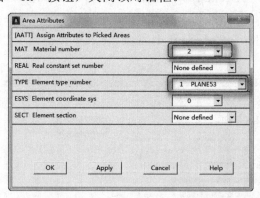

图 6-115 Area Attributes 对话框

18 单击菜单栏中 Select → Entities 命令,打开 Select Entities 对话框。在第一个下拉列表框中选择"Areas",在第二个下拉列表框中选择"By Num/Pick",单击"From Full"单选按钮。

19 单击"OK"按钮,打开 Select areas 选择对话框。在文本框中输入"3",单击"OK"按钮,关闭该对话框。

20 单击 ANSYS Main Menu → Preprocessor → Meshing → Mesh Attributes → Picked Areas 命令，打开 Area Attributes 选择对话框。单击 "Pick All" 按钮，打开 Area Attributes 对话框，在 MAT Material number 下拉列表框中选择 "3"，在 TYPE Element type number 下拉列表框中选择 "2 PLANE53"，其余选项采用系统默认设置，单击 "OK" 按钮，关闭该对话框。

21 单击菜单栏中 Select → Entities 命令，打开 Select Entities 对话框，在第一个下拉列表框中选择 "Areas"，在第二个下拉列表框中选择 "By Num/Pick"，单击 "From Full" 单选按钮。

22 单击 "OK" 按钮，打开 Select areas 选择对话框。在文本框中输入 "2,4"，单击 "OK" 按钮，关闭该对话框。

23 单击 ANSYS Main Menu → Preprocessor → Meshing → Mesh Attributes → Picked Areas 命令，打开 Area Attributes 对话框，单击 "Pick All" 按钮，打开 Area Attributes 对话框，在 MAT Material number 下拉列表框中选择 "1"，在 TYPE Element type number 下拉列表框中选择 "2 PLANE53"，其余选项采用系统默认设置，单击 "OK" 按钮，关闭该对话框。

24 单击菜单栏中 Select → Everything 命令。

25 单击 ANSYS Main Menu → Preprocessor → Meshing → Mesh → Areas → Mapped → 3 or 4 sided 命令，打开 Mesh Areas 对话框，在文本框中输入 "1"，单击 "OK" 按钮，关闭该对话框。

26 单击菜单栏中 Select → Entities 命令，打开 Select Entities 对话框，在第一个下拉列表框中选择 "Lines"，在第二个下拉列表框中选择 "By Location"，单击 Y coordinates 单选按钮，在文本框中输入 "0"，单击 "From Full" 单选按钮，单击 "OK" 按钮，关闭该对话框。

27 单击菜单栏中 Select → Entities 命令，打开 Select Entities 对话框，在第一个下拉列表框中选择 "Lines"，在第二个下拉列表框中选择 "By Location"，单击 Y coordinates 单选按钮，在文本框中输入 "t"，单击 Also Select 单选按钮，单击 "OK" 按钮，关闭该对话框。

28 单击菜单栏中 Select → Entities 命令，打开 Select Entities 对话框，在第一个下拉列表框中选择 "Lines"，在第二个下拉列表框中选择 "By Location"，单击 X coordinates 单选按钮，在文本框中输入 "row/2"，单击 Unselect 单选按钮，单击 "OK" 按钮，关闭该对话框。

29 单击 ANSYS Main Menu → Preprocessor → Meshing → Size Cntrls → ManualSize → Lines → Picked Lines 命令，打开 Element Size on Picked Lines 选择对话框，单击 "Pick All" 按钮，打开 Element Size on Picked Lines 对话框。在 SIZE Element edge length 文本框中输入 "0.001"，其余选项采用系统默认设置，单击 "OK" 按钮，关闭该对话框。

30 单击菜单栏中 Select → Everything 命令。

31 单击 ANSYS Main Menu → Preprocessor → Meshing → Mesh → Areas → Free

命令，打开 Mesh Areas 选择对话框，单击"Pick All"按钮，打开 Remesh Entities 对话框，如图 6-116 所示。使 Do you want to remesh them? 保持"No"状态，单击"OK"按钮，关闭该对话框。

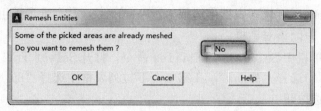

图 6-116 Remesh Entities 对话框

32 ANSYS 窗口会显示生成的网格模型，如图 6-117 所示。

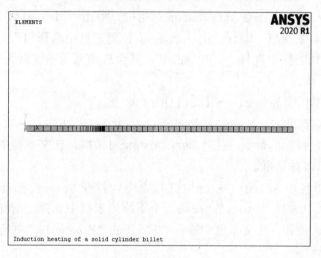

图 6-117 生成的网格模型

33 单击菜单栏中 Select → Entities 命令，打开 Select Entities 对话框，在第一个下拉列表框中选择"Nodes"，在第二个下拉列表框中选择"By Location"，单击 X coordinates 单选按钮，在文本框中输入"0"，单击"From Full"单选按钮，单击"OK"按钮，关闭该对话框。

34 单击 ANSYS Main Menu → Preprocessor → Loads → Define Loads → Apply → Magnetic → Boundary → VectorPot → On Nodes 命令，打开 Apply A on Nodes 选择对话框。单击"Pick All"按钮，打开 Apply A on Nodes 对话框，如图 6-118 所示。在 Lab DOFs to be constrained 列表框中选择"AZ"，在 VALUE Vector poten（A）value 文本框中输入"0"，单击"OK"按钮，关闭该对话框。

35 单击菜单栏中 Select → Everything 命令。

36 单击菜单栏中 Select → Entities 命令，打开 Select Entities 对话框，如图 6-119 所示。在第一个下拉列表框中选择"Elements"，在第二个下拉列表框中选择"By Attributes"，单击 Material num 单选按钮，在文本框中输入"3"，单击"From Full"单选按钮，单击"OK"按钮，关闭该对话框。

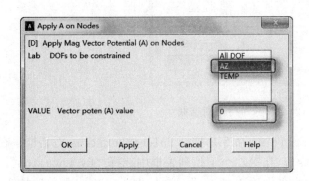

图 6-118　Apply A on Nodes 对话框　　　　图 6-119　Select Entities 对话框

37 单击 ANSYS Main Menu → Preprocessor → Loads → Define Loads → Apply → Magnetic → Excitation → Curr Density → On Elements 命令，打开 Apply JS on Elems 选择对话框。单击"Pick All"按钮，打开 Apply JS on Elems 对话框，如图 6-120 所示。在 VAL3　Curr density value（JSZ）文本框中输入"15e6"，单击"OK"按钮，关闭该对话框

38 单击菜单栏中 Select → Everything 命令。

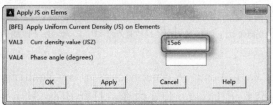

图 6-120　Apply JS on Elems 对话框

6. 建立热模型，划分网格及设置边界条件

01 单击 ANSYS Main Menu → Preprocessor → Modeling → Copy → Areas 命令，打开 Copy Areas 选择对话框。在文本框中输入"1"，单击"OK"按钮，打开 Copy Areas 对话框，如图 6-121 所示。在 ITEME　Number of copies 文本框中输入"2"，在 NOELEM Items to be copied 下拉列表框中选择"Areas only"，单击"OK"按钮，关闭该对话框。

02 单击 ANSYS Main Menu → Preprocessor → Meshing → Mesh Attributes → Picked Areas 命令，打开 Area Attributes 选择对话框。在文本框中输入"5"，单击"OK"按钮，打开 Area Attributes 对话框，在 MAT　Material number 下拉列表框中选择"2"，在 TYPE　Element type number 下拉列表框中选择"4 PLANE55"，其余选项采用系统默

认设置，单击"OK"按钮，关闭该对话框。

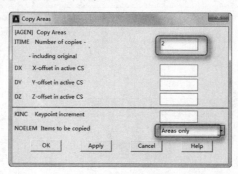

图 6-121　Copy Areas 对话框

03 单击菜单栏中 Select → Entities 命令，打开 Select Entities 对话框，在第一个下拉列表框中选择"Keypoints"，在第二个下拉列表框中选择"By Location"，单击 X coordinates 单选按钮，在文本框中输入"row"，单击"From Full"单选按钮，单击"OK"按钮，关闭该对话框。

04 单击 ANSYS Main Menu → Preprocessor → Meshing → Size Cntrls → ManualSize → Keypoints → Picked KPs 命令，打开 Elem Size at Picked Keypoints 对话框，单击"Pick All"按钮，打开 Element Size at Picked Keypoints 选择对话框。在 SIZE　Element edge length 文本框中输入"skind/2"，单击"OK"按钮，关闭该对话框。

05 单击菜单栏中 Select → Entities 命令，打开 Select Entities 对话框，在第一个下拉列表框中选择"Keypoints"，在第二个下拉列表框中选择"By Location"，单击 X coordinates 单选按钮，在文本框中输入"0"，单击 From Full 单选按钮，单击"OK"按钮，关闭该对话框。

06 单击 ANSYS Main Menu → Preprocessor → Meshing → Size Cntrls → ManualSize → Keypoints → Picked KPs 命令，打开 Elem Size at Picked Keypoints 选择对话框。单击"Pick All"按钮，打开 Element Size at Picked Keypoints 对话框，在 SIZE　Element edge length 文本框中输入"40*skind"，单击"OK"按钮，关闭该对话框。

07 单击菜单栏中 Select → Entities 命令，打开 Select Entities 对话框，在第一个下拉列表框中选择"Lines"，在第二个下拉列表框中选择"By Location"，单击 Y coordinates 单选按钮，在文本框中输入"t/2"，单击"From Full"单选按钮，单击"OK"按钮，关闭该对话框。

08 单击 ANSYS Main Menu → Preprocessor → Meshing → Size Cntrls → ManualSize → Lines → Picked Lines 命令，打开 Element Size on Picked Lines 选择对话框。单击"Pick All"按钮，打开 Element Size on Picked Lines 对话框，在 NDIV　No. of element divisions 文本框中输入"1"，单击"OK"按钮，关闭该对话框。

09 单击菜单栏中 Select → Everything 命令。

10 单击 ANSYS Main Menu → Preprocessor → Meshing → Mesh → Areas →

Mapped → 3 or 4 sided 命令，打开 Mesh Areas 选择对话框。在文本框中输入"5"，单击"OK"按钮，关闭该对话框。

> 注意：单击"OK"按钮后弹出 Warning 对话框，单击"Close"按钮，关闭即可。

11 单击菜单栏中 Select → Entities 命令，打开 Select Entities 对话框。在第一个下拉列表框中选择"Areas"，在第二个下拉列表框中选择"By Num/Pick"，单击"From Full"单选按钮。

12 单击"OK"按钮，打开 Select areas 选择对话框。在文本框中输入"5"，单击"OK"按钮，关闭该对话框。

13 单击菜单栏中 Select → Everything Below → Selected Areas 命令。

14 单击菜单栏中 Select → Entities 命令，打开 Select Entities 对话框。在第一个下拉列表框中选择"Nodes"，在第二个下拉列表框中选择"By Location"，单击 X coordinates 单选按钮，在文本框中输入"row"，在单击 Reselect 单选按钮，单击"OK"按钮，关闭该对话框。

15 单击 ANSYS Main Menu → Preprocessor → Loads → Define Loads → Apply → Thermal → Radiation → On Nodes 命令，打开 Apply RDSF on Nodes 选择对话框。单击"Pick All"按钮，打开 Apply RDSF on Nodes 对话框，如图 6-122 所示。在 VALUE Emissivity 文本框中输入"0.68"，在 VALUE2 Enclosure number 文本框中输入"1"，单击"OK"按钮，关闭该对话框。

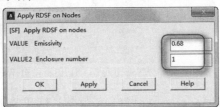

图 6-122　Apply RDSF on Nodes 对话框

16 单击菜单栏中 Select → Everything 命令。

17 单击 ANSYS Main Menu → Preprocessor → Radiation Opts → Solution Opt 命令，打开 Radiation Solution Options 对话框，如图 6-123 所示。在 [STEF] Stefan-Boltzmann Const 文本框中输入"5.67e-8"，在 Convergence tolerance 文本框中输入"0.01"，在 [SPCTEMP/SPCNOD] Space option 下拉列表框中选择"Temperature"，在 Value 文本框中输入"25"，其余选项采用系统默认设置，单击"OK"按钮，关闭该对话框。

18 单击 ANSYS Main Menu → Preprocessor → Radiation Opts → View Factor 命令，打开 View Factor Options 对话框，如图 6-124 所示。在 Type of geometry 下拉列表框中选择"Axisymmetric"，其余选项采用系统默认设置，单击"OK"按钮，关闭该对话框。

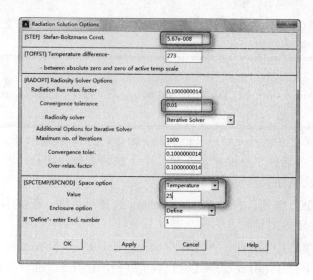

图 6-123 Radiation Solution Options 对话框

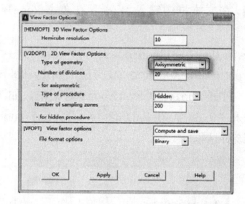

图 6-124 View Factor Options 对话框

19 单击菜单栏中 Select → Entities 命令，打开 Select Entities 对话框。在第一个下拉列表框中选择"Elements"，在第二个下拉列表框中选择"By Attributes"，单击 Material num 单选按钮，在文本框中输入"2"，单击"From Full"单选按钮，单击"OK"按钮，关闭该对话框。

20 单击 ANSYS Main Menu → Preprocessor → Loads → Define Loads → Apply → Field Volume Intr → On Elements 命令，打开 Apply FVIN on Elements 选择对话框。单击"Pick All"按钮，打开 Apply FVIN on Elements 对话框，如图 6-125 所示。在 VAL1 Interface number 文本框中输入"1"，单击"OK"按钮，关闭该对话框

21 单击菜单栏中 Select → Everything 命令。

图 6-125 Apply FVIN on Elements 对话框

6.3.2 求解

01 单击 ANSYS Main Menu → Solution → Multi-field Set Up → Select method 命令，打开 Multi-field ON/OFF 对话框，如图 6-126 所示。在 [MFAN] MFS/MFX Activation key 选项组中单击 ON 单选按钮，单击"OK"按钮，关闭该对话框。

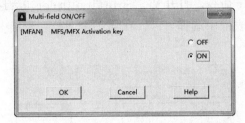

图 6-126 Multi-field ON/OFF 对话框

02 单击"OK"按钮，打开 Select Multi-field method 对话框，如图 6-127 所示，在 Select MF method 选项组中单击 MFS-Single Code 单选按钮，单击"OK"按钮，关闭该对话框。

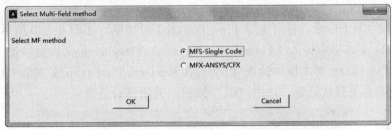

图 6-127 Select Multi-field method 对话框

03 单击 ANSYS Main Menu → Solution → Multi-field Set Up → MFS-Single Code → Define → Define 命令，打开 MFS Define 对话框，如图 6-128 所示。在 Field number 文本框中输入"1"，在 Element type 列表框中选择"1 PLANE53"和"2 PLANE53"，单击"OK"按钮，关闭该对话框。

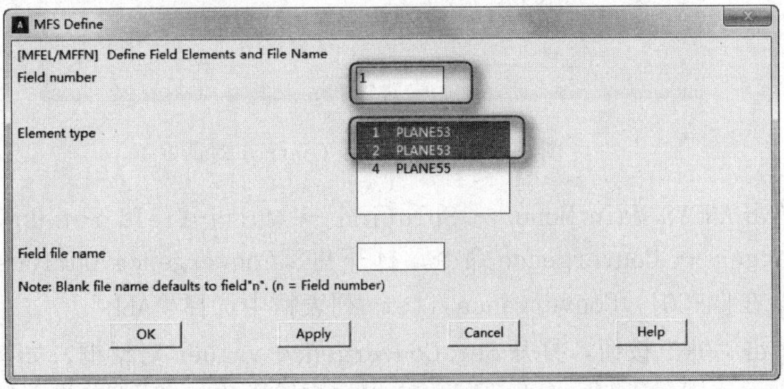

图 6-128 MFS Define 对话框

04 单击 ANSYS Main Menu → Solution → Multi-field Set Up → MFS-Single Code → Define → Define 命令，打开 MFS Define 对话框，在 Field number 文本框中输入"2"，在 Element type 列表框中选择"4 PLANE55"，单击"OK"按钮，关闭该对话框。

05 单击 ANSYS Main Menu → Solution → Multi-field Set Up → MFS-Single Code → Setup → Order 命令，打开 MFS Solution Order Options 对话框，如图 6-129 所示。在第一个下拉列表框中选择"1"，在第二个下拉列表框中选择"2"，单击"OK"按钮，关闭该对话框。

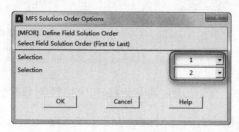

图 6-129 MFS Solution Order Options 对话框

06 单击 ANSYS Main Menu → Solution → Multi-field Set Up → MFS-Single Code → Time Ctrl 命令，打开 MFS Time Control 对话框，如图 6-130 所示。在[MFTI] MFS End time 文本框中输入"ftime"，在 Initial Time step 文本框中输入"tinc"，在 Minimum Time step 文本框中输入"tinc"，在 Maximum Time step 文本框中输入"tinc"，其余选项采用系统默认设置，单击"OK"按钮，关闭该对话框。

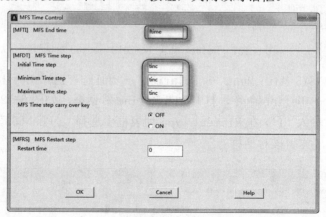

图 6-130 MFS Time Control 对话框

07 单击 ANSYS Main Menu → Solution → Multi-field Set Up → MFS-Single Code → Stagger → Convergence 命令，打开 MFS Convergence Options 对话框，如图 6-131 所示。在[MFCO] Convergence items 列表框中选择"ALL"。

08 单击"OK"按钮，打开 Set Convergence values 对话框，如图 6-132 所示。在 Convergence values for ALL items 文本框中输入"1e-3"，单击"OK"按钮，关闭该对话框。

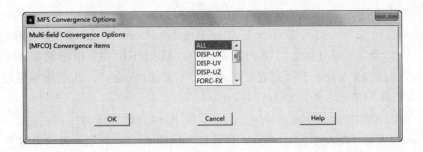

图 6-131　MFS Convergence Options 对话框

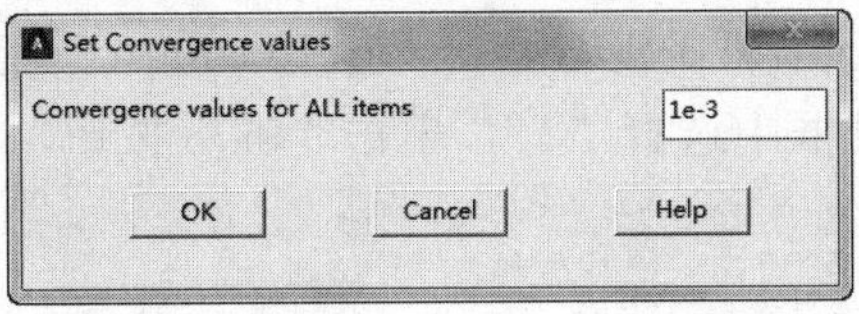

图 6-132　Set Convergence values 对话框

09 单击 ANSYS Main Menu → Solution → Analysis Type → New Analysis 命令，打开 New Analysis 对话框，如图 6-133 所示。在[ANTYPE] Type of analysis 选项组中单击 Harmonic 单选按钮，单击"OK"按钮，关闭该对话框。

图 6-133　New Analysis 对话框

10 单击 ANSYS Main Menu → Solution → Load Step Opts → Time/Frequenc → Freq and Substps 命令，打开 Harmonic Frequency and Substep Options 对话框，如图 6-134 所示。在[HARFRQ] Harmonic freq range 第一个文本框中输入"150000"，其余选项采用系统默认设置，单击"OK"按钮，关闭该对话框。

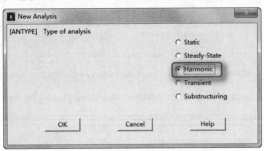

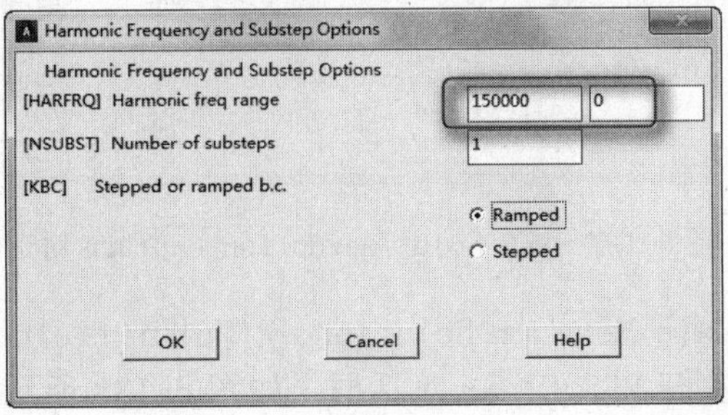

图 6-134　Harmonic Frequency and Substep Options 对话框

11 单击 ANSYS Main Menu → Solution → Load Step Opts → Output Ctrls → DB/Results File 命令，打开 Controls for Database and Results File Writing 对话框，如图 6-135 所示。在 Item　Item to be controlled 下拉列表框中选择 "All items"，在 Cname　Component name 下拉列表框中选择 "All entities"，其余选项采用系统默认设置，单击 "OK" 按钮，关闭该对话框。

12 单击 ANSYS Main Menu → Solution → Define Loads → Settings → Uniform Temp 命令，打开 Uniform Temperature 对话框，如图 6-136 所示。在 [TUNIF]　Uniform temperature 文本框中输入 "100"，单击 "OK" 按钮，关闭该对话框。

13 单击 ANSYS Main Menu → Solution → Multi-field Set Up → MFS-Single Code → Capture 命令，打开 MFS Solution option capture 对话框，如图 6-137 所示。在 Field number 下拉列表框中选择 "1"，单击 "OK" 按钮，关闭该对话框。

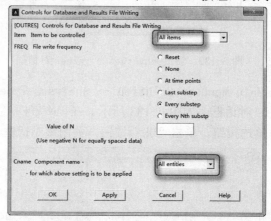

图 6-135　Controls for Database and Results File Writing 对话框

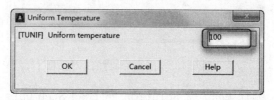

图 6-136　Uniform Temperature 对话框

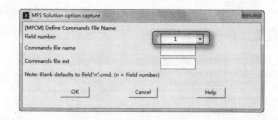

图 6-137　MFS Solution option capture 对话框

14 单击 ANSYS Main Menu → Solution → Multi-field Set Up → MFS-Single Code → Clear 命令，打开 MFS Clear 对话框，如图 6-138 所示。在 Clear Options 下拉列表框中选择 "SOLU"，单击 "OK" 按钮，关闭该对话框。

15 单击 ANSYS Main Menu → Solution → Analysis Type → New Analysis 命令，打开 New Analysis 对话框，在 [ANTYPE] Type of analysis 列表框中选择 "Transient"。

16 单击 "OK" 按钮，打开 Transient Analysis 对话框，如图 6-139 所示。采用系统默认设置，单击 "OK" 按钮，关闭该对话框。

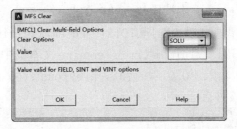

图 6-138 MFS Clear 对话框

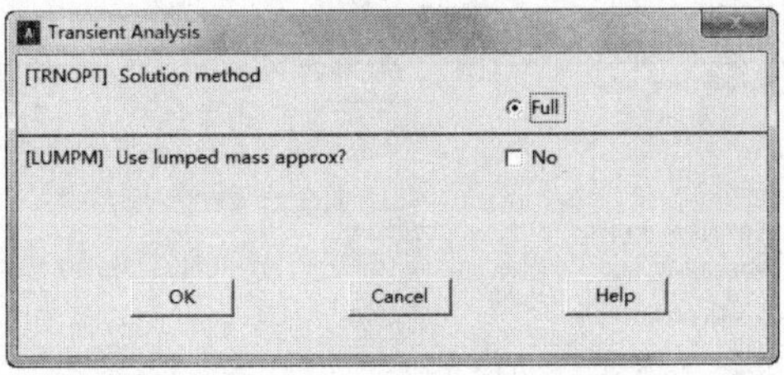

图 6-139 Transient Analysis 对话框

17 单击 ANSYS Main Menu → Solution → Radiation Opts → Solution Opt 命令，打开 Radiation Solution Options 对话框，如图 6-140 所示。在 [TOFFST] Temperature difference 文本框中输入 "273"，其余选项采用系统默认设置，单击 "OK" 按钮，关闭该对话框。

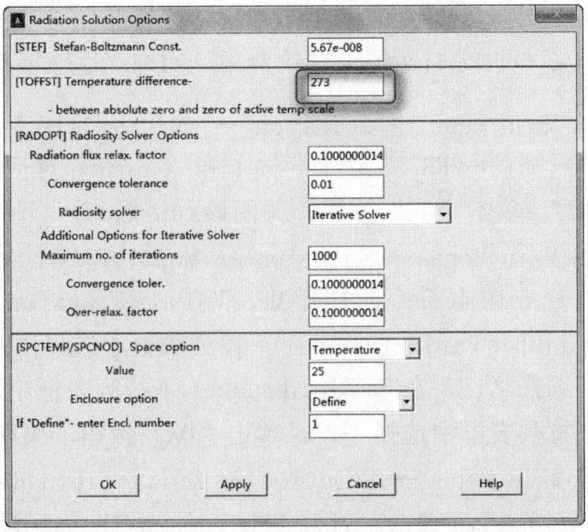

图 6-140 Radiation Solution Options 对话框

18 单击 ANSYS Main Menu → Solution → Define Loads → Settings → Uniform Temp 命令，打开 Uniform Temperature 对话框，在[TUNIF] Uniform temperature 文本框中输入"100"，单击"OK"按钮，关闭该对话框。

19 单击 ANSYS Main Menu → Solution → Load Step Opts → Time/Frequenc → Time - Time Step 命令，打开 Time and Time Step Options 对话框，如图 6-141 所示。在[DELTIM] Time step size 文本框中输入"0.01"，在[KBC] Stepped or ramped b.c. 选项组中单击 Stepped 单选按钮，在[AUTOTS] Automatic time stepping 选项组中单击 ON 单选按钮，在[DELTIM] Minimum time step size 文本框中输入"0.005"，在 Maximum time step size 文本框中输入"0.01"，使 Use previous step size? 保持"Yes"状态，单击"OK"按钮，关闭该对话框。

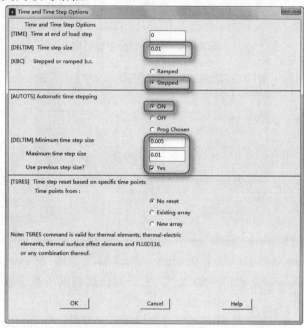

图 6-141 Time and Time Step Options 设置对话框

20 单击 ANSYS Main Menu → Solution → Multi-field Set Up → MFS-Single Code → Capture 命令，打开 MFS Solution option capture 对话框，在 Field number 下拉列表框中选择"2"，单击"OK"按钮，关闭该对话框。

21 单击 ANSYS Main Menu → Solution → Multi-field Set Up → MFS-Single Code → Interface → Volume 命令，打开 MFS Volume Transfer options 对话框，如图 6-142 所示。在 Transfer varidata label 下拉列表框中选择"HGEN"，在 From Field number 下拉列表框中选择"1"，在 To Field number 下拉列表框中选择"2"，在 Across interface number 下拉列表框中选择"1"，单击"OK"按钮，关闭该对话框。

22 单击 ANSYS Main Menu → Solution → Multi-field Set Up → MFS-Single Code → Interface → Volume 命令，打开 MFS Volume Transfer options 对话框。在 Transfer varidata label 下拉列表框中选择"TEMP"，在 From Field number 下拉列表框中选择"2"，在 To Field number 下拉列表框中选择"1"，在 Across interface number

下拉列表框中选择"1"，单击"OK"按钮，关闭该对话框。

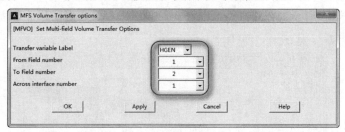

图 6-142 MFS Volume Transfer options 对话框

23 单击 ANSYS Main Menu → Solution → Solve → Current LS 命令，打开打开/STATUS Command 和 Solve Current Load Step 对话框。关闭/STATUS Command 对话框，单击 Solve Current Load Step 对话框的"OK"按钮，ANSYS 开始求解。

注意：求解期间会弹出两次 Verify 对话框，单击"Yes"按钮继续求解即可。

24 求解结束后，弹出 Note 对话框，单击"OK"按钮，关闭该对话框。

6.3.3 后处理

01 单击 ANSYS Main Menu → TimeHist Postpro 命令，打开 Select Results File 对话框。在工作目录下找到"field2.rth"文件，单击"OK"按钮，关闭该对话框；然后打开 Result File Mismatch 对话框，单击"是（Y）"按钮，关闭该对话框。

注意：关闭弹出的 Time History Variables-field1.rst 对话框。

02 单击菜单栏中 Select → Entities 命令，打开 Select Entities 对话框，在第一个下拉列表框中选择"Elements"，在第二个下拉列表框中选择"By Attributes"，单击 Elem type num 单选按钮，在文本框中输入"4"，单击"From Full"单选按钮，单击"OK"按钮，关闭该对话框。

03 单击菜单栏中 Select → Entities 命令，打开 Select Entities 对话框。在第一个下拉列表框中选择"Nodes"，在第二个下拉列表框中选择"Attached to"，单击 Elements 单选按钮，单击"From Full"单选按钮。

04 单击菜单栏中 Select → Entities 命令，打开 Select Entities 对话框。在第一个下拉列表框中选择"Nodes"，在第二个下拉列表框中选择"By Location"，单击 X coordinates 单选按钮，在文本框中输入"row"，单击 Reselect 单选按钮，单击"OK"按钮，关闭该对话框。

05 单击菜单栏中 Select → Entities 命令，打开 Select Entities 对话框。在第一个下拉列表框中选择"Nodes"，在第二个下拉列表框中选择"By Location"，单击 Y coordinates 单选按钮，在文本框中输入"0"，单击 Reselect 单选按钮，单击"OK"按钮，关闭该对话框。

06 单击菜单栏中 Parameters → Get Scalar Data 命令，打开 Get Scalar Data 对话框，如图 6-143 所示。在 Type of data to be retrieved 列表框中选择 Results data → Nodal results。

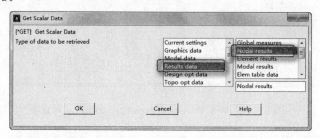

图 6-143　Get Scalar Data 对话框

07 单击"OK"按钮，打开 Get Nodal Results Data 对话框，如图 6-144 所示。在 Name of parameter to be defined 文本框中输入"nor"，在 Results data to be retrieved 文本框中输入"num, min"，单击"OK"按钮，关闭该对话框。

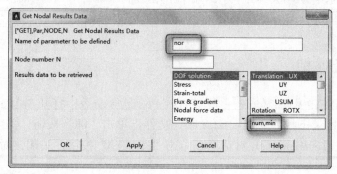

图 6-144　Get Nodal Results Data 对话框

08 单击菜单栏中 Select → Entities 命令，打开 Select Entities 对话框。在第一个下拉列表框中选择"Nodes"，在第二个下拉列表框中选择"Attached to"，单击 Elements 单选按钮，单击"From Full"单选按钮，单击"OK"按钮，关闭该对话框。

09 单击菜单栏中 Select → Entities 命令，打开 Select Entities 对话框，在第一个下拉列表框中选择"Nodes"，在第二个下拉列表框中选择"By Location"，单击 X coordinates 单选按钮，在文本框中输入"0"，单击 Reselect 单选按钮，单击"OK"按钮，关闭该对话框。

10 单击菜单栏中 Select → Entities 命令，打开 Select Entities 对话框。在第一个下拉列表框中选择"Nodes"，在第二个下拉列表框中选择"By Location"，单击 Y coordinates 单选按钮，在文本框中输入"0"，单击 Reselect 单选按钮，单击"OK"按钮，关闭该对话框。

11 单击 Utility Menu → Parameters → Get Scalar Data 命令，打开 Get Scalar Data 对话框，在 Type of data to be retrieved 列表框中选择 Results data → Nodal results。

12 单击"OK"按钮，打开 Get Nodal Results Data 对话框，在 Name of parameter to be defined 文本框中输入 "nir"，在 Results data to be retrieved 文本框中输入 "num,min"，单击 "OK" 按钮，关闭该对话框。

13 单击菜单栏中 Select → Everything 命令。

14 单击 Menu → TimeHist Postpro → Define Variables 命令，打开 Defined Time-History Variables 对话框，如图 6-145 所示。

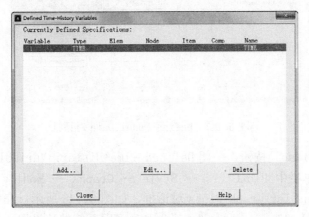

图 6-145　Defined Time-History Variables 对话框

15 单击 "Add" 按钮，打开 Add Time-History Variable 对话框，如图 6-146 所示。在 Type of variable 选项组中单击 Nodal DOF result 单选按钮。

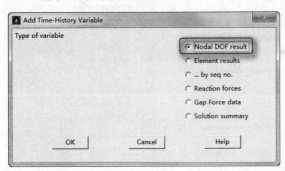

图 6-146　Add Time-History Variable 对话框

16 单击 "OK" 按钮，打开 Define Nodal Data 选择对话框。在文本框中输入 360，单击 "OK" 按钮，打开 Define Nodal Data 对话框，如图 6-147 所示。在 Name User-specified label 文本框中输入 "outer"，在 Item,Comp Data item 列表框中选择 DoF solution→Temperature TEMP，其余选项采用系统默认设置，单击 "OK" 按钮，关闭该对话框。

17 在 Defined Time-History Variables 对话框中单击 "Add" 按钮，打开 Add Time-History Variable 对话框。在 Type of variable 选项组中单击 Nodal DOF result 单选按钮。

18 单击 "OK" 按钮，打开 Define Nodal Data 选择对话框。在文本框中输入 359，单击 "OK" 按钮，打开 Define Nodal Data 对话框。在 Name User-specified label

文本框中输入"inner",在 Item,Comp Data item 列表框中选择 DoF solution→
Temperature TEMP,其余选项采用系统默认设置,单击"OK"按钮,关闭该对话框。

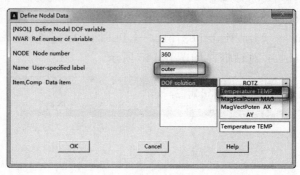

图 6-147 Define Nodal Data 对话框

19 单击"Close"按钮,关闭 Defined Time-History Variables 对话框。

20 单击菜单栏中 PlotCtrls → Style → Graphs → Modify Axes 命令,打开
Axes Modifications for Graph Plots 对话框,如图 6-148 所示。在[/AXLAB] Y-axis
label 文本框中输入"Temperature",其余选项采用系统默认设置,单击"OK"按钮,
关闭该对话框。

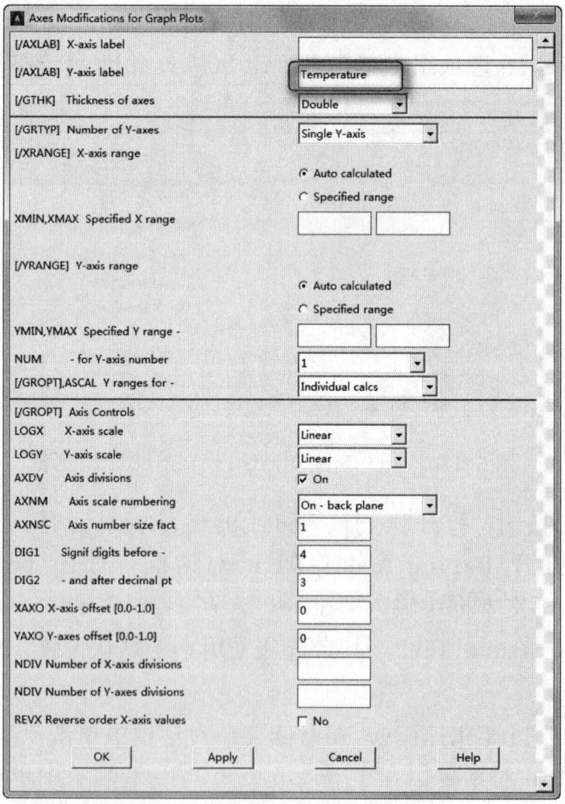

图 6-148 Axes Modifications for Graph Plots 对话框

21 单击 ANSYS Main Menu → TimeHist Postpro → Graph Variables 命令,打

开 Graph Time-History Variables 对话框，如图 6-149 所示。在 NVAR1 1st variable to graph 文本框中输入 "2"，在 NAVR2 2nd variable 文本框中输入 "3"，单击 "OK" 按钮，关闭该对话框。

22 ANSYS 窗口会显示温度随时间的变化曲线，如图 6-150 所示。

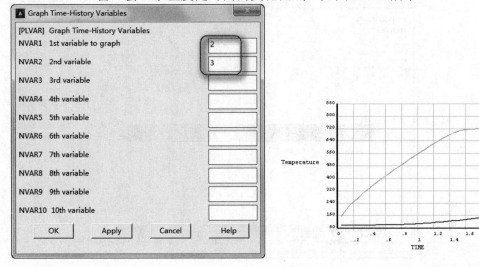

图 6-149 Graph Time-History Variables 对话框   图 6-150   温度随时间的变化曲线

23 单击 ANSYS Main Menu → Finish 命令。

24 单击 ANSYS Main Menu → General Postproc → Data & File Opts 命令，打开 Data and File Options 对话框，如图 6-151 所示。在工作目录下找到 "field2.rth" 文件，单击 "OK" 按钮，关闭该对话框。

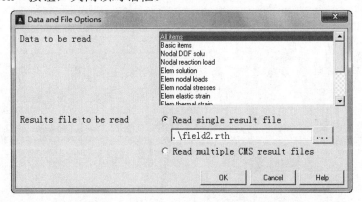

图 6-151 Data and File Options 对话框

25 单击 ANSYS Main Menu → General Postproc → Read Results → Last Set 命令。

26 单击菜单栏中 Select → Entities 命令，打开 Select Entities 对话框。在第一个下拉列表框中选择 "Elements"，在第二个下拉列表框中选择 "By Attributes"，单击 Elem type num 单选按钮，在文本框中输入 "4"，单击 "From Full" 单选按钮，单击 "OK" 按钮，关闭该对话框。

27 单击菜单栏中 Plot → Results → Contour Plot → Nodal Solution 命令，打开 Contour Nodal Solution Date 对话框。在 Item to be contoured 列表框中选择 Nodal Solution → DOF Solution → Nodal Temperature，单击"OK"按钮，关闭该对话框，ANSYS 窗口将显示温度场分布等值线图，如图 6-152 所示。

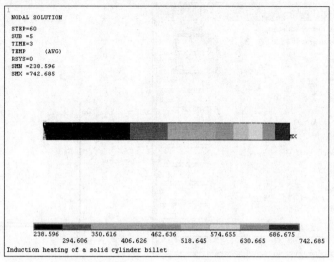

图 6-152　温度场分布等值线图

6.3.4　命令流

略，命令流详见随书电子资料包。

第 7 章

载荷传递耦合物理分析

　　载荷传递耦合物理分析是指在求解一个实际的工程问题时，将多个相互作用的工程学科进行综合分析。

　　本章主要介绍了载荷传递耦合物理环境的概念和分析步骤、在物理分析之间传递载荷，以及使用多物理环境进行载荷传递耦合物理分析。

◎　在物理分析之间传递载荷
◎　使用多物理环境进行载荷传递耦合物理分析
◎　单向载荷传递

7.1 物理环境的概念

载荷传递耦合物理分析是指将多个相互作用的工程学科进行综合分析，求解一个实际的工程问题。为了方便起见，本章把一个特定工程学科的求解分析过程称为一个物理分析。当一个物理分析的边界条件取决于其他分析的结果时，那么这些分析是耦合的。

有些情况仅使用单向耦合。例如，通过计算流场得到对一个水泥墙的压力载荷，再使用压力载荷进行水泥墙结构分析。压力载荷造成墙的变形，理论上这种变形又会影响水泥墙附近流场的形状。实际上流场的几何形状变化很小，可以忽略不计，因此就没有必要再返回来计算变形后的流场。在此分析中，流体单元用于求解流场，结构单元用于计算应力和变形。

较复杂的情况是感应加热问题，交流电磁分析计算出焦耳热源的数据，作为瞬态热分析的热载荷求解温度场随时间的变化。但在两个物理分析中，材料的性能随温度明显变化的，造成感应加热问题求解的复杂性，这就需要两种物理分析的相互耦合。

载荷耦合物理指的是第一个物理分析的结果作为第二个物理分析的载荷。如果分析是完全耦合的，那么第二个物理分析的结果又会成为第一个物理分析的载荷。边界条件和载荷可分为两类：一类是基本物理载荷，非其他物理分析的函数，这种载荷也称为特征边界条件；另一类是耦合载荷，是其他物理分析的结果。

使用 ANSYS 求解的典型应用包括热应力、感应加热、感应振荡、稳态流-固耦合、磁-结构耦合、静电-结构耦合、电流传导-静磁。ANSYS 程序能够使用一个 ANSYS 数据库进行多物理耦合分析，并且使用同一个有限元模型。而这些单元所代表的物理意义在不同的物理分析中是不同的，这就用到物理环境的概念。

ANSYS 程序使用物理环境的概念进行载荷耦合物理分析。可以将所有的操作参数及某一特定物理分析选项全部写入一个物理环境文件。物理环境文件是一个 ASCII 文件，用以下方法创建。

命令：PHYSICS, WRITE, Title, Filename, Ext,--。

GUI：ANSYS Main Menu → Preprocessor → Physics → Environment；

ANSYS Main Menu → Solution → Physics → Environment。

针对一个特定工作名可以创建多达 9 个物理环境。在 PHYSICS 命令中可为每一个物理环境定义一个唯一的标题。ANSYS 为每一个物理环境指定唯一的编号，并作为物理环境文件扩展名的一部分。建议使用标题描述分析的物理环境，这个标题应该与在/TITLE 命令（File → Change Title）中设定的分析标题区分开。

使用 PHYSICS, WRITE 命令可以创建物理环境文件（如 Jobname，PH1），并将 ANSYS 数据库中的如下信息写入这个物理环境文件：

- 单元类型及 KEYOPT 设定。
- 实常数。
- 材料属性。
- 单元坐标系。

- 求解分析选项。
- 载荷步选项。
- 约束方程。
- 耦合节点设定。
- 施加的边界条件和载荷。
- GUI 设定。
- 分析标题（/TITLE, card）。

使用 PHYSICS,READ 命令（ANSYS Main Menu → Preprocessor → Physics → Environment → Read）读取一个物理环境文件，使用写入此物理环境文件时使用的文件名或标题（标题在物理环境文件的开头）。在读入物理文件之前，ANSYS 程序将清除数据库中所有的边界条件、载荷、节点耦合、材料属性、分析选项和约束方程。

7.2 一般分析步骤

进行载荷传递耦合场分析可使用单独数据库或多物理环境的一个数据库。在这两种情况下，可以使用 LDREAD 命令读取结果并将结果作为载荷。

图 7-1 所示为使用单独数据库进行典型载荷传递耦合场分析的数据流程。每个数据库包含合适的实体模型、单元、载荷等。可以把一个结果文件的信息从第一个数据库读入到另一个数据库中。但单元和节点编号在数据库和结果文件中必须是相同的。

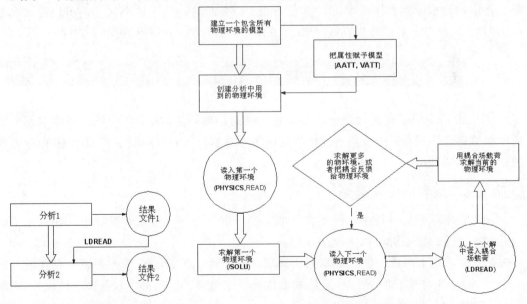

图 7-1 使用单独数据库进行典型载荷   图 7-2 使用多物理环境进行载荷
    传递耦合场分析的数据流程   传递耦合物理分析的数据流程

图 7-2 所示为使用多物理环境进行载荷传递耦合物理分析的数据流程。对于这种方法，整个分析使用一个数据库，数据库中必须包含所有物理分析所需的节点和单元。对于每个单元或实体模型实体，必须定义一套属性编号，包括单元类型编号、材料编号、实常

数编号及单元坐标系编号。所有这些编号在所有物理分析中是不变的，但在每个物理环境中，每个给定的属性编号对应的实际属性是不同的，实常数组和单元类型编号中参数的定义也是一样。模型中的某一区域在某物理求解中可以是无效的。

创建 ANSYS 数据库时应考虑所有物理环境的需求。在创建任何物理环境之前，要对每个面或体的区域赋予正确单元类型编号、材料编号、实常数编号以及单元坐标系编号（参阅 AATT 和 VATT 命令描述）。对于模型中某一面或体区域在两种不同物理类型中都是分区域时要格外小心，如流体带有磁性的问题。在流体分析中，流体的材料编号必须为1。如果不这样做，在进行不同的物理求解时要先修改单元属性，再进行求解。要修改单元，可使用如下命令。

命令：EMODIF。

GUI: ANSYS Main Menu → Preprocessor → Modeling → Move/Modify → Elements → Modify Attrib。

单独数据库比较适用于单向载荷传递耦合，如典型的热-应力分析。具有多物理环境的一个数据库，由于在物理环境之间可迅速切换，非常适合在多个物理分析间需要双向或迭代耦合的情况。大变形的稳态流体-结构耦合问题或感应加热是需要单独数据库/多个物理环境方法的典型应用。

注意，如果没有采取以下措施之一，则在多个求解进程中数据库文件的大小会增长。

1）创建物理环境之后发布 SAVE 命令，每一个物理求解之后发布 RESUME 命令。

2）不要把结果写入到数据库中（只写到结果文件中）。在后处理中，无论何时想将结果文件中的数据读到数据库中，只需发布 SET 命令即可。调用这个选项，可以发布命令/CONFIG, NOELAB, 1 或者将直线"NO_ELDBW=1"插入到 config110.ans 文件中。

7.3　在物理分析之间传递载荷

LDREAD 命令用于在耦合场分析中连接不同的物理环境，将第一个物理环境求解分析的结果数据作为载荷，传递到下一个物理环境中求解。表 7-1 列出了当 LDREAD 命令怎样使结果传递成载荷。

7.3.1　兼容的单元类型

如果在不同物理环境中单元类型是兼容的，则会有许多细则需要确定。在深入了解这些细则之前，需要弄清以下几个术语：

- 单元基本形状：单元基本形状是默认的配置，在 ANSYS 单元手册中有详细的描述。对于实体单元，单元基本形状包括四边形、三角形、六面体（砖块）、四面体。
- 单元退化形状：许多单元可以从基本形状退化。例如，四边形单元可以退化成三角形单元、六面体单元可以退化成楔形单元、四面体单元或金字塔形单元。
- 单元阶数：ANSYS 的单元（P 单元除外）可分为低阶（一阶）或高阶（二阶）形式。高阶单元具有中节点，低阶单元没有中节点。在许多情况下，可以生成没有中节点的高阶单元。

表 7-1   LDREAD 命令怎样使结果传递成载荷

此分析的结果	变成此类分析的载荷
热或 FLOTRAN 分析结果中的温度 [TEMP, TBOT, TE2, …, TTOP]	结构分析中作为体力，或者热分析中作为节点力（温度）
稳态、谐波或瞬态磁场分析结果的力[FORC]	在结构分析或 FLOTRAN 分析中作为力载荷
静电场分析结果中的力[FORC]	在结构分析中作为力载荷
磁场分析结果中的焦耳热[HGEN]	在热或 FLOTRAN 分析中作为体力单元（热生成）载荷
电流传导分析结果中的源电流密度[JS]	在磁场分析中作为体力单元（电流密度）载荷
FLOTRAN 分析结果中的压力[PRES]	在结构分析中（实体和壳单元）作为面载荷（压力）
任何分析结果中的反作用力[REAC]	任何分析中的力载荷
FLOTRAN 分析结果中的热流量[HFLU]	热分析中单元的面载荷（热流量）
高频电磁分析中的热流量[EHFLU]	热分析中单元的面载荷（热流量）
FLOTRAN 分析结果中的传热系数及流体平均温度[HFLM]	热分析中单元的面载荷（传热系数及流体平均温度）

在所有的多物理环境中，单元类型必须保持同样的基本形状。如果一种单元允许有退化形状，在其他物理环境中，相应的单元类型必须可以退化成同样的形状。例如，SOLID92（10 节点四面体结构单元）与 SOLID87（10 节点四面体热单元）可以兼容，但 SOLID92 与 SOLID90（20 节点热单元）退化的四面体单元不能兼容。

在不同的物理环境中，不同阶数的单元可能兼容也可能不兼容。使用 LDREAD 命令读取耦合载荷，可以确定单元的兼容性。此外，某些单元类型可以设定 KEYOPT 选项，支持低阶或高阶耦合载荷传递。

下列载荷可以从一阶或二阶单元中读取，并加载到另一个物理环境中的一阶或二阶单元上。

● 体力温度[TEMP, TBOT, TE2, . . . TTOP]。
● 体力单元热生成[HGEN]。
● 源电流密度[HGEN]。
● 表面压力[PRES]。
● 表面热流量[HFLU]。
● 表面传热系数及流体平均温度[HFLM]。

需要单元阶数兼容的载荷如下：

● 力载荷* [FORC]。
● 反作用载荷[REAC]。

以下的电磁场单元支持一阶或二阶结构单元，KEYOPT 设定为 PLANE53，PLANE121，SOLID122 和 SOLID123。

如果通过更改单元阶数创建物理环境，则在划分单元时应使用高阶单元。物理环境中兼容的单元类型见表 7-2。

> **注意**：如果一个网格中包含一个退化的单元形状，相应的单元类型必须有相同的退化形状。例如，如果一个网格中包含 FLUID142 金字塔形单元，则 SOLID70 单元就不是兼容的，SOLID70 单元不能退化成金字塔形。为了兼容，具有 VOLT 自由度的单元必须要有相同的反作用力。

表 7-2 物理环境中兼容的单元类型

结构单元	热单元	磁单元	静电单元	流体单元	电传导
	SOLID70	SOLID97, SOLID236, SOLID237	SOLID122[2]		SOLID5, SOLID231, SOLID232
	SOLID87	SOLID98[1]	SOLID123[2]	–	SOLID98
	SOLID90	SOLID236, SOLID237	SOLID122		SOLID5, SOLID231, SOLID232
	PLANE55	PLANE13, PLANE53[2], PLANE233	PLANE121[2]	–	PLANE230
PLANE183	PLANE35	–	–		
	PLANE77	PLANE53, PLANE233	PLANE121		PLANE230
SHELL181	SHELL131	–	–	–	SHELL157
ELBOW290	SHELL132				
LINK8	LIND33	–	–	FLUID116	LINK68

1）仅支持需要力的一阶单元。

2）要求单元 KEYOPT 选项支持需要力的一阶单元。

7.3.2 可使用的结果文件类型

在耦合场分析中要用到几个不同的结果文件类型。所有分析的结果文件将具有相同的文件名，用/FILNAME 命令（File → Change Jobname）设定工作名。区分这些结果文件，要先查看它们的扩展名。不同扩展名对应的结果文件见表 7-3。

表 7-3 不同扩展名对应的结果文件

扩展名	结果文件
Jobname.RFL	FLOTRAN 结果文件
Jobname.RMG	电磁场分析结果文件
Jobname.RTH	热分析结果文件
Jobname.RST	所有其他类型的结果分析文件（结构分析和多物理场分析）

7.3.3 瞬态流体-结构分析

在瞬态流体-结构分析中，可以选择在与流体边界条件中斜坡变化相应的中间时间处进行结构分析。例如，假设要在 2.0s 时进行结构分析，进口速度从 0.0s 处的 1.0in/s 渐变到 4.0s 时的 5.0in/s，通常首先在 2.0s 时进行结构分析。当使用 PHYSICS, READ,

FLUID（ANSYS Main Menu → Solution → Physics → Environment → Read）命令重新进行流体分析时，需重新施加瞬态斜坡。在 2.0s 时施加进口边界速度 3.0in/s，然后会发布以下命令，显示这是一个"旧"条件。

命令：FLOCHECK，2。

GUI：ANSYS Main Menu → Preprocessor → FLOTRAN Set Up → Flocheck。

这就意味着 2.0s 时的 3.0 in/s 进口边界条件是斜坡的起始点，然后输入斜坡的终点：4s 时的 5.0in/s。执行如下命令，设定斜坡的边界条件。

命令：FLDATA4，TIME，BC，1。

GUI：ANSYS Main Menu → Preprocessor → FLOTRAN Set Up → Execution Ctrl。

继续使用 SOLVE 命令执行瞬态分析。

7.4 使用多物理环境进行载荷传递耦合物理分析

1. 创建模型

1）对于已定义的每个 ANSYS 实体模型面或体，都要有与单元类型、材料属性和实常数有关的自己的特殊需要。所有实体模型实体都应该有单元类型编号、实常数组编号、材料编号以及单元坐标系编号（这些编号会根据物理环境变化而变化）。

2）某组面或体将会用于两个或多个不同的物理环境中。使用的网格必须满足所有的物理环境。

2. 创建物理环境

针对每一个物理学执行这一步，作为载荷传递耦合物理分析的一部分。

1）根据各分析手册中的内容确定每一个物理分析要设定的内容。

2）确定每个物理环境中要使用的必需的单元类型（如 FLOTRAN 中的 ET，1，141 或 ET，2，142 等；磁场分析中的 ET，1，13 或 ET，2，117 等）。如果某个区域在某一物理分析中不涉及，则设为零单元（Type=0，如 ET，3，0），零单元在分析中将被忽略。

3）定义所需的材料属性、实常数组数据和单元坐系，以及对应模型中分配的各项目编号。

4）将单元类型、材料、实常数及单元坐标系的编号赋予实体模型的面或体。使用 AATT 命令（ANSYS Main Menu → Preprocessor → Meshing → Mesh Attributes → All Areas or Picked Areas）或 VATT 命令（ANSYS Main Menu → Preprocessor → Meshing → Mesh Attributes → All Volumes or Picked Volumes）。

5）施加名义载荷和边界条件。这些条件在此物理分析的所有迭代过程中是相同的（对于稳定问题）。

6）设定所有的求解选项。

7）为物理环境选择一个标题，执行 PHYSICS，WRITE 命令。例如，在流体-磁场分析中，可以使用如下命令写入流体的物理环境文件。

命令：Command(s)，PHYSICS，WRITE，Fluids。

GUI：ANSYS Main Menu → Preprocessor → Physics → Environment → Write。

8）清除目前的物理环境数据，准备创建下一个物理环境，只能通过执行 PHYSICS，Clear 命令才能做到。

Command(s)：PHYSICS，Clear。

GUI：ANSYS Main Menu → Preprocessor → Physics → Environment → Clear。

9）准备下一个物理环境。

10）执行 SAVE 命令，保存数据库和物理环境文件指针。

假设这个多物理场分析的工作文件名为"Induct"，并写入了两个物理环境文件，这两个文件的文件名分别为 Induct.PH1 和 Induct.PH2。

3．执行载荷传递耦合物理场分析

执行载荷传递耦合物理场分析，依次进行物理分析。

```
/SOLU
PHYSICS, READ, Magnetics
SOLVE
FINISH
/SOLU
PHYSICS,READ,Fluids
LDREAD,FORCE, , , ,2, ,rmg
SOLVE
```

LDREAD 中的扩展名确定读入的结果文件类型，热分析结果是从 Jobname.RTH 文件中读入，除了磁和流体外的所有其他结构都来自于 Jobname.RST 文件。

📖7.4.1　网格升级

很多时候，包含一个场区域（静电场、磁场、流体）和一个结构区域的耦合场分析会产生很大的结构变形。在这种情况下，为了获得一个完全收敛的耦合场解，通常需要升级非结构区域的有限元网格，以与结构变形以及场解和结构解之间的递归循环保持一致。

图 7-3 所示为水平面上的梁，它是一个典型的需要网格升级的静电-结构耦合问题。在这个问题中，梁位于零电势处的水平面上。施加在梁上的电压导致梁（从静电力）向水平面变形。静电场随着梁的变形而变化，导致随着梁越接近水平面，梁上的力越大。在移位平衡处，静电力平衡于梁的恢复弹性力。

图 7-3　水平面上的梁

分析这个问题时需要调整场网格，使得它与变形的结构网格保持一致。在 ANSYS 中，这种调整称为网格变形。

要进行网格变形，需要执行 DAMORPH 命令（使附在面上的单元变形）、DVMORPH 命令（使附在体上的单元变形）或 DEMORPH 命令（使选定的单元变形）。使用 RMSHKY 选项确定如下 3 种网格变形方法之一：

1）变形：程序移动"场"网格的节点和单元应与变形的结构网格保持一致。在这种情况下，没有创建任何新的节点或单元，也没有从场区域中移除任何节点或单元。

2）网格重划分：程序删除场区域网格，用一个新的、与变形结构网格一致的网格取代。网格重划分并没有改变结构网格，它将新的场网格与现有的变形结构网格的节点和单元连接在一起。

3）变形或网格重划分：程序首先使场网格变形，如果未能变形，程序会转换到对选定的场区域重新划分网格，这是默认的。

网格变形仅影响节点和单元，并不改变实体模型实体的几何位置（关键点、线、面、体），节点和单元仍然与实体模型相关。附属于所选变形区域内部关键点、线和面的节点和单元实际上会离开这些实体，但是相关性依然存在。

当将边界条件和载荷施加在网格变形的模型区域时一定要当心。施加到节点和单元上的载荷仅适用于变形选项。如果将边界条件和载荷直接施加到节点和单元上，DAMORPH、DVMORPH 和 DEMOUPH 命令要求在网格重划分之前去掉这些边界条件和载荷。施加到实体模型实体上的边界条件和载荷会正确地传递到新的网格上。由于默认选项会变形或网格重划分，最好只将实体模型边界条件赋予模型。

执行 IC 命令定义初始边界条件时也一定要当心。在进行结构分析之前，DAMORPH、DVMORPH 和 DEMOUPH 命令要求从非结构区域中的所有 0 单元类型网格中去掉初始条件。可使用 ICDELE 命令删除初始条件。

变形算法使用 ANSYS 形状检查逻辑评定单元是否适用于以后的求解。对形状检查参数，会查询变形单元中的单元类型。在某些情况下，变形区域中的单元可能是 0 单元类型（Type 0）。在这种情况下，形状检查准则就不如某一分析单元类型的形状检查准则严格，这会导致在场区域中随后求解的分析阶段单元不能通过形状检查测试。为了避免出现这个问题，在执行变形命令之前，需重新从 0 单元类型中指定单元类型。

在执行变形命令之前，结构分析产生的位移必须在数据库中。在结构求解之后或者在从结果文件中读入结果（POST1 中的 SET 命令）之后，结果就在数据库中。模型的结构节点从计算位移处移动到变形位置。如果进行随后的结构分析，应该总是将结构节点恢复到它们的原始位置，可通过选择结构节点和执行 UPCOORD 命令，使 FACTOR 为-1 来恢复节点位置。

命令：UPCOORD, Factor。

GUI：ANSYS Main Menu → Solution → Load Step Opts → Other → Up Node Coord。

网格变形支持所有划分成四边形和三角形的低阶和高阶单元的 2-D 模型。对于 2-D 模型，所有的节点和单元必须在同一平面上，不支持任意的曲面。在 3-D 模型中只支持具有如下形状配置和变形选项的模型：

a) 所有四面体单元-（支持变形和重新划分网格）。

b) 所有六面体单元-（支持变形）。

c) 所有楔形单元-（支持变形）。

d) 金字塔形-四面体单元组合-（支持变形）。

e) 六面体-楔形单元组合-（支持变形）。

对于具有相同边的单元（如那些由 SMRTSIZE 命令选项创建的单元）网格，网格变形最有可能成功。高度扭曲的单元不能变形。

图 7-4 所示为浸入静电区域的一个梁和空气区域的面模型。Area1 代表梁模型，Area 2 代表静电区域。在这种情况下，选择 Area 2 进行变形。

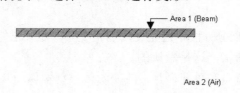

图 7-4 梁和空气区域的面模型

在许多情况下，只有模型的一部分需要变形（即紧邻结构区域的区域）。在这种情况下，应该只选择紧邻结构模型的面或体。图 7-5 所示为梁和多个空气区域的面模型。只有 Area 3 需要网格变形。为了保持网格和非变形区域的兼容性，变形算法并没有改变所选变形面或体的边界上的节点和单元。在这例子中，没有改变 Area 2 和 Area 3 界面上的节点。

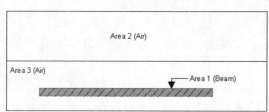

图 7-5 梁和多个空气区域的面模型

在结构分析末端执行如下操作可进行网格变形。

命令：DAMORPH, DVMORPH, DEMORPH。

GUI：ANSYS Main Menu → Preprocessor → Meshing → Modify Mesh → Refine At → Areas；

ANSYS Main Menu → Preprocessor → Meshing → Modify Mesh → Refine At → Volumes；

ANSYS Main Menu → Preprocessor → Meshing → Modify Mesh → Refine At → Elements。

另一个命令 MORPH 也可用于网格变形，它一般比 DAMORPH、DVMORPH 和 DEMOUPH 命令更强大，并能用于所有单元类型和形状。可以按以下步骤，使用 MORPH 命令对一个非结构网格进行变形。

1）创建非结构模型和网格。

2）激活变形命令（MORPH, ON）。

3）将合适的结构边界条件约束施加到非结构网格的边界上（典型地要将位移的法向分量设为0）。

 注意：变形场必须位于整体笛卡儿坐标系中（CSY=0）。

7.4.2 使用多物理环境方法重启动一个分析

在许多载荷传递耦合应用中，需要重启动某个物理环境的求解。例如，在感应加热的载荷传递耦合循环中，要重启动瞬态分析。对于静态非线性结构耦合场分析，要重启动结构分析而不启动全部有很多好处。在载荷传递耦合分析中可以很方便地重启动一个分析。重启动一个分析需要此分析的 EMAT、ESAV 以及 DB 文件。可以使用/ASSIGN 命令指定某个分析的 EMAT 和 ESAV 文件。如果使用多物理文件中的一个数据库，数据库文件在物理环境耦合分析中是唯一的。重启动过程的简要步骤如下：

1）对于需要重启动的物理环境，在求解以前，使用/ASSIGN 命令指定重启动的 EMAT 及 ESAV 文件。

2）执行重启动分析。

3）使用/ASSIGN 命令重新指定用于其他物理环境分析的 EMAT 及 ESAV 文件的默认值。

7.5 单向载荷传递

有时可以使用单向载荷传递方法耦合流-固交互作用分析。这种方法需要确定流体分析结构没有明显地影响固体载荷，反之亦然。ANSYS Multiphysics 分析的载荷可以单向地传递到一个 CFX 流体分析中，或者 CFX 流体分析中的载荷可以传递到 ANSYS Multiphysics 分析中。载荷传递发生在分析外部。

ANSYS Multiphysics 软件包支持单向载荷传递方法。单向载荷传递方法支持所有的 ANSYS 3-D 结构（实体和壳）、热、电磁及耦合场单元。坐标系必须是整体笛卡儿坐标系。对于 ANSYS 到 CFX 的载荷传递，有效的载荷类型为：2-D 面载荷有位移、温度和热流量；3-D 载荷有位移、力密度和热生成。

7.5.1 单向载荷传递方法：ANSYS 到 CFX

ANSYS 执行固体分析并写出一个载荷图形文件，还生成和写出固体和流体网格。CFX Pre-Processor 读取 ANSYS 载荷图形和网格文件并启动流体分析。

ANSYS Multiphysics 程序按如下步骤创建一个载荷图形文件：

1）标记载荷传递的场表面和体界面。共用一个公共表面界面编号标记表面间交换面载荷数据，共用一个公共体界面编号标记体间交互载荷数据。

对于场中的面载荷传递，使用以下 SF 族命令和 FSIN 面载荷标记，使用 VALUE2/VAL2/VALJ 设定面界面编号。

SF, Nlist, Lab, VALUE, VALUE2

SFA, AREA, LKEY, Lab, VALUE, VALUE2

SFE，ELEM，LKEY，Lab，KVAL，VAL1，VAL2，VAL3，VAL4

SFL，LINE，Lab，VALI，VALJ，VAL2I，VAL2J

对于体载荷传递，使用 BFE 命令和 FVIN 体载荷标记，使用 VAL2 设定体界面编号。

BFE，ELEM，FVIN，STLOC，VAL1，VAL2，VAL3，VAL4

2）执行以下命令，即 EXUNIT、Ldtype、Load、Untype 和 Name 设定传递载荷的单位。

有效的面载荷（Ldtype=SURF）为 DISP（位移）、TEMP（温度）及 HFLU（热流量）。有效的体载荷（Ldtype=VOLU）为 DISP（位移）、FORC（力）、及 HGEN（热生成）。FORC 和 HGEN 为单位体积的力和热流量。可以预定义一个单位制（Untype=COMM），或者预定义自己的单位制，但必须能被 CFX（Untype=USER）识别。

预定义的单位名称如下：

- 面载荷米制：SI。
- 体载荷米制：SI。
- 面载荷寸制：FT。
- 体载荷寸制：FT。

在 EXPROFILE 命令之前必须执行 EXUNIT 命令。

3）执行 POST1 中的如下命令，即 EXPROFILE、Ldtype、LOAD、VALUE、Pname、Fname、Fext 和 Fdir 对 CFX 写出图形文件。

需要对载荷设定面或体积面编号（VALUE），对图形文件（Pname 和 Fname）设定场和文件名称，还需设定图形文件扩展名和目录（Fext 和 Fdir）。如果要输出多个载荷，则需要对每个载荷指定一个唯一的文件名称。

7.5.2 单向载荷传递方法：CFX 到 ANSYS

使用这种载荷传递方法把 CFX 流体分析载荷通过外部场传递到 ANSYS Multiphysics 中。这种方法要求在 CFX 中完成流体分析之后，写出一个.CDB 文件，该文件包含了外部场的网格信息和需要从外部场传递到其他场的载荷。使用 MFIMPORT 命令的外部场定义功能将.CDB 文件导入到 ANSYS 中。

带有网格和流体载荷的.CDB 文件需要遵循一些特殊的准则：

1）必须由 F 命令设定热导率和力（FX、FY、FZ 分量）的面载荷传递。

2）必须由 D 命令设定体载荷温度传递。

3）CFX 必须提取外部场的表面拓扑来创建面效应单元 SURF151/SURF152（热率）或 SURF153/SURF154（力）。

4）CFX 必须提取外部场的体积拓扑来创建体单元 PLANE55 或 SOLID70（温度）。

对于这种特殊的应用，强烈推荐.CDB 文件遵循如下所示的格式。一个实际的文件会有更多的命令，下面的例子仅显示了最小的一套命令。

```
: CDWRITE
/PREP7
/NOPR
IMME,OFF
```

```
/TITLE
NUMOFF commands
ET commands
KEYOPT commands
NBLOCK command
EBLOCK command
F commands
D commands
MPTEMP commands
MPDATA commands
/GOPR
IMME, ON
FINISH
```

当由 F 命令写出节点的热和力时，一定要确保它们不是热流量密度（W/m^2）或应力（N/m^2），但可以是热流量（W）或力（N）。

当由一个外部代码生成.CDB 文件时，一定要确定外部场网格与其他场相匹配（如必须使用相同的整体笛卡儿坐标系定义所有的场）。

由于 ANSY 没有指定单位，故外部场必须与使用的其他场一致。例如，确保所有场的长度、质量、时间、温度等单位相同。

第 8 章

载荷传递耦合物理场实例分析

本章介绍了三个多物理耦合场求解-MFS 单编码的耦合实例分析，分别为使用间接方法进行热-应力分析实例、使用物理环境方法求解热-应力问题实例以及交流电磁谐波分析和瞬态热分析实例。

   学 习 要 点

◎ 使用间接方法进行热-应力分析实例
◎ 使用物理环境方法求解热-应力问题实例
◎ 交流电磁谐波分析和瞬态热分析实例

8.1 使用间接方法进行热-应力分析实例

一个无限长的厚壁双层圆管，内壁温度为 T_i，外壁温度为 T_o，其他参数如图 8-1 所示。求解温度沿径向的分布、轴向应力及环向应力。

图中的几何参数和温度载荷见表 8-1。

表 8-1 几何参数和温度载荷

几何参数	温度载荷
a=0.1875in	T_i=200° F
b=0.4in	T_o=70° F
c=0.6in	-

材料属性见表 8-2。

表 8-2 材料属性

外层圆管材料	内层圆管材料
E=30×10⁶psi	E=10.6×10⁶psi
α=0.65×10⁻⁵° F⁻¹	α=1.35×10⁻⁵° F⁻¹
v=0.3	v=0.33
K=2.2Btu/(in·h·° F)	K=10.8 Btu/(in·h·° F)

$E=30\times10^6\text{psi}$, $\alpha=0.65\times10^{-5}\,°F^{-1}$, $E=10.6\times10^6\text{psi}$, $\alpha=1.35\times10^{-5}\,°F^{-1}$

上述问题分析的基本步骤如下：

1）定义并求解热分析问题。

2）回到前处理，转换单元类型，添加材料属性，设定结构边界条件。

3）从热分析结果文件中读入温度。

4）求解结构问题。

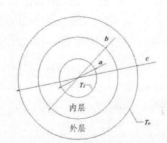

图 8-1 双层圆管结构示意图

8.1.1 前处理（热分析）

1. 定义工作文件名和工作标题

01 单击菜单栏中 File → Change Jobname 命令，打开 Change Jobname 对话框，在[/FILNAM] Enter new jobname 文本框中输入工作文件名"concentric_cylinders"，

使 NEW log and error files 保持"Yes"状态，单击"OK"按钮，关闭该对话框。

02 单击菜单栏中 File → Change Title 命令，打开 Change Title 对话框，在对话框中输入工作标题"Thermal stress in concentric cylinders-indirect method"，单击"OK"按钮，关闭该对话框。

2. 定义单元类型

01 单击 ANSYS Main Menu → Preprocessor → Element Type → Add/Edit/Delete 命令，打开 Element Types 对话框，如图 8-2 所示。

02 单击"Add"按钮，打开 Library of Element Types 对话框，如图 8-3 所示。在 Library of Element Types 列表框中选择 Thermal Solid → Quad 8node 77，在 Element type reference number 文本框中输入"1"，单击"OK"按钮，关闭 Library of Element Types 对话框，返回到 Element Types 对话框。

图 8-2 Element Types 对话框

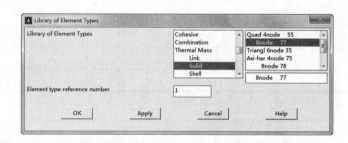

图 8-3 Library of Element Types 对话框

03 单击 Element Types 对话框中的"Options"按钮，打开 PLANE77 element type options 对话框，如图 8-4 所示。在 Element behavior K3 下拉列表框中选择"Axisymmetric"，其余选项采用系统默认设置，单击"OK"按钮，关闭该对话框。

04 单击"Close"按钮，关闭 Element Types 对话框。

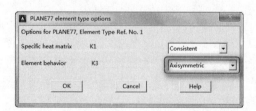

图 8-4 PLANE77 element type options 对话框

3. 定义材料性能参数

01 单击 ANSYS Main Menu → Preprocessor → Material Props → Material Models 命令，打开 Define Material Model Behaviar 对话框。

02 在 Material Models Available 列表框中选择 Thermal → Conductivity → Isotropic，打开 Conductivity for Material Number 1 对话框，如图 8-5 所示。在 KXX 文本框中输入"2.2"，单击"OK"按钮，关闭该对话框。

03 在 Define Material Model Behaviar 对话框中选择 Material → New Model，打开 Define Material ID 对话框，如图 8-6 所示。在 Define Material ID 文本框中输入"2"，单击"OK"按钮，关闭该对话框。

04 在 Material Models Available 列表框中选择 Thermal → Conductivity → Isotropic，打开 Conductivity for Material Number 2 对话框。在 KXX 文本框中输入"10.8"，单击"OK"按钮，关闭该对话框。

05 在 Define Material Model Behaviar 对话框中选择 Material → Exit，关闭该对话框。

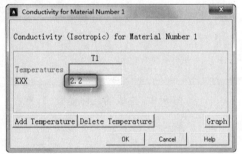

图 8-5 Conductivity for Material Number 1 对话框

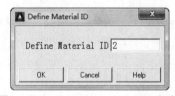

图 8-6 Define Material ID 对话框

4. 建立几何模型

01 单击 ANSYS Main Menu → Preprocessor → Modeling → Create → Areas → Rectangle → By Dimensions 命令，打开 Create Rectangle by Dimensions 对话框，如图 8-7 所示。在 X1,X2 X-coordinates 文本框中依次输入"0.1875，0.4"，在 Y1，Y2 Y-coordinates 文本框中依次输入"0，0.05"。

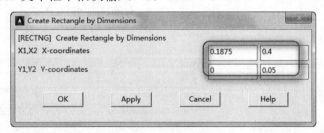

图 8-7 Create Rectangle by Dimensions 对话框

02 单击"Apply"按钮，再次打开 Create Rectangle by Dimensions 对话框，在 X1,X2 X-coordinates 文本框中依次输入"0.4，0.6"，在 Y1,Y2 Y-coordinates 文本框中依次输入"0，0.05"，单击"OK"按钮，关闭该对话框。

03 单击 ANSYS Main Menu → Preprocessor → Modeling → Operate → Booleans → Glue → Areas 命令，打开 Glue Areas 选择对话框。单击"Pick All"按钮，关闭该对话框。

04 单击 ANSYS Main Menu → Preprocessor → Numbering Ctrls → Compress Numbers 命令，打开 Compress Numbers 对话框，如图 8-8 所示。在 Label Item to be compressed 下拉列表框中选择 "All"，单击 "OK" 按钮，关闭该对话框。

05 单击菜单栏中 PlotCtrls → Style → Colors → Reverse Video 命令，ANSYS 窗口将变成白色，生成的几何模型如图 8-9 所示。

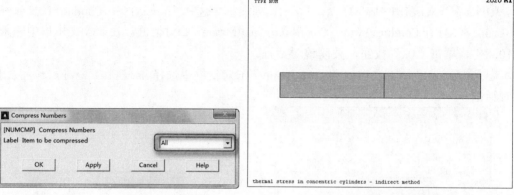

图 8-8　Compress Numbers 对话框　　　　　图 8-9　生成的几何模型

5．划分网格

01 单击菜单栏中 Select → Entities 命令，打开 Select Entities 对话框，如图 8-10 所示。在第一个下拉列表框中选择 "Areas"，在第二个下拉列表框中选择 "By Num/Pick"，单击 From Full 单选按钮，单击 "OK" 按钮，打开 Select areas 选择对话框。在文本框中输入 "1"，单击 "OK" 按钮，关闭该对话框。

02 单击 ANSYS Main Menu → Preprocessor → Meshing → Mesh Attributes → Picked Areas 命令，打开 Area Attributes 选择对话框。单击 "Pick All" 按钮，打开 Area Attributes 对话框，如图 8-11 所示。在 MAT Material number 下拉列表框中选择 "1"，在 TYPE Element type number 下拉列表框中选择 "1 PLANE77"，单击 "OK" 按钮，关闭该对话框。

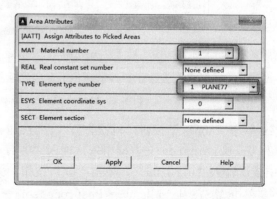

图 8-10　Select Entities 对话框　　　　　图 8-11　Area Attributes 对话框

03 单击菜单栏中 Select → Entities 命令，打开 Select Entities 对话框，如

图 8-10 所示。在第一个下拉列表框中选择"Areas",在第二个下拉列表框中选择"By Num/Pick",单击 From Full 单选按钮,单击"OK"按钮,打开 Select areas 选择对话框。在文本框中输入"2",单击"OK"按钮,关闭该对话框。

04 单击 ANSYS Main Menu → Preprocessor → Meshing → Mesh Attributes → Picked Areas 命令,打开 Area Attributes 选择对话框。单击"Pick All"按钮,打开 Area Attributes 对话框,在 MAT Material number 下拉列表框中选择"2",在 TYPE Element type number 下拉列表框中选择"1 PLANE77",单击"OK"按钮,关闭该对话框。

05 单击菜单栏中 Select → Everything 命令。

06 单击 ANSYS Main Menu → Preprocessor → Meshing → Size Cntrls → ManualSize → Global → Size 命令,打开 Global Element Sizes 对话框,如图 8-12 所示。在 SIZE Element edge length 文本框中输入"0.05",其余选项采用系统默认设置,单击"OK"按钮,关闭该对话框。

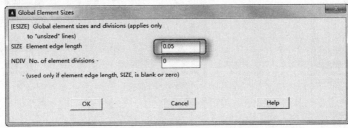

图 8-12　Global Element Sizes 对话框

07 单击 ANSYS Main Menu → Preprocessor → Meshing → Mesh → Areas → Free 命令,打开 Mesh Areas 选择对话框。单击"Pick All"按钮,关闭该对话框。

08 ANSYS 窗口会显示生成的网格模型,如图 8-13 所示。

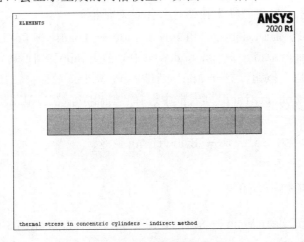

图 8-13　生成的网格模型

6. 设置边界条件

01 单击菜单栏中 Select → Entities 命令,打开 Select Entities 对话框,如

图 8-14 所示。在第一个下拉列表框中选择 "Nodes"，在第二个下拉列表框中选择 "By Location"，单击 X coordinates 单选按钮，在 Min,Max 文本框中输入 "0.1875"，单击 From Full 单选按钮，单击 "OK" 按钮，关闭该对话框。

02 单击 ANSYS Main Menu → Preprocessor → Loads → Define Loads → Apply → Thermal → Temperature → On Nodes 命令，打开 Apply TEMP on Nodes 选择对话框。单击 "Pick All" 按钮，打开 Apply TEMP on Nodes 对话框，如图 8-15 所示。在 VAL1 Temperature value 文本框中输入 "200"，单击 "OK" 按钮，关闭该对话框。

图 8-14 Select Entities 对话框   图 8-15 Apply TEMP on Nodes 对话框

03 单击菜单栏中 Select → Entities 命令，打开 Select Entities 对话框，如图 8-14 所示。在第一个下拉列表框中选择 "Nodes"，在第二个下拉列表框中选择 "By Location"，单击 X coordinates 单选按钮，在 Min,Max 文本框中输入 "0.6"，单击 From Full 单选按钮，单击 "OK" 按钮，关闭该对话框。

04 单击 ANSYS Main Menu → Preprocessor → Loads → Define Loads → Apply → Thermal → Temperature → On Nodes 命令，打开 Apply TEMP on Nodes 选择对话框。单击 "Pick All" 按钮，打开 Apply TEMP on Nodes 对话框，如图 8-15 所示。在 Lab2 DOFs to be constrained 列表框中选择 "TEMP"，在 VALUE Load TEMP value 文本框中输入 "70"，单击 "OK" 按钮，关闭该对话框。

05 单击菜单栏中 Select → Everything 命令。

8.1.2 求解（热分析）

01 单击 ANSYS Main Menu → Solution → Solve → Current LS 命令，打开/STATUS Command 和 Solve Current Load Step 对话框，关闭/STATUS Command 对话框，单击 Solve Current Load Step 对话框中的 "OK" 按钮，ANSYS 开始求解。

02 求解结束后，打开 Note 对话框，单击 "Close" 按钮，关闭该对话框。

8.1.3 后处理（热分析）

01 单击 ANSYS Main Menu → General Postproc → Path Operations → Define Path → By Location 命令，打开 By Location 对话框，如图 8-16 所示。在 Name Define Path Name 文本框中输入"radial"，在 nPts Number of points 文本框中输入"2"，其余选项采用系统默认设置。

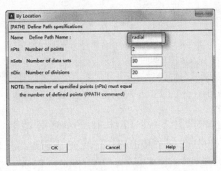

图 8-16 By Location 对话框

02 单击"OK"按钮，打开 By Location in Global Cartesian 对话框，如图 8-17 所示。在 NPT Path point number 文本框中输入"1"，在 X, Y, Z Location in Global CS 第一个文本框中输入"0.1875"，其余选项采用系统默认设置。

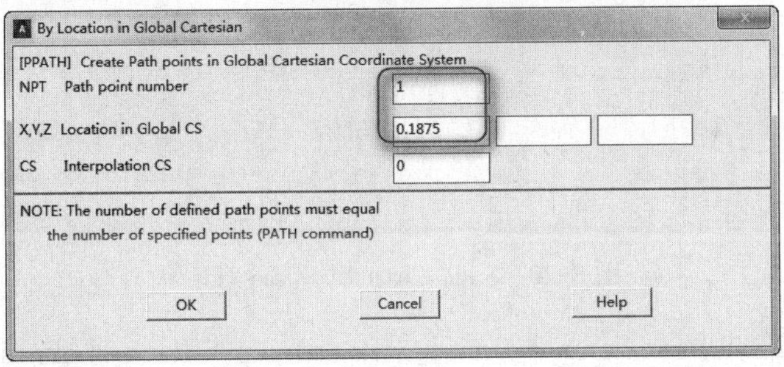

图 8-17 By Location in Global Cartesian 对话框

03 单击"OK"按钮，再次打开 By Location in Global Cartesian 对话框。在 NPT Path point number 文本框中输入"2"，在 X, Y, Z Location in Global CS 第一个文本框中输入"0.6"，其余选项采用系统默认设置。

04 单击"OK"按钮，再次打开 By Location in Global Cartesian 对话框。单击"Cancel"按钮，关闭该对话框。

05 单击 ANSYS Main Menu → General Postproc → Path Operations → Map onto Path 命令，打开 Map Result Items onto Path 对话框，如图 8-18 所示。在 Lab User label for item 文本框中输入"temp"，在 Item, Comp Item to be mapped 列表框中选择 DOF solution → Temperature TEMP，其余选项采用系统默认设置，单击"OK"按钮，关闭该对话框。

06 单击 ANSYS Main Menu → General Postproc → Path Operations → Archive

Path → Store → Paths in file 命令，打开 Save Paths by Name or All 对话框，如图 8-19 所示。在 Existing options 列表框中选择"Selected paths"。

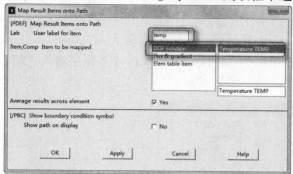
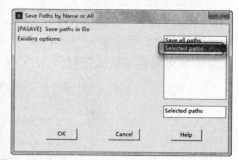

图 8-18　Map Result Items onto Path 对话框　　图 8-19　Save Paths by Name or All 对话框

07 单击"OK"按钮，打开 Save Path by Name 对话框，如图 8-20 所示。在 Name Save Path by Name 列表框中选择"RADIAL"，在 File, ext, dir Write to be file 文本框中输入"filea"，单击"OK"按钮，关闭该对话框。

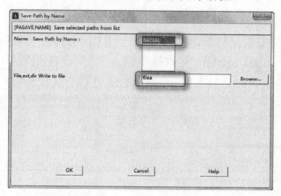

图 8-20　Save Path by Name 对话框

08 单击 ANSYS Main Menu → General Postproc → Path Operations → Plot Path Item → On Graph 命令，打开 Plot of Path Items on Graph 对话框，如图 8-21 所示。在 Lab1-6　Path items to be graphed 列表框中选择"TEMP"，单击"OK"按钮，关闭该对话。

09 此时，ANSYS 窗口会显示温度变化曲线，如图 8-22 所示。

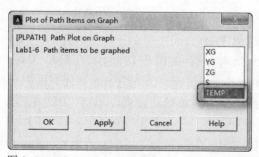
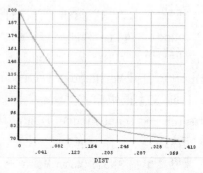

图 8-21　Plot of Path Items on Graph 对话框　　图 8-22　温度变化曲线

8.1.4 前处理（结构分析）

1. 定义单元类型

01 单击 ANSYS Main Menu → Preprocessor → Element Type → Add/Edit/Delete 命令，打开 Element Types 对话框。

02 单击"Add"按钮，打开 Library of Element Types 对话框。在 Library of Element Types 列表框中选择 Structual Solid → Quad 8node 183，在 Element type reference number 文本框中输入"1"，单击"OK"按钮，关闭该对话框。

03 单击 Element Types 对话框中的"Options"按钮，打开 PLANE183 element type options 对话框，如图 8-23 所示。在 Element behavior K3 下拉列表框中选择 "Axisymmetric"，其余选项采用系统默认设置，单击"OK"按钮，关闭该对话框。

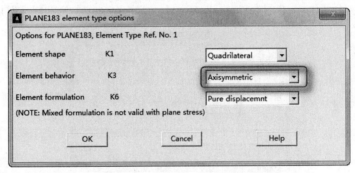

图 8-23 PLANE183 element type options 对话框

04 单击"Close"按钮，关闭 Element Types 对话框。

2. 定义材料性能参数

01 单击 ANSYS Main Menu → Preprocessor → Material Props → Material Models 命令，打开 Define Material Model Behaviar 对话框。

02 在 Material Model Defined 列表框中选择 Material Model Number 1，在 Material Models Available 列表框中选择 Structual → Linear → Elastic → Orthotropic，打开 Linear Orthotropic Properties for Material Number 1 对话框，如图 8-24 所示。单击"Choose Poisson's Ratio"按钮，选择"Minor_Nu"，单击"OK"按钮，关闭该对话框。

03 在 Material Models Available 列表框选择 Structual → Linear → Elastic → Isotropic，打开 Linear Isotropic Properties for Material Number 1 对话框，如图 8-25 所示。在 EX 文本框中输入"3e7"，在 NUXY 文本框中输入"0.3"，单击"OK"按钮，关闭该对话框。

04 在 Material Models Available 列表框中选择 Structual → Thermal Expansion → Secant Coefficient → Isotropic，打开 Thermal Expansion Secant Coefficient for Material Number 1 对话框，如图 8-26 所示。在 ALPX 文本框中输入

"6.5e-6"，单击"OK"按钮，关闭该对话框。

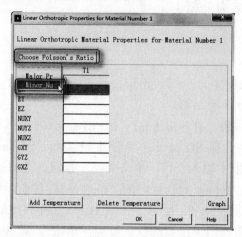

图 8-24 Linear Orthotropic Properties for Material Number 1 对话框

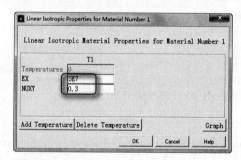

图 8-25 Linear Isotropic Properties for Material Number 1 对话框

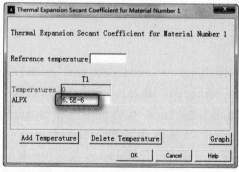

图 8-26 Thermal Expansion Secant Coefficient for Material Number 1 对话框

05 在 Material Model Defined 列表框中选择 Material Model Number 2，在 Material Models Available 列表框中选择 Structual → Linear → Elastic → Orthotropic，打开 Linear Orthotropic Properties for Material Number 2 对话框。单击"Choose Poisson's Ratio"按钮，选择"Minor_Nu"，单击"OK"按钮，关闭该对话框。

06 在 Material Models Available 列表框中选择 Structual → Linear → Elastic → Isotropic，打开 Linear Isotropic Properties for Material Number 2 对话框，

在 EX 文本框中输入 "1.06e7"，在 NUXY 文本框中输入 "0.33"，单击 "OK" 按钮，关闭该对话框。

07 在 Material Models Available 列表框中选择 Structual → Thermal Expansion → Secant Coefficient → Isotropic，打开 Thermal Expansion Secant Coefficient for Material Number 2 对话框。在 ALPX 文本框中输入 "1.35e-5"，单击 "OK" 按钮，关闭该对话框。

08 在 Define Material Model Behaviar 对话框中选择 Material → Exit，关闭该对话框。

3. 设置边界条件

01 单击菜单栏中 Select → Entities 命令，打开 Select Entities 对话框，在第一个下拉列表框中选择 "Nodes"，在第二个下拉列表框中选择 "By Location"，单击 Y coordinates 单选按钮，在 Min, Max 文本框中输入 "0.05"，单击 From Full 单选按钮，单击 "OK" 按钮，关闭该对话框。

02 单击 ANSYS Main Menu → Preprocessor → Coupling / Ceqn → Couple DOFs 命令，打开 Define Coupled DOFs 选择对话框。单击 "Pick All" 按钮，打开 Define Coupled DOFs 对话框，如图 8-27 所示。在 NSET Set reference number 文本框中输入 "1"，在 Lab Degree-of-freedom label 下拉列表框中选择 "UY"，单击 "OK" 按钮该对话框。

03 单击菜单栏中 Select → Entities 命令，打开 Select Entities 对话框，在第一个下拉列表框中选择 "Nodes"，在第二个下拉列表框中选择 "By Location"，单击 X coordinates 单选按钮，在 Min, Max 文本框中输入 "0.1875"，单击 From Full 单选按钮，单击 "OK" 按钮，关闭该对话框。

04 单击 ANSYS Main Menu → Preprocessor → Coupling / Ceqn → Couple DOFs 命令，打开 Define Coupled DOFs 对话框，单击 "Pick All" 按钮，打开 Define Coupled DOFs 对话框，在 NSET Set reference number 文本框中输入 "2"，在 Lab Degree-of-freedom label 下拉列表框中选择 "UX"，单击 "OK" 按钮，关闭该对话框。

05 单击菜单栏中 Select → Entities 命令，打开 Select Entities 对话框，在第一个下拉列表框中选择 "Nodes"，在第二个下拉列表框中选择 "By Location"，单击 Y coordinates 单选按钮，在 Min, Max 文本框中输入 "0"，单击 From Full 单选按钮，单击 "OK" 按钮，关闭该对话框。

06 单击 ANSYS Main Menu → Preprocessor → Loads → Define Loads → Apply → Structural → Displacement → On Nodes 命令，打开 Apply U, ROT on Nodes 选择对话框。单击 "Pick All" 按钮，打开 Apply U, ROT on Nodes 对话框，如图 8-28 所示。在 Lab2 DOFs to be constrained 列表框中选择 "UY"，在 VALUE Displacement value 文本框中输入 "0"，单击 "OK" 按钮，关闭该对话框。

07 单击菜单栏中 Select → Everything 命令。

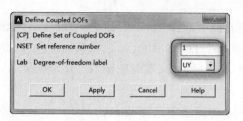

图 8-27 Define Coupled DOFs 对话框

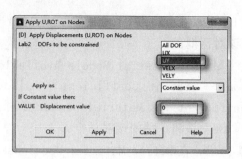

图 8-28 Apply U，ROT on Nodes 对话框

8.1.5 求解（结构分析）

01 单击 ANSYS Main Menu → Solution → Define Loads → Settings → Reference Temp 命令，打开 Reference Temperature 对话框，如图 8-29 所示。在[TREF] Reference temperature 文本框中输入"70"，单击"OK"按钮，关闭该对话框。

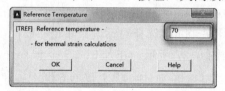

图 8-29 Reference Temperature 对话框

02 单击 ANSYS Main Menu → Solution → Define Loads → Apply → Structural → Temperature → From Therm Analy 命令，打开 Apply TEMP from Thermal Analysis 对话框，如图 8-30 所示。在 Fname Name of results file 文本框中输入"exercise1.rth"（或者单击 Browse 按钮，在工作目录下寻找最新的"exercise1.rth"的文件，单击"打开"按钮即可，单击"OK"按钮，关闭该对话框。

03 单击 ANSYS Main Menu → Solution → Solve → Current LS 命令，打开/STATUS Command 和 Solve Current Load Step 对话框，关闭/STATUS Command 对话框，单击 Solve Current Load Step 对话框的 OK 按钮，ANSYS 开始求解。

04 求解结束后，打开 Note 对话框，单击"Close"按钮，关闭该对话框。

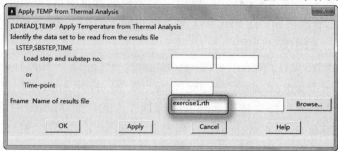

图 8-30 Apply TEMP from Thermal Analysis 对话框

8.1.6 后处理（结构分析）

01 单击 ANSYS Main Menu → General Postproc → Path Operations → Archive Path → Retrieve → Paths from file 命令，打开 Resume Paths from File 对话框，如图 8-31 所示。在 File, ext, dir Read from file 文本框中输入"filea"（或者单击 Browse 按钮在工作目录下寻找最新的"filea"的文件，单击"打开"按钮即可），单击"OK"按钮，关闭该对话框。

注意： 此时会弹出 PATH Command 对话框，关闭即可。

图 8-31 Resume Paths from File 对话框

02 单击 ANSYS Main Menu → General Postproc → Path Operations → Define Path → Path Options 命令，打开 Path Options 对话框，如图 8-32 所示。在 Account for discontinuities 下拉列表框中选择"Mat discontinuit"，单击"OK"按钮，关闭该对话框。

注意： 此时会弹出 Warning 对话框，单击"Close"按钮，关闭即可。

03 单击 ANSYS Main Menu → General Postproc → Path Operations → Map onto Path 命令，打开 Map Result Items onto Path 对话框，在 Lab User label for item 文本框中输入"sx"，在 Item, Comp Item to be mapped 列表框中选择 Stress → X-direction SX，其余选项采用系统默认设置。

04 单击"Apply"按钮，再次打开 Map Result Items onto Path 对话框，在 Lab User label for item 文本框中输入"sz"，在 Item, Comp Item to be mapped 下拉列表框中选择 Stress → Z-direction SZ，其余选项采用系统默认设置。

05 单击 ANSYS Main Menu → General Postproc → Path Operations → Plot Path Item → On Graph 命令，打开 Plot of Path Items on Graph 对话框，在 Lab1-6 Path items to be graphed 列表框中选择"SX"和"SZ"，单击"OK"按钮，关闭该对话。

06 此时，ANSYS 窗口会显示应力变化曲线，如图 8-33 所示。

07 单击 ANSYS Main Menu → General Postproc → Path Operations → Plot Path Item → On Geometry 命令，打开 Plot of Path Items on Geometry 对话框，如图 8-34 所示。在 Item Path items to be displayed 下拉列表框中选择"SX"，在 Nopt Display options 列表框中选择"With nodes"，单击"OK"按钮，关闭该对话框。

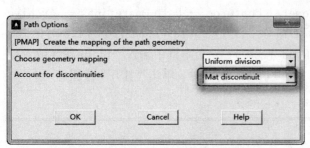

图 8-32 Path Options 对话框   图 8-33 两种材料接触处的应力变化曲线

08 此时，ANSYS 窗口会显示径向应力变化曲线和等值线图，如图 8-35 所示。

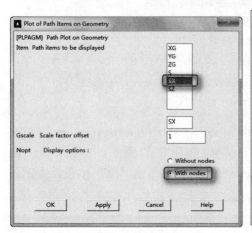
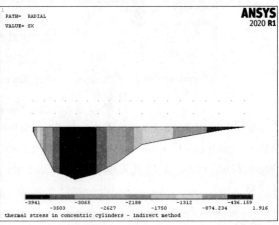

图 8-34 Plot of Path Items on Geometry 对话框   图 8-35 几何模型上径向应力显示

📖 8.1.7 命令流

```
!定义工作标题
/title, thermal stress in concentric cylinders - indirect method

!预处理
/prep7

!定义单元类型
et,1,plane77,,,1       ! PLANE77 axisymmetric option

!定义材料性能参数
mp,kxx,1,2.2           ! Steel conductivity
mp,kxx,2,10.8          ! Aluminum conductivity

!建立几何模型
```

```
rectng,.1875,.4,0,.05! Model
rectng,.4,.6,0,.05
```

!划分网格
```
aglue,all
numcmp,area
asel,s,area,,1          ! Assign attributes to solid model
aatt,1,1,1
asel,s,area,,2
aatt,2,1,1
asel,all
esize,.05
amesh,all               ! Mesh model
```

!设置边界条件
```
nsel,s,loc,x,.1875
d,all,temp,200          ! Apply thermal loads
nsel,s,loc,x,.6
d,all,temp,70
nsel,all
finish
```

!求解（热分析）
```
/solu
solve
finish
```

!后处理（热分析）
```
/post1
path,radial,2           ! Define path name and number of path points
ppath,1,,.1875          ! Define path by location
ppath,2,,.6
pdef,temp,temp          ! Interpret temperature to path
pasave,radial,filea     ! Save path to an external file
plpath,temp             ! Plot temperature solution
finish
```

!前处理（结构分析）
```
/prep7
```

!定义单元类型
```
et,1,183,,,1            ! Switch to structural element, PLANE183
```

!定义材料性能参数

```
mp, ex, 1, 30e6          ! Define structural steel properties
mp, alpx, 1, .65e-5
mp, nuxy, 1, .3
mp, ex, 2, 10.6e6        ! Define aluminum structural properties
mp, alpx, 2, 1.35e-5
mp, nuxy, 2, .33

!设置边界条件
nsel, s, loc, y, .05     ! Apply structural boundary conditions
cp, 1, uy, all
nsel, s, loc, x, .1875
cp, 2, ux, all
nsel, s, loc, y, 0
d, all, uy, 0
nsel, all
finish

!求解（结构分析）
/solu
tref, 70
ldread, temp, , , , , , rth  ! Read in temperatures from thermal run
solve
finish

!后处理（结构分析）
/post1
paresu, radial, filea !Restore path
pmap, , mat             ! Set path mapping to handle material discontinuity
pdef, sx, s, x          ! Interpret radial stress
pdef, sz, s, z          ! Interpret hoop stress
plpath, sx, sz          ! Plot stresses
plpagm, sx, , node      ! Plot radial stress on path geometry
finish
```

8.2 使用物理环境方法求解热-应力问题实例

本节使用物理环境方法求解 8.1 节中描述的热-应力问题。对于非常简单的问题，物理环境方法无法体现其优越性，因为它是一个简单的单向耦合问题。但全部求解结束后，可以使用 PHYSICS 命令在不同物理环境之间迅速切换，以得到不同物理环境下的结果。其基本步骤如下：

1）定义热分析问题。

2）写入热分析物理环境文件。

3）清除热分析边界条件及选项。

4）定义结构问题。

5）写入结构分析物理环境文件。

6）读入热分析物理环境文件。

7）热分析求解并进行后处理。

8）读入结构分析物理环境文件。

9）从热分析结果文件中读入温度。

10）结构问题求解并进行后处理。

📖 8.2.1 前处理（热分析）

1. 定义工作文件名和工作标题

01 单击菜单栏中 File → Change Jobname 命令，打开 Change Jobname 对话框，在 [/FILNAM] Enter new jobname 文本框中输入工作文件名 "concentric_cylinders"，使 NEW log and error files 保持 "Yes" 状态，单击 "OK" 按钮，关闭该对话框。

02 单击菜单栏中 File → Change Title 命令，打开 Change Title 对话框，在对话框中输入工作标题 "Thermal stress in concentric cylinders - physics environment method"，单击 "OK" 按钮，关闭该对话框。

2. 定义单元类型

01 单击 ANSYS Main Menu → Preprocessor → Element Type → Add/Edit/Delete 命令，打开 Element Types 对话框，如图 8-36 所示。

02 单击 "Add" 按钮，打开 Library of Element Types 对话框，如图 8-37 所示。在 Library of Element Types 列表框中选择（Thermal） Solid → Quad 8node 77，在 Element type reference number 文本框中输入 "1"，单击 "OK" 按钮，关闭 Library of Element Types 对话框。

图 8-36 Element Types 对话框

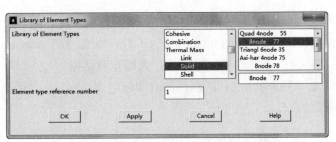

图 8-37 Library of Element Types 对话框

03 单击 Element Types 对话框中的"Options"按钮，打开 PLANE77 element type options 对话框，如图 8-38 所示。在 Element behavior K3 下拉列表框中选择"Axisymmetric"，其余选项采用系统默认设置，单击"OK"按钮，关闭该对话框。

04 单击"Close"按钮，关闭 Element Types 对话框。

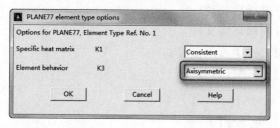

图 8-38　PLANE77 element type options 对话框

3．定义材料性能参数

01 单击 ANSYS Main Menu → Preprocessor → Material Props → Material Models 命令，打开 Define Material Model Behaviar 对话框。

02 在 Material Models Available 列表框中选择 Thermal → Conductivity → Isotropic，打开 Conductivity for Material Number 1 对话框，如图 8-39 所示。在 KXX 文本框中输入"2.2"，单击"OK"按钮，关闭该对话框。

03 在 Define Material Model Behaviar 对话框选择 Material → New Model，打开 Define Material ID 对话框，如图 8-40 所示。在 Define Material ID 文本框中输入"2"，单击"OK"按钮，关闭该对话框。

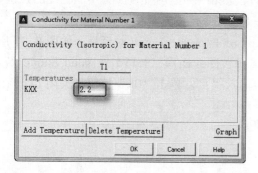

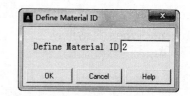

图 8-39　Conductivity for Material Number 1 对话框　　图 8-40　Define Material ID 对话框

04 在 Material Models Available 列表框中选择 Thermal → Conductivity → Isotropic，打开 Conductivity for Material Number 1 对话框，在 KXX 文本框中输入"10.8"，单击"OK"按钮，关闭该对话框。

05 在 Define Material Model Behaviar 对话框中选择 Material → Exit，关闭该对话框。

4．建立几何模型

01 单击 ANSYS Main Menu → Preprocessor → Modeling → Create → Areas →

Rectangle → By Dimensions 命令，打开 Create Rectangle by Dimensions 对话框，如图 8-41 所示。在 X1, X2　X-coordinates 文本框中依次输入"0.1875, 0.4"，在 Y1, Y2 Y-coordina tes 文本框中依次输入"0，0.05"。

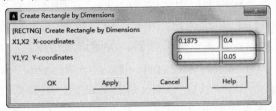

图 8-41　Create Rectangle by Dimensions 对话框

02 单击"Apply"按钮，再次打开 Create Rectangle by Dimensions 对话框，在 X1, X2　X-coordinates 文本框中依次输入"0.4，0.6"，在 Y1, Y2　Y-coordinates 文本框中依次输入"0，0.05"，单击"OK"按钮，关闭该对话框。

03 单击 ANSYS Main Menu → Preprocessor → Modeling → Operate → Booleans → Glue → Areas 命令，打开 Glue Areas 选择对话框，单击"Pick All"按钮，关闭该对话框。

04 单击 ANSYS Main Menu → Preprocessor → Numbering Ctrls → Compress Numbers 命令，打开 Compress Numbers 对话框，如图 8-42 所示。在 Label　Item to be compressed 下拉列表框中选择"All"，单击"OK"按钮，关闭该对话框。

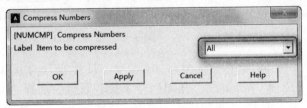

图 8-42　Compress Numbers 对话框

05 单击菜单栏中 PlotCtrls → Style → Colors → Reverse Video 命令，ANSYS 窗口将变成白色，生成的几何模型如图 8-43 所示。

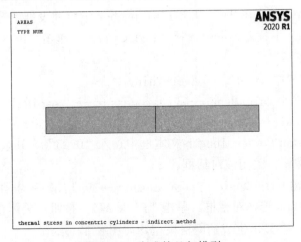

图 8-43　生成的几何模型

5. 划分网格

01 单击菜单栏中 Select → Entities 命令，打开 Select Entities 对话框，如图 8-44 所示。在第一个下拉列表框中选择 "Areas"，在第二个下拉列表框中选择 "By Num/Pick"，单击 From Full 单选按钮，单击 "OK" 按钮，打开 Select areas 选择对话框。在文本框中输入 "1"，单击 "OK" 按钮，关闭该对话框。

02 单击 ANSYS Main Menu → Preprocessor → Meshing → Mesh Attributes → Picked Areas 命令，打开 Area Attributes 选择对话框。单击 "Pick All" 按钮，打开 Area Attributes 对话框，如图 8-45 所示。在 MAT Material number 下拉列表框中选择 "1"，在 TYPE Element type number 下拉列表框中选择 "1 PLANE77"，单击 "OK" 按钮，关闭该对话框。

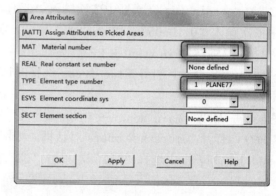

图 8-44 Select Entities 对话框   图 8-45 Area Attributes 对话框

03 单击菜单栏中 Select → Entities 命令，打开 Select Entities 对话框。在第一个下拉列表框中选择 "Areas"，在第二个下拉列表框中选择 "By Num/Pick"，单击 From Full 单选按钮，单击 "OK" 按钮，打开 Select areas 选择对话框。在文本框中输入 "2"，单击 "OK" 按钮，关闭该对话框。

04 单击 ANSYS Main Menu → Preprocessor → Meshing → Mesh Attributes → Picked Areas 命令，打开 Area Attributes 选择对话框。单击 "Pick All" 按钮，打开 Area Attributes 对话框，在 MAT Material number 下拉列表框中选择 "2"，在 TYPE Element type number 下拉列表框中选择 "1 PLANE77"，单击 "OK" 按钮，关闭该对话框。

05 单击菜单栏中 Select → Everything 命令。

06 单击 ANSYS Main Menu → Preprocessor → Meshing → Size Cntrls → ManualSize → Global → Size 命令，打开 Global Element Sizes 对话框，如图 8-46 所示。在 SIZE Element edge length 文本框中输入 "0.05"，其余选项采用系统默认设置，单击 "OK" 按钮，关闭该对话框。

07 单击 ANSYS Main Menu → Preprocessor → Meshing → Mesh → Areas → Free 命令，打开 Mesh Areas 选择对话框。单击 "Pick All" 按钮，关闭该对话框。

08 ANSYS 窗口会显示生成的网格模型，如图 8-47 所示。

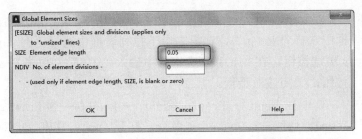

图 8-46　Global Element Sizes 对话框

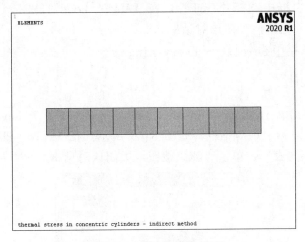

图 8-47　生成的网格模型

6. 设置边界条件

01 单击菜单栏中 Select → Entities 命令，打开 Select Entities 对话框。在第一个下拉列表框中选择"Nodes"，在第二个下拉列表框中选择"By Location"，单击 X coordinates 单选按钮，在 Min,Max 文本框中输入"0.1875"，单击 From Full 单选按钮，单击"OK"按钮，关闭该对话框。

02 单击 ANSYS Main Menu → Preprocessor → Loads → Define Loads → Apply → Thermal → Temperature → On Nodes 命令，打开 Apply TEMP on Nodes 选择对话框。单击"Pick All"按钮，打开 Apply TEMP on Nodes 对话框，如图 8-48 所示。在 Lab2 DOFs to be constrained 列表框中选择"TEMP"，在 VALUE Load TEMP value 文本框中输入"200"，单击"OK"按钮，关闭该对话框。

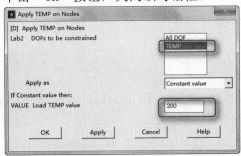

图 8-48　Apply TEMP on Nodes 对话框

03 单击菜单栏中 Select → Entities 命令，打开 Select Entities 对话框，在第一个下拉列表框中选择 "Nodes"，在第二个下拉列表框中选择 "By Location"，单击 X coordinates 单选按钮，在 Min, Max 文本框中输入 "0.6"，单击 From Full 单选按钮，单击 "OK" 按钮，关闭该对话框。

04 单击 ANSYS Main Menu → Preprocessor → Loads → Define Loads → Apply → Thermal → Temperature → On Nodes 命令，打开 Apply TEMP on Nodes 选择对话框。单击 "Pick All" 按钮，打开 Apply TEMP on Nodes 对话框，在 Lab2 DOFs to beconstrained 列表框中选择 "TEMP"，在 VALUE Load TEMP value 文本框中输入 "70"，单击 "OK" 按钮，关闭该对话框。

05 单击菜单栏中 Select → Everything 命令。

7. 设置物理文件

01 单击 ANSYS Main Menu → Preprocessor → Physics → Environment → Write 命令，打开 Physics Write 对话框，如图 8-49 所示。在 Title Physics file title 文本框中输入 "thermal"，单击 "OK" 按钮，关闭该对话框。

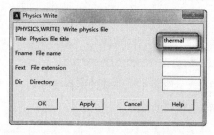

图 8-49　Physics Write 对话框

02 单击 ANSYS Main Menu → Solution → Physics → Environment → Clear 命令，打开 Physics Clear 对话框，如图 8-50 所示，单击 "OK" 按钮，关闭该对话框。

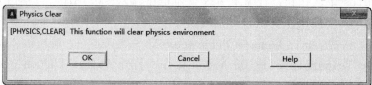

图 8-50　Physics Clear 对话框

8.2.2　前处理（结构分析）

1. 定义单元类型

01 单击 ANSYS Main Menu → Preprocessor → Element Type → Add/Edit/Delete 命令，打开 Element Types 对话框。

02 单击 "Add" 按钮，打开 Library of Element Types 对话框，在 Library of Element Types 列表框中选择 Structual Solid → Quad 8node 183，在 Element type reference number 文本框中输入"1",单击"OK"按钮,关闭 Library of Element Types 对话框。

03 单击 Element Types 对话框中的"Options"按钮,打开 PLANE183 element type options 对话框,如图 8-51 所示。在 Element behavior K3 下拉列表框中选择 "Axisymmetric",其余选项采用系统默认设置,单击"OK"按钮,关闭该对话框。

04 单击"Close"按钮,关闭 Element Types 对话框。

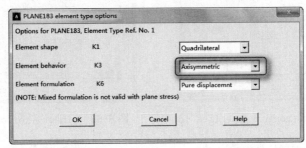

图 8-51 PLANE183 element type options 对话框

2. 定义材料性能参数

01 单击 ANSYS Main Menu → Preprocessor → Material Props → Material Models 命令,打开 Define Material Model Behaviar 对话框。

02 在 Material Models Available 列表框中选择 Structual → Linear → Elastic → Orthotropic,打开 Linear Orthotropic Properties for Material Number 1 对话框,如图 8-52 所示。单击"Choose Poisson's Ratio"按钮,选择"Minor_Nu",单击"OK"按钮,关闭该对话框。

03 在 Material Models Available 列表框中选择 Structual → Linear → Elastic → Isotropic,打开 Linear Isotropic Properties for Material Number 1 对话框,如图 8-53 所示。在 EX 文本框中输入"3e7",在 NUXY 文本框中输入"0.3",单击"OK"按钮,关闭该对话框。

04 在 Material Models Available 列表框中选择 Structual → Thermal Expansion → Secant Coefficient → Isotropic,打开 Thermal Expansion Secant Coefficient for Material Number 1 对话框,如图 8-54 所示。在 ALPX 文本框中输入 "6.5e-6",单击"OK"按钮,关闭该对话框。

05 在 Material Models Available 列表框中选择 Structual → Linear → Elastic → Orthotropic,打开 Linear Orthotropic Properties for Material Number 2 对话框,单击"Choose Poisson's Ratio"按钮,选择"Minor_Nu",单击"OK"按钮,关闭该对话框。

06 在 Material Models Available 列表框中选择 Structual → Linear → Elastic → Isotropic,打开 Linear Isotropic Properties for Material Number 2 对话框,在 EX 文本框中输入"1.06e7",在 NUXY 文本框中输入"0.33",单击"OK"按钮,关闭该对话框。

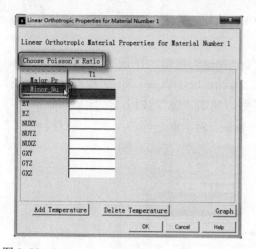

图 8-52 Linear Orthotropic Properties for

Material Number 1 对话框

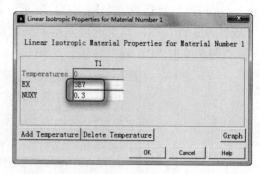

图 8-53 Linear Isotropic Properties for

Material Number 1 对话框

07 在 Material Models Available 列表框中选择 Structual → Thermal Expansion → Secant Coefficient → Isotropic，打开 Thermal Expansion Secant Coefficient for Material Number 1 对话框。在 ALPX 文本框中输入"1.35e-5"，单击"OK"按钮，关闭该对话框。

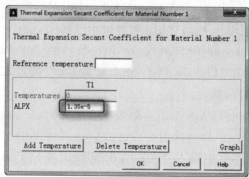

图 8-54 Thermal Expansion Secant Coefficient for Material Number 1 对话框

08 在 Define Material Model Behaviar 对话框中选择 Material → Exit，关闭该对话框。

3．设置边界条件

01 单击菜单栏中 Select → Entities 命令，打开 Select Entities 对话框。在第一个下拉列表框中选择"Nodes"，在第二个下拉列表框中选择"By Location"，单击 Y coordinates 单选按钮，在 Min,Max 文本框中输入"0.05"，单击 From Full 单选按钮，单击"OK"按钮，关闭该对话框。

02 单击 ANSYS Main Menu → Preprocessor → Coupling / Ceqn → Couple DOFs 命令，打开 Define Coupled DOFs 选择对话框。单击"Pick All"按钮，打开 Define Coupled DOFs 对话框，如图 8-55 所示。在 NSET Set reference number 文本框中输入

"1"，在 Lab　Degree-of-freedom label 下拉列表框中选择"UY"，单击"OK"按钮，关闭该对话框。

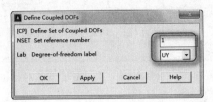

图 8-55　Define Coupled DOFs 对话框

03 单击菜单栏中 Select → Entities 命令，打开 Select Entities 对话框。在第一个下拉列表框中选择"Nodes"，在第二个下拉列表框中选择"By Location"，单击 X coordinates 单选按钮，在 Min, Max 文本框中输入"0.1875"，单击 From Full 单选按钮，单击"OK"按钮，关闭该对话框。

04 单击 ANSYS Main Menu → Preprocessor → Coupling / Ceqn → Couple DOFs 命令，打开 Define Coupled DOFs 选择对话框。单击"Pick All"按钮，打开 Define Coupled DOFs 对话框，在 NSET　Set reference number 文本框中输入"2"，在 Lab Degree-of-freedom label 下拉列表框中选择"UX"，单击"OK"按钮，关闭该对话框。

05 单击菜单栏中 Select → Entities 命令，打开 Select Entities 对话框。在第一个下拉列表框中选择"Nodes"，在第二个下拉列表框中选择"By Location"，单击 Y coordinates 单选按钮，在 Min, Max 文本框中输入"0"，单击 From Full 单选按钮，单击"OK"按钮，关闭该对话框。

06 单击 ANSYS Main Menu → Preprocessor → Loads → Define Loads → Apply → Structural → Displacement → On Nodes 命令，打开 Apply U, ROT on Nodes 选择对话框。单击"Pick All"按钮，打开 Apply U, ROT on Nodes 对话框，如图 8-56 所示。在 Lab2　DOFs to be constrained 列表框中选择"UY"，在 VALUE　Displacement value 文本框中输入"0"，单击"OK"按钮，关闭该对话框。

07 单击菜单栏中 Select → Everything 命令。

08 单击 ANSYS Main Menu → Preprocessor → Loads → Define Loads → Settings → Reference Temp 命令，打开 Reference Temperature 对话框，如图 8-57 所示。在[TREF] Reference temperature 文本框中输入"70"，单击"OK"按钮，关闭该对话框。

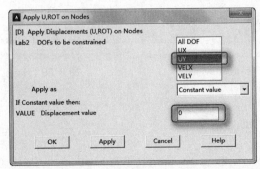

图 8-56　Apply U, ROT on Nodes 对话框

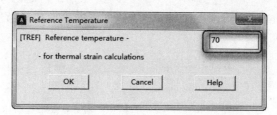

图 8-57 Reference Temperature 对话框

4. 设置物理文件

01 单击 ANSYS Main Menu → Preprocessor → Physics → Environment → Write 命令，打开 Physics Write 对话框。在 Title Physics file title 文本框中输入 "struct"，单击 "OK" 按钮，关闭该对话框。

02 单击菜单栏中 File → Save as Jobname.db 命令，保存数据。

📖8.2.3 求解（热分析）

01 单击 ANSYS Main Menu → Preprocessor → Physics → Environment → Read 命令，打开 Physics Read 对话框，如图 8-58 所示。在 Read Physics file with Title 列表框中选择 "THERMAL"，单击 "OK" 按钮，关闭该对话框。

02 单击 ANSYS Main Menu → Solution → Solve → Current LS 命令，打开/STATUS Command 和 Solve Current Load Step 对话框，关闭/STATUS Command 对话框，单击 Solve Current Load Step 对话框的 "OK" 按钮，ANSYS 开始求解。

03 求解结束后，打开 Note 对话框，单击 "Close" 按钮，关闭该对话框。

04 单击菜单栏中 File → Save as 命令，打开 Save DataBase 对话框，如图 8-59 所示。在 Save Database to 文本框中输入 "thermal.db"，单击 "OK" 按钮，关闭该对话框。

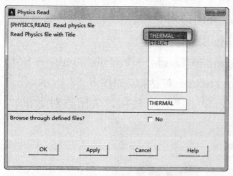

图 8-58 Physics Read 对话框

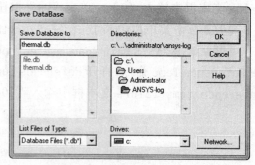

图 8-59 Save DataBase 对话框

📖8.2.4 后处理（热分析）

01 单击 ANSYS Main Menu → General Postproc → Path Operations → Define Path → By Location 命令，打开 By Location 对话框，如图 8-60 所示。在 Name Define

Path Name 文本框中输入 "radial"，在 nPts　Number of points 文本框中输入 "2"，其余选项采用系统默认设置。

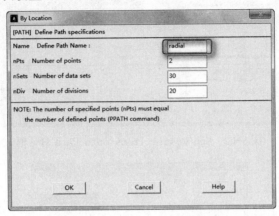

图 8-60　By Location 对话框

02 单击 "OK" 按钮，打开 By Location in Global Cartesian 对话框，如图 8-61 所示。在 NPT　Path point number 文本框中输入 "1"，在 X, Y, Z　Location in Global CS 第一个文本框中输入 "0.1875"，其余选项采用系统默认设置。

03 单击 "OK" 按钮，再次打开 By Location in Global Cartesian 对话框。在 NPT　Path point number 文本框中输入 "2"，在 X, Y, Z　Location in Global CS 第一个文本框中输入 "0.6"，其余选项采用系统默认设置。

04 单击 "OK" 按钮，再次打开 By Location in Global Cartesian 对话框。单击 Cancel 按钮，关闭该对话框。

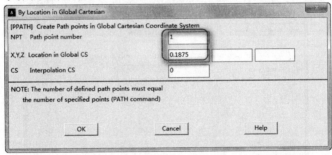

图 8-61　By Location in Global Cartesian 对话框

05 单击 ANSYS Main Menu → General Postproc → Path Operations → Map onto Path 命令，打开 Map Result Items onto Path 对话框，如图 8-62 所示。在 Lab　User label for item 文本框中输入 "temp"，在 Item, Comp　Item to be mapped 列表框中选择 DOF solution → Temperature TEMP，其余选项采用系统默认设置，单击 "OK" 按钮，关闭该对话框。

06 单击 ANSYS Main Menu → General Postproc → Path Operations → Archive Path → Store → Paths in file 命令，打开 Save Paths by Name or All 对话框，如图 8-63 所示。在 Existing options 列表框中选择 "Selected paths"。

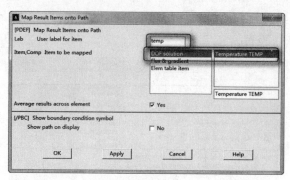

图 8-62　Map Result Items onto Path 对话框

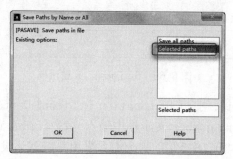

图 8-63　Save Paths by Name or All 对话框

07 单击"OK"按钮，打开 Save Path by Name 对话框，如图 8-64 所示。在 Name Save Path by Name 列表框中选择"RADIAL"，在 File, ext, dir Write to be file 文本框中输入"filea"，单击"OK"按钮，关闭该对话框。

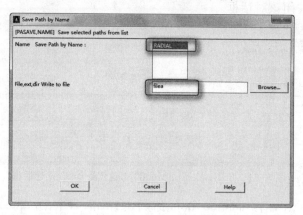

图 8-64　Save Path by Name 对话框

08 单击 ANSYS Main Menu → General Postproc → Path Operations → Plot Path Item → On Graph 命令，打开 Plot of Path Items on Graph 对话框，如图 8-65 所示。在 Lab1-6　Path items to be graphed 列表框中选择"TEMP"，单击"OK"按钮，关闭该对话。

09 ANSYS 窗口会显示温度变化曲线，如图 8-66 所示。

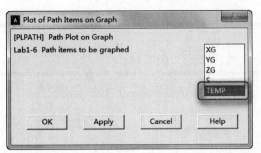

图 8-65 Plot of Path Items on Graph 对话框

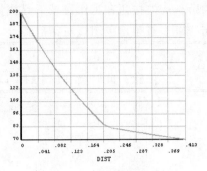

图 8-66 温度变化曲线

8.2.5 求解（结构分析）

01 单击 ANSYS Main Menu → Preprocessor → Physics → Environment → Read 命令，打开 Physics Read 对话框。在 Read Physics file with Title 列表框中选择 "STRUCT"，单击 "OK" 按钮，关闭该对话框。

02 单击 ANSYS Main Menu → Solution → Define Loads → Apply → Structural → Tempera ture → From Therm Analy 命令，打开 Apply TEMP from Thermal Analysis 对话框，如图 8-67 所示。在 Fname Name of results file 文本框中输入 "exercise2.rth"（或者单击 "Browse" 按钮在工作目录下寻找最新的 "exercise2.rth" 的文件，单击打开按钮即可），单击 "OK" 按钮，关闭该对话框。

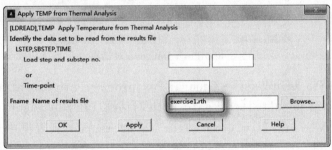

图 8-67 Apply TEMP from Thermal Analysis 对话框

03 单击 ANSYS Main Menu → Solution → Solve → Current LS 命令，打开/STATUS Command 和 Solve Current Load Step 对话框，关闭/STATUS Command 对话框，单击 Solve Current Load Step 对话框中的 "OK" 按钮，ANSYS 开始求解。

04 求解结束后，打开 Note 对话框，单击 "Close" 按钮，关闭该对话框。

8.2.6 后处理（结构分析）

01 单击 ANSYS Main Menu → General Postproc → Path Operations → Archive Path → Retrieve → Paths from file 命令，打开 Resume Paths from File 对话框，如图 8-68 所示。在 File,ext,dir Read from file 文本框中输入 "filea"（或者单击

"Browse"按钮在工作目录下寻找最新的"filea"文件，单击"打开"按钮即可），单击"OK"按钮，关闭该对话框。

 注意：此时会弹出 PATH Command 对话框，关闭即可。

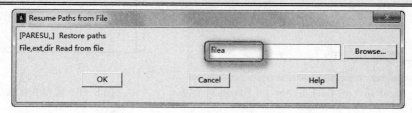

图 8-68 Resume Paths from File 对话框

02 单击 ANSYS Main Menu → General Postproc → Path Operations → Define Path → Path Options 命令，打开 Path Options 对话框，如图 8-69 所示。在 Account for discontinuities 下拉列表框中选择"Mat discontinuit"，单击"OK"按钮，关闭该对话框。

 注意：此时会弹出 Warning 对话框，单击"Close"按钮，关闭即可。

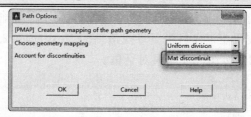

图 8-69 Path Options 对话框

03 单击 ANSYS Main Menu → General Postproc → Path Operations → Map onto Path 命令，打开 Map Result Items onto Path 对话框。在 Lab User label for item 文本框中输入"SX"，在 Item,Comp Item to be mapped 列表框中选择 Stress → X-direction SX，其余选项采用系统默认设置。

04 单击"Apply"按钮，再次打开 Map Result Items onto Path 对话框，在 Lab User label for item 文本框中输入"SZ"，在 Item,Comp Item to be mapped 列表框中选择 Stress → Z-direction SZ，其余选项采用系统默认设置。

05 单击 ANSYS Main Menu → General Postproc → Path Operations → Plot Path Item → On Graph 命令，打开 Plot of Path Items on Graph 对话框，在 Lab1-6 Path items to be graphed 下拉列表框中选择"SX"和"SZ"，单击"OK"按钮，关闭该对话框。

06 ANSYS 窗口会显示两种材料接触处的应力变化曲线，如图 8-70 所示。

07 单击 ANSYS Main Menu → General Postproc → Path Operations → Plot Path Item → On Geometry 命令，打开 Plot of Path Items on Geometry 对话框，如图 8-71 所示。在 Item Path items to be displayed 列表框中选择"SX"，在 Nopt Display options 选项组中单击 With nodes 单选按钮，单击"OK"按钮，关闭该对话框。

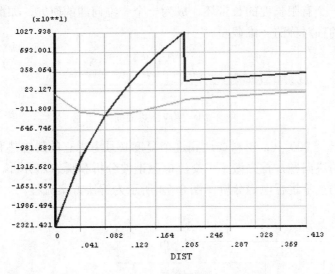

图 8-70 两种材料接触处的应力变化曲线

08 ANSYS 窗口会显示径向应力变化曲线和等值线图，如图 8-72 所示。

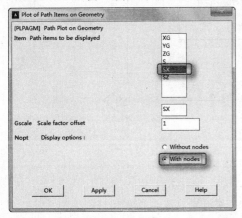

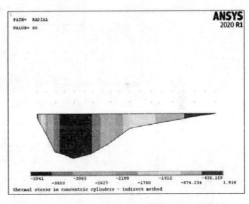

图 8-71 Plot of Path Items on Geometry 对话框　　图 8-72 径向应力变化曲线和等值线图

8.2.7 命令流

略，命令流详见随书电子资料包。

8.3 交流电磁谐波分析和瞬态热分析实例

本实例是一个交变电磁谐波分析和重新启动的瞬态传热分析之间解序列的使用问题。

一个很长的钢坯经过表面的感应线圈装置处理后会迅速提高钢坯表面温度。线圈被放置在靠近钢坯表面，由一个大的高频率的交变电流激活。交变电流引起钢坯发热，尤其是在表面上，并迅速使表面温度上升。

模型简化为一个有限长度的长带坯，成为一个一维问题的研究，如图 8-73 所示，在感应加热方向的轴对称的一维截面。

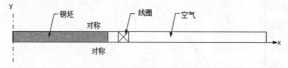

图 8-73　感应加热截面

钢坯将会升温至 700°C。材料要达到这个温度必须考虑它的瞬态热和电磁问题。需要按顺序步骤来解决问题，首先做一个交流电磁谐波分析和瞬态热分析。此外，还需要在不同的时间间隔重复进行电磁分析。图 8-74 所示为解决方案流程。

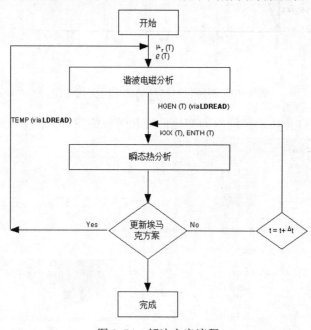

图 8-74　解决方案流程

8.3.1　前处理（谐波电磁分析）

1. 定义工作文件名和工作标题

01 单击菜单栏中 File → Change Jobname 命令，打开 Change Jobname 对话框，在[/FILNAM] Enter new jobname 文本框中输入工作文件名"cylinder_billet"，使 NEW log and error files 保持"Yes"状态，单击"OK"按钮，关闭该对话框。

02 单击菜单栏中 File → Change Title 命令，打开 Change Title 对话框，在对话框中输入工作标题"induction heating of a solid cylinder billet"，单击"OK"按钮，关闭该对话框。

03 记录所有子步的结果，重新设定 Frequency 的数值，用命令"/CONFIG, NRES"

更改允许在结果文件中写入100000个子步。输入命令行：

```
/config,nres,100000
```

2. 定义单元类型

01 单击 ANSYS Main Menu → Preprocessor → Element Type → Add/Edit/Delete 命令，打开 Element Types 对话框，如图8-75所示。

02 单击"Add"按钮，打开 Library of Element Types 对话框1，如图8-76所示。在 Library of Element Types 列表框中选择 Magnetic Vector → Quad 4 node 13，在 Element type reference number 文本框中输入"1"，单击"Apply"按钮，再次打开 Library of Element Types 对话框。

图8-75 Element Types 对话框

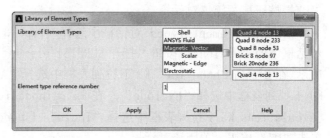

图8-76 Library of Element Types 对话框1

03 在 Library of Element Types 列表框中选择 Magnetic Vector → Quad 4 node 13，在 Element type reference number 文本框中输入"2"，单击"Apply"按钮再次打开 Library of Element Types 对话框2。

04 打开的 Library of Element Types 对话框2如图8-77所示。在 Library of Element Types 列表框中选择 Surface Effect → 2D thermal 151，在 Element type reference number 文本框中输入"3"，单击"OK"按钮，关闭 Library of Element Types 对话框。

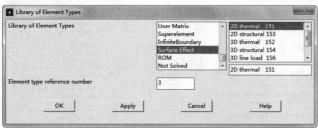

图8-77 Library of Element Types 对话框2

05 在 Element Types 对话框中选择"Type 1 PLANE13"，单击 Element Types 对话框中的"Options"按钮，打开 PLANE13 element type options 对话框，如图8-78所示。在 Element behavior K3 下拉列表框中选择"Axisymmetric"，其余选项采用系

统默认设置，单击"OK"按钮，关闭该对话框。

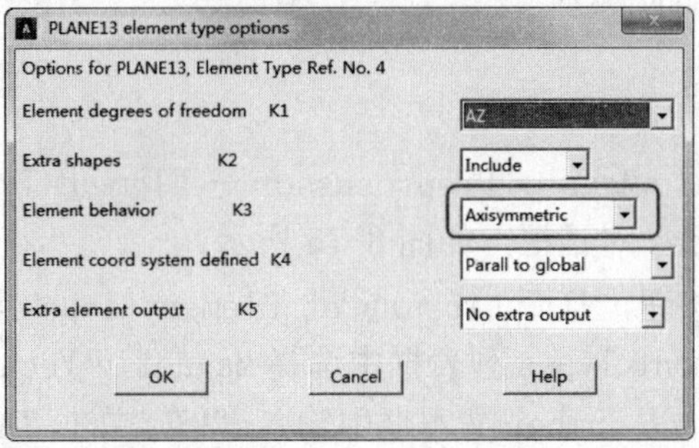

图 8-78　PLANE13 element type options 对话框

06 在 Element Types 对话框中选择"Type 2 PLANE13"，单击 Element Types 对话框中的"Options"按钮，打开 PLANE13 element type options 对话框。在 Element behavior　K3 下拉列表框中选择"Axisymmetric"，其余选项采用系统默认设置，单击 "OK"按钮，关闭该对话框。

07 在 Element Types 对话框中选择"Type 3 SURF151"，单击 Element Types 对话框中的"Options"按钮，打开 SURF151 element type options 对话框，如图 8-79 所示。在 Element behavior　K3 下拉列表框中选择"Axisymmetric"，在 Midside nodes K4 下拉列表框中选择"Exclude"，在 Extra node for radiation and/or convection calculations K5 下拉列表框中选择"Include 1 node"，其余选项采用系统默认设置， 单击"OK"按钮，关闭该对话框。

08 单击"Close"按钮，关闭 Element Types 对话框。

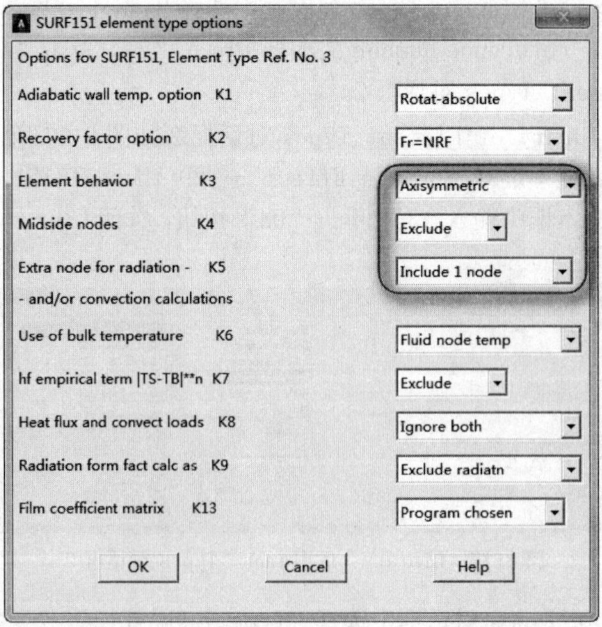

图 8-79　SURF151 element type options 对话框

3. 定义实常数

01 单击 ANSYS Main Menu → Preprocessor → Real Constants → Add/Edit/Delete 命令，打开 Real Constants 对话框，如图 8-80 所示。

02 单击"Add"按钮，打开 Element Type for Real... 对话框，如图 8-81 所示。

图 8-80 Real Constants 对话框　　图 8-81 Element Type for Real ... 对话框

03 选择 Choose element type 列表框中的"Type 3 SURF151"，单击"OK"按钮，打开 Real Constant Set Number 4, for SURF151 对话框，如图 8-82 所示。在 Real Constant Set No. 文本框中输入"3"，在 Form factor FORMF 文本框中输入"0"，单击"OK"按钮，关闭该对话框。

图 8-82 Real Constant Set Number 4，for SURF151 对话框

04 单击"Close"按钮，关闭 Real Constants 对话框。

4. 设置标量参数

单击菜单栏中 Parameters → Scalar Parameters 命令，打开 Scalar Parameters

对话框，如图 8-83 所示。在 Selection 文本框中依次输入：

```
row=0.015
ric=0.0175
roc=0.0200
ro=0.05
t=0.001
freq=150000
pi=4*atan(1)
cond=0.392e7
muzero=4e-7*pi
mur=200
skind=sqrt(1/(pi*freq*cond*muzero*mur))
ftime=3
tinc=0.05
time=0
delt=0.01
```

5. 定义材料性能参数

01 单击 ANSYS Main Menu → Preprocessor → Material Props → Electromag Units 命令，打开 Electromagnetic Units 对话框，如图 8-84 所示，在[EMUNIT] Electromagnetic units 选项组中单击 MKS system 单选按钮，单击"OK"按钮，关闭该对话框。

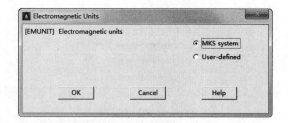

图 8-83 Scalar Parameters 对话框 　图 8-84 Electromagnetic Units 对话框

02 单击 ANSYS Main Menu → Preprocessor → Material Props → Material Models 命令，打开 Define Material Model Behavior 对话框，如图 8-85 所示。

03 在 Material Models Available 列表框中选择 Electromagnetics → Relative Permeability → Constant 后，弹出"Permeability for Material Number 1"对话框，如图 8-86 所示。在 MURX 后面的文本框中输入 1，单击"OK"按钮，关闭该对话框。

04 在 Define Material Model Behavior 对话框中选择 Material → New Model，打开 Define Material ID 对话框，在 Define Material ID 文本框中输入"2"，单击"OK"

按钮，关闭该对话框。

05 在 Material Models Available 列表框中选 "Electromagnetics → Relative Permeability → Constant，弹出 "Permeability for Material Number 2" 对话框，如图 8-87 所示，连续单击 "Add Temperature" 按钮 10 次，使之生成 11 列温度与相对磁导率表格，在 Temperatures 一行中依次输入 "25.5，160，291.5，477.6，635，698，709，720.3，742，761，1000"，在 MURX 行中依次输入 "200，190，182，161，135，104，84，35，17，1，1"，还可以单击 "Graph" 按钮，查看温度与相对磁导率关系曲线，如图 8-88 所示，单击 "OK" 按钮，关闭该对话框。

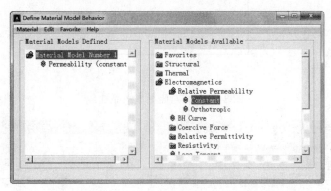

图 8-85 Define Material Model Behavior 对话框

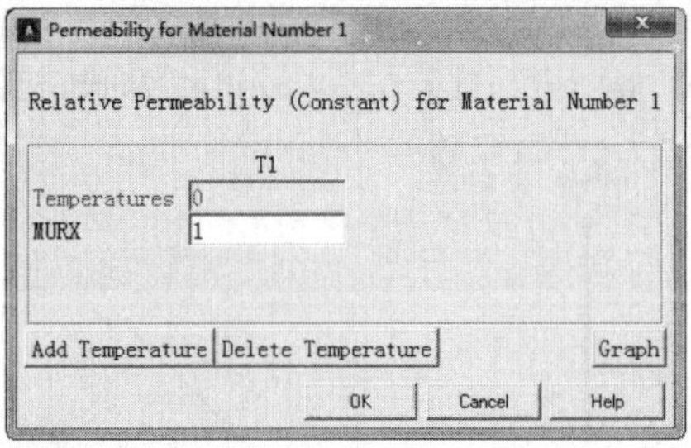

图 8-86 Permeability for Material Number 1 对话框

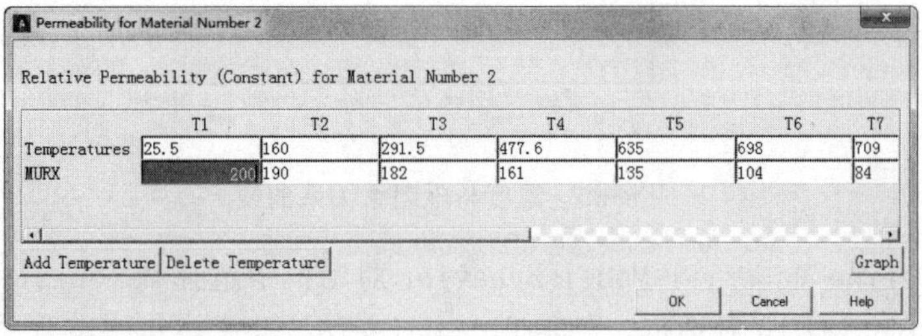

图 8-87 Permeability for Material Number 2 对话框

06 在 Material Models Available 列表框中选择 Electromagnetics → Resistivity → Constant，弹出 "Resistivity for Material Number 2" 对话框，如图 8-89 所示。连续单击 "Add Temperature" 按钮 8 次，使之生成 9 列温度与电阻率表格，在 Temperatures 行中依次输入 "0,125，250，375，500，625，750，875，1000"，

在 MURX 行中依次输入 "0.184e-6, 0.272e-6, 0.384e-6, 0.512e-6, 0.656e-6, 0.824e-6, 1.032e-6, 1.152e-6, 1.2e-6", 还可以单击 "Graph" 按钮, 查看温度与电阻率关系曲线, 如图 8-90 所示, 单击 "OK" 按钮, 关闭该对话框。

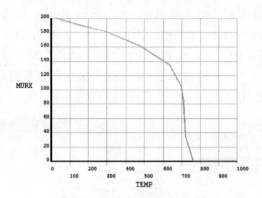

图 8-88   相对磁导率关系曲线

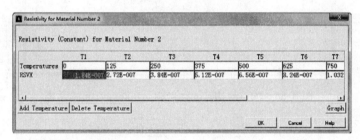

图 8-89   Resistivity for Material Number 2 对话框

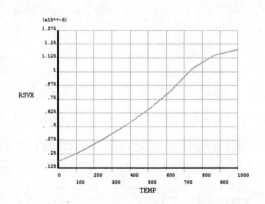

图 8-90   温度与电阻率关系曲线

07 在 Define Material Model Behavior 对话框中选择 Material → New Model, 打开 Define Material ID 对话框, 在 Define Material ID 文本框中输入 "3", 单击 "OK" 按钮, 关闭该对话框。

08 在 Material Models Available 列表框中选择 Electromagnetics → Relative Permeability → Constant, 弹出 "Permeability for Material Number 3" 对话框。在 MURX 后面的文本框中输入 1, 单击 "OK" 按钮, 关闭该对话框。最后选择 Material → Exit, 关闭 Define Material Model Behavior 对话框。

6. 建立几何模型

01 单击 ANSYS Main Menu → Preprocessor → Modeling → Create → Areas → Rectangle → By Dimensions 命令，打开 Create Rectangle by Dimensions 对话框，如图 8-91 所示。在 X1，X2 X-coordinates 文本框中输入"0，row"，在 Y1，Y2 Y-coordinates 文本框中输入"0，t"。

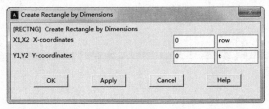

图 8-91　Create Rectangle by Dimensions 对话框

02 单击"Apply"按钮，再次打开 Create Rectangle by Dimensions 对话框。在 X1，X2 X-coordinates 文本框中输入"row，ric"，在 Y1，Y2 Y-coordinates 文本框中输入"0，t"。

03 单击"Apply"按钮，再次打开 Create Rectangle by Dimensions 对话框。在 X1，X2 X-coordinates 文本框中输入"ric，roc"，在 Y1，Y2 Y-coordinates 文本框中输入"0，t"。

04 单击"Apply"按钮，再次打开 Create Rectangle by Dimensions 对话框。在 X1，X2 X-coordinates 文本框中输入"roc，ro"，在 Y1，Y2 Y-coordinates 文本框中输入"0，t"，单击"OK"按钮，关闭该对话框。

05 单击 ANSYS Main Menu → Preprocessor → Modeling → Operate → Booleans → Glue → Areas 命令，打开 Glue Areas 选择对话框。单击"Pick All"按钮，关闭该对话框。

单击 Main Menu → Preprocessor → Numbering Ctrls → Compress Numbers 命令，弹出 Compress Numbers 对话框，如图 8-92 所示，在 Label Item to be compressed 下拉列表中选择"Areas"，单击"OK"按钮，关闭该对话框。

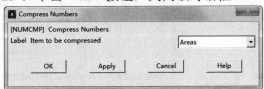

图 8-92　Compress Numbers 对话框

06 单击菜单栏中 PlotCtrls → Style → Colors → Reverse Video 命令，ANSYS 窗口将变成白色，生成的几何模型如图 8-93 所示。

7. 划分网格

01 单击菜单栏中 Select → Entities 命令，打开 Select Entities 对话框，如图 8-94 所示。在第一个下拉列表框中选择"Keypoints"，在第二个下拉列表框中选择

"By Location"，单击"X coordinates"单选按钮，在文本框中输入"row"，单击"From Full"单选按钮，单击"OK"按钮，关闭该对话框。

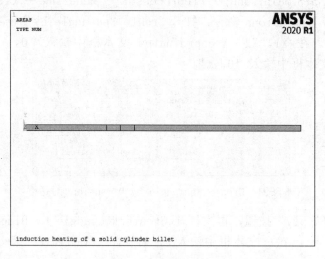

图 8-93　生成的几何模型

02 单击 ANSYS Main Menu → Preprocessor → Meshing → Size Cntrls → ManualSize → Keypoints → All KPs 命令，打开 Element Size at All Keypoints 对话框，如图 8-95 所示。在 SIZE　Element edge length 文本框中输入"skind/2"，使 Show more options 保持"No"状态，单击"OK"按钮，关闭该对话框。

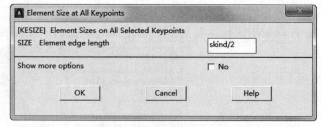

图 8-94　Select Entities 对话框　　　图 8-95　Element Size at All Keypoints 对话框

03 单击菜单栏中 Select → Entities 命令，再次打开 Select Entities 对话框。在第一个下拉列表框中选择"Keypoints"，在第二个下拉列表框中选择"By Location"，单击"X coordinates"单选按钮，在文本框中输入"0"，单击"From Full"单选按钮，单击"OK"按钮，关闭该对话框。

04 单击 ANSYS Main Menu → Preprocessor → Meshing → Size Cntrls → ManualSize → Keypoints → All KPs 命令，打开 Element Size at All Keypoints 对话框。在 SIZE　Element edge length 文本框中输入"40*skind"，使 Show More options

保持"No"状态，单击"OK"按钮，关闭该对话框。

05 单击菜单栏中 Select → Entities 命令，打开 Select Entities 对话框。在第一个下拉列表框中选择"Lines"，在第二个下拉列表框中选择"By Location"，单击"Y coordinates"单选按钮，在文本框中输入"t/2"，单击"From Full"单选按钮，单击"OK"按钮，关闭该对话框。

06 单击 ANSYS Main Menu → Preprocessor → Meshing → Size Cntrls → ManualSize → Lines → All Lines 命令，打开 Element Sizes on All Selected Lines 对话框，如图 8-96 所示。在 NDIV No. of element divisions 文本框中输入"1"，单击"OK"按钮，关闭该对话框。

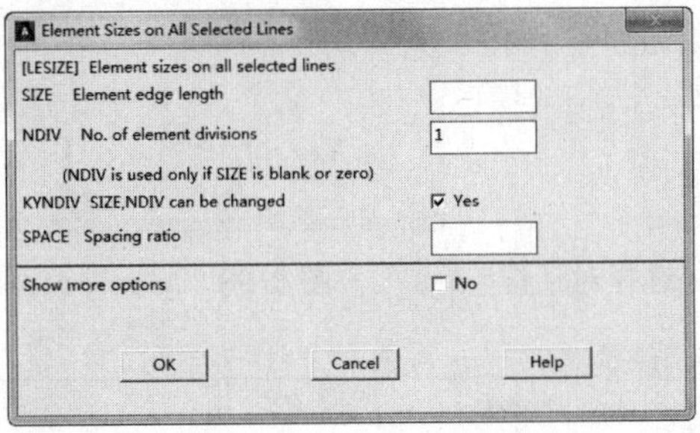

图 8-96　Element Sizes on All Selected Lines 对话框

07 单击菜单栏中 Select → Everything 命令。

08 单击 ANSYS Main Menu → Preprocessor → Meshing → Mesh Attributes → Picked Areas 命令，打开"Area Attributes"选择对话框，如图 8-97 所示，在文本框中输入"1"。

09 单击"OK"按钮，打开 Area Attributes 对话框，如图 8-98 所示。在 MAT Material number 下拉列表框中选择"2"，在 TYPE　Element type number 下拉列表框中选择"1　PLANE13"，其余选项采用系统默认设置，单击"Apply"按钮，关闭该对话框。

10 单击 ANSYS Main Menu → Preprocessor → Meshing → Mesh Attributes → Picked Areas 命令，打开"Area Attributes"选择对话框。在文本框中输入"3"。

11 单击"OK"按钮，打开 Area Attributes 对话框，在 MAT　Material number 下拉列表框中选择"3"，在 TYPE　Element type number 下拉列表框中选择"2　PLANE13"，其余选项采用系统默认设置，单击"OK"按钮，关闭该对话框。

12 单击 ANSYS Main Menu → Preprocessor → Meshing → Mesh Attributes → Picked Areas 命令，打开 Area Attributes 选择对话框。在文本框中输入"2, 4, 2"。

13 单击"OK"按钮，打开 Area Attributes 对话框，在 MAT　Material number 下拉列表框中选择"1"，在 TYPE　Element type number 下拉列表框中选择"2　PLANE13"，其余选项采用系统默认设置，单击"OK"按钮，关闭该对话框。单击菜单栏中 Select → Everything 命令。

14 单击 Main Menu → Preprocessor → Meshing → Mesh → Areas → Mapped → 3 or 4 sided 命令，弹出 Mesh Areas 选择对话框，如图 8-99 所示，在文本框中输

入"1",单击"OK"按钮,关闭该对话框。划分的网格模型如图 8-100 所示。

图 8-97 Area Attributes 选择对话框

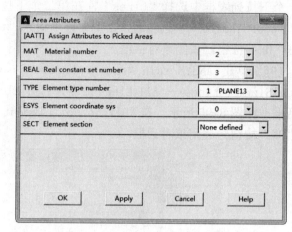

图 8-98 Area Attributes 对话框

图 8-99 Mesh Areas 选择对话框

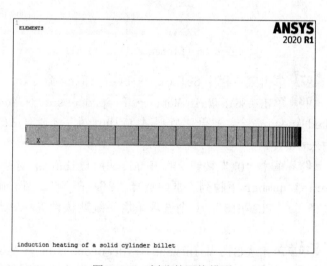

图 8-100 划分的网格模型

15 单击菜单栏中 Select → Entities 命令,打开 Select Entities 对话框,如图 8-101 所示。在第一个下拉列表框中选择"Lines",在第二个下拉列表框中选择"By Num/Pick",单击"From Full"单选按钮。

16 单击"OK"按钮,打开 Element Size on Picked Lines 选择对话框,如图 8-102 所示。单击 Min, Max, Inc 单选按钮,在文本框中输入"17, 22, 1",其余选项采用系统默认设置,单击"OK"按钮,关闭该对话框。

17 单击 ANSYS Main Menu → Preprocessor → Meshing → Size Cntrls → ManualSize → Lines → Picked Lines 命令,打开 Element Size on Picked Lines 选择对话框。单击"Pick All"按钮,打开 Elements Sizes on Picked Lines 对话框,如图 8-103 所示。在 SIZE Element edge length 文本框中输入"0.001",其余选项采用系统默认设置,单击"OK"按钮,关闭该对话框。

Select Entities
Lines
By Num/Pick
From Full
Reselect
Also Select
Unselect
Sele All
Invert
Sele None
Sele Belo
OK
Apply
Plot
Replot
Cancel
Help

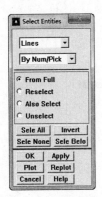

图 8-101　Select Entities 对话框

Element Size on Picked Lines
Pick
Unpick
Single
Box
Polygon
Circle
Loop
Count = 0
Maximum = 13
Minimum = 1
Line No. =
List of Items
Min, Max, Inc
17,22,1
OK
Apply
Reset
Cancel
Pick All
Help

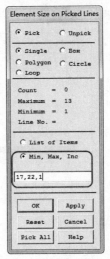

图 8-102　Element Size on Picked Lines 选择对话框

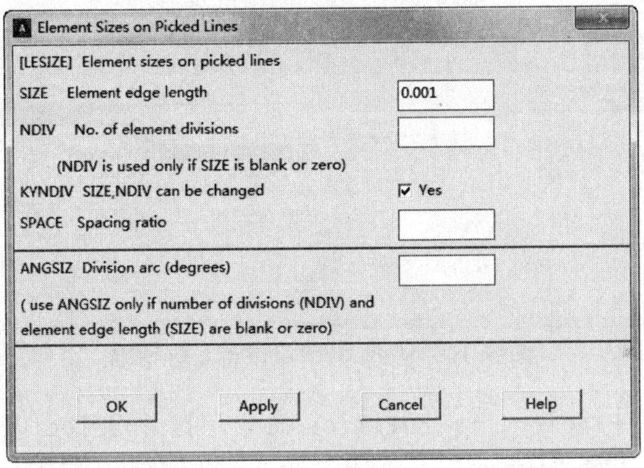

Element Sizes on Picked Lines
[LESIZE] Element sizes on picked lines
SIZE Element edge length
0.001
NDIV No. of element divisions
(NDIV is used only if SIZE is blank or zero)
KYNDIV SIZE,NDIV can be changed
Yes
SPACE Spacing ratio
ANGSIZ Division arc (degrees)
(use ANGSIZ only if number of divisions (NDIV) and
element edge length (SIZE) are blank or zero)
OK
Apply
Cancel
Help

图 8-103　Elements Sizes on Picked Lines 对话框

18 单击菜单栏中 Select → Entities 命令，打开 Select Entities 对话框。在第一个下拉列表框中选择“Areas”，在第二个下拉列表框中选择“Attached to”，单击“Lines”和“From Full”单选按钮，单击“OK”按钮，关闭该对话框。

19 单击 Main Menu → Preprocessor → Meshing → Mesh → Areas → Mapped → 3 or 4 sided 命令，会弹出“Mesh Areas”选择对话框。单击“Pick All”按钮，进行网格划分。划分的网格模型如图 8-104 所示。

20 单击 ANSYS Main Menu → Preprocessor → Modeling → Create → Nodes → In Active CS 命令，打开 Create Nodes in Active Coordinate System 对话框，采用默认设置，单击“OK”按钮，关闭该对话框，创建空节点。

21 单击菜单栏中 Parameters → Get Scalar Data 命令，打开 Get Scalar Data 对话框，如图 8-105 所示，在 Type of data to be retrieved 列表框中选择 Model data → Nodes。

22 单击“OK”按钮，打开 Get Nodal Data 对话框，如图 8-106 所示。在 Name of parameter to be defined 文本框中输入“nmax”，在 Nodal data to be retrieved 文

本框中输入"num, max",单击"OK"按钮,关闭该对话框。

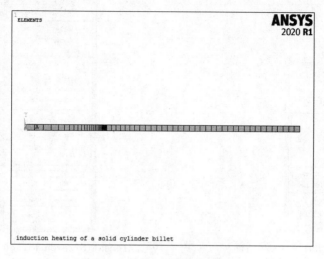

图 8-104　划分的网格模型

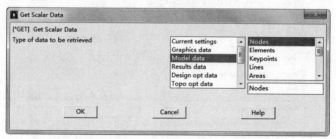

图 8-105　Get Scalar Data 对话框

23 单击菜单栏中 Select → Entities 命令,打开 Select Entities 对话框。在第一个下拉列表框中选择"Lines",在第二个下拉列表框中选择"By Location",单击"X coordinates"单选按钮,在文本框中输入"row",单击"From Full"单选按钮,单击"OK"按钮,关闭该对话框。

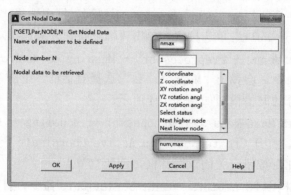

图 8-106　Get Nodal Data 对话框

24 单击 ANSYS Main Menu → Preprocessor → Meshing → Mesh Attributes → Default Attributes 命令,打开 Meshing Attributes 对话框,如图 8-107 所示。在[TYPE]

Element type number 下拉列表框中选择 "3 SURF151"，在[MAT] Material number 下拉列表框中选择 "2"，其余选项采用系统默认设置，单击 "OK" 按钮，关闭该对话框。

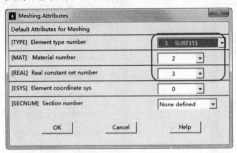

图 8-107 Meshing Attributes 对话框

25 单击 Main Menu → Preprocessor → Meshing → Mesh → Lines 命令，弹出 Mesh Lines 选择对话框，单击 "Pick All" 按钮进行网格划分。

26 单击菜单栏中 Parameters → Get Scalar Data 命令，再次打开 Get Scalar Data 对话框。在 Type of data to be retrieved 列表框中选择 Model Data →Elements。

27 单击 "OK" 按钮，打开 Get Elements Data 对话框。在 Name of parameter to be defined 文本框中输入 "emax"，在 Nodal data to be retrieved 文本框中输入 "num,max"，单击 "OK" 按钮，关闭该对话框。

28 单击菜单栏中 Parameters → Scalar Parameters 命令，打开 Scalar Parameters 选择对话框，如图 8-108 所示。在 Items 列表框中可看到 "NMAX=145，EMAX=72"，然后单击 "Close" 按钮，关闭该对话框。

29 单击 ANSYS Main Menu → Preprocessor → Modeling → Move/Modify → Elements → Modify Nodes 命令，打开 Modify Node Numbers 选择对话框，如图 8-109 所示。在文本框中输入 "emax"。

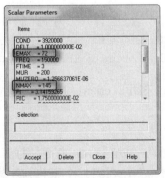

图 8-108 Scalar Parameters 选择对话框

30 单击 "OK" 按钮，打开 Modify Node Numbers 对话框，如图 8-110 所示。在 STLOC Starting location N 文本框中输入 "3"，在 I1 New node number at loc N 文本框中输入 "nmax"，单击 "OK" 按钮，关闭该对话框。

31 单击 ANSYS Main Menu → Preprocessor → Element Type → Add/Edit/Delete 命令，打开 Element Types 对话框。

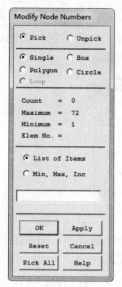

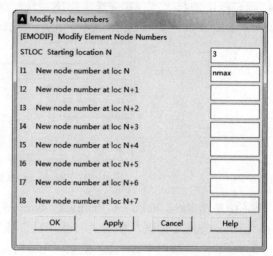

图 8-109　Modify Node Numbers 选择对话框　　　　图 8-110　Modify Node Numbers 对话框

32 单击 "Add" 按钮，打开 Library of Element Types 对话框，如图 8-111 所示。在 Library of Element Types 列表框中选择 Not Solved → Null Element 0，在 Element type reference number 文本框中输入 "3"，单击 "OK" 按钮，关闭 Library of Element Types 对话框。

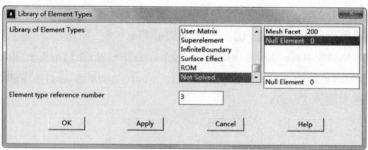

图 8-111　Library of Element Types 对话框

33 单击 "Close" 按钮，关闭 Element Types 对话框。

8. 设置载荷条件

01 单击菜单栏中 Select → Entities 命令，打开 Select Entities 对话框。在第一个下拉列表框中选择 "Nodes"，在第二个下拉列表框中选择 "By Location"，单击 "X coordinates" 单选按钮，在文本框中输入 "0"，单击 "From Full" 单选按钮，单击 "OK" 按钮，关闭该对话框。

02 单击 ANSYS Main Menu → Solution → Define Loads → Apply → Magnetic → Boundary → Vector Poten → On nodes 命令，打开 Apply A on Nodes 选择对话框。单击 "Pick All" 按钮，打开 Apply A on Nodes 对话框，如图 8-112 所示。在 Lab　DOFs to be constrained 列表框中选择 "AZ"，在 VALUE　Vector poten（A）value 文本框中输入 "0"，其余选项采用系统默认设置，单击 "OK" 按钮，关闭该对话框。

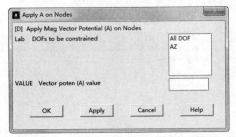

图 8-112　Apply A on Nodes 对话框

03 单击菜单栏中 Select → Everything 命令。

04 单击菜单栏中 Select → Entities 命令，打开 Select Entities 对话框，如图 8-113 所示。在第一个下拉列表框中选择"Elements"，在第二个下拉列表框中选择"By Attributes"，单击 Material num 单选按钮，在 Min,Max,Inc 文本框中输入"3"，单击 From Full 单选按钮，单击"OK"按钮，关闭该对话框。

05 单击 ANSYS Main Menu → Solution → Define Loads → Apply → Magnetic → Excitation → Curr Density → On Elements 命令，打开 Apply JS on Elements 选择对话框。单击"Pick All"按钮，打开 Apply JS on Elems 对话框，如图 8-114 所示。在 VAL3. Curr density value(JSZ) 文本框中输入"15e6"，其余选项采用系统默认设置，单击"OK"按钮，关闭该对话框。

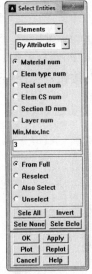

图 8-113　Select Entities 对话框

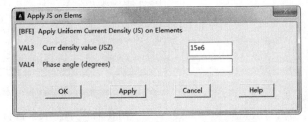

图 8-114　Apply JS on Elems 对话框

06 单击菜单栏中 Select → Everything 命令。

07 单击 ANSYS Main Menu → Solution → Analysis Type → New Analysis 命令，打开 New Analysis 对话框，如图 8-115，在[ANTYPE] Type of analysis 选项组中单击 Harmonic 单选按钮，单击"OK"按钮，关闭该对话框。

08 单击 ANSYS Main Menu → Solution → Load Step Opts → Time/Frequenc → Freq and Substeps 命令，打开 Harmonic Frequency and Substep Options 对话框，如图 8-116 所示。在[HARFRQ] Harmonic freq range 文本框中输入"0，150000"，其余

选项采用系统默认设置，单击"OK"按钮，关闭该对话框。

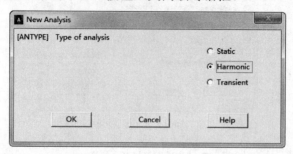

图 8-115　New Analysis 对话框

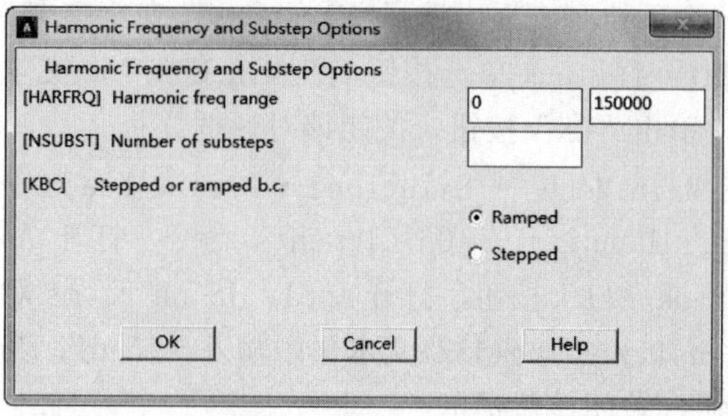

图 8-116　Harmonic Frequency and Substep Options 对话框

09 单击 ANSYS Main Menu → Solution → Physics → Environment → Write 命令，打开 Physics Write 对话框，如图 8-117 所示，在 Title Physics file title 文本框中输入"emag"，其余选项采用系统默认设置，单击"OK"按钮，关闭该对话框。

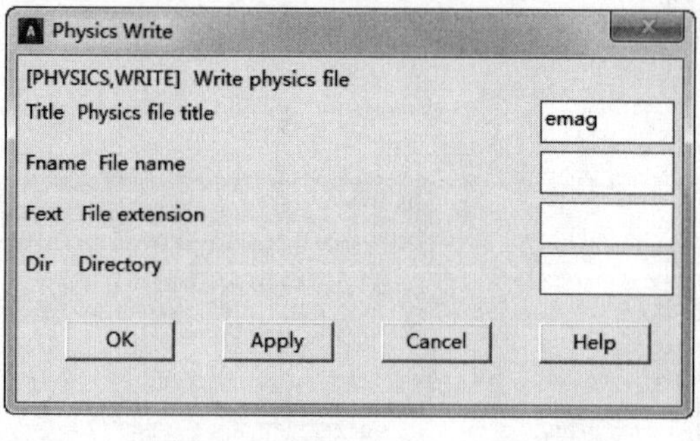

图 8-117　Physics Write 对话框

8.3.2　前处理（瞬态热分析）

1. 定义单元类型

01 单击 ANSYS Main Menu → Solution → Define Load → Delete → All Load Data → All Loads & Opts 命令，打开 Delete All Loads and LS Options 对话框，如图 8-118 所示，单击"OK"按钮，关闭该对话框。

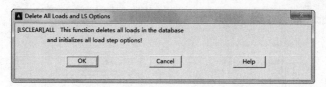

图 8-118　Delete All Loads and LS Options 对话框

02 单击 ANSYS Main Menu → Preprocessor → Element Type → Add/Edit/Delete 命令，打开 Element Types 对话框。

03 单击"Add"按钮，打开 Library of Element Types 对话框。在 Library of Element Types 列表框中选择 Thermal Solid → Quad 4 node 55，在 Element type reference number 文本框中输入"1"，单击"Apply"按钮，再次打开 Library of Element Types 对话框。

04 在 Library of Element Types 列表框中选择 Not Solved → Null Element 0，在 Element type reference number 文本框中输入"2"，单击"Apply"按钮，再次打开 Library of Element Types 对话框。

05 在 Library of Element Types 列表框中选择 Surface Effect → 2D thermal 151，在 Element type reference number 文本框中输入"3"，单击"OK"按钮，关闭 Library of Element Types 对话框。

06 在 Element Types 对话框中选择"Type 1 PLANE55"，单击 Element Types 对话框中的"Options"按钮，打开 PLANE55 element type options 对话框，如图 8-119 所示。在 Element behavior　K3 下拉列表框中选择"Axisymmetric"，其余选项采用系统默认设置，单击"OK"按钮，关闭该对话框。

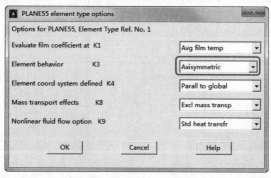

图 8-119　PLANE55 element type options 对话框

07 在 Element Types 对话框中选择"Type 3 SURF151"，单击 Element Types 对话框中的"Options"按钮，打开 SURF151 element type options 对话框，如图 8-120 所示。在 Element behavior　K3 下拉列表框中选择"Axisymmetric"，在 Midside nodes K4 下拉列表框中选择"Exclude"，在 Extra node for radiation and/or convection calculations K5 下拉列表框中选择"Include 1 node"，在 Radiation form fact calc as K9 下拉列表框中选择"Real const　FORMF"，其余选项采用系统默认设置，单击"OK"按钮，关闭该对话框。

08 单击"Close"按钮，关闭 Element Types 对话框。

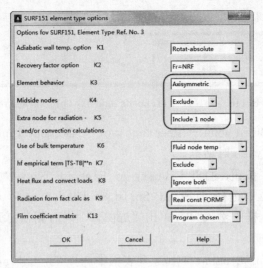

图 8-120　SURF151 element type options 对话框

2. 定义实常数

01 单击 ANSYS Main Menu → Preprocessor → Real Constants → Add/Edit /Delete 命令，打开 Real Constants 对话框，如图 8-121 所示。

02 单击 "Add" 按钮，打开 Element Type for Real... 对话框，如图 8-122 所示。

图 8-121　Real Constants 对话框　　　图 8-122　Element Type for Real... 对话框

03 选择 Choose element type 列表框中的 "Type 3 SURF151"，单击 "OK" 按钮，打开 Real Constant Set Number 3, for SURF151 对话框，如图 8-123 所示。在 Real Constant Set No. 文本框中输入 "3"，在 From factor FORMF 文本框中输入 "1"，在 Stefan—Boltzmann const SBCONST 文本框中输入 "5.67e-8"，单击 "OK" 按钮，关闭该对话框。

04 单击 "Close" 按钮，关闭 Real Constants 对话框。

3. 定义材料性能参数

01 单击 ANSYS Main Menu → Preprocessor → Material Props → Material

Models 命令，打开 Define Material Model Behavior 对话框。

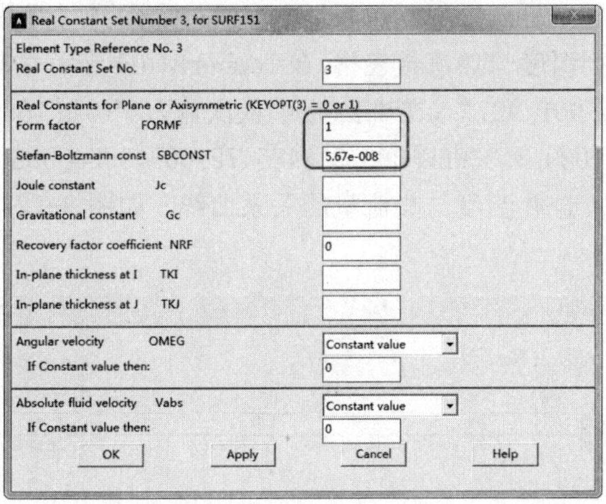

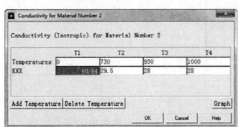

图 8-123　Real Constant Set Number 3，for SURF151 对话框

02 在 Material Models Defined 列表框中选择 Material ModelNumber 2，然后在 Material Models Available 列表框中选择 Thermal → Conductivity → Isotropic，打开 Conductivity for Material Number 2 对话框，如图 8-124 所示。连续单击 "Add Temperature" 按钮 3 次，使之生成 4 列温度与热导率表格。在 Temperatures 行中依次输入 "0，730，930，1000"，在 KXX 行中依次输入 "60.64，29.5，28，28"，还可以单击 "Graph" 按钮，查看温度与热导率的关系曲线，如图 8-125 所示，单击 "OK" 按钮，关闭该对话框。

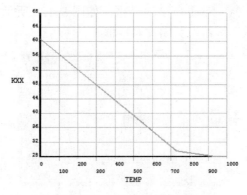

图 8-124　Conductivity for Material Number 2 对话框

图 8-125　温度与导热率关系曲线

03 在 Material Models Available 列表框中选择 Thermal →Enthalpy 后，弹出 Enthalpy for Material Number 2 对话框，如图 8-126 所示，连续单击"Add Temperature" 按钮 8 次，使之生成 9 列温度与热流量表格，在 Temperature 一行中依次输入"0, 27, 127, 327, 527, 727, 765, 765.001, 927"，在 MURX 行中依次输入"0, 9.1609E+007, 4.5329E+008, 1.2748E+009, 2.2519E+009, 3.3396E+009, 3.548547E+009, 3.548556e9, 4.3520e9"，还可以单击"Graph"按钮，查看温度与热流量的关系曲线，如图 8-127 所示。单击"OK"按钮，关闭该对话框。

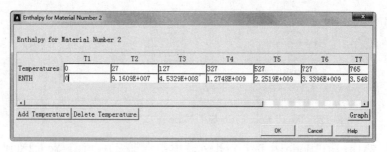

图 8-126 Enthalpy for Material Number 2 对话框

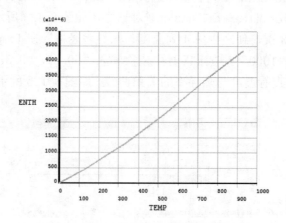

图 8-127 温度与热流量的关系曲线

04 在 Material Models Available 列表框中选择 Thermal → Emissivity 后，弹出 Emissivity for Material Number 2 对话框，如图 8-128 所示，EMIS 后面的文本框中输入"0.68"，单击"OK"按钮，关闭该对话框。

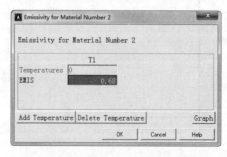

图 8-128 Emissivity for Material Number 2 对话框

最后得到的对话框如图 8-129 所示，选择 Material → Exit，关闭该对话框。

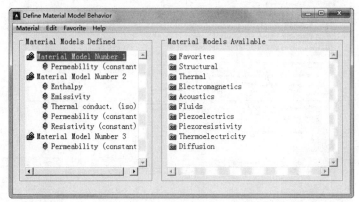

图 8-129　Define Material Model Behavior 对话框

8.3.3　求解

01 单击 ANSYS Main Menu → Solution → Analysis Type → New Analysis 命令，打开 New Analysis 对话框，如图 8-130，在[ANTYPE] Type of analysis 选项组中单击 Transient 单选按钮，在弹出如图 8-131 所示的对话框中单击"OK"按钮，关闭该对话框。

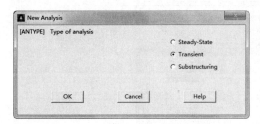
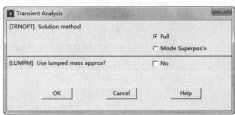

图 8-130　New Analysis 对话框　　　　图 8-131　Transient Analysis 对话框

02 单击 ANSYS Main Menu → Solution → Analysis Type → Analysis Options 命令，打开 Full Transient Analysis 对话框，如图 8-132 所示。在[TOFFST]文本框中输入"273"，其余选项采用系统默认设置，单击"OK"按钮，关闭该对话框。

03 单击 ANSYS Main Menu → Solution → Define Loads → Settings → Uniform Temp 命令，打开 Uniform Temperature 对话框，如图 8-133 所示。在[TUNIF] Uniform temperature 文本框中输入"100"，其余选项采用系统默认设置，单击"OK"按钮，关闭该对话框。

04 单击 ANSYS Main Menu → Solution → Define Loads → Apply → Thermal → Temperature → On nodes 命令，打开 Apply TEMP on Nodes 选择对话框。在文本框中输入"nmax"，单击"OK"按钮，打开 Apply TEMP on Nodes 对话框，如图 8-134 所示。在 Lab2　DOFs to be constrained 列表框中选择"TEMP"，在 VALUE Load TEMP value 文本框中输入"25"，其余选项采用系统默认设置，单击"OK"按钮，关闭该对话框。

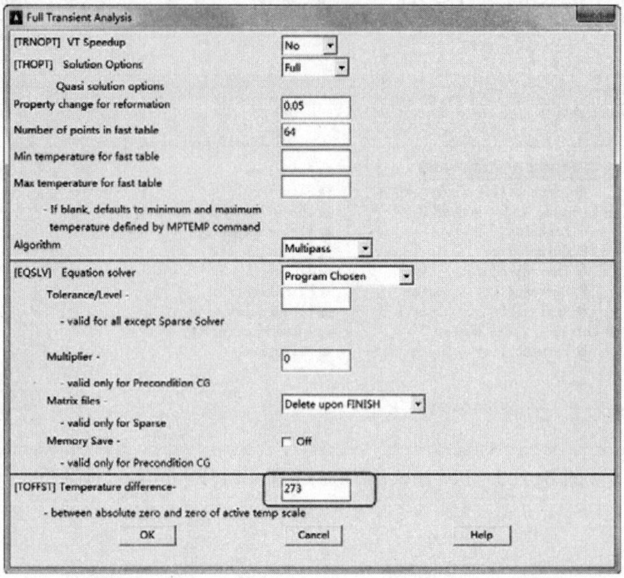

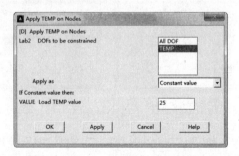

图 8-132　Full Transient Analysis 对话框

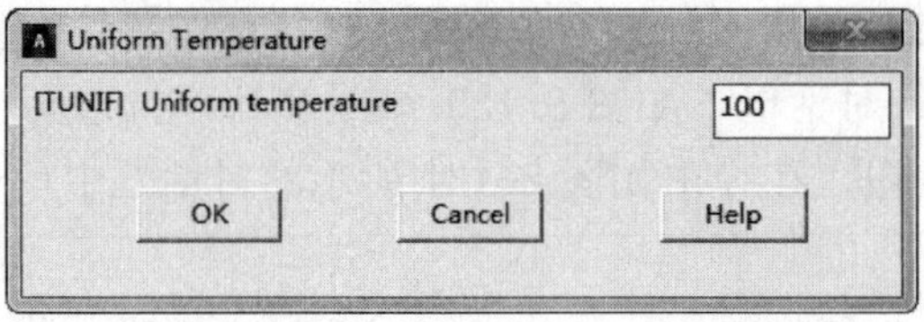

图 8-133　Uniform Temperature 对话框

图 8-134　Apply TEMP on Nodes 对话框

05 单击 ANSYS Main Menu → Solution → Load Step Opts → Nonlinear → Convergence Crit 命令，打开 Default Nonlinear Convergence Criteria 对话框，单击 "Replace" 按钮，打开 Nonlinear Convergence Criteria 对话框，如图 8-135 所示。在 Lab　Convergence is based on 列表框中选择 Thermal → Heat flow HEAT，在 VALUE Reference value of lab 文本框中输入 "1"，其余选项采用系统默认设置，单击 "OK" 按钮，关闭该对话框，单击 "Close" 按钮，关闭 Nonlinear Convergence Criteria 对话框。

06 单击 ANSYS Main Menu → Solution → Load Step Opts → Time/Frequenc → Time - Time Substps 命令，打开 Time and Time Step Options 对话框，如图 8-136 所

示。在 [DELTIM] Time step size 文本框中输入"1e-005"，在 [KBC] Stepped or ramped b.c.选项组中单击 Stepped 单选按钮，在 [DELTIM] Minimum time step size 文本框中输入"1e-006"，在 Maximum time step size 文本框中输入"0.01"，Use previous step size? 中选为"Yes"，其余选项采用系统默认设置，单击"OK"按钮，关闭该对话框。

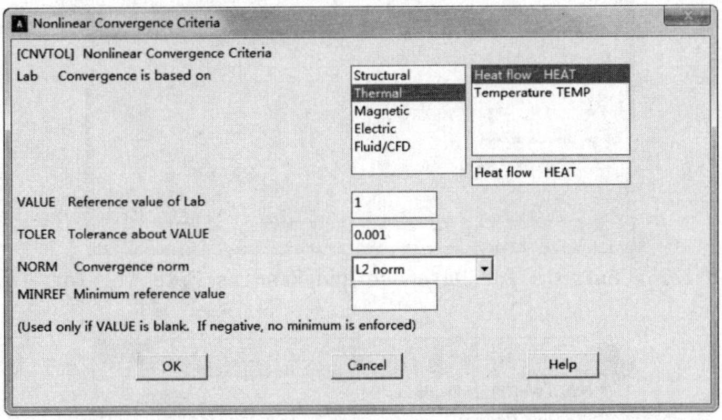

图 8-135 Nonlinear Convergence Criteria 对话框

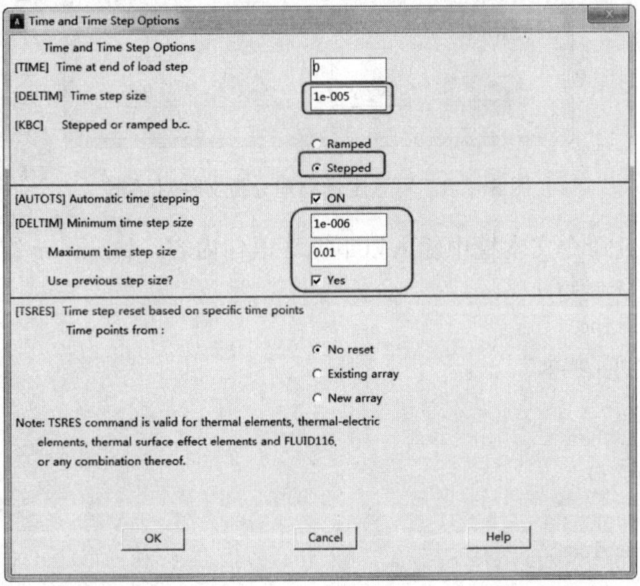

图 8-136 Time and Time Step Options 对话框

07 单击 ANSYS Main Menu → Solution → Load Step Opts → Output Ctrls → DB/Results File 命令，打开 Controls for Database and Results File Writing 对话框，如图 8-137 所示。在 Item Item to be controlled 下拉列表框中选择"Basic quantities"，在 FREQ File write frequency 选项组中单击 Every substep 单选按钮，其余选项采用系统默认设置，单击"OK"按钮，关闭该对话框。

08 温度场物理分析文件。选择 Main Menu → Preprocessor → Physics → Environment → Write，弹出如图 8-138 所示的对话框。在 Title Physics file title 中输入 thermal，单击"OK"按钮，关闭该对话框。

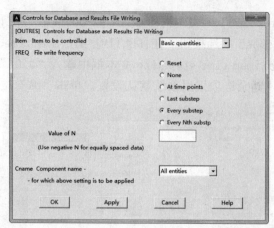

图 8-137 Controls for Database and Results File Writing 对话框

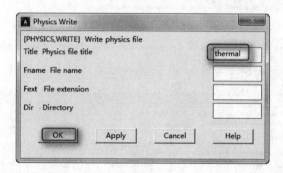

图 8-138 写温度场物理分析文件对话框

09 在 ANSYS 命令文本框中输入以下循环语句内容，按 Enter 键完成输入。

```
*do, i, 1, ftime/tinc
time=time+tinc
physics, read, emag
/solu
*if, i, eq, 1, then
tunif, 100
*else
ldread, temp, last, , , , , rth
*endif
solve
finish
physics, read, thermal
/assign, esav, therm, esav
/assign, emat, therm, emat
/solu
parsav, scalar, parameter, sav
*if, i, gt, 1, then
antype, trans, rest
*endif
```

```
parres, new, parameter, sav
time, time
esel, s, mat, , 2
ldread, hgen, , , , , 2, , rmg
esel, all
solve
finish
/assign, esav
/assign, emat
*enddo
```

10 循环求解结束后，最后弹出 Note 对话框，单击"Close"按钮，关闭该对话框。

11 单击菜单栏中 File → Save as Jobname.db 命令。

8.3.4　后处理

01 选择 Main Menu → TimeHist Postpro，在弹出的 Time History Variables - induc.rth 对话框中单击图标👍，弹出如图 8-139 所示的 Add Time - History Variable 对话框，选择 Nodal Solution → DOF Solution → Nodal Temperature，单击"OK"按钮。弹出如图 8-140 所示的对话框，选择 Min、Max、Inc，在文本框中输入"1"后按 Enter 键确认，单击"OK"按钮；再重复以上操作，选择 2 号节点，完成以上操作后的对话框如图 8-141 所示。

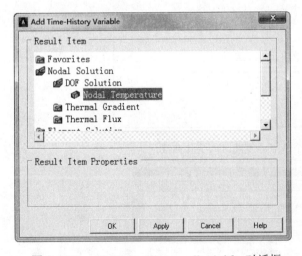

图 8-139　Add Time - History Variable 对话框

图 8-140　Node for Data 选择对话框

02 按住 Ctrl 键，在图 8-141 所示的 Time History Variables - induc.rth 对话框中选择 TEMP_2 和 TEMP_3，单击图标📊，显示两个节点温度随时间变化曲线，如图 8-142 所示。

03 单击 Time History Variables - induc.rth 对话框中的图标📋，显示两个节点温度随时间变化列表，如图 8-143 所示。

04 退出 ANSYS。单击 ANSYS Toolbar 中的"QUIT",选择"Quit No Save!"后单击"OK"按钮。

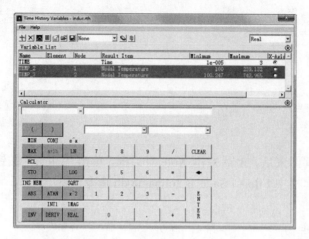

图 8-141 Time History Variables - induc.rth 对话框

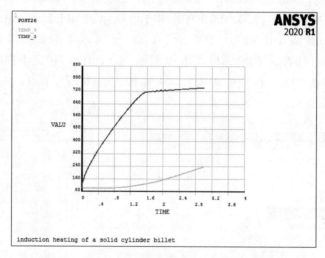

图 8-142 两个节点温度随时间变化曲线

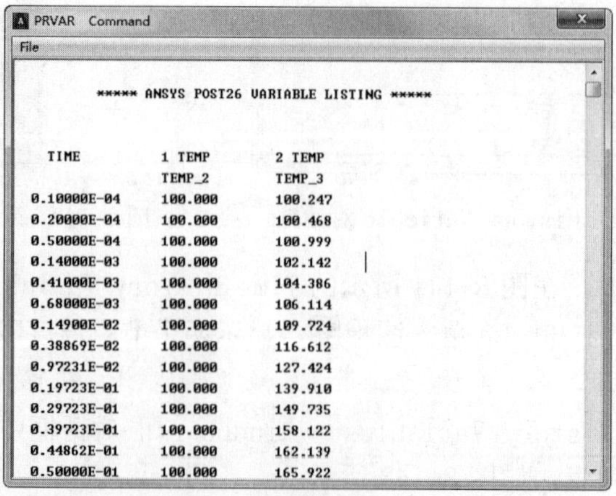

TIME	1 TEMP	2 TEMP
	TEMP_2	TEMP_3
0.10000E-04	100.000	100.247
0.20000E-04	100.000	100.468
0.50000E-04	100.000	100.999
0.14000E-03	100.000	102.142
0.41000E-03	100.000	104.386
0.68000E-03	100.000	106.114
0.14900E-02	100.000	109.724
0.38869E-02	100.000	116.612
0.97231E-02	100.000	127.424
0.19723E-01	100.000	139.910
0.29723E-01	100.000	149.735
0.39723E-01	100.000	158.122
0.44862E-01	100.000	162.139
0.50000E-01	100.000	165.922

***** ANSYS POST26 VARIABLE LISTING *****

图 8-143 两个节点温度随时间变化列表

8.3.5 命令流

略，命令流详见随书电子资料包。

第 **9** 章

耦合物理电路分析

电磁-电路分析描述了对电路和分布式电磁有限元模型进行耦合，以模拟馈电电磁设备。

电子机械-电路分析描述了对电路、电子机械转换器和结构集总单元进行耦合，以模拟由静电-结构耦合驱动的微型电子机械设备（MEMS）。

压电-电路分析描述了对电路和分布式压电有限元模型进行耦合，以模拟馈电压电设备。

- 电磁-电路分析
- 电子机械-电路分析
- 压电-电路分析

通常使用电路模拟对耦合物理场进行分析。"集总"电阻器、电源、电容器和感应器等元件都是电设备,等效电感和电阻是磁设备,弹簧、质量和节气阀为机械设备。ANSYS提供了一套工具对电路进行耦合模拟。Circuit Builder 可以很方便地创建电、磁、压电和机械设备的电路单元。

用集总单元可以完全执行耦合物理电路分析。然而在许多情况下,由于物理元件的分布本质、非线性等,一个简单的"降阶"单元是不够的。ANSYS Circuit 允许用户在合适的地方,用完全有限元解的区域中一个"分布式"有限元模型将两个集总单元连接在一起。集总单元和分布单元之间公共的自由度组将集总的和分布式的模型连接起来。

- 电磁-电路分析描述了对电路和分布式电磁有限元模型进行耦合,以模拟馈电电磁设备。
- 电子机械-电路分析描述了对电路、电子机械转换器和结构集总单元进行耦合,以模拟由静电-结构耦合驱动的微型电子机械设备(MEMS)。
- 压电-电路分析描述了对电路和分布式压电有限元模型进行耦合,以模拟馈电压电设备。

9.1 电磁-电路分析

ANSYS Multiphysics 和 ANSYS Emag 软件包支持这种分析,使用此分析可以将电磁场分析与电路耦合起来。电路可以直接与有限元区域中的电流源区域耦合起来。这种耦合可以是二维的,也可以是三维的,包括绞线型线圈、块导体和实心源导体。绞线型线圈的典型应用是螺线管致动器、变压器和电机定子的馈电分析。块导体的典型应用是导电条和笼型转子。

进行耦合电磁-电流分析时,要使用通用电路单元(CIRCU124)和下列单元类型中其中的一种。

- PLANE233 2-D 8 节点电磁实体单元。
- SOLID236 3-D 20 节点电磁实体单元。
- SOLID237 3-D 10 节点电磁实体单元。

分析既可以是稳态的、谐波的(AC),也可以是瞬态的,步骤基本一样。在具有各向同性线性材料特性的导体中,电路耦合也是线性的,可使用矩阵耦合方法。电磁区域存在非线性现象,说明材料饱和。

对于绞线型线圈和块导体,CIRCU124 单元中具有三种电路元件将电流和有限元(电磁)区域连接起来。

- 绞线型线圈 KEYOPT(1)=5。
- 2-D 块导体 KEYOPT(1)=6。
- 3-D 块导体 KEYOPT(1)=7。

对于实心源导体,CIRCU124 电路单元和电路源可以直接和有限元区域连接起来。

使用 ANSYS Circuit Builder 可以很方便地创建电路单元。

电路和电磁区域通过一个共用节点(或一组共用节点)连接起来。也就是说,用电磁区域中的源导体上的节点来定义与之相连的电路元件单元。例如，CIRCU124绞线型线圈单元上的 K 节点和表示源导体区域的 PLANE233 单元上的一个节点拥有共同的节点编号。

源导体单元的自由度一定要和与之相连的电路元件的自由度相匹配。

源导体单元需要设定实常数，这些实常数描述源导体的几何性质以及绞线型线圈的线圈信息。

9.1.1 3-D 电路耦合块导体

这种选项用来耦合 3-D 有限元分析中的电路和块导体。通常用外部电路来给设备中的块导体（如导电条和定子导体）施加电压或电流载荷。用块导体单元中的两个节点作为 CIRCU124 块导体单元的节点 K 和 L 来实现耦合，如图 9-1 所示。

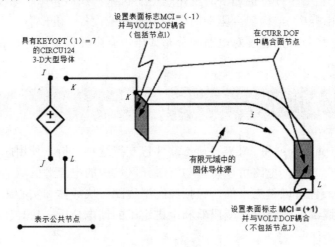

图 9-1 3-D 电路耦合块导体

电路和电磁区域的自由度 CURR（电流）和 VOLT（电压）耦合在一起。CURR 表示块导体中的电流；VOLT 表示导体中的电势；CURR 自由度是唯一未知的，所以只需在块导体区域的"前面"和"后面"激活 CURR 自由度，再用 SF 命令（ANSYS Main Menu → Preprocessor → Define Loads → Apply → Flag）给这两个面加上 MCI（magnetic circuit interface）标记。设置节点 K 面的 MCI 标记为-1，设置节点 L 面的 MCI 标记为+1，以此来表示电流的正确方向（由节点 K 到节点 L）。这和电路单元中电路由节点 I 流向节点 J 的习惯类似。导体内不需要 CURR 自由度，VOLT 自由度表示块导体中的电势。具体操作过程如下：

1）创建 3-D 块导体电路单元 CIRCU124（KEYOPT(1)=7）。

2）把有限元模型块导体区域一个面上的任何一个节点定义为 CIRCU124 块导体单元的 K 节点。

3）把有限元模型块导体区域另一个面上的任何一个节点定义为 CIRCU124 块导体单元的节点 L。

4）选择节点 K 所在面上的节点，用 SF 命令设定 MCI 标记的值为-1。

5）选择节点 L 所在面上的节点，用 SF 命令设定 MCI 标记的值为+1。

6）把 CIRCU124 块导体单元上的节点 I 和块导体单元上 K 的 VOLT 自由度耦合起来。

7）耦合块导体单元 L 面上节点的自由度（注意：这种耦合假定导体面为直边，而且电流垂直于该面流动）。

8）耦合块导体单元两个面上所有节点的 CURR 自由度。

如果有限元模型的一个面需要约束 VOLT 自由度（即施加对称边界条件），必须给电路节点（节点 K 和节点 L）施加约束，而不能直接给有限元面节点施加约束。直接给有限元面节点施加约束可能会导致不正确的电路解。

9.1.2　3-D 电路耦合源导体

这种选项用来耦合典型配置中的电路和源导体，如图 9-2 所示。源导体表示导体壁面内带有直流电流分布的导体，有限元区域的导体表示电路的一个等效电阻。当和一个外部电路相连时，所得的解会决定导体直流电流分布，而电流分布会作为电磁场的一个源激励。

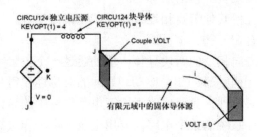

图 9-2　3-D 电路耦合源导体

电路耦合源导体可用于稳态、谐波及瞬态分析，然而导体内部的解本身受限于没有涡流效应或反电动势效应的直流电流分布。下列单元提供了导体源选项：

- PLANE233，KEYOPT(1) = 1（稳态）
- SOLID236，KEYOPT(1) = 1（稳态）
- SOLID237，KEYOPT(1) = 1（稳态）
- PLANE233，KEYOPT(1) = 1 或 KEYOPT(5) = 1（谐响应和瞬态）
- SOLID236，KEYOPT(1) = 1 或 KEYOPT(5) = 1（谐响应和瞬态）
- SOLID237，KEYOPT(1) = 1 或 KEYOPT(5) = 1（谐响应和瞬态）

SOLID236、SOLID237 的螺线管变量使用一个标量电动势（VOLT），这与以下 CIRCU124 电路单元兼容。

1）元件：电阻器，KEYOPT(1)=0；感应器，KEYOPT(1)=1；电容器，KEYOPT(1)=2；互感器，KEYOPT(1)=8。

2）源：独立电流源，KEYOPT(1)=3；独立电压源，KEYOPT(1)=4；电压控制的电路源，KEYOPT(1)=9；电压控制的电压源，KEYOPT(1)=10；电流控制的电压源，KEYOPT(1)=11；电流控制的电流源，KEYOPT(1)=12。

也可以使用带有二极管单元（CIRCU125）的螺线管变量。由于单元是兼容的，CIRCU 单元通过 VOLT 自由度可以直接连接到 SOLID 单元。

📖 9.1.3　充分利用对称性

通常可以利用设备的对称性更方便地建立有限元模型。电磁-电路耦合分析可以考虑以下两种对称性：

1）导体对称性。由于磁场的对称行为，导体对称性只需为一部分导体建模。例如，可为一个 C 形磁体建立半对称模型，通过为有限元导体区域定义实常数（3-D 中有实常数 CARE 和 VOLU），程序可据此自动地进行对称性处理。在 2-D 平面问题中还可以定义设备的长度（实常数 LENG）。

2）电路对称性。在耦合电磁-电路分析中，必须为设备的整个电路建立模型，但是可以利用有限元区域的对称性。例如，只需为旋转电机的一个磁极建模来进行有限元求解，但是必须为整个电路建立模型，该电路与整个电路的槽部绕组有关系。

使用适当的电路元件选项[KEYOPT(1)=5，6 或 7 的 CIRCU124 单元]处理电路的有限元模型中没有建模的线圈或块导体的对称部分。电路元件的节点 K 应该是独立节点（不和有限元网格或电路中任何其他节点相连），通过 EMF 自由度和直接耦合到有限元区域中的电路元件节点 K 的耦合在一起。

图 9-3 所示为电流方向相反的两块导体，端处通过一个电阻（R）和一个电感（L）相连（模拟终端效应），由电压源（V_0）驱动。导体的对称性使得只需为导体的上面一半建模，同时由于 y 轴的对称性，只要电路考虑了电路网格中的导体，就无须为导体的左面一半建模。这个双导体系统的整个电路需要用电压、电子和块导体源元件来模拟。

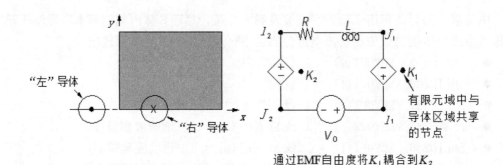

通过EMF自由度将K_1耦合到K_2

图 9-3　"去"和"回"导体组成的电路

为了清晰起见，块导体元件的节点 I、J 和 K 要加强显示。右侧的块导体元件通过节点 K_1 直接连接到有限元区域中的"右"导体上，左侧的块导体元件在有限元区域中则没有对应的建模导体区，但是把节点 K_1 和节点 K_2 通过 EMF 自由度耦合起来，就可以模拟没有建模的"左"导体的效应（它和"右"导体的 EMF 降阶相同）。

对 2-D 和 3-D 绞线型线圈元件和 2-D 块导体元件来说，对称建模要遵循同样的原则，即如上所述，耦合节点 K 之间的 EMF 自由度。对 3-D 块导体来说，过程有所不同，未建模电路元件的独立节点 K 和 L 应与块电路元件（节点 K 和 L）的 VOLT 自由度耦合起来，即连接到有限元区域。

9.2 电子机械-电路分析

通常使用"降阶"模型分析微电子机械设备（MEMS），降阶模型代表对更大、更复杂系统的集总参数等价。例如，可以把静电梳状驱动器简化成一个或多个电子机械转换器单元（TRANS126），把蜂鸣器、过滤器或加速计中的机械结构简化成当量弹簧单元（COMBIN14、COMBIN39）、阻尼单元（COMBIN14、COMBIN39）和质量单元（MASS21）。通过将系统简化成集总单元，就可以全有限元分析的一小部分运算作为代价，进行瞬态动力分析或时谐分析。

ANSYS Circuit Builder 支持以下机械集总单元、电子机械转换器单元及电路单元。

1）电路单元：CIRCU124，通用电路单元；CIRCU125，普通或齐纳二极管单元。

2）机械集总单元：COMBIN14，弹簧-阻尼单元；COMBIN39，非线性弹簧单元；MASS21，结构质量单元。

3）转换器单元：TRANS126，电子机械转换器单元。

在建立降阶电子机械模型时可以使用以上所有单元类型。CIRCU124 单元中的电选项允许建立电路，以供给用转换器单元 TRAN126 模拟的电子机械驱动结构。转换器单元存储电能，并将电能转换成机械能。

与转换器单元相连的机械单元接受机械能并作出相应的响应，也可以模拟相反的过程，在这种情况下，机械单元上施加的机械载荷作用在转换器单元上，将机械能转换成一个电信号，电信号在电路中传播获得一个有效信号响应。

Circuit Builder 中的弹簧和阻尼是单独的离散单元。当单元 COMBIN14 和 COMBIE39 同时建立一个弹簧和阻尼单元时，为方便和简单起见，Circuit Builder 允许对构造的每一个电路单元只创建一个弹簧或阻尼单元。弹簧、阻尼和质量的图标出现在单元定义过程中。输入实常数以后，最后的图标也会出现。如果单元为非线性，则"bar"出现在图标上方。

使用 Circuit Builder 可以很容易地定义转换器单元（TRANS126）和机械单元（COMBIE14、COMBIE39、MASS21）的节点、单元和实常数。对这些单元，可以使用标准程序定义载荷和边界条件。

进行电子机械电路分析时的注意要点如下。

1）必须沿活动的结构自由度的轴排列 TRANS126 单元，一般是沿整体笛卡儿坐标系的三个坐标轴中的一个轴排列。如果单元的节点旋转到一个局部坐标系（NROTAT 命令），则可沿局部坐标系的轴排列。TRNAS126 单元中节点 I 和 J 之间的分离距离是非实质的，但是节点 I 和 J 的位置对轴很重要。激活 Circuit Builder 中的工作平面栅格有助于确保单元是适当地排列的。可选择如下方式之一进行操作：

● ANSYS Main Menu → Preprocessor → Modeling → Create → Circuit → Center WP。

● Working Plan → WP Settings。

然后在 WP 设置对话框中打开工作平面栅格。

2）沿激活结构自由度的轴排列机械弹簧单元及阻尼单元（COMBIE14、COMBIE39）节点间的分离距离是非实质的，但是单元不能承受由一个离轴载荷引起的任何力矩。当节点 *I* 和节点 *J* 不一致时，这些单元通常会发出一个警告，但是 Circuit Builder 用其中的一个未公开的 KEYOPT 选项[KEYOPT(2)=1]设置阻止这个警告。

3）当进行一个问题或瞬态分析时，可以加强收敛标准，以获得 TRANS126 单元的正确位移方向可使用 CNVTOL，F，1，1e-12 命令进行操作。

注意：可以直接把降阶电子机械模型和一个结构有限元模型连接起来。当结构元件不便于简化为一个简单的弹簧/质量/阻尼形式时，这样的连接是有利的。可通过共同节点和它们激活的自由度（或分开的节点和节点耦合）来完成连接。

9.3 压电-电路分析

ANSYS Multiphysics 软件包支持这种分析，该分析作用如下：
- 确定压电设备电路中的电压和电流分布。
- 确定馈电压电设备中的结构场和电场分布。

需要使用压电电路单元（CIRCU94）和以下压电单元之一进行耦合压电-电路分析。
- PLANE13，KEYOPT(1)=7，耦合场四边形实体单元。
- SOLID5，KEYOPT(1)=0 或 3，耦合场六面体单元。
- SOLID98，KEYOPT(1)=0 或 3，耦合场四面体单元。
- PLANE223，KEYOPT(1)=1001，耦合场 8 节点四边形单元。
- SOLID226，KEYOPT(1)=1001，耦合场 20 节点六面体单元。
- SOLID227，KEYOPT(1)=1001，耦合场 10 节点四面体单元。

可以直接把电路和 2-D 或 3-D 压电有限元模型连接起来。典型应用为反馈电路压电传感器和致动器、用于振动控制的主动和被动的压电阻尼，以及通信系统中的晶体振荡器和滤波电路。

使用 CIRCU94 单元对电阻器、感应器、电容器、独立电流源、独立电压源等元件建模。用 KEYOPT(1)定义元件类型，如图 9-4 所示。用实常数设定电阻、感应系数和电容的值。

对于独立电流源和电压源，用 KEYOPT(2)设定励磁的类型。可以设定恒定载荷（瞬态的）或恒定振幅载荷（谐波的）、正选曲线、脉冲、指数或分段线性载荷。用实常数设定载荷函数。除了源载荷之外，地面节点处仅有的另一个"载荷"为 VOLT=0（D 命令），没有推荐其他节点载荷。

KEYOPT(1)=0、1、2 和 3，使用两个节点 *I* 和 *J* 定义电阻器、感应器、电容器和电流源元件。要定义一个电压源，需要设定一个第三个"被动的"节点（*K*），如 KEYOPT(1)=4，如图 9-4 所示。

程序在内部使用这个节点，该节点不必和电路或压电有限元模型相连。对于所有电路元件，正电流从节点 *I* 流向节点 J。

为了与 CIRCU94 单元兼容，所有压电单元都必须有一个负电荷反作用解。KEYOPT(6)

对 CIRCU94 设置电荷符号。以下压电单元有一个负电荷反作用解：

- PLANE13，KEYOPT(1)=7，耦合场四边形单元。
- SOLID5，KEYOPT(1)=0 或 3，耦合场六面体单元。
- SOLID98，KEYOPT(1)=0 或 3，耦合场四面体单元。

当定义了压电矩阵时（TB,PIEZ），下列压电单元有一个负电荷反作用解。

- PLANE223，KEYOPT(1)=1001，耦合场 8 节点四边形单元。
- SOLID226，KEYOPT(1)=1001，耦合场 20 节点六面体单元。
- SOLID227，KEYOPT(1)=1001，耦合场四面体单元。

通过对每个电元件定义节点、单元、单元类型及实常数来创建一个电路，但使用 ANSYS Circuit Builder 交互式地创建电路模型更方便，单击 ANSYS Main Menu → Preprocessor → Modeling → Create → Circuit → Builder → Piezoelectric 命令，使用压电电路元件。

建立电路时应该避免配置的不一致，同时在模型中也不能把 CIRCU94 单元和其他电路单元（CIRCU124 和 CIRCU125）混合在一起使用，它们的有限元变量不兼容。

使用一组共同节点（如图 9-5 所示）或耦合分离的节点可以直接把电路和压电有限元模型连接起来。电路相对分布式压电区域的位置是任意的，并不影响分析结果。

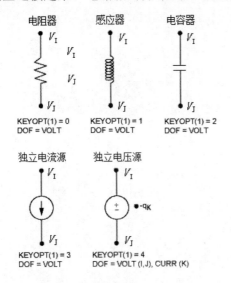

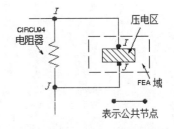

图 9-4　CIRCU94 元件　　　　　　　图 9-5　电路连接

压电-电路分析既可以是全瞬态的，也可以是谐波的。可按标准步骤定义分析选项和施加载荷，可以激活几何非线性特性来解决压电区域的大变形。

可以采用以下任意一种方法给电路施加载荷：

- 使用 D 命令和 VOLT 标记设定节点处的电压。
- 使用 F 命令（AMPS 或 CHRG 标记）设定节点处的负电荷。
- 模型中包含一个 CIRCU94 独立电流源。
- 模型中包含一个 CIRCU94 独立电压源。

CIRCU94 可与 AMPS 和 CHRG 标记一起使用，该标记取决于模型中的压电单元。尽管反作用解是负电荷,PLANE13、SOLID5 即 SOLID98 还是使用 AMPS 标记(F 命令)。PLANE223、SOLID226 及 SOLID227 使用 CHRG 标记。如果带有 AMPS 和 CHRG 标记的单元都出现在模型中，则会把标记设为定义的最后一个。例如，如果先定义 SOLID5 再定义 SOLID226，程序就会转换到 CHRG 标记。不管使用了哪一个标记，模型中的单元都是基于电荷之上的。

对于独立电流源和电压源选项，可使用 KEYOPT(2)设定励磁类型，使用对应的实常数设定载荷函数。对于瞬态分析，也可以使用实常数设定感应器中的初始电流或电容器中的初始电压。

CIRCU94 单元的输出数据见表 9-1。

表 9-1　压电电路单元输出数据

数据类型	解输出
原始数据	每个元件的节点电压（VOLT） 电压源选项的"被动"节点处的负电荷（CURR）
导出数据（对每个元件）	单元电压降（VOLTAGE） 单元电流（CURRENT） 单元功率（POWER） 单元施加的载荷（SOURCE）

第 **10** 章

耦合物理电路模拟实例分析

本章介绍了两个多场求解-MFS 单编码的耦合实例的分析，分别为机电-电路耦合分析实例和压电-电路耦合分析实例。

◎ 机电-电路耦合分析实例
◎ 压电-电路耦合分析实例

10.1 机电-电路耦合分析实例

此例分析的是由静电传感器和机械谐振器组成的微机械系统,如图 10-1 所示。图中的弹簧 K1、质量 M1 和阻尼器 D1 代表机械谐振器,EMT1 代表静电传感器。静电传感器的脉冲激励电压如图 10-2 所示。此例需要输入的参数:平板面积为 $1\times10^{8}\,\mu\,m^{2}$;初始间隙为 150μm;相对介电常数为 1;质量为 1×10^{-4}kg;弹簧刚度系数为 200μN/μm;阻尼系数为 40×10^{-3}μNs/μm。计算机械谐振器的时间瞬时位移。

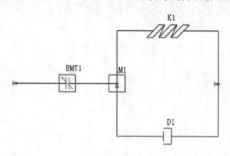

图 10-1 静电传感器和机械谐振器模型

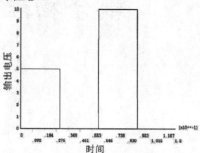

图 10-2 脉冲激励电压

📖10.1.1 前处理

1. 定义工作文件名和工作标题

01 单击菜单栏中 File → Change Jobname 命令,打开 Change Jobname 对话框,在对话框的文本框中输入工作文件名"transducer-resonator",使 NEW log and error files 保持"Yes"状态,单击"OK"按钮,关闭该对话框。

02 单击菜单栏中的 File → Change Title 命令,打开 Change Title 对话框,在对话框中输入工作标题"Transient response of an electrostatic transducer-resonator",单击"OK"按钮,关闭该对话框。

2. 定义单元类型

01 单击 ANSYS Main Menu → Preprocessor → Element Type → Add/Edit/Delete 命令,打开 Element Types 对话框,如图 10-3 所示。

02 单击"Add"按钮,打开 Library of Element Types 对话框,如图 10-4 所示。在 Library of Element Types 列表框中选择 Coupled Field → Transducer 126,在 Element type reference number 文本框中输入"1",单击"OK"按钮,关闭 Library of Element Types 对话框。

03 单击"Add"按钮,打开 Library of Element Types 对话框。在 Library of Element Types 列表框中选择 Structual Mass → 3D mass 21,在 Element type reference number 文本框中输入"2",单击"OK"按钮,关闭 Library of Element Types

对话框。

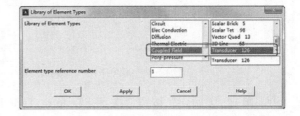

图 10-3 Element Types 对话框　　　　图 10-4 Library of Element Types 对话框

04 在 Defined Element Types 列表框中选择"Type 2　MASS21",单击"Options"按钮,打开 MASS21 element type options 对话框,如图 10-5 所示。在 Rotary intertia options　K3 下拉列表框中选择"2-D w/o rot iner",其余选项采用系统默认设置,单击"OK"按钮,关闭该对话框。

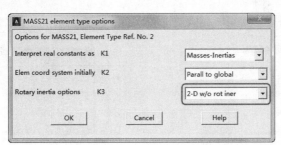

图 10-5 MASS21 element type options 对话框

05 单击"Add"按钮,打开 Library of Element Types 对话框,在 Library of Element Types 列表框中选择 Combination → Spring-damper 14,在 Element type reference number 文本框中输入"3",单击"OK"按钮,关闭 Library of Element Types 对话框。

06 在 Defined Element Types 列表框中选择"Type 3　COMBIN14",单击"Options"按钮,打开 COMBIN14 element type options 对话框,如图 10-6 所示。在 DOF select for 1D behavior　K2 下拉列表框中选择"Longitude UX DOF",其余选项采用系统默认设置,单击"OK"按钮,关闭该对话框。

07 单击"Add"按钮,打开 Library of Element Types 对话框。在 Library of Element Types 列表框中选择 Combination → Spring-damper　14,在 Element type reference number 文本框中输入"4",单击"OK"按钮,关闭 Library of Element Types 对话框。

08 在 Defined Element Types 列表框中选择"Type 4　COMBIN14",单击

"Options"按钮，打开COMBIN14 element type options 对话框，如图 10-6 所示。在 DOF select for 1D behavior K2 下拉列表框中选择"Longitude UX DOF"，其余选项采用系统默认设置，单击"OK"按钮，关闭该对话框。

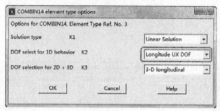

图 10-6 COMBIN14 element type options 对话框

09 单击"Close"按钮，关闭 Element Types 对话框。

3. 定义实常数并建立模型

01 单击 ANSYS Main Menu → Preprocessor → Real Constants → Add/Edit/Delete 命令，打开 Real Constants 对话框，如图 10-7 所示。

02 单击"Add"按钮，打开 Element Type for Real Constants 对话框，如图 10-8 所示。在 Choose element type 列表框中选择"Type 1 TRANS126"。

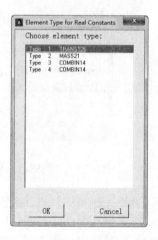

图 10-7 Real Constants 对话框　　图 10-8 Element Type for Real Constants 对话框

03 单击"OK"按钮，打开 Real Constant Set Number 1, for EMT 126 对话框，如图 10-9 所示。在 Initial gap GAP 文本框中输入"150"，其余选项用系统默认设置。

04 单击"OK"按钮，打开 Real Constant Set Number 1, for EMT 126 对话框，如图 10-10 所示。在 Eqn constant C0 C0 文本框中输入"8.854e2"，其余选项采用系统默认设置，单击"OK"按钮，关闭该对话框，单击"Close"按钮，关闭 Real Constants 对话框。

05 单击 ANSYS Main Menu → Preprocessor → Modeling → Create → Nodes → In Active CS 命令，打开 Create Nodes in Active Coordinate System 对话框，如图 10-11 所示。在 NODE Node number 文本框中输入"1"，在 X, Y, Z Location in active

CS 文本框中输入"0，0"。

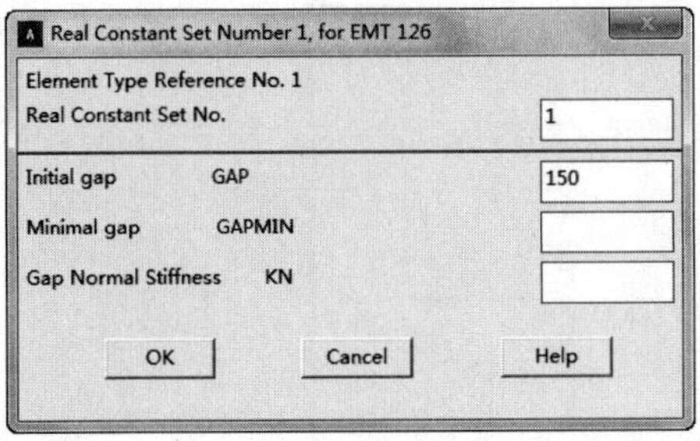

图 10-9　Real Constant Set Number 1, for EMT
126 对话框 1

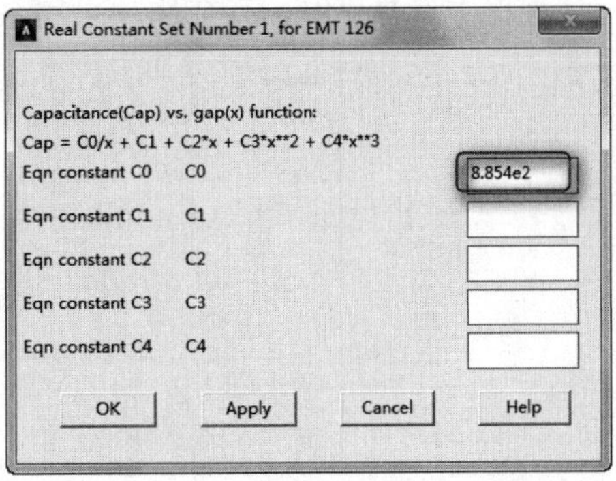

图 10-10　Real Constant Set Number 1, for EMT
126 对话框 2

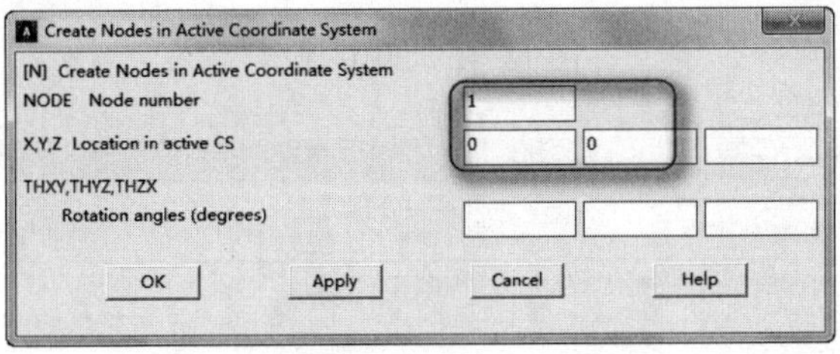

图 10-11　Create Nodes in Active Coordinate System 对话框

06 单击"Apply"按钮会再次打开 Create Nodes in Active Coordinate System 对话框，如图 10-11 所示。在 NODE　Node number 文本框中输入"2"，在 X, Y, Z　Location in active CS 文本框中依次输入"0.1，0"，单击"OK"按钮，关闭该对话框。

07 单击 ANSYS Main Menu → Preprocessor → Modeling → Create → Elements → Auto Numbered → Thru Nodes 命令，打开 Elements from Nodes 对话框。在文本框中输入"1，2"，单击"OK"按钮，关闭该对话框。

08 单击菜单栏中的 PlotCtrls → Style → Colors → Reverse Video 命令，ANSYS 窗口将变成白色。单击菜单栏中的 Plot → Elements 命令，ANSYS 窗口会显示 EMTO 模型，如图 10-12 所示。

09 单击 ANSYS Main Menu → Preprocessor → Real Constants → Add/Edit/ Delete 命令，打开 Real Constants 对话框。

10 单击"Add"按钮，打开 Element Type for Real Constants 对话框，在 Choose element type 列表框中选择"Type 2 MASS21"。

11 单击"OK"按钮，打开 Real Constant Set Number 2, for MASS21 对话框，如图 10-13 所示。在 2-D mass MASS 文本框中输入"1e-4"，其余选项采用系统默认设置，单击"OK"按钮，关闭该对话框，单击"Close"按钮，关闭 Real Constants 对话框。

12 单击 ANSYS Main Menu → Preprocessor → Modeling → Create → Elements → Elem Attributes 命令，打开 Element Attributes 对话框，如图 10-14 所示。在[TYPE]

Element type number 下拉列表框中选择"2 MASS21"，在[REAL] Real constant set number 下拉列表框中选择 "2"，其余选项采用系统默认设置，单击"OK"按钮，关闭该对话框。

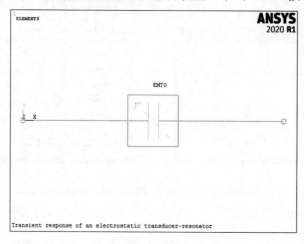

图 10-12　EMTO 模型

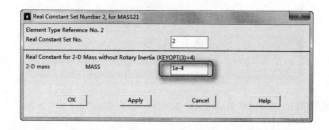

图 10-13　Real Constant Set Number 2，for MASS21 对话框

13 单击 ANSYS Main Menu → Preprocessor → Modeling → Create → Elements → Auto Numbered → Thru Nodes 命令，打开 Elements from Nodes 对话框。在文本框中输入 "2"，单击"OK"按钮，关闭该对话框。

14 单 击 ANSYS Main Menu → Preprocessor → Real Constants → Add/Edit/Delete 命令，打开 Real Constants 对话框。

15 单击"Add"按钮，打开 Element Type for Real Constants 对话框。在 Choose element type 列表框中选择"Type 3 COMBIN14"。

16 单击"OK"按钮，打开 Real Constant Set Number 5，for COMBIN14 对话框，如图 10-15 所示。在 Spring constant　K 文本框中输入 "200"，其余选项采用系统默认设置，单击"OK"按钮，关闭该对话框，单击"Close"按钮，关闭 Real Constants 对话框。

17 单击 ANSYS Main Menu → Preprocessor → Modeling → Create → Nodes → In Active CS 命令，打开 Create Nodes in Active Coordinate System 对话框，如图 10-11 所示。在 NODE　Node number 文本框中输入 "3"，在 X, Y, Z　Location in active CS 文本框中依次输入 "0.2，0"，单击"OK"按钮，关闭该对话框。

18 单击 ANSYS Main Menu → Preprocessor → Modeling → Create → Elements

→ Elem Attributes 命令，打开 Element Attributes 对话框。在[TYPE] Element type number 下拉列表框中选择"3 COMBIN14"，在[REAL] Real constant set number 下拉列表框中选择"3"，其余选项采用系统默认设置，单击"OK"按钮，关闭该对话框。

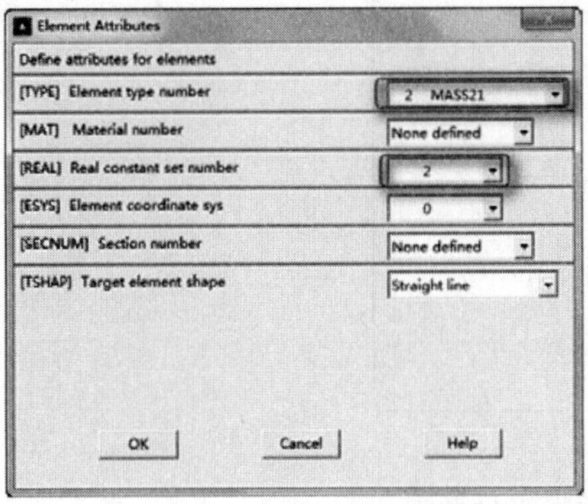

图 10-14 Element Attributes 对话框 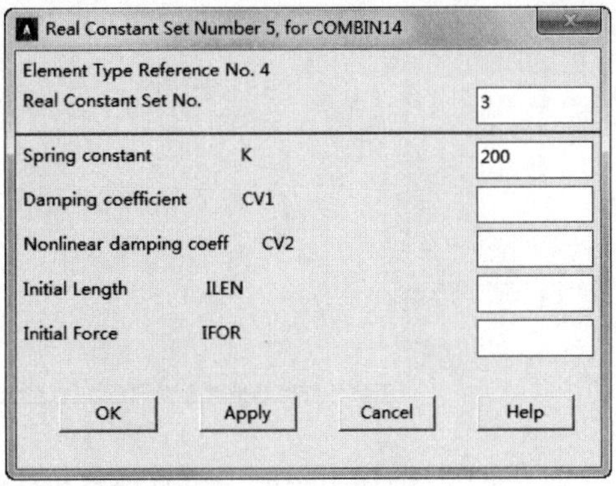   图 10-15 Real Constant Set Number 5，for COMBIN14 对话框

19 单击 ANSYS Main Menu → Preprocessor → Modeling → Create → Elements → Auto Numbered → Thru Nodes 命令，打开 Elements from Nodes 对话框，在文本框中输入"2，3"，单击"OK"按钮，关闭该对话框。

20 单击 ANSYS Main Menu → Preprocessor → Real Constants → Add/Edit/Delete 命令，打开 Real Constants 对话框。

21 单击"Add"按钮，打开 Element Type for Real Constants 对话框，在 Choose element type 列表框中选择"Type 4 COMBIN14"。

22 单击"OK"按钮，打开 Real Constant Set Number 4，for COMBIN14 对话框。在 Damping coefficient CV1 文本框中输入"40e-3"，其余选项采用系统默认设置，单击"OK"按钮，关闭该对话框，单击"Close"按钮，关闭 Real Constants 对话框。

23 单击 ANSYS Main Menu → Preprocessor → Modeling → Create → Elements → Elem Attributes 命令，打开 Element Attributes 对话框。在[TYPE] Element type number 下拉列表框中选择"4 COMBIN14"，在[REAL] Real constant set number 下拉列表框中选择"4"，其余选项采用系统默认设置，单击"OK"按钮，关闭该对话框。

24 单击 ANSYS Main Menu → Preprocessor → Modeling → Create → Elements → Auto Numbered → Thru Nodes 命令，打开 Elements from Nodes 对话框，在文本框中输入"2,3"，单击"OK"按钮，关闭该对话框。

25 单击菜单栏中的 Plot → Elements 命令，ANSYS 窗口会显示静电传感器和机械谐振器模型，如图 10-16 所示。

4. 设置边界条件

01 单击菜单栏中的 Select → Entities 命令，打开 Select Entities 对话框，如图 10-17 所示。在第一个下拉列表框中选择"Nodes"，在第二个下拉列表框中选择"By Num/Pick"，单击 From Full 单选按钮，单击"OK"按钮，打开 Select nodes 选择对话框，如图 10-18 所示。在文本框中输入"1,3"，单击"OK"按钮，关闭该对话框。

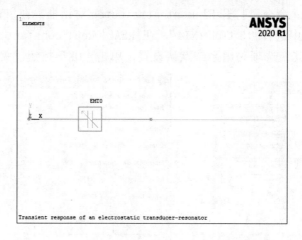

图 10-16　静电传感器和机械谐振器模型示意图

图 10-17　Select Entities 对话框

图 10-18　Select nodes 对话框

02 单击 ANSYS Main Menu → Preprocessor → Loads → Define Loads → Apply → Structural → Displacement → On Nodes 命令，打开 Apply U，ROT on Nodes 对话框，如图 10-19 所示。在 Lab2　DOFs to be constrained 列表框中选择"UX"，在 VALUE Displacement value 文本框中输入"0"，单击"OK"按钮，关闭该对话框。

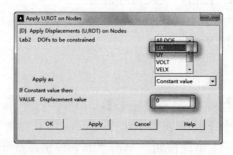

图 10-19　Apply U，ROT on Nodes 对话框

03 单击菜单栏中的 Select → Everything 命令。

04 单击 ANSYS Main Menu → Preprocessor → Loads → Define Loads → Apply → Structural → Displacement → On Nodes 命令，打开 Apply U, Rot on Nodes 选择对话框。在文本框中输入 "1"，单击 "OK" 按钮，打开 Apply U, Rot on Nodes 选择对话框。在 Lab2 DOFs to be constrained 列表框中选择 "VOLT"，在 VALUE Displacement value 文本框中输入 "0"，单击 "OK" 按钮，关闭该对话框。

05 单击 ANSYS Main Menu → Preprocessor → Loads → Define Loads → Apply → Structural → Displacement → On Nodes 命令，打开 Apply U, Rot on Nodes 选择对话框。在文本框中输入 "2"，单击 "OK" 按钮，打开 Apply U, Rot on Nodes 对话框。在 Lab2 DOFs to be constrained 列表框中选择 "UY"，在 VALUE Displacement value 文本框中输入 "0"，单击 "OK" 按钮，关闭该对话框。

📖10.1.2 求解

01 单击 ANSYS Main Menu → Solution → Analysis Type → New Analysis 命令，打开 New Analysis 对话框，如图 10-20 所示。在[ANTYE] Type of analysis 选项组中单击 Transient 单选按钮，单击 "OK" 按钮，打开 Transient Analysis 对话框，采用系统默认设置，单击 "OK" 按钮，关闭该对话框。

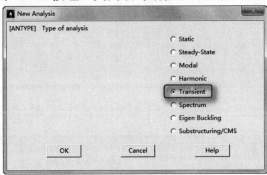

图 10-20 New Analysis 对话框

02 单击 ANSYS Main Menu → Solution → Load Step Opts → Time/Frequenc → Time- Time Step 命令，打开 Time and Time Step Options 对话框，如图 10-21 所示。在[TIME] Time at end of load step 文本框中输入 "0.03"，在[DELTIM] Time step size 文本框中输入 "0.0005"，在[KBC] Stepped or ramped 选项组中单击 Stepped 单选按钮，使[AUTOTS] Automatic time stepping 保持 "ON" 状态，在[DELTIM] Minimum time step size 文本框中输入 "0.0001"，在 Maximum time step size 文本框中输入 "0.01"，其余选项采用系统默认设置，单击 "OK" 按钮，关闭该对话框。

03 单击 ANSYS Main Menu → Solution → Define Loads → Apply → Structural → Displacement → On Nodes 命令，打开 Apply U, Rot on Nodes 选择对话框。在文本框中输入 "2"，单击 "OK" 按钮，打开 Apply U, Rot on Nodes 对话框。在 Lab2 DOFs to be constrained 列表框中选择 "VOLT"，在 VALUE Displacement value 文本框中输

ANSYS 2020多物理耦合场有限元分析从入门到精通

入"5"，单击"OK"按钮，关闭该对话框。

04 单击 ANSYS Main Menu → Solution → Load Step Opts → Output Ctrls → DB/Results File 命令，打开 Controls for Database and Results File Writing 对话框，如图 10-22 所示。在 Item Item to be controlled 下拉列表框中选择"All items"，在 FREQ File write frequency 选项组中单击 Every substep 单选按钮，其余选项采用系统默认设置，单击"OK"按钮，关闭该对话框。

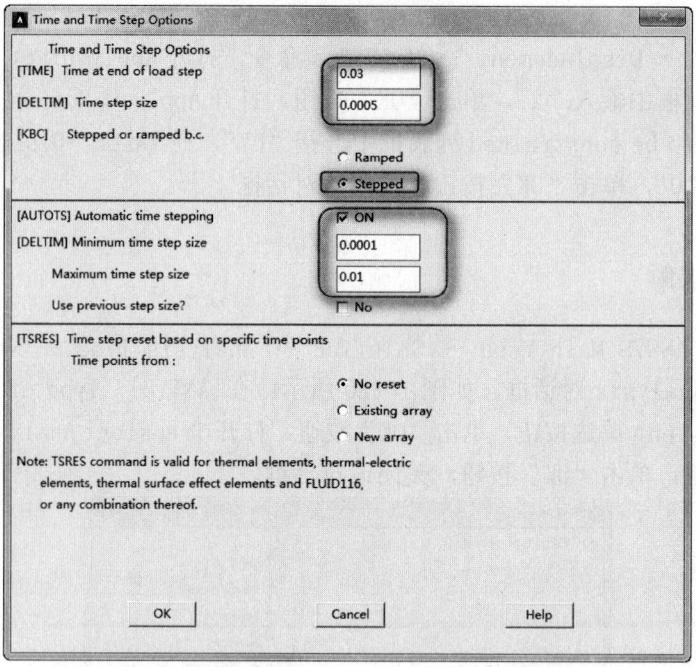

图 10-21 Time and Time Step Options 对话框

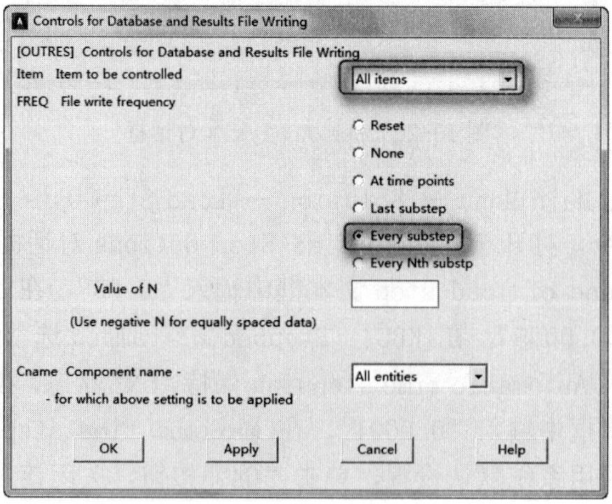

图 10-22 Controls for Database and Results File Writing 对话框

05 单击 ANSYS Main Menu → Solution → Load Step Opts → Nonlinear → Convergence Crit 命令，打开 Default Nonlinear Convergence Criteria 对话框，单

击"Replace"按钮，打开 Nonlinear Convergence Criteria 对话框，如图 10-23 所示。在 Lab Convergence is based on 列表框中选择 Structual → Force F，在 VALUE Reference value of lab 文本框中输入"1"，其余选项采用系统默认设置，单击"OK"按钮，关闭该对话框，单击"Close"按钮，关闭 Default Nonlinear Convergence Criteria 对话框。

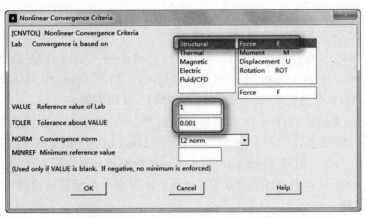

图 10-23 Nonlinear Convergence Criteria 对话框

06 单击 ANSYS Main Menu → Solution → Solve → Current LS 命令，打开 STATUS Command 和 Solve Current Load Step 对话框。关闭/STATUS Command 对话框，单击 Solve Current Load Step 对话框中的"OK"按钮，ANSYS 开始求解。

> **注意**：单击"OK"按钮之后打开 Verify 对话框，单击"Yes"按钮即可。

07 求解结束后，打开 Note 对话框，单击"Close"按钮，关闭该对话框。

08 单击 ANSYS Main Menu → Solution → Load Step Opts → Time/Frequenc → Time and Time Step 命令，打开 Time-Time Step Options 对话框，如图 10-21 所示。在[TIME] Time at end of load step 文本框中输入"0.06"，其余选项采用系统默认设置，单击"OK"按钮，关闭该对话框。

09 单击 ANSYS Main Menu → Solution → Define Loads → Apply → Structural → Displace ment → On Nodes 命令，打开 Apply U, Rot on Nodes 选择对话框。在文本框中输入"2"，单击"OK"按钮，打开 Apply U, Rot on Nodes 对话框。在 Lab2 DOFs to be constrained 列表框中选择"VOLT"，在 VALUE Displacement value 文本框中输入"0"，单击"OK"按钮，关闭该对话框。

10 单击 ANSYS Main Menu → Solution → Solve → Current LS 命令，打开 STATUS Command 和 Solve Current Load Step 对话框，关闭/STATUS Command 对话框，单击 Solve Current Load Step 对话框中的"OK"按钮，ANSYS 开始求解。

11 求解结束后，打开 Note 对话框，单击"Close"按钮，关闭该对话框。

12 单击 ANSYS Main Menu → Solution → Load Step Opts → Time/Frequenc → Time-Time Step 命令，打开 Time and Time Step Options 对话框。在[TIME] Time at end of load step 文本框中输入 "0.09"，其余选项采用系统默认设置，单击 "OK" 按钮，关闭该对话框。

13 单击 ANSYS Main Menu → Solution → Define Loads → Apply → Structural → Displace ment → On Nodes 命令，打开 Apply U, Rot on Nodes 选择对话框。在文本框中输入 "2"，单击 "OK" 按钮，打开 Apply U, Rot on Nodes 对话框。在 Lab2 DOFs to be constrained 列表框中选择 "VOLT"，在 VALUE Displacement value 文本框中输入 "10"，单击 "OK" 按钮，关闭该对话框。

14 单击 ANSYS Main Menu → Solution → Solve → Current LS 命令，打开 STATUS Command 和 Solve Current Load Step 对话框，关闭/STATUS Command 对话框，单击 Solve Current Load Step 对话框中的 "OK" 按钮，ANSYS 开始求解。

15 求解结束后，打开 Note 对话框，单击 "Close" 按钮，关闭该对话框。

16 单击 ANSYS Main Menu → Solution → Load Step Opts → Time/Frequenc → Time-Time Step 命令，打开 Time and Time Step Options 对话框。在[TIME] Time at end of load step 文本框中输入 "0.12"，其余选项采用系统默认设置，单击 "OK" 按钮，关闭该对话框。

17 单击 ANSYS Main Menu → Solution → Define Loads → Apply → Structural → Displacement → On Nodes 命令，打开 Apply U, Rot on Nodes 选择对话框。在文本框中输入 "2"，单击 "OK" 按钮，打开 Apply U, Rot on Nodes 对话框。在 Lab2 DOFs to be constrained 列表框中选择 "VOLT"，在 VALUE Displacement value 文本框中输入 "0"，单击 "OK" 按钮，关闭该对话框。

18 单击 ANSYS Main Menu → Solution → Solve → Current LS 命令，打开 STATUS Command 和 Solve Current Load Step 对话框，关闭/STATUS Command 对话框，单击 Solve Current Load Step 对话框中的 "OK" 按钮，ANSYS 开始求解。

19 求解结束后，打开 Note 对话框，单击 "Close" 按钮，关闭该对话框。

📖10.1.3 后处理

01 单击 ANSYS Main Menu → TimeHist Postpro → Define Variables 命令，打开 Defined Time-History Variables 对话框，单击 "Add" 按钮，打开 Add Time-History Variable 对话框，如图 10-24 所示。在 Type of variable 选项组中单击 Nodal DOF result 单选按钮。

02 单击 "OK" 按钮，打开 Define Nodal Data 选择对话框。在文本框中输入 "2"，单击 "OK" 按钮，打开 Define Nodal Data 对话框，如图 10-25 所示。在 Item, Comp Data item 列表框中选择 DOF solution → Translation UX，其余选项采用系统默认设置，单击 "OK" 按钮，关闭该对话框。

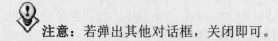

注意： 若弹出其他对话框，关闭即可。

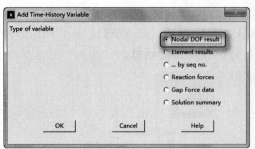
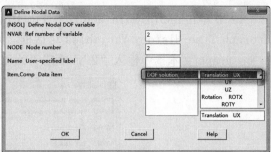

图 10-24　Add Time-History Variable 对话框　　　图 10-25　Define Nodal Data 对话框

03 单击菜单栏中的 PlotCtrls → Style → Graphs → Modify Axes 命令，打开 Axes Modifications for Graph Plots 对话框，如图 10-26 所示。在[/AXLAB] X-axis label 文本框中输入 "Time（sec）"，在 [/AXLAB] Y-axis label 文本框中输入 "Displacement(micro meters)"，在[/XRANGE] X-axis range 选项组中单击 Specified range 单选按钮，在 XMIN, XMAX Specified X range 文本框依次输入 "0，0.12"，在 [/YRANGE] Y-axis range 列表框中选择 "Specified range"，在 YMIN, YMAX Specified Y range 文本框依次输入 "-0.02，0.01"，其余选项采用系统默认设置，单击 "OK" 按钮，关闭该对话框。

图 10-26　Axes Modifications for Graph Plots 对话框

04 单击 ANSYS Main Menu → TimeHist Postpro → Graph Variables 命令，打开 Graph Time-History Variables 对话框，如图 10-27 所示。在 NVAR1 1st variable to be graph 文本框中输入"2"，单击"OK"按钮，关闭该对话框。

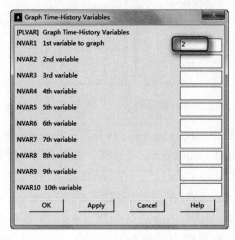

图 10-27 Graph Time-History Variables 对话框

05 ANSYS 窗口会显示节点 2 上的机械谐振位移曲线，如图 10-28 所示。

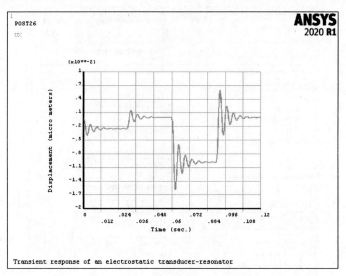

图 10-28 机械谐振位移曲线

10.1.4 命令流

```
!定义工作标题
/prep7
/title, Transient response of an electrostatic transducer-resonator

!定义单元类型、定义实常数并建立模型
```

```
et, 1, trans126              ! EM Transducer Element
r, 1, , 1, 150               ! gap=150 ?μN
rmore, 8.854e-6*1e8          ! C0 term (eps*area)
n, 1
n, 2, 0.1
e, 1, 2

et, 2, 21, , , 4             ! Mass element (UX, UY dof option)
r, 2, 1e-4                   ! Mass
rmod, 2, 7, , 1
type, 2
real, 2
e, 2

et, 3, 14, , 1              ! Spring
keyopt, 3, 7, 1            ! This is an undocumented keyopt used to suppress
                          ! a warning message about noncoincident nodes.
                          ! It does not alter the performance of the element.
                          ! It is not intended for general use.
r, 3, 200, , , .05, 1       ! k=200 ?μN/?μm, graphical offsets
n, 3, 0.2
type, 3
real, 3
e, 2, 3

et, 4, 14, , 1             ! Damper
keyopt, 4, 7, 1           ! This is an undocumented keyopt used to suppress
                         ! a warning message about noncoincident nodes.
                         ! It does not alter the performance of the element.
                         ! It is not intended for general use.
r, 4, , 40e-3, , -.05, 1    ! Damping coeff=40e-3 ?μMs/?μm, graphical offsets
type, 4
real, 4
e, 2, 3

nsel, s, node, , 1, 3, 2
d, all, ux, 0              ! Fix transducer and ground
nsel, all
d, 1, volt, 0             ! Fix voltage ground
d, 2, uy, 0              ! Fix UY motion for mass
finish

!求解
/solu
```

```
antyp, trans            ! Transient analysis - large signal
kbc, 1                  ! Step boundary conditions
d, 2, volt, 5           ! Apply 5 volts to transducer
time, .03               ! Time at end of first load step
deltim, .0005, .0001, .01 ! Set initial, minimum and maximum time incr.
autos, on               ! Use auto time-stepping
outres, all, all        ! Save all intermediate time point results
cnvtol, f               ! Convergence on force
solve                   ! Solve
time, .06               ! Repeat for addition load steps
d, 2, volt, 0
solve
time, .09
d, 2, volt, 10
solve
time, .12
d, 2, volt, 0
solve
finish

!时间历程后处理器
/post26
nsol, 2, 2, u, x        ! Retrieve displacement
/xrange, 0, .12
/yrange, -.02, .01
/axlab, x, Time (sec.)
/axlab, y, Displacement (micro meters)
plvar, 2                ! Plot displacement
finish
```

10.2 压电-电路耦合分析实例

此例分析的是电路和压电换能器的问题。CIRCU94 单元可以用来模拟电子元件，SOLID226 单元用来模拟压电换能器。这是一种对锆钛酸铅（PZT-4）压电换能器的分析，它并联一个电阻（R）和一个电流源激励（I）。压电电路模型如图 10-29 所示。首先要进行瞬态分析，以确定通过电阻的电流值；然后进行共振模式下的谐波分析，以确定通过电阻的电压值。

降阶模型的等效电路如下：

1. 瞬态分析

对于瞬态分析，可以将压电换能器近似为电容器，如图 10-30 所示。等效静态电容器 C_s 取决于压电区域的静态分析。电阻 R 和分析时间的关系为：$R = 1e-4/C_s$ 和 $t = 2R(C_s)$。

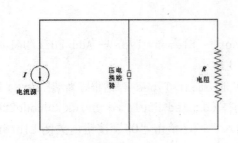

图 10-29　压电电路模型　　　　　图 10-30　瞬态分析等效电路模型

2．谐波分析

在第 i 阶共振模型谐波分析中，可以将压电换能器近似为电容器和电感器。可以通过压电区域的模态分析确定等效动态电容 C_i 和动态电感 L_i，方程为：

$$C_i = (Q_i)^2 / (\Omega_i)^2$$
$$L_i = 1 / ((\Omega_i)^2 (C_i))$$

式中　　Q_i——第 i 次压电共振的电极电荷；

　　　　Ω_i——第 i 个压电谐振的角频率。

第 i 阶共振模型谐波分析等效电路如图10-31所示。

为了更准确地描述压电换能器，将在降阶模型中增加更多的电容器和电感器。图10-32 所示的电路模型中有 9 个电容和电感。等效静态电容和电阻的方程为：

$$C_0 = C_s - \sum_1^9 C_i$$
$$R = 0.9 / (\Omega_3)(C_0)$$

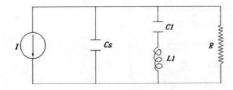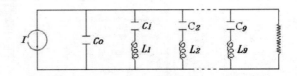

图 10-31　第 i 阶共振模型谐波分析等效电路　　图 10-32　第 3 阶共振模型附近谐波分析等效电路

📖10.2.1　静态和模态分析

1．定义工作文件名和工作标题

01 单击菜单栏中的 File → Change Jobname 命令，打开 Change Jobname 对话框。在文本框中输入工作文件名"piezoelectric_circuit"，使 NEW log and error files 保持"Yes"状态，单击"OK"按钮，关闭该对话框。

02 单击菜单栏中的 File → Change Title 命令，打开 Change Title 对话框。在对话框中输入工作标题"Transient and harmonic analyses of a piezoelectric circuit"，单击"OK"按钮，关闭该对话框。

2．定义单元类型

01 单击 ANSYS Main Menu → Preprocessor → Element Type → Add/Edit/Delete 命令，打开 Element Types 对话框，如图 10-33 所示。

02 单击"Add"按钮，打开 Library of Element Types 对话框，如图 10-34 所示。在 Library of Element Types 列表框中选择 Coupled Field → Brick 20node226，在 Element type reference number 文本框中输入"1"，单击"OK"按钮，关闭 Library of Element Types 对话框。

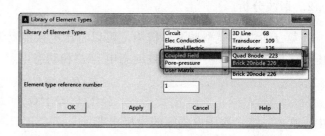

图 10-33　Element Types 对话框　　　图 10-34　Library of Element Types 对话框

03 单击 Element Types 对话框中的"Options"按钮，打开 SOLID226 element type options 对话框，如图 10-35 所示。在 Analysis Type　K1 下拉列表框中选择"Electroe lastic/Piezoelectric"，其余选项采用系统默认设置，单击"OK"按钮，关闭该对话框。

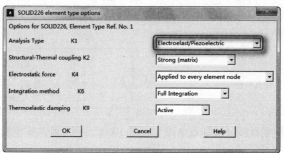

图 10-35　SOLID226 element type options 对话框

04 单击"Close"按钮，关闭 Element Types 对话框。

3．定义材料性能参数

01 单击 ANSYS Main Menu → Preprocessor → Material Props → Material Models 命令，打开 Define Material Model Behaviar 对话框。

02 在 Material Models Available 列表框中选择 Structual → Density，打开 Density for Material Number 1 对话框，如图 10-36 所示。在 DENS 文本框中输入"7700"，单击"OK"按钮，关闭该对话框。

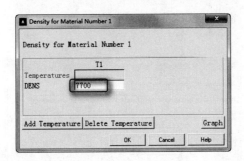

图 10-36　Density for Material Number1 对话框

03 在 Material Models Available 列表框中选择 Structual → Linear → Elastic → Anisotropic，打开 Anisotropic Elasticity for Material Number 1 对话框，如图 10-37 所示。在 T1 文本框中依次输入 "1.39e11，7.74e10，7.78e10，0，0，0，1.15e11，7.73e10，0，0，0，1.39e11，0，0，0，2.56e10，0，0，2.56e10，0，3.06e10"，单击 "OK" 按钮，关闭该对话框。

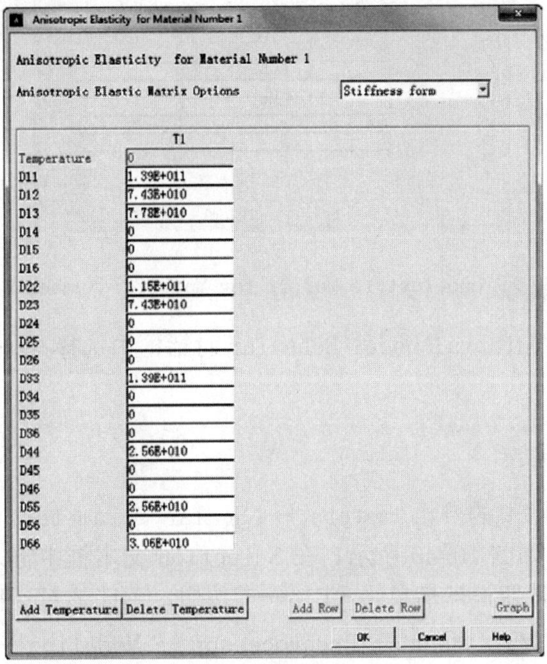

图 10-37　Anisotropic Elasticity for Material Number 1 对话框

04 在 Material Models Available 列表框中选择 Electromagnetics → Relative Permittivity → Anisotropic，打开 Anisotropic Permittivity for Material Number 1 对话框，如图 10-38 所示。在 Matrix 文本框中依次输入 "729，635，729，0，0，0"，单击 "OK" 按钮，关闭该对话框。

05 在 Material Models Available 列表框中选择 Piezoelectrics → Piezoelectric matrix，打开 Piezoelectric Matrix for Material Number 1 对话框，如图 10-39 所示。在 X 列文本框依次输入 "0，0，0，12.7，0，0"，在 Y 列文本框依次输入 "-5.2，

15.1，-5.2，0，0，0"，在 Z 列文本框中依次输入"0，0，0，0，12.7，0"，单击"OK"
按钮，关闭该对话框。

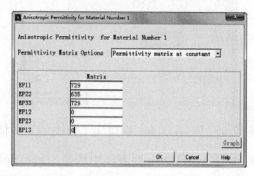

图 10-38　Anisotropic Permittivity for Material Number 1 对话框

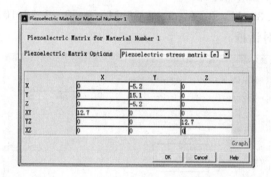

图 10-39　Piezoelectric Matrix for Material Number 1 对话框

06 在 Define Material Model Behaviar 对话框中选择 Material → Exit，关闭
该对话框。

4．建立几何模型

01 单击菜单栏中的 Parameters → Scalar Parameters 命令，打开 Scalar
Parameters 对话框，如图 10-40 所示。在 Selection 文本框中输入"H=1e-3"，输入完
之后单击"Accept"按钮，然后单击"Close"按钮，关闭该对话框。

02 单击 ANSYS Main Menu → Preprocessor → Modeling → Create → Volumes
→ Block → By Dimensions 命令，打开 Create Block by Dimensions 对话框，如图 10-41
所示。在 X1,X2　X-coordinates 文本框依次输入"0，H"，在 Y1,Y2　Y-coordinates
文本框依次输入"0，H"，在 Z1,Z2　Z-coordinates 文本框中输入"0，H"，单击"OK"
按钮，关闭该对话框。

03 单击菜单栏中的 PlotCtrls → Style → Colors → Reverse Video 命令，
ANSYS 窗口将变成白色，生成的几何模型如图 10-42 所示。

注意：此模型为正方体，读者可调整角度观察。

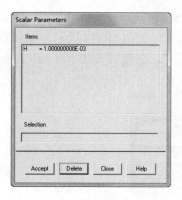

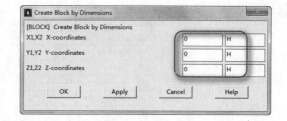

图 10-40　Scalar Parameters 对话框　　图 10-41　Create Block by Dimensions 对话框

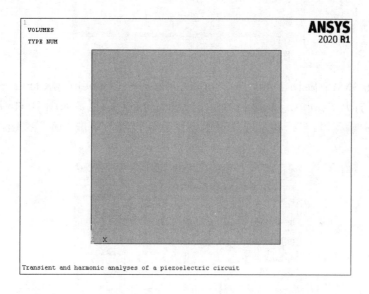

图 10-42　生成的几何模型

5. 划分网格

01 单击 ANSYS Main Menu → Preprocessor → Meshing → Size Cntrls → ManualSize → Global → Size 命令，打开 Global Element Sizes 对话框，如图 10-43 所示。在 NDIV No. of element divisions 文本框中输入"2"，其余选项采用系统默认设置，单击"OK"按钮，关闭该对话框。

图 10-43　Global Element Sizes 对话框

02 单击 ANSYS Main Menu → Preprocessor → Meshing → Mesh Attributes → Default Attribs 命令，打开 Meshing Attributes 对话框，如图 10-44 所示。在[TYPE] Element type number 下拉列表框中选择"1　SOLID226"，在[MAT]　Material number 下拉列表框中选择"1"，单击"OK"按钮，关闭该对话框。

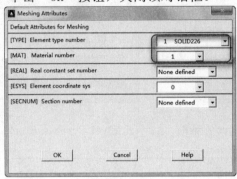

图 10-44　Meshing Attributes 对话框

03 单击 ANSYS Main Menu → Preprocessor → Numbering Ctrls → Set Start Number 命令，打开 Starting Number Specifications 对话框，如图 10-45 所示。在 For nodes 文本框中输入"14"，其余选项采用系统默认设置，单击"OK"按钮，关闭该对话框。

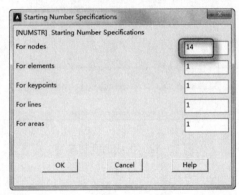

图 10-45　Starting Number Specifications 对话框

04 单击 ANSYS Main Menu → Preprocessor → Meshing → Mesh → Volumes → Mapped → 4 to 6 sided 命令，打开 Mesh Volumes 选择对话框。单击"Pick All"按钮，关闭该对话框。

05 ANSYS 窗口会显示生成的网格模型，如图 10-46 所示。

06 单击菜单栏中的 Parameters → Get Scalar Data 命令，打开 Get Scalar Data 对话框，如图 10-47 所示。在 Type of data to be retrieved 列表框中选择 Model data → Elements。

07 单击"OK"按钮，打开 Get Element Data 对话框，如图 10-48 所示。在 Name of parameter to be defined 文本框中输入"Epz"，在 Element data to be retrieved 文本框中输入"count"，单击"OK"按钮，关闭该对话框。

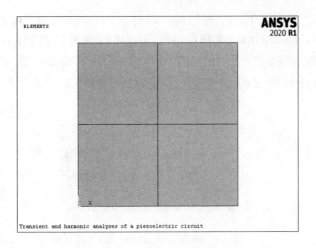

图 10-46　生成的网格模型

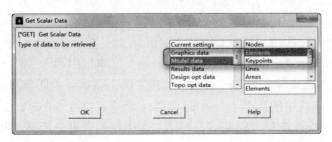

图 10-47　Get Scalar Data 对话框

6. 设置边界条件和载荷

01 单击菜单栏中的 Select → Entities 命令，打开 Select Entities 对话框，如图 10-49 所示。在第一个下拉列表框中选择"Nodes"，在第二个下拉列表框中选择"By Location"，单击 Z coordinates 单选按钮，在 Min, Max 文本框中输入"0"，单击 From Full 单选按钮，单击"OK"按钮，关闭该对话框。

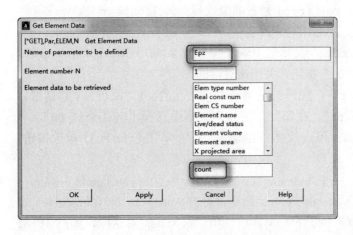

图 10-48　Get Element Data 对话框　　　　图 10-49　Select Entities 对话框

02 单击 ANSYS Main Menu → Preprocessor → Coupling / Ceqn → Couple DOFs 命令，打开 Define Coupled DOFs 选择对话框。单击"Pick All"按钮，打开 Define Coupled DOFs 对话框，如图 10-50 所示。在 NSET Set reference number 文本框中输入"1"，在 Lab Defree-of-freedom label 下拉列表框中选择"VOLT"，单击"OK"按钮，关闭该对话框。

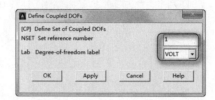

图 10-50 Define Coupled DOFs 对话框

03 单击菜单栏中的 Parameters → Get Scalar Data 命令，打开 Get Scalar Data 对话框。在 Type of data to be retrieved 列表框中选择 Model data → Nodes。

04 单击"OK"按钮，打开 Get Nodal Data 对话框。在 Name of parameter to be defined 文本框中输入"n_bot"，在 Node number N 文本框中输入"0"，在 Nodal data to be retrieved 文本框中输入"num,min"，单击"OK"按钮，关闭该对话框。

05 单击菜单栏中的 Select → Entities 命令，打开 Select Entities 对话框。在第一个下拉列表框中选择"Nodes"，在第二个下拉列表框中选择"By Location"，单击 Z coordinates 单选按钮，在 Min,Max 文本框中输入"H"，单击 From Full 单选按钮，单击"OK"按钮，关闭该对话框。

06 单击 ANSYS Main Menu → Preprocessor → Coupling / Ceqn → Couple DOFs 命令，打开 Define Coupled DOFs 对话框，单击"Pick All"按钮，打开 Define Coupled DOFs 对话框，如图 10-50 所示。在 NSET Set reference number 文本框中输入"2"，在 Lab Defree-of-freedom label 下拉列表框中选择"VOLT"，单击"OK"按钮，关闭该对话框。

07 单击菜单栏中的 Parameters → Get Scalar Data 命令，打开 Get Scalar Data 对话框，在 Type of data to be retrieved 列表框中选择 Model data → Nodes。

08 单击"OK"按钮，打开 Get Nodal Data 对话框。在 Name of parameter to be defined 文本框中输入"n_top"，在 Node number N 文本框中输入"0"，在 Nodal data to be retrieved 文本框中输入"num,min"，单击"OK"按钮，关闭该对话框。

09 单击菜单栏中的 Select → Entities 命令，打开 Select Entities 对话框。在第一个下拉列表框中选择"Nodes"，在第二个下拉列表框中选择"By Location"，单击 Z coordinates 单选按钮，在 Min,Max 文本框中输入"0"，单击 From Full 单选按钮，单击"OK"按钮，关闭该对话框。

10 单击 ANSYS Main Menu → Preprocessor → Loads → Define Loads → Apply → Structural → Displacement → On Nodes 命令，打开 Apply U,ROT on Nodes 选择对话框。单击"Pick All"按钮，打开 Apply U,ROT on Nodes 对话框，如图 10-51 所示。

在 Lab2 DOFs to be constrained 列表框中选择 "UZ"，在 VALUE Displacement value 文本框中输入 "0"，单击 "OK" 按钮，关闭该对话框。

11 单击菜单栏中的 Select → Entities 命令，打开 Select Entities 对话框。在第一个下拉列表框中选择 "Nodes"，在第二个下拉列表框中选择 "By Location"，单击 Y coordinates 单选按钮，在 Min,Max 文本框中输入 "0"，单击 Reselect 单选按钮，单击 "OK" 按钮，关闭该对话框。

12 单击 ANSYS Main Menu → Preprocessor → Loads → Define Loads → Apply → Structural → Displacement → On Nodes 命令，打开 Apply U, ROT on Nodes 选择对话框。单击 "Pick All" 按钮，打开 Apply U, ROT on Nodes 对话框，如图 10-51 所示。在 Lab2 DOFs to be constrained 列表框中选择 "UY"，在 VALUE Displacement value 文本框中输入 "0"，单击 "OK" 按钮，关闭该对话框。

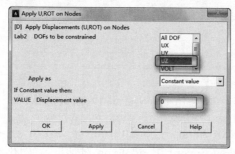

图 10-51 Apply U, ROT on Nodes 对话框

13 单击菜单栏中的 Select → Entities 命令，打开 Select Entities 对话框。在第一个下拉列表框中选择 "Nodes"，在第二个下拉列表框中选择 "By Location"，单击 X coordinates 单选按钮，在 Min,Max 文本框中输入 "0"，单击 Reselect 单选按钮，单击 "OK" 按钮，关闭该对话框。

14 单击 ANSYS Main Menu → Preprocessor → Loads → Define Loads → Apply → Structural → Displacement → On Nodes 命令，打开 Apply U,ROT on Nodes 选择对话框。单击 "Pick All" 按钮，打开 Apply U,ROT on Nodes 对话框。在 Lab2 DOFs to be constrained 列表框中选择 "UX"，在 VALUE Displacement value 文本框中输入 "0"，单击 "OK" 按钮，关闭该对话框。

15 单击菜单栏中的 Select → Everything 命令。

16 单击 ANSYS Main Menu → Preprocessor → Loads → Define Loads → Apply → Structural → Displacement → On Nodes 命令，打开 Apply U, ROT on Nodes 对话框，在文本框中输入 "n_bot"，单击 "OK" 按钮，打开 Apply U, ROT on Nodes 对话框。在 Lab2 DOFs to be constrained 列表框中选择 "VOLT"，在 VALUE Displacement value 文本框中输入 "0"，单击 "OK" 按钮，关闭该对话框。

17 单击 ANSYS Main Menu → Preprocessor → Loads → Define Loads → Apply → Structural → Displacement → On Nodes 命令，打开 Apply U, ROT on Nodes 选择对话框。在文本框中输入 "n_top"，单击 "OK" 按钮，打开 Apply U, ROT on Nodes 对话框。在 Lab2 DOFs to be constrained 列表框中选择 "VOLT"，在 VALUE

Displacement value 文本框中输入"1"，单击"OK"按钮，关闭该对话框。

7. 求解静态电容

01 单击 ANSYS Main Menu → Solution → Analysis Type → New Analysis 命令，打开 New Analysis 对话框，如图 10-52 所示。在[ANTYPE] Type of analysis 选项组中单击 Static 单选按钮，单击"OK"按钮，关闭该对话框。

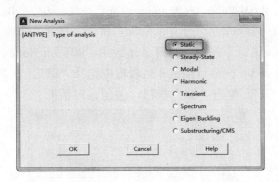

图 10-52 New Analysis 对话框

02 单击 ANSYS Main Menu → Solution → Solve → Current LS 命令，打开 /STATUS Command 和 Solve Current Load Step 对话框，关闭/STATUS Command 对话框，单击 Solve Current Load Step 对话框中的"OK"按钮，ANSYS 开始求解。

03 求解结束后，打开 Note 对话框，单击"Close"按钮，关闭该对话框。

04 单击菜单栏中的 Parameters → Get Scalar Data 命令，打开 Get Scalar Data 对话框。在 Type of data to be retrieved 列表框中选择 Results data → Nodal results。

05 单击"OK"按钮，打开 Get Nodal Results Data 对话框。在 Name of parameter to be defined 文本框中输入"Cs"，在 Node number N 文本框中输入"n_top"，在 Nodal data to be retrieved 文本框中输入"rf,chrg"，单击"OK"按钮，关闭该对话框。

06 单击菜单栏中的 Parameters → Scalar Parameters 命令，打开 Scalar Parameters 对话框，如图 10-40 所示。在 Select 文本框中输入"Cs=abs(Cs)"，输入完之后单击"Accept"按钮，然后单击"Close"按钮，关闭该对话框。

07 单击 ANSYS Main Menu → Finish 命令。

8. 求解等效动态参数

01 单击 ANSYS Main Menu → Solution → Analysis Type → New Analysis 命令，打开 New Analysis 对话框。在[ANTYPE] Type of analysis 下拉列表框中选择"Modal"，单击"OK"按钮，关闭该对话框。

02 单击菜单栏中的 Parameters → Scalar Parameters 命令，打开 Scalar Parameters 对话框。在 Selection 文本框中输入"nmodes=9"，输入完之后单击"Accept"按钮，然后单击"Close"按钮，关闭该对话框。

03 单击 ANSYS Main Menu → Solution → Analysis Type → Analysis Options

命令，打开Modal Analysis对话框，如图10-53所示。在[MODOPT] Mode extraction method 选项组中单击 Block Lanczos 单选按钮，在 No. of modes to extract 文本框中输入 "nmodes"，在 NMODE No. of modes to expand 文本框中输入 "nmodes"，使 Elcalc Calculate elem results? 保持 "Yes" 状态，其余选项采用系统默认设置，单击 "OK" 按钮，打开 Block Lanczos Method 对话框，单击 Cancel 按钮，关闭该对话框。

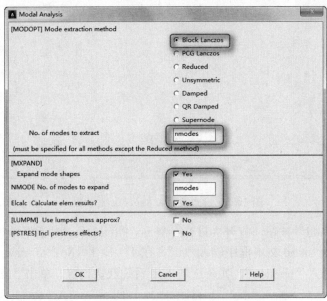

图 10-53 Modal Analysis 对话框

04 单击 ANSYS Main Menu → Solution → Define Loads → Apply → Electric → Boundary → Voltage → On Nodes 命令，打开 Apply VOLT on Nodes 选择对话框。在文本框中输入 "n_top"，单击 "OK" 按钮，打开 Apply VOLT on nodes 对话框，如图 10-54 所示。在 VALUE Load VOLT value 文本框中输入 "0"，单击 "OK" 按钮，关闭该对话框。

05 单击 ANSYS Main Menu → Solution → Solve → Current LS 命令，打开 /STATUS Command 和 Solve Current Load Step 对话框，关闭/STATUS Command 对话框，单击 Solve Current Load Step 对话框中的 "OK" 按钮，ANSYS 开始求解。

06 求解结束后，打开 Note 对话框。单击 "Close" 按钮，关闭该对话框。

07 单击 ANSYS Main Menu → Finish 命令。

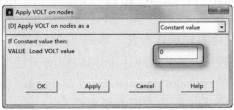

图 10-54 Apply VOLT on nodes 对话框

9. 结果后处理

01 单击菜单栏中的 Parameters → Array Parameters → Define/Edit 命令，打开 Array Parameters 对话框，如图 10-55 所示。

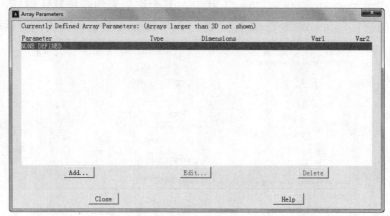

图 10-55 Array Parameters 对话框

02 单击"Add"按钮，打开 Add New Array Parameter 对话框，如图 10-56 所示。在 Par Parameter name 文本框中输入"C"，在 I，J，K No. of rows，cols，planes 第一个文本框中输入"nmodes"，其余选项采用系统默认设置，单击"OK"按钮，关闭该对话框。

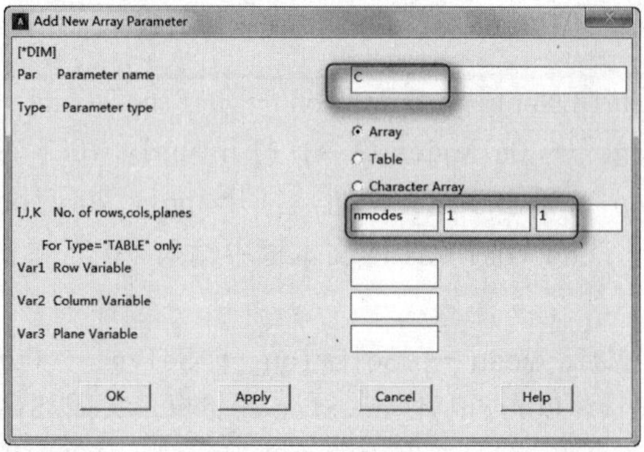

图 10-56 Add New Array Parameter 对话框

03 单击"Add"按钮，打开 Add New Array Parameters 对话框。在 Par Parameter name 文本框中输入"L"，在 I，J，K No. of rows，cols，planes 第一个文本框中输入"nmodes"，其余选项采用系统默认设置，单击"OK"按钮，关闭该对话框。

04 单击"Close"按钮，关闭 Array Parameters 对话框。

05 单击菜单栏中的 Parameters → Scalar Parameters 命令，打开 Scalar Parameters 对话框。在 Selection 文本框中依次输入：

PI2=2*3.14159；

Co=Cs。

注意：每次输入完之后单击"Accept"按钮，全部输入完成之后单击"Close"按钮，关闭该对话框。

06 单击 ANSYS Main Menu → General Postproc → Read Results → First Set 命令。

07 在 ANSYS 命令文本框中输入以下内容，按 Enter 键完成输入。

```
*do, i, 1, nmodes;
*get, Fi, mode, i, freq;
*get, Qi, node, n_top, rf, chrg ;
Omi=Pi2*Fi;
C(i)=(Qi/Omi)**2;
Co=Co-C(i);
L(i)=1/(Omi**2*C(i));
*if, i, eq, 3, then;
F3=Fi;
Om3=Omi;
*endif.
```

08 单击 ANSYS Main Menu → General Postproc → Read Results → Next Set 命令。

09 在 ANSYS 命令文本框中输入"*enddo"，按 Enter 键完成输入。

10 单击 ANSYS Main Menu → Finish 命令。

10.2.2 等效电路瞬态分析

1. 定义单元类型

01 单击 ANSYS Main Menu → Preprocessor → Element Type → Add/Edit/Delete 命令，打开 Element Types 对话框。

02 单击"Add"按钮，打开 Library of Element Types 对话框。在 Library of Element Types 列表框中选择 Circuit → Circuit 94,在 Element type reference number 文本框中输入"2"，单击"OK"按钮，关闭 Library of Element Types 对话框。

03 在 Defined Element Types 列表框中选择"Type 2 Circuit94"，单击"Options"按钮，打开 CIRCU94 element type options 对话框，如图 10-57 所示。在 Circuit Component Type K1 列表框中选择"Resistor"，其余选项采用系统默认设置，单击"OK"按钮，关闭该对话框。

04 单击"Add"按钮，打开 Library of Element Types 对话框。在 Library of Element Types 列表框中选择 Circuit → Circuit 94,在 Element type reference number 文本框中输入"3"，单击"OK"按钮，关闭 Library of Element Types 对话框。

05 在 Defined Element Types 列表框中选择"Type 3 Circuit94"，单击"Options"按钮，打开 CIRCU94 element type options 对话框。在 Circuit Component

Type K1 列表框中选择"Capacitor"，其余选项采用系统默认设置，单击"OK"按钮，关闭该对话框。

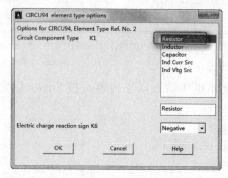

图 10-57 CIRCU94 element type options 对话框

06 单击"Add"按钮，打开 Library of Element Types 对话框。在 Library of Element Types 列表框中选择 Circuit → Circuit 94,在 Element type reference number 文本框中输入"4"，单击"OK" 按钮，关闭 Library of Element Types 对话框。

07 在 Defined Element Types 列表框中选择"Type 4 Circuit94"，单击"Options"按钮，打开 CIRCU94 element type options 对话框。在 Circuit Component Type K1 列表框中选择"Ind Curr Src"，其余选项采用系统默认设置，单击"OK"按钮，打开 CIRCU94 element type options 对话框，单击"Cancel"按钮，关闭该对话框。

08 单击"Close"按钮，关闭 Element Types 对话框。

2．设置实常数

01 单击菜单栏中的 Parameters → Scalar Parameters 命令，打开 Scalar Parameters 对话框。在 Selection 文本框中依次输入：

RC=1.0e-4；

Imax=1.0e-3。

注意：每次输入完之后单击"Accept"按钮，全部输入完成之后单击"Close"按钮，关闭该对话框。

02 单 击 ANSYS Main Menu → Preprocessor → Real Constants → Add/Edit/Delete命令，打开 Real Constants 对话框，如图 10-58 所示。

03 单击"Add"按钮，打开 Element Type for Real Constants 对话框，如图 10-59 所示。在 Choose element type 列表框中选择"Type 2 CIRCU94"。

04 单击"OK"按钮，打开 Real Constant Set Number 1 for - Resistor 对话框，如图 10-60 所示。在 Resistance RES 文本框中输入"RC/Cs"，单击"OK"按钮，关闭该对话框。

05 单击"Add"按钮，打开 Element Type for Real Constants 对话框。在 Choose element type 列表框中选择"Type 3 CIRCU94"。

图 10-58 Real Constants 对话框　　图 10-59 Element Type for Real Constants 对话框

06 单击 "OK" 按钮，打开 Real Constant Set Number 2 for - Resistor 对话框，如图 10-61 所示。在 Resistance　RES 文本框中输入 "Cs"，单击 "OK" 按钮，关闭该对话框。

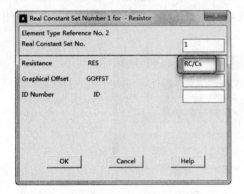
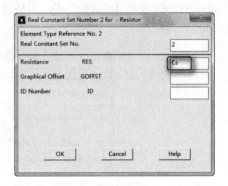

图 10-60 Real Constant Set Number 1　　图 10-61 Real Constant Set Number 2

for - Resistor 对话框　　　　　　　　　for - Resistor 对话框

07 单击 "Add" 按钮，打开 Element Type for Real Constants 对话框，在 Choose element type 列表框中选择 "Type 4 CIRCU94"。

08 单击 "OK" 按钮，打开 Real Constant Set Number 3 for - Resistor 对话框，如图 10-62 所示。在 Resistance　RES 文本框中输入 "Imax"，单击 "OK" 按钮，关闭该对话框。

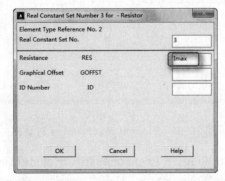

图 10-62 Real Constant Set Number 3 for - Resistor 对话框

09 单击"Close"按钮，关闭 Real Constants 对话框。

3. 创建节点单元

01 单击 ANSYS Main Menu → Preprocessor → Modeling → Create → Nodes → In Active CS 命令，打开 Create Nodes in Active Coordinate System 对话框，如图 10-63 所示。在 NODE Node number 文本框中输入"1"，在 X,Y,Z Location in active CS 前两个文本框依次输入"0，0"。

02 单击"Apply"按钮，再次打开 Create Nodes in Active Coordinate System 对话框。在 NODE Node number 文本框中输入"1"，在 X，Y，Z Location in active CS 前两个文本框依次输入"0，0"，单击"OK"按钮，关闭该对话框。

03 单击 ANSYS Main Menu → Preprocessor → Modeling → Create → Elements → Elem Attributes 命令，打开 Element Attributes 对话框，如图 10-64 所示。在[TYPE] Element type number 下拉列表框中选择"2 CIRCU94"，在[REAL] Real constant set number 下拉列表框中选择"1"，其余选项采用系统默认设置，单击"OK"按钮，关闭该对话框。

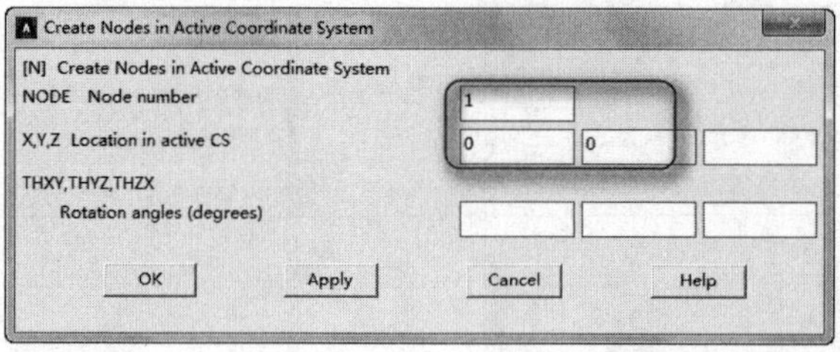

图 10-63 Create Nodes in Active Coordinate System 对话框

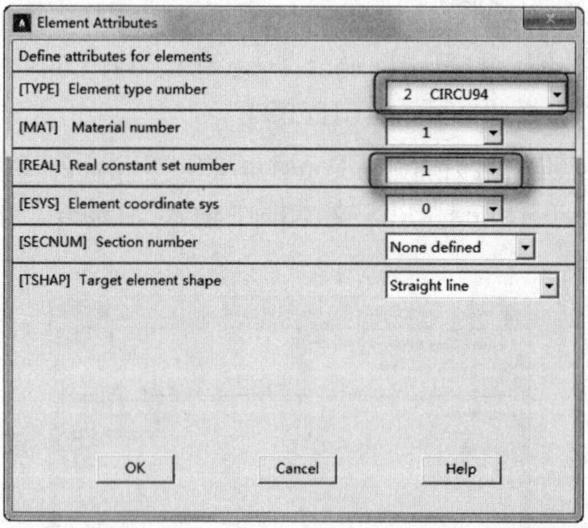

图 10-64 Element Attributes 对话框

04 单击 ANSYS Main Menu → Preprocessor → Modeling → Create → Elements → Auto Numbered → Thru Nodes 命令，打开 Elements from Nodes 对话框。在文本框中输入"2,1"，单击"OK"按钮，关闭该对话框。

05 单击 ANSYS Main Menu → Preprocessor → Modeling → Create → Elements → Auto Numbered → Thru Nodes 命令，打开 Elements from Nodes 对话框。在文本框中输入"n_top,n_bot"，单击"OK"按钮，关闭该对话框。

06 单击 ANSYS Main Menu → Preprocessor → Modeling → Create → Elements → Elem Attributes 命令，打开 Element Attributes 对话框。在[TYPE] Element type number 下拉列表框中选择"3 CIRCU94"，在[REAL] Real constant set number 下拉列表框中选择"2"，其余选项采用系统默认设置，单击"OK"按钮，关闭该对话框。

07 单击 ANSYS Main Menu → Preprocessor → Modeling → Create → Elements → Auto Numbered → Thru Nodes 命令，打开 Elements from Nodes 对话框。在文本框中输入"2,1"，单击"OK"按钮，关闭该对话框。

08 单击 ANSYS Main Menu → Preprocessor → Modeling → Create → Elements → Elem Attributes 命令，打开 Element Attributes 对话框。在[TYPE] Element type number 下拉列表框中选择"4 CIRCU94"，在[REAL] Real constant set number 下拉列表框中选择"3"，其余选项采用系统默认设置，单击"OK"按钮，关闭该对话框。

09 单击 ANSYS Main Menu → Preprocessor → Modeling → Create → Elements → Auto Numbered → Thru Nodes 命令，打开 Elements from Nodes 对话框。在文本框中输入"1,2"，单击"OK"按钮，关闭该对话框。

10 单击 ANSYS Main Menu → Preprocessor → Modeling → Create → Elements → Auto Numbered → Thru Nodes 命令，打开 Elements from Nodes 对话框。在文本框中输入"n_bot,n_top"，单击"OK"按钮，关闭该对话框。

4. 求解

01 单击 ANSYS Main Menu → Solution → Define Loads → Delete → Electric → Boundary → Voltage → On Nodes 命令，打开 Delete VOLT on Nodes 选择对话框。在文本框中输入"n_top"，单击"OK"按钮，关闭该对话框。

02 单击 ANSYS Main Menu → Solution → Define Loads → Apply → Electric → Boundary → Voltage → On Nodes 命令，打开 Apply VOLT on Nodes 选择对话框。在文本框中输入"1"，单击"OK"按钮，打开 Apply VOLT on nodes 对话框。在 VALUE Load VOLT value 文本框中输入"0"，单击"OK"按钮，关闭该对话框。

03 单击 ANSYS Main Menu → Solution → Analysis Type → New Analysis 命令，打开 New Analysis 对话框。在[ANTYPE] Type of analysis 选项组中单击 Transient 单选按钮，单击"OK"按钮，打开 Transient Analysis 对话框。单击"Cancel"按钮，关闭该对话框。

04 单击 ANSYS Main Menu → Solution → Load Step Opts → Time/Frequenc → Time and Substps 命令，打开 Time and Substep Options 对话框，如图 10-65 所示。在[TIME] Time at end of load step 文本框中输入"2*RC"，在[NSUBST] Number of substeps 文本框中输入"50"，在[KBC] Stepped or ramped b.c.选项组中单击 Stepped 单选按钮，其余选项采用系统默认设置，单击"OK"按钮，关闭该对话框。

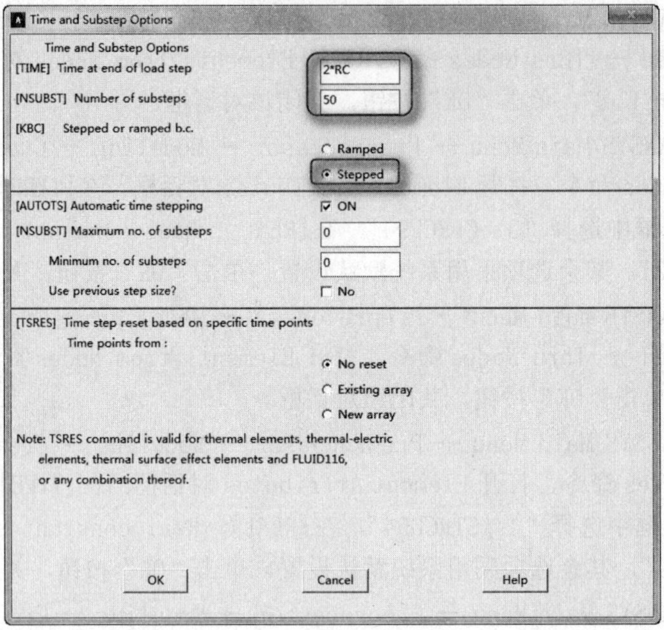

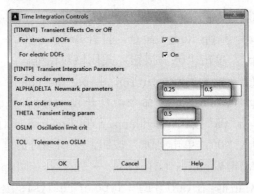

图 10-65　Time and Substep Options 对话框

05 单击 ANSYS Main Menu → Solution → Load Step Opts → Time/Frequenc →
Time Integration → Newmark Parameters 命令，打开 Time Integration Controls 对
话框，如图 10-66 所示。在 ALPHA，DELTA　Newmark Parameters 文本框中输入"0.25，
0.5"，在 THETA　Transient integ param 文本框中输入"0.5"，其余选项采用系统默认
设置，单击"OK"按钮，关闭该对话框。

图 10-66　Time Integration Controls 对话框

06 单击 ANSYS Main Menu → Solution → Load Step Opts → Output Ctrls →
DB/Results File 命令，打开 Controls for Database and Results File Writing 对话
框，如图 10-67 所示。在 Item　Item to be controlled 下拉列表框中选择"Element
solution"，在 FREQ　File write frequency 选项组中单击 Every substep 单选按钮，
其余选项采用系统默认设置，单击"OK"按钮，关闭该对话框。

07 单击 ANSYS Main Menu → Solution → Solve → Current LS 命令，打开

/STATUS Command 和 Solve Current Load Step 对话框，关闭/STATUS Command 对话框，单击 Solve Current Load Step 对话框中的 "OK" 按钮，ANSYS 开始求解。

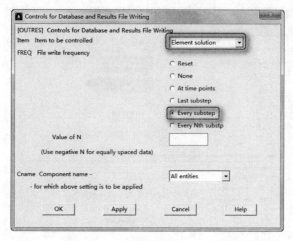

图 10-67 Controls for Database and Results File Writing 对话框

08 求解结束后，打开 Note 对话框，单击 "Close" 按钮，关闭该对话框。

09 单击 ANSYS Main Menu → Finish 命令。

5. 时间历程后处理

01 单击 ANSYS Main Menu → TimeHist Postpro → Define Variable 命令，打开 Defined Time-History Variable 对话框。单击 "Add" 按钮，打开 Add Time-History Variable 对话框，如图 10-68 所示。在 Type of variable 选项组中单击 "Element results" 单选按钮。

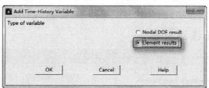

图 10-68 Add Time-History Variable 对话框

⚠️ **注意**：若弹出其他对话框，关闭即可。

02 单击 "OK" 按钮，打开 Define Element Results 对话框。在文本框中输入 "9"，单击 "OK" 按钮，打开 Define Element Results by Seq No. 对话框，如图 10-69 所示。在 Name User-specified label 文本框中输入 "I_equiv"，在 Item, Comp Data Item 列表框中选择 "Curr"，其余选项采用系统默认设置，单击 "OK" 按钮，关闭该对话框。

03 在 Defined Time-History Variables 对话框中单击 "Add" 按钮，打开 Add Time-History Variable 对话框，在 Type of variable 列表框中选择 "Element result"。

04 单击 "OK" 按钮，打开 Define Element Results 对话框，在文本框中输入 "10"，单击 "OK" 按钮，打开 Define Element Results by Seq No. 对话框。在 Name

User-specified label 文本框中输入"I_piezo"，在 Item，Comp　Data Item 列表框中选择"Curr"，其余选项采用系统默认设置，单击"OK"按钮，关闭该对话框。

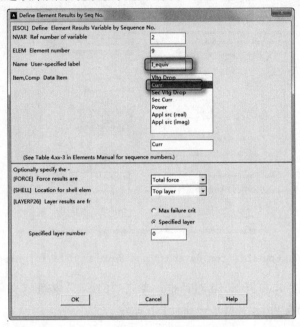

图 10-69　Define Element Results by Seq No. 对话框

05 单击"Close"按钮，关闭 Defined Time-History Variables 对话框。

06 单击 ANSYS Main Menu → TimeHist Postpro → Math Operations → Exponentiate 命令，打开 Exponentiate Time-History Variables 对话框，如图 10-70 所示。在 IR　Reference number for result 文本框中输入"4"，在 FACTA　1st Factor 文本框中输入"-1/RC"，在 IA　Variable 文本框中输入"1"，其余选项采用系统默认设置，单击"OK"按钮，关闭该对话框。

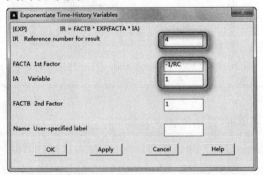

图 10-70　Exponentiate Time-History Variables 对话框

07 单击 ANSYS Main Menu → TimeHist Postpro → Table Operations → Fill Data 命令，打开 Fill Data by Ramp Func 对话框，如图 10-71 所示。在 IR　Variable to be filled 文本框中输入"5"，在 VALUE Value at location LSTRT 文本框中输入"1"，其余选项采用系统默认设置，单击"OK"按钮，关闭该对话框。

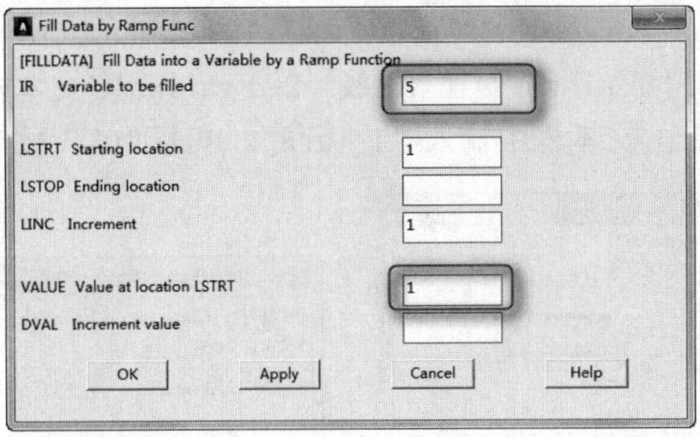

图 10-71 Fill Data by Ramp Func 对话框

08 单击 ANSYS Main Menu → TimeHist Postpro → Math Operations → Add 命令，打开 Add Time-History Variables 对话框，如图 10-72 所示。在 IR Reference number for result 文本框中输入"6"，在 FACTA 1st Factor 文本框中输入"Imax"，在 IA 1st Variable 文本框中输入"5"，在 FACTB 2nd Factor 文本框中输入"-Imax"，在 IB 2nd Variable 文本框中输入"4"，在 Name User-specified label 文本框中输入"I_targ"，其余选项采用系统默认设置，单击"OK"按钮，关闭该对话框。

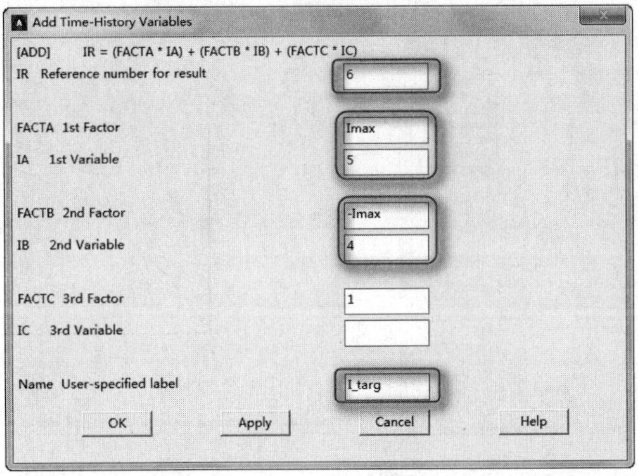

图 10-72 Add Time-History Variables 对话框

09 单击 ANSYS Main Menu → TimeHist Postpro → Settings → List 命令，打开 List Settings 对话框，如图 10-73 所示。在 N Increment 文本框中输入"7"，其余选项采用系统默认设置，单击"OK"按钮，关闭该对话框。

10 单击 ANSYS Main Menu → TimeHist Postpro → List Variables 命令，打开 List Time-History Variables 对话框，如图 10-74 所示。在 NVAR1 1st variable to list 文本框中输入"I_piezo"，在 NVAR2 2nd variable 文本框中输入"I_equiv"，在 NVAR3 3rd variable 文本框中输入"I_targ"，单击"OK"按钮，关闭该对话框。

11 ANSYS 窗口会弹出 PRVAR Command 对话框，选择 File → Close，关闭该对话框。

12 单击 ANSYS Main Menu → TimeHist Postpro → Graph Variables 命令，打

开 Graph Time-History Variables 对话框，如图 10-75 所示。在 NVAR1 1st variable to list 文本框中输入"I_piezo"，在 NVAR2 2nd variable 文本框中输入"I_equiv"，在 NVAR3 3rd variable 文本框中输入"I_targ"，单击"OK"按钮，关闭该对话框。

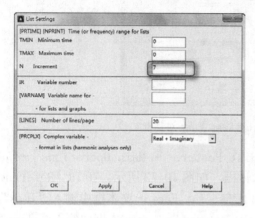

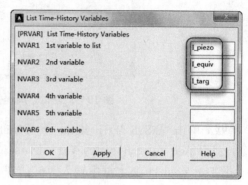

图 10-73 List Settings 对话框   图 10-74 List Time-History Variables 对话框

13 ANSYS 窗口会显示时间历程曲线，如图 10-76 所示。

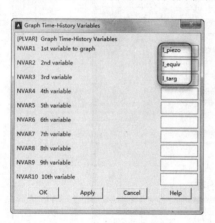

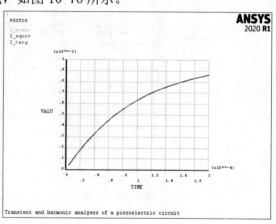

图 10-75 Graph Time-History Variables 对话框   图 10-76 时间历程曲线

📖 10.2.3 等效电路谐波分析

1. 前处理

01 单击 ANSYS Main Menu → Preprocessor → Modeling → Create → Elements → Elem Attributes 命令，打开 Element Attributes 对话框。在[TYPE] Element type number 下拉列表框中选择"2 CIRCU94"，在[REAL] Real constant set number 下拉列表框中选择"1"，其余选项采用系统默认设置，单击"OK"按钮，关闭该对话框。

02 单击菜单栏中的 Parameters → Scalar Parameters 命令，打开 Scalar Parameters 对话框。在 Selection 文本框中输入"RC=0.9/OM3"，输入完之后单击"Accept"

按钮，然后单击"Close"按钮，关闭该对话框。

03 在 ANSYS 命令文本框中输入"rmodif,1,1，RC/Co"，按 Enter 键完成输入。

04 单击 ANSYS Main Menu → Preprocessor → Modeling → Move/Modify → Elements → Modify Attrib 命令，打开 Modify Elem Attributes 选择对话框。在文本框中输入"9"，单击"OK"按钮，打开 Modify Elem Attributes 对话框，如图 10-77 所示。采用系统默认设置，单击"OK"按钮，关闭该对话框。

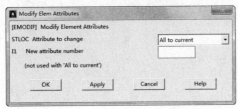

图 10-77　Modify Elem Attributes 对话框

05 单击 ANSYS Main Menu → Preprocessor → Modeling → Move/Modify → Elements → Modify Attrib 命令，打开 Modify Elem Attributes 选择对话框。在文本框中输入"10"，单击"OK"按钮，打开 Modify Elem Attributes 对话框。采用系统默认设置，单击"OK"按钮，关闭该对话框。

06 单击 ANSYS Main Menu → Preprocessor → Modeling → Create → Elements → Elem Attributes 命令，打开 Element Attributes 对话框。在[TYPE] Element type number 下拉列表框中选择"3 CIRCU94"，在[REAL] Real constant set number 下拉列表框中选择"2"，其余选项采用系统默认设置，单击"OK"按钮，关闭该对话框。

07 在 ANSYS 命令文本框中输入"rmodif,2,1，Co"，按 Enter 键完成输入。

08 单击 ANSYS Main Menu → Preprocessor → Modeling → Move/Modify → Elements → Modify Attrib 命令，打开 Modify Elem Attributes 选择对话框。在文本框中输入"11"，单击"OK"按钮，打开 Modify Elem Attributes 对话框。采用系统默认设置，单击"OK"按钮，关闭该对话框。

09 单击 ANSYS Main Menu → Preprocessor → Element Type → Add/Edit/Delete 命令，打开 Element Types 对话框。

10 单击"Add"按钮，打开 Library of Element Types 对话框。在 Library of Element Types 列表框中选择 Circuit → Circuit 94, 在 Element type reference number 文本框中输入"5"，单击"OK"按钮，关闭该对话框。

11 在 Defined Element Types 列表框中选择"Type 5 Circuit94"，单击"Options"按钮，打开 CIRCU94 element type options 对话框。在 Circuit Component Type K1 列表框中选择"Inductor"，其余选项采用系统默认设置，单击"OK"按钮，关闭该对话框。

12 单击菜单栏中的 Parameters → Scalar Parameters 命令，打开 Scalar Parameters 对话框。在 Selection 文本框中依次输入：

rl1=2;

rl2=3。

注意：每次输入完之后单击"Accept"按钮，全部输入完成之后单击"Close"按钮，关闭该对话框。

13 在 ANSYS 命令文本框中输入以下内容，按 Enter 键完成输入。

```
*do, i, 1, nmodes;
rl1=rl1+2;
rl2=rl2+2;
nd=i+2;
r, rl1,  L(i);
r, rl2,  C(i);
n, nd,  i, 0.5;
type, 5;
real, r
e,  2,  nd;
type, 3;
real, rl2;
e,  nd,  1;
*enddo。
```

14 单击 ANSYS Main Menu → Finish 命令。

2. 求解

01 单击 ANSYS Main Menu → Solution → Analysis Type → New Analysis 命令，打开 New Analysis 对话框。在[ANTYPE] Type of analysis 选项组中单击 Harmonic 单选按钮，单击"OK"按钮，关闭该对话框。

02 单击 ANSYS Main Menu → Solution → Load Step Opts → Time/Frequenc → Freq and Substps 命令，打开 Harmonic Frequency and Substep Options 对话框，如图 10-78 所示。在[HARFRQ] Harmonic freq range 文本框中输入"0.95*F3, 1.1*F3"，在[NSUBST] Number of substeps 文本框中输入"100"，其余选项按默认设置，单击"OK"按钮，关闭该对话框。

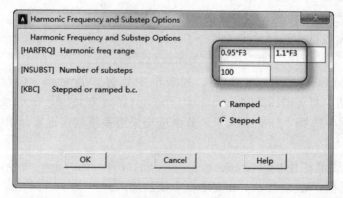

图 10-78 Harmonic Frequency and Substep Options 对话框

03 单击 ANSYS Main Menu → Solution → Solve → Current LS 命令，打开 /STATUS Command 和 Solve Current Load Step 对话框，关闭 /STATUS Command 对话框，单击 Solve Current Load Step 对话框中的"OK"按钮，ANSYS 开始求解。

04 求解结束后，打开 Note 对话框，单击"Close"按钮，关闭该对话框。

05 单击 ANSYS Main Menu → Finish 命令。

3. 时间历程后处理

01 单击 ANSYS Main Menu → TimeHist Postpro → Define Variables 命令，打开 Defined Time-History Variables 对话框，单击"Add"按钮，打开 Add Time-History Variable 对话框。在 Type of variable 列表框中选择"Element result"。

注意：若弹出其他对话框，关闭即可。

02 单击"OK"按钮，打开 Define Element Results 对话框，在文本框中输入"9"，单击"OK"按钮，打开 Define Element Results by Seq No. 对话框。在 NVAR Ref number of variable 文本框中输入"3"，在 Name User-specified label 文本框中输入"V_equiv"，在 Item, Comp Data Item 列表框中选择"Vltg Drop"，其余选项采用系统默认设置，单击"OK"按钮，关闭该对话框。

03 在 Defined Time-History Variables 对话框中单击"Add"按钮，打开 Add Time-History Variable 对话框，在 Type of variable 列表框中选择"Element result"。

04 单击"OK"按钮，打开 Define Element Results 对话框，在文本框中输入"10"，单击"OK"按钮，打开 Define Element Results by Seq No. 对话框。在 NVAR Ref number of variable 文本框中输入"4"，在 Name User-specified label 文本框中输入"V_piezo"，在 Item, Comp Data Item 列表框中选择"Vltg Drop"，其余选项采用系统默认设置，单击"OK"按钮，关闭该对话框。

05 单击"Close"按钮，关闭 Defined Time-History Variables 对话框。

06 单击菜单栏中的 PlotCtrls → Style → Graphs → Modify Axes 命令，打开 Axes Modifications for Graph Plots 对话框，如图 10-79 所示。在 [/AXLAB] X-axis label 文本框中输入"Frequency(Hz)"，在 [/AXLAB] Y-axis label 文本框中输入"|Vout| (volts)"，其余选项采用系统默认设置，单击"OK"按钮，关闭该对话框。

07 单击 ANSYS Main Menu → TimeHist Postpro → Graph Variables 命令，打开 Graph Time-History Variables 对话框。在 NVAR1 1st variable to list 文本框中输入"V_piezo"，在 NVAR2 2nd variable 文本框中输入"V_equiv"，单击"OK"按钮，关闭该对话框。

08 ANSYS 窗口会显示谐波分析时间历程曲线，如图 10-80 所示。

10.2.4 命令流

略，命令流详见随书电子资料包。

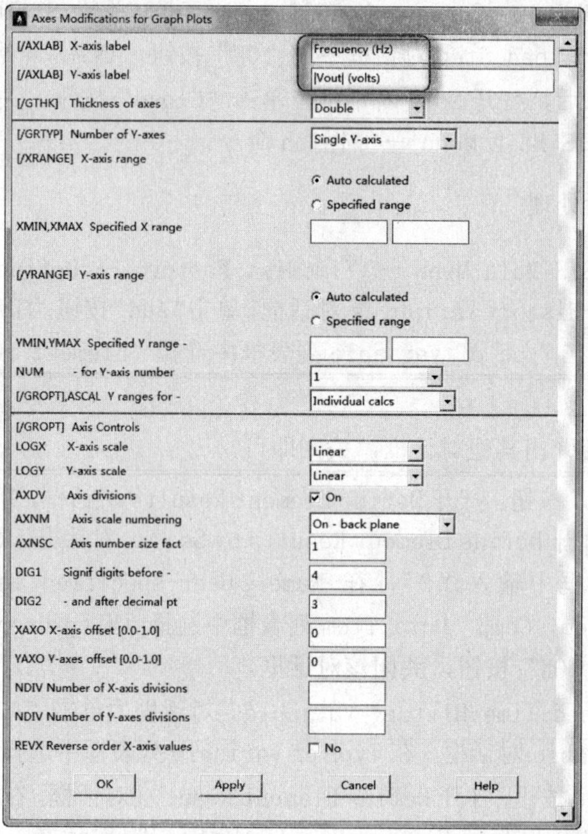

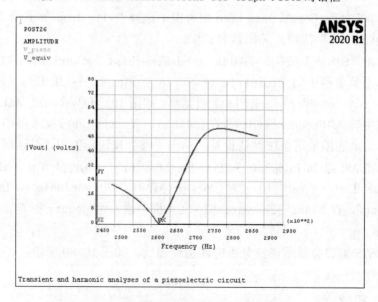

图 10-79 Axes Modifications for Graph Plots 对话框

图 10-80 谐波分析时间历程曲线